铁磁固体的变形与断裂

Deformation and Fracture of Ferromagnetic Solids

方岱宁　裴永茂　著

科学出版社

北京

内 容 简 介

本书主要研究铁磁固体变形与断裂，从固体力学、材料物理相结合的角度系统论述了铁磁固体在多物理耦合场下的变形本构理论、多物理场耦合断裂理论及其机理，以及多场耦合的实验方法和设备、实验结果和新现象. 本书的主要特色是：详细介绍了铁磁固体材料在力电磁热耦合场作用下的复杂力学行为，抓住铁磁固体材料的非线性、滞后效应、各向异性、非均质和畴结构演化等基本特征，强调清晰的物理概念，用简洁的语言解释了铁磁固体在变形与断裂过程中体现的多场耦合效应. 这些特征使固体力学、材料科学、电磁学、磁性物理学和机械电子等领域的读者能够很容易地抓住问题的物理本质，了解铁磁固体变形与断裂的研究现状.

本书适合固体力学、材料科学、电磁学、磁性物理学和机械电子等领域的研究生、教师和专业技术人员参考.

图书在版编目（CIP）数据

铁磁固体的变形与断裂/方岱宁，裴永茂著. —北京：科学出版社，2011
ISBN 978-7-03-032701-7

Ⅰ. ①铁… Ⅱ. ①方… ②裴… Ⅲ. ①固体-磁性材料-变形 ②固体-磁性材料-断裂 Ⅳ. ①O482.52

中国版本图书馆 CIP 数据核字(2011) 第 230469 号

责任编辑：刘信力 赵彦超／责任校对：林青梅
责任印制：徐晓晨／封面设计：耕者设计

科 学 出 版 社 出版
北京东黄城根北街 16 号
邮政编码：100717
http://www.sciencep.com

北京京华虎彩印刷有限公司印刷
科学出版社发行 各地新华书店经销

*

2011 年 11 月第 一 版 开本：B5(720×1000)
2017 年 1 月第二次印刷 印张：21 1/2
字数：413 000
定价：**138.00** 元
(如有印装质量问题，我社负责调换)

序

随着现代航空航天、电子信息等的迅速发展,电磁固体材料在现代科技工业得到了广泛的应用,也促进了电磁固体材料多场耦合效应的研究,铁磁固体力学已成为固体力学领域的一个重要分支. 电磁固体的多物理场耦合问题的研究是电磁固体力学的前沿研究领域,尤以压/铁电材料、传统的铁磁材料、超磁致伸缩材料、铁磁形状记忆材料和磁电材料在多场耦合下的变形与断裂力学是其研究热点,该领域的研究促成了多场耦合基础理论的创新,也促进了重大技术改进.《铁磁固体的变形与断裂》从固体力学、材料物理相结合的角度系统论述了铁磁固体在多物理耦合场下的变形行为、多物理场耦合断裂理论及其机理,以及铁磁固体变形与断裂的实验方法、测试技术和设备,集中体现了近年来这方面的研究成果和所形成的理论体系,丰富了固体力学的研究内容,具有重要的学术价值. 该书颇具特色,以 "铁磁固体在多物理场耦合下的变形与断裂" 为主题,在强调物理概念清晰、数学力学处理严谨的同时,也非常关注理论方法、实验技术与实际材料的紧密结合,为固体力学和材料物理领域的研究生和研究人员以及相关的专业技术人员提供了一本颇有价值的参考书.

该书作者方岱宁教授是具有很高学术造诣的青年学者,具有扎实深厚的电磁固体力学理论基础以及材料物理方面的专门知识,近十年来一直从事压电铁电材料和铁磁材料的变形与断裂方面的理论与实验研究,取得了一系列创新性成果,在国内外产生了重要的影响. 他以自己多年研究工作为基础,并参考国内外的有关文献和新进展,以专著的形式系统地阐明了铁磁固体变形与断裂的基本理论和研究方法,内容新颖丰富,文献覆盖面广,论述循序渐进,结构清晰严谨,具有很高的学术水平,是一本优秀的学术专著. 为此,我非常愿意向读者推荐并作序.

清华大学

黄克智

2011 年 7 月

前　　言

　　在航空航天、电力电子、信息、生物和医学等现代高科技领域, 电磁材料和结构作为核心元件获得广泛应用. 在应用中不可避免地涉及到电磁材料和结构在电磁场和机械载荷作用下的力学问题, 而电磁学和结构力学的结合, 形成了 "电磁固体力学" 这一新兴的交叉学科. 一方面, 电磁结构在电磁环境下的变形、强度、振动以及结构稳定性等力学问题决定着电磁装备的结构是否安全稳定; 另一方面, 电磁功能材料 (包括压电材料、铁电材料、电致伸缩材料、铁磁材料、稀土巨磁致伸缩功能材料、磁致伸缩复合材料、铁磁相变材料及磁电复合材料等) 同时具有感知和驱动等许多优越性能, 它们的变形与断裂等力学行为与电磁器件的性能和失效行为密切相关. 电磁固体力学丰富了力学学科的研究内容, 提出了许多新的基本的力学问题, 给力学的发展带来了新的机遇和挑战. 最显著的特点之一是存在电、磁、热、机械运动之间复杂耦合行为. 可变形物体中应力—应变场和电磁场的相互作用是很复杂的, 不仅物质的感生电荷、电流、电矩 (电极化)、磁矩 (磁化), 使内外电磁场产生变化, 而且电磁场施加力和力矩使物质运动和变形, 同时物质的运动和变形进一步引起磁场和磁感应的变化, 从而使得磁力分布发生变化. 同时, 电磁材料的电磁响应和力学响应表现出明显的非线性、滞后效应、各向异性、非均质和畴结构演化, 比如考虑电磁材料和结构动态响应的损耗时, 不仅需要考虑机械阻尼带来的损耗, 还需要考虑由于畴壁移动克服各种内部阻力的磁滞损耗、涡流损耗, 以及磁后效损耗等. 而且电磁功能材料一般较脆, 断裂韧性低, 容易破坏失效. 这都使得电磁材料和结构的力学行为研究变得具有挑战性. 在过去的十几年里, 国内外的力学、物理和材料研究工作者围绕铁磁固体的变形与断裂等方面进行了广泛的研究, 并取得了相当显著的进展.

　　作者十余年来一直从事铁磁固体的变形与断裂研究, 获得了比较可观的成果和经验. 本书是作者在自己的研究成果的基础上, 参考国内外研究者的工作撰写而成的, 希望系统地论述铁磁固体的变形与断裂. 全书共 11 章, 内容主要侧重电磁材料的变形与断裂研究. 前 4 章介绍了铁磁固体变形与断裂研究的背景和概况, 电磁学的基础知识, 多场耦合实验方法、技术与设备, 以及铁磁固体的变形与断裂实验研究成果; 第 5 章和第 6 章分别介绍了磁致伸缩材料的唯象本构模型, 以及磁致伸缩材料的畴变本构模型; 第 7 章和第 8 章分别介绍了磁致伸缩材料的磁弹性耦合断裂力学, 以及软磁材料的磁弹性耦合断裂力学; 第 9 章介绍了铁磁复合材料的细观力学分析; 第 10 章介绍了磁控形状记忆合金的本构模型; 第 11 章介绍了磁力耦合理论和变形体磁力表达,并讨论了铁磁板在面内磁场下的自由振动问题.

作者期望本书的出版能抛砖引玉,对推动此领域的发展有所裨益. 为此,本书试图全方位地描述铁磁固体的变形与断裂等力学行为,不仅侧重于铁磁固体材料的本构模型、断裂力学理论分析,也介绍了多场耦合的实验方法、技术、实验设备以及实验成果. 作者力图做到不但自始至终关注理论和实验、原理与应用的紧密结合,而且兼顾评述性. 因此,本书具有全面、系统、信息量大、理论联系实际、力求反映本领域的最新进展等特点.

书末所列的参考文献虽然相当广泛,但远不是全部. 由于文献浩繁,难免挂一漏万,对该领域一些工作也可能令人遗憾地没有提到,对此我们表示歉意. 作者殷切地期望本书的出版能够对我国铁磁固体材料与结构的应用和研发起到促进的作用,也为从事固体力学、材料科学、电磁学、磁性物理学和机械电子等领域研究的研究生、教师和专业技术人员提供一本高水平的参考书. 限于作者的理论水平和实践经验,书中难免有疏误、错讹和不当之处,望能得到专家和读者的垂教和批评指正.

本书研究工作先后获得国家自然科学基金委员会面上项目、重点项目、重大项目、国家杰出青年基金、创新群体项目和国际合作项目的资助,也获得教育部重大项目和博士点基金项目的资助,谨致一并感谢. 如果没有这些资助,要完成大量的研究工作,是难以想像的. 本书包含了研究组同事、博士后、研究生十余年来辛勤劳动的部分成果,作者对他们在这项研究工作中所显示的勤劳、智慧、奉献和精诚合作表示感谢和怀念. 在研究工作中,作者一直与香港大学的 A.K. Soh 教授、美国普渡大学的 C.T. Sun 教授、华盛顿大学的 J.Y. Li 教授进行密切的合作,从中受益匪浅,在此表示真诚的谢意. 我还要衷心感谢我的亲密同事黄克智院士和杨卫院士对我多年的鼓励、帮助和支持. 最后,作者特别要感谢我的研究生在本书手稿的文字输入、图表修订和文献索引等技术性整理方面所给予的大力协助.

作　者

于北京大学

2011 年 6 月

目　　录

序

前言

第 1 章　绪论 ·· 1

1.1　铁磁固体变形与断裂的研究背景 ······························· 1

1.2　研究概况 ··· 2

1.2.1　电磁结构力学行为的研究概况 ························· 3

1.2.2　电磁功能材料的力学行为研究概况 ··················· 6

1.3　本书的结构与内容安排 ··· 10

第 2 章　电磁学基础知识 ··· 13

2.1　电磁场的麦克斯韦方程组 ·· 13

2.2　电磁介质的物理方程 ·· 14

2.2.1　电介质极化的物理描述 ································· 15

2.2.2　磁介质磁化的物理描述 ································· 16

2.3　运动介质的麦克斯韦方程组 ······································ 17

2.4　电磁场的边界条件 ·· 19

2.5　电磁能量与坡印亭定理 ··· 21

2.6　电磁场位函数 ·· 22

2.7　磁性材料的分类 ··· 24

2.8　铁磁材料的畴结构与技术磁化 ··································· 27

2.9　铁磁体的变形机制 ·· 28

2.9.1　磁致伸缩的变形机制 ···································· 28

2.9.2　磁致形状记忆效应的机制 ······························ 31

2.10　磁学单位与量纲 ·· 32

第 3 章　多场耦合实验方法与技术 ·· 34

3.1　多场耦合实验原理 ·· 34

3.1.1　基本量的测量 ·· 34

3.1.2　特征曲线的测量 ··· 37

3.2　多场耦合实验设备 ·· 43

      3.2.1 现有多场耦合实验设备 ···43

      3.2.2 机械传动力磁耦合实验设备 ···49

      3.2.3 液压传动力磁耦合实验设备 ···52

      3.2.4 力磁热耦合实验设备 ···57

      3.2.5 动态力磁热耦合实验设备 ···59

      3.2.6 动态力电磁热耦合实验设备 ···62

   3.3 本章小结 ···64

第 4 章 铁磁固体的变形与断裂实验结果 ···65

   4.1 铁磁固体材料的多场耦合本构实验 ···65

      4.1.1 锰锌铁氧体的多场耦合本构实验 ···65

      4.1.2 金属软磁材料的多场耦合本构实验 ···68

      4.1.3 超磁致伸缩材料的多场耦合本构实验 ·······························73

      4.1.4 铁磁形状记忆合金的多场耦合本构实验 ·······················86

      4.1.5 Galfenol 合金的多场耦合本构实验 ···89

   4.2 超磁致伸缩材料的多场耦合实验新现象 ···91

      4.2.1 畴变"拟弹性"行为 ···91

      4.2.2 巨大的受迫体磁致伸缩 ···97

      4.2.3 多轴力磁耦合场作用下的磁致伸缩和磁滞回线 ·················98

      4.2.4 弹性模量的各向异性与阻尼性能 ···103

      4.2.5 路径效应 ···104

      4.2.6 擦除特性 ···107

      4.2.7 同余特性 ···114

   4.3 铁磁固体材料的多场耦合断裂实验 ···116

      4.3.1 磁场下的三点弯断裂实验 ···117

      4.3.2 磁场下的维氏压痕实验 ···118

   4.4 本章小结 ··120

第 5 章 磁致伸缩材料的唯象本构模型 ···121

   5.1 标准平方型本构 ···121

      5.1.1 热力学本构方程的推导 ···121

      5.1.2 材料参量及本构方程中系数的确定 ···124

      5.1.3 理论与实验结果对比 ···126

   5.2 双曲正切型本构 ···128

      5.2.1 本构方程的推导 ···128

　　　　5.2.2　理论与实验结果对比 ……………………………………… 129
　　5.3　基于畴转密度的唯象本构 ………………………………………… 130
　　　　5.3.1　畴转密度概念 ………………………………………………… 131
　　　　5.3.2　本构方程的推导 ……………………………………………… 131
　　　　5.3.3　理论与实验结果对比 ………………………………………… 132
　　5.4　基于 J2 流动理论的唯象本构模型 I ……………………………… 134
　　　　5.4.1　基本假设 ……………………………………………………… 134
　　　　5.4.2　本构方程的推导 ……………………………………………… 135
　　　　5.4.3　一维本构模型 ………………………………………………… 139
　　　　5.4.4　理论与实验结果对比 ………………………………………… 141
　　5.5　基于 J2 流动理论的唯象本构模型 II ……………………………… 143
　　　　5.5.1　基本假设 ……………………………………………………… 144
　　　　5.5.2　本构方程的推导 ……………………………………………… 145
　　　　5.5.3　一维本构模型 ………………………………………………… 146
　　　　5.5.4　理论与实验结果对比 ………………………………………… 147
　　5.6　基于内变量理论的各向异性唯象本构模型 ……………………… 150
　　　　5.6.1　初始力磁耦合屈服面测量 …………………………………… 151
　　　　5.6.2　基本方程 ……………………………………………………… 152
　　　　5.6.3　唯象本构理论框架 …………………………………………… 153
　　　　5.6.4　定向多晶 Terfenol-D 的唯象本构模型 …………………… 156
　　5.7　本章小结 …………………………………………………………… 164
第 6 章　磁致伸缩材料的畴变本构模型 ……………………………………… 166
　　6.1　磁致伸缩的物理机制 ……………………………………………… 166
　　6.2　各向异性磁畴旋转模型 …………………………………………… 167
　　　　6.2.1　磁畴旋转本构模型的推导 …………………………………… 168
　　　　6.2.2　非滞后各向异性磁畴旋转模型 ……………………………… 170
　　　　6.2.3　滞后各向异性磁畴旋转模型 ………………………………… 173
　　　　6.2.4　基于磁畴旋转机制的力磁热耦合本构模型 ………………… 176
　　6.3　磁畴翻转模型 ……………………………………………………… 179
　　　　6.3.1　基本假设与磁畴的类型 ……………………………………… 180
　　　　6.3.2　磁畴翻转能量准则 …………………………………………… 183
　　　　6.3.3　材料参数的确定 ……………………………………………… 185
　　　　6.3.4　宏观本构关系 ………………………………………………… 186

　　　　6.3.5　理论与实验结果对比 ··· 187

　6.4　本章小结 ··· 190

第 7 章　磁致伸缩材料的磁弹性耦合断裂力学 ··· 191

　7.1　磁致伸缩材料的磁弹性耦合断裂 ··· 191

　　　　7.1.1　基本方程及问题的描述 ··· 192

　　　　7.1.2　问题的求解 ·· 196

　　　　7.1.3　裂纹尖端场 ·· 198

　　　　7.1.4　能量释放率 ·· 199

　　　　7.1.5　应变能密度因子 ··· 201

　　　　7.1.6　小结 ··· 202

　7.2　含裂纹磁致伸缩材料的线性磁化模型 ·· 202

　　　　7.2.1　软磁材料中椭圆夹杂附近磁感应强度的分布 ····························· 203

　　　　7.2.2　磁体力和磁面力 ··· 204

　　　　7.2.3　问题的复势表示及问题的解 ·· 207

　　　　7.2.4　细长椭圆裂纹尖端应力场 ··· 209

　　　　7.2.5　结果讨论 ··· 211

　　　　7.2.6　小结 ··· 215

　7.3　小范围理想饱和磁化断裂模型 ·· 216

　　　　7.3.1　磁化饱和区的大小和位置 ··· 216

　　　　7.3.2　磁化饱和区的磁性场分布 ··· 219

　　　　7.3.3　应力场的叠加法 ··· 220

　　　　7.3.4　应力场的求解 ··· 222

　　　　7.3.5　理论与实验结果对比 ·· 226

　　　　7.3.6　小结 ··· 229

第 8 章　软磁材料的磁弹性耦合断裂力学 ··· 230

　8.1　线性模型分析软磁裂纹问题 ··· 230

　　　　8.1.1　软磁线性磁弹性理论 ·· 230

　　　　8.1.2　各向异性裂纹解 ··· 232

　　　　8.1.3　各向同性裂纹解 ··· 236

　8.2　软磁体平面中心裂纹的非线性分析 ·· 239

　　　　8.2.1　基本理论 ··· 239

　　　　8.2.2　磁弹性平面问题的复势解 ··· 240

　　　　8.2.3　磁弹性中心裂纹问题 ·· 241

　　　　8.2.4　耦合场的解 ·· 242

　　　　8.2.5　裂尖场的分析与讨论 ·· 246

　　8.3　本章小结 ··· 251

第 9 章　铁磁复合材料的细观力学理论 ··· 252

　　9.1　压磁夹杂的 Green 函数方法 ·· 253

　　9.2　压磁夹杂的等效夹杂方法 ·· 257

　　　　9.2.1　夹杂的弹性问题 ·· 257

　　　　9.2.2　夹杂的磁学问题 ·· 258

　　9.3　压磁复合材料的有效磁弹性质 ······································ 260

　　　　9.3.1　稀疏解 ·· 262

　　　　9.3.2　Mori-Tanaka 解 ·· 263

　　　　9.3.3　数值结果分析 ··· 264

　　9.4　磁致伸缩材料的有效性质 ·· 266

　　　　9.4.1　磁致伸缩的基本方程 ··· 267

　　　　9.4.2　磁致伸缩复合材料的等效弹性模量 ··························· 268

　　　　9.4.3　磁致伸缩复合材料的等效磁致伸缩 ··························· 269

　　　　9.4.4　理论与实验结果比较 ··· 271

　　9.5　本章小结 ··· 275

第 10 章　铁磁相变材料的变形理论 ··· 276

　　10.1　简单的唯象磁致应变模型 ·· 276

　　　　10.1.1　应变的表示方法 ··· 276

　　　　10.1.2　相变动力学公式 ··· 278

　　　　10.1.3　单一磁化曲线假设 ··· 280

　　10.2　理论与实验结果对比 ·· 281

　　10.3　本章小结 ·· 283

第 11 章　铁磁固体结构力学分析 ··· 284

　　11.1　磁力耦合理论和变形体磁力表达 ··································· 284

　　　　11.1.1　磁力的基本模型 ··· 284

　　　　11.1.2　典型实验 ··· 285

　　　　11.1.3　理论模型 ··· 286

　　　　11.1.4　问题的提出 ··· 291

　　　　11.1.5　变形体磁场作用力的推导 ····································· 292

　　　　11.1.6　小结及讨论 ··· 294

    11.2 铁磁板在纵向磁场中的振动分析 ·· 295
        11.2.1 铁磁板纵向磁场振动问题 ··· 295
        11.2.2 变形后的磁场分布 ·· 296
        11.2.3 板变形状态的磁力 ·· 298
        11.2.4 振动问题的求解 ·· 299
        11.2.5 振动实验 ·· 301
        11.2.6 小结及讨论 ·· 304
参考文献 ·· 305
附录 A   各向同性磁弹性系数张量 ·· 322
附录 B   本构矩阵中的各个系数 ·· 324
附录 C   线性磁化裂纹尖端位移与面力公式中的系数 ······························· 326
附录 D   复势函数在边界圆两侧的跳变条件中的系数 ······························· 327

Contents

Preface

Foreword

Chapter 1　Introduction ·· 1

    1.1　Research background of fracture of deformation and fracture of
ferromagnetic solids ·· 1

    1.2　Research overview ·· 2

    1.3　Structures and arrangements of this book ························ 10

Chapter 2　Fundamental knowledge of electromagnetism ············· 13

    2.1　Maxwell equations of electromagnetic fields ···················· 13

    2.2　Electromagnetic medium constitutive law ······················ 14

    2.3　Maxwell equations of moving medium ·························· 17

    2.4　Boundary conditions of electromagnetic fields ·················· 19

    2.5　Electromagnetic energy and Poynting theorem ················· 21

    2.6　Potential function of electromagnetic fields ···················· 22

    2.7　Classification of magnetic materials ···························· 24

    2.8　Domain structure and technical magnetization of ferromagnetic
materials ·· 27

    2.9　Deformation mechanism of ferromagnetic materials ············ 28

    2.10　Unit and dimension of magnetism ···························· 32

Chapter 3　Multi-field coupled experimental method and technique ··· 34

    3.1　Multi-field coupled experimental principle ····················· 34

    3.2　Multi-field coupled experimental equipment ··················· 43

    3.3　Summary of chapter ·· 64

Chapter 4　Experimental results of deformation and fracture of
ferromagnetic solids ·· 65

    4.1　Multi-field coupled constitutive experiments of electromagnetic solid
materials ·· 65

    4.2　New multi-field coupled experimental phenomenon of giant
magnetostrictive materials ·· 91

4.3　Multi-field coupled fracture experiments of electromagnetic solid
　　　materials··116
4.4　Summary of chapter ···120
Chapter 5　Phenomenological constitutive model of magnetostrictive
　　　　　　materials···121
5.1　Standard square constitutive model ··121
5.2　Hyperbolic tangent constitutive model ···128
5.3　Constitutive relations based on the density of domain switching·······130
5.4　Constitutive model based on the J2 flow theory I ·····················134
5.5　Constitutive model based on the J2 flow theory II ···················143
5.6　Anisotropic phenomenological constitutive model with internal
　　　variable theory ···150
5.7　Summary of chapter ···164
Chapter 6　Domain constitutive evolution model of magnetostrictive
　　　　　　materials···166
6.1　Magnetostriction mechanism··166
6.2　Anisotropic magnetic domain rotation model ·····················167
6.3　Magnetic domain switching model ·····································179
6.4　Summary of chapter ···190
Chapter 7　Magnetoelastic fracture mechanics of magnetostrictive
　　　　　　materials···191
7.1　Magnetoelastic fracture of magnetostrictive materials ·············191
7.2　Linear magnetization model of magnetostrictive materials with a
　　　crack··202
7.3　A small-scale magnetic-yielding fracture model ···················216
Chapter 8　Magnetoelastic fracture mechanics of soft magnetic
　　　　　　materials···230
8.1　Linear model analysis of soft magnetic materials with a crack·········230
8.2　Nonlinear analysis of soft magnetic plane with a central crack·········239
8.3　Summary of chapter ···251
Chapter 9　Mesomechanics theory of ferromagnetic composites·······252
9.1　Green function method of piezomagnetic inclusion ···············253
9.2　Equivalent inclusion method of piezomagnetic inclusion ···············257

9.3   Effective magnetoelasticity of piezomagnetic composites·············260

9.4   Effective properties of magnetostrictive composites···················266

9.5   Summary of chapter ··275

Chapter 10   Deformation theory of ferromagnetic phase

transformation materials ··**276**

10.1   A simple phonological model of magnetic field induced strain ········ 276

10.2   Comparison of theory and experiment ····························· 281

10.3   Summary of chapter··283

Chapter 11   Mechanical analysis of electromagnetic solid

structures ···**284**

11.1   Magnetomechanical coupled theory and magnetic force for

deformation medium ···284

11.2   Vibration analysis of ferromagnetic plate in longitudinal magnetic

field···295

References ···**305**

Appendixes ···**322**

第1章 绪 论

1.1 铁磁固体变形与断裂的研究背景

中国是最先应用磁性的国家. 公元前 4 世纪我国使用磁石制成了司南, 它是世界上最早的指南针. 北宋时期的巨著《梦溪笔谈》中, 详细记载了指南针的制作和应用方法. 然而, 磁学作为一门科学, 却是 19 世纪初才开始发展. 关于铁磁性的研究, 开始于 19 世纪末, 1881 年 Warburg 和 Ewing 各自独立观测到铁的磁滞回线; 到 1907 年, 外斯 (Weiss) 在 Langevin 的顺磁性理论基础上, 首先提出分子场假说和磁畴假说来解释铁磁性现象, 第一次成功建立了铁磁性物理模型, 奠定了现代铁磁理论的基础. 从此, 铁磁理论便分两部分发展: ① 解释铁磁体外场行为的磁畴理论; ② 解释铁磁性本质的自发磁化理论. 任何物质都具有磁性, 只是强弱不同, 磁性材料一般指磁性较强的材料, 而且磁性材料一般存在各种磁物理耦合效应, 比如磁光、磁热、磁共振、磁机械、磁电效应、磁电阻等物理效应, 由于能量和信息的转换使得磁性材料可以制作各种特殊用途的磁性元件. 随着当代科技的迅速发展, 磁性材料和磁性理论也不断的发展和完善, 推动了磁性材料在航空航天、电力电子、信息、生物和医学等现代技术和工程领域的应用. 在国民经济和国防领域中, 甚至可以说在社会的许多基本领域, 磁性材料占有关键地位, 其中最重要的是电力工业和电子工业. 电力工业中, 从电力的产生、传输到电力的利用, 需要大量的磁性材料, 软磁和硬磁材料起着能量转换的作用, 比如 20 世纪初问世的软磁材料硅钢, 对电力行业的发展起到关键作用. 电子工业中, 从通信 (滤波器和电感器)、自动控制 (继电器、磁放大器和变换器)、广播、电视电影、电子技术和信息技术 (各种磁存储器、读写磁头) 到微波技术 (各种磁性微波器件), 可以说没有磁性材料就不可能有电子产品. 利用磁性吸附有表面活性剂的磁性微粒在基载液中弥散分布形成的磁性流体, 不仅具有强磁性, 还具有液体的流动性. 由于它在重力和电磁力的作用下能够长期保持稳定, 且不会出现沉淀和分层现象而广泛应用于航空航天领域. 在交通运输方面, 磁悬浮列车无机械接触, 噪声低、速度高、不污染环境, 是一种理想的绿色交通工具. 在医学领域, 人们利用磁矩在恒定磁场和高频磁场下对电磁场的吸收现象制作了核磁共振设备. 某些磁性材料在高频下具有很大的损耗和磁导率的频散吸收、衰减, 可以用来磁性隐身, 比如隐身飞机、隐身舰艇和隐身坦克等. 在高能武器方面, 利用 Lorentz 力通过加速器将电磁能转化为弹丸的动能, 可制作电磁炮. 利用磁光器件 (磁光隔离器、磁光环形器) 可制作激光炮. 利用磁性微波器件可制作高功率微波武器. 根据磁致伸缩的特性, 铁磁材料已被作为一种重要的功能材料应用于制造声纳、制动器、阻尼器、智能滤波器、控制振动噪声、高功率马达、机器人等.

综上所述, 电磁材料和结构作为核心元件广泛应用在现代高科技领域, 这就不可避免地涉及到电磁材料和结构在电磁场和机械载荷作用下的力学问题, 而电磁学和结构力学的结合, 形成了 "电磁固体力学" 这一新兴的交叉学科. 一方面, 电磁结构在电磁环境下的变形、强度、振动以及结构稳定性等力学问题决定着电磁装备的结构是否安全稳定; 另一方面, 电磁功能材料 (包括压电材料、铁电材料、电致伸缩材料、铁磁材料、稀土巨磁致伸缩功能材料、磁致伸缩复合材料、铁磁相变材料及磁电复合材料等) 同时具有感知和驱动等许多优越性能, 它们的变形与断裂等力学行为与电磁器件的性能和失效行为密切相关. 电磁固体力学丰富了力学学科的研究内容, 提出了许多新的基本的力学问题, 给力学的发展带来了新的机遇和挑战. 最显著的特点之一是存在电、磁、热、机械运动之间复杂耦合行为. 可变形物体中应力—应变场和电磁场的相互作用是很复杂的, 不仅物质的感生电荷、电流、电矩 (电极化)、磁矩 (磁化), 使内外电磁场产生变化. 而且电磁场施加力和力矩给物质使物质运动和变形, 同时物质的运动和变形进一步引起磁场和磁感应的变化, 从而使得磁力分布发生变化. 诸如电磁材料的磁弹效应, 包括材料沿磁场方向的伸缩变形 ——Joule 效应 (磁致伸缩效应); 材料垂直于磁场方向的伸缩 —— 横向 Joule 效应; 因磁化使材料发生弯曲现象 ——Guillemin 效应 (磁致弯曲效应); 磁化引起的体积变化 ——Barrett 效应 (磁致体积效应); 因纵向磁场和周向磁场而被磁化时产生的轴向扭转现象 ——Wiedemann 效应 (磁致扭转效应); 已经产生扭曲永久变形的材料在纵向或周向被磁化时的扭曲现象. 与之相对应的磁弹逆效应, 包括材料变形方向的磁化状态的改变 ——Villari 效应; 垂直于材料变形方向的磁化状态的改变 —— 横向 Villari 效应; 材料弯曲引起的磁化状态的改变 ——Guillemin 逆效应; 由流体压力引起的磁化状态的改变 ——Nagaoka 和 Honda 效应; 被周向磁化的棒在扭转时会在周围产生磁化现象 ——Wertheim 效应, 以及被纵向磁场磁化的棒在扭转时会在同一方向产生磁化的现象 —— 二次扭转磁致伸缩效应, 同时, 电磁材料的电磁响应和力学响应表现出明显的非线性和滞后效应, 比如考虑电磁材料和结构动态响应的损耗时, 不仅需要考虑机械阻尼带来的损耗, 还需要考虑由于畴壁移动克服各种内部阻力的磁滞损耗、涡流损耗以及磁后效损耗等. 这都使得电磁材料和结构的力学行为研究变得具有挑战性.

1.2 研究概况

根据研究对象可将电磁固体力学大致分为两类, 一种是针对工程应用中的承载结构在电磁机械耦合场作用下的力学行为, 包括电磁场与结构变形的相互作用, 比如磁弹性屈曲失稳现象、磁性结构的振动和弯曲等问题. 结构变形与可磁化介质的磁化状态耦合影响电磁力分布, 反之, 电磁力也影响电磁结构的变形, 而且屈曲失稳等问题具有明显的非线性特征, 这给电磁固体力学的定量描述带来了困难. 另外是针对智能器件中的核心元件电磁功能材料在耦合场下的力学问题开展研究, 包括耦合场作用下的非线性滞后本构关系, 以及断裂失效行为等. 这些涉及到电磁结构和器件的性能和可靠性问题, 是电磁结构和器件的设计、服役和检测中的重要环节. 本书主要涉及铁磁材料和结构的变形与断裂问题, 因此, 研究概况和发展趋势也集中在这两方面.

1.2.1　电磁结构力学行为的研究概况

当铁磁物质被引进电磁场时, 力磁耦合相互作用是很复杂的. 由于物体内部磁力分布难以直接测量以及物质磁化的复杂性, 力磁耦合的理论研究进展得比较缓慢 (Brown, 1966; Pao, 1978; Moon, 1984; 周又和等, 1999). 早期人们以铁磁体的刚体运动为背景, 通过物体磁化的物理模型计算磁力. 一种是基于安培分子电流假设, 把磁化认为是分子电流 $j = \nabla \times M$ 而通过 Lorentz 力计算磁场对磁性物体的作用力; 另一种则是基于磁极子模型, 把磁化认为是磁极子 $p = -\nabla \cdot M$, 通过磁场对磁极作用计算磁性物体的受力 (Fink et al., 1987; Yeh, 1989; Eringen et al., 1990). Haus 等 (1989) 则把安培分子电流等效为磁偶极子来计算物体受到的磁力, 此类模型有好几种, 它们计算整个磁体所受的合力都相同. 这些模型对继电器、电动机等的应用研究发挥了作用. 但人们也同时看到, 这些模型得到的磁力分布不同, 对变形体而言不同磁力分布并不能满足圣维南原理. 随着实验手段的进步以及连续介质力学和物质微观理论的发展, 特别是量子理论的建立, 磁场与变形体问题得到越来越多的研究. 量子理论揭示出物体的载磁子是电子的轨道运动和电子的自旋运动, 且电子自旋对磁性起着重要作用. 交换作用使自旋结构复杂化, 因此经典的分子电流模型并不能反映物体磁化的全貌 (近角聪信等, 1975; Pao, 1978; 钟文定, 1987; Maugin, 1988).

20 世纪 60 年代, 伴随着实验方面关于载流板和铁磁体在磁场中的屈曲现象的研究, 人们发现只有基于非线性连续介质理论严格地建立宏观应力、应变和磁场间的本构关系, 才可能反映磁场与磁性物体间的相互作用. Brown(1966) 和 Tiersten(1964) 建立了一般大变形的静磁场铁磁性绝缘弹性体的宏观理论, Toupin(1963) 和 Eringen(1980) 建立了电弹性理论. 这一理论成功地把量子理论中的自旋和交换作用唯象地处理为物体自由能函数中的附加项, 用磁化梯度的四次函数表示磁场的作用, 成为近代电磁连续介质力学的基础 (Eringen, 1980; Maugin, 1988).

Moon(1968) 进行了均匀横向磁场中铁磁悬臂板的磁弹性屈曲实验, 表明了横向强磁场造成铁磁结构屈曲的现象. 在他们的理论分析中, 由于铁磁板长细比很大可以认为铁磁体内磁场均匀分布, 与苏联学者 (Panovko et al., 1965) 不同, 他们把磁场对铁磁板的宏观作用表示为与板梁偏转角成正比的分布体力偶, 得到屈曲临界磁场的解析式. 对长厚比较大的铁磁板, 该结果与实验相接近. 他们关于横向磁场中铁磁悬臂梁振动的运动稳定性的理论和实验 (Moon, 1970), 则进一步丰富了他们在铁磁变形体问题上的研究. Moon 等 (Popelar et al., 1972; Moon et al., 1977; 1979a; 1979b) 还进行了其他结构磁屈曲问题的理论与实验研究. Pao 等 (Pao et al., 1973; Hutter et al., 1974) 使 Brown(1966) 等的非线性电磁连续介质理论具体化, 建立了恒静磁场的磁弹性耦合的线性理论, 为磁弹性理论后来的工程应用建立了基础. 对于常见材料, 自发磁化的宏观整体效应可以忽略而认为磁化主要由外加磁场引起, 迟滞效应不很明显而可以忽略. 采用多畴软铁磁体模型, 使用线性的磁化关系. 采用 Brown(1966) 等分析铁磁性物质微元受到周围铁磁介质作用得到的宏观分布力公式, 由非线性磁弹性耦合的场运动方程、边界条件、本构方程等一般理论出发, 假设固体的变形梯度很小, 物体内部的磁通密度和磁化强度可以看做是未变形前构型下的磁场分布加上一个很小的与变形耦合的附加项. 在对各项之间数量级对比的基础上简化了本构方程, 使问题线性化. Eringen(1989; 1990a; 1990b) 和 Maugin(1988) 把电场与弹性体的耦合和磁场与弹性体的耦合统一到一般的电磁场情况. 他们从带电粒子的 Lorentz 力出发, 分析了电磁性粒子团在电磁场中的受力情况, 得到电磁介质的分布力公式. 在此基础上严格地用连续介质理论建立了电磁介质宏观理论, 成为电磁介质力学的又一基础. 不过, 20 世纪六七十年代的研究结果, 并没有完全解决铁磁变形体的磁弹性耦合问题. 首先由于实际中电磁场和物质磁效应的复杂性, Pao 的线性化理论太多的假设, 限制了该理论在一般问题中的应用 (Lee, 1993). 同时, 对铁磁性物质微元而言, 其紧邻微元与远离微元所产生的作用存在一个从微观到宏观的差异, Brown(1966) 等建立的磁力公式还有待发展. 其次, 在电介质物理学发展中, 有效场和宏观场问题始终是个复杂而又未能圆满解决的问题, Eringen 和 Maugin(1990a; 1990b) 的理论在计算磁力时对准静态问题简化认为有效场便是宏观场. 由于使介质极化或磁化的有效场并不包括该微粒团自身极化或磁化产生的电场, 因此, 磁力计算也需要进一步的研究.

　　20 世纪的后 20 多年, 铁磁变形体的磁弹性耦合研究分成两个方面, 一方面 Pao 的线性化理论与 Eringen 和 Maugin 的理论均能一定程度地反映铁磁体中变形场与磁化的耦合问题, 对 Moon 的横向磁场下的铁磁板屈曲实验和铁磁板振动的运动稳定性实验, 两种理论均能较好地解释实验结果. 同时, 由于理论结果与实验结果间还存在一些差值, 各国学者也尽力从更精确的实验和更精化的理论两方面进行研究铁磁板屈曲问题. Miya 等 (Miya et al., 1980; 1982; Lee et al., 1999) 从理论和实验上研究了这一问题, 理论上他们应用有限元计算磁场的分布, 补充了长厚比不太大的铁磁悬臂板的屈曲实验. Ven 和 Lieshout 等 (Van de Ven, 1984; Lieshout et al., 1987) 从变分原理出发, 得到与 Pao 和 Yeh 理论一致的结果. Takagi 等 (1993; 1994) 对低磁化率高导热率材料进行纵向磁场下的振动实验, 发现磁场下自振频率出现升高现象, Zhou 等 (1997; 1999) 分析表明这一现象已有磁弹性理论都不能解释, 并采用安培分子电流模型得到的体力分布, 解释了频率升高现象. 进一步, 他们放弃了用平衡方程的积分式推导边界条件的方法, 采用广义变分原理推导边界条件, 得到了与 Eringen 理论边界条件不同的一套方程, 并用来解释两个典型实验. 另一方面, Yang(1998) 引入铁磁体的退磁场 $\boldsymbol{H}_\mathrm{d}$, 与以前人们所用的能量不同, 他们由铁磁体理论得到系统的能量由弹性能和总磁能构成, 总磁能为外场能和退磁能之和. 但是退磁因子一般很难求得. 对铁磁板屈曲问题, Yang 等应用等效磁荷原理近似地得到退磁因子, 并得到与 Moon 等 (1968) 实验结果吻合得很好的结果, 表明铁磁板力学有效长度 (不含夹持部分) 和铁磁板的磁路长度 (包含夹持部分) 的差别是造成 Moon 理论结果与实验结果差别的原因. Maugin 等 (1992; 1995) 则从材料畸变、非均匀和磁滞方面作了理论研究. 周又和与郑晓静等 (1999) 对磁场和力学场之间的非线性耦合进行了定量分析, 建立了任意磁场的铁磁板和三维铁磁体的磁弹性耦合作用模型.

　　铁磁结构材料的断裂问题作为强磁场环境下结构物的力学问题, 很早就受到人们重视. 不过, 由于铁磁裂纹体中磁场分布不像铁磁板可以看做均匀分布, 铁磁裂纹体的实验研究也一直未见报道, 铁磁裂纹体方面的研究也还不多. Shindo(1977) 对磁场与裂纹垂直情况的无限大铁磁体在磁场下的问题, 采用积分变换方法得到裂尖应力场. 他利用 Pao 的线性化理论以及问题的对称性, 采用傅里叶展开得到裂尖应力场. 后来 Shindo(1978; 1980) 用类似方法对轴对称裂纹和对称双共线裂纹等问题进行了求解. Shindo(1988) 对载流体问题采用积分变换进行了研究. Ang(1989) 求解了磁弹性各向异性裂纹问题. Xu(1995) 则从载流体的 Lorentz 力导出麦克斯韦张量, 对载流非铁磁体的平面裂纹问题成功地进行了理论研究. Yeh(1987) 由线性化理论, 得到平面半无限大磁弹性体上集中应力引起的磁感应问题的闭合解. Huang(1995) 扩展了弹性问题的结果, 得到了半无限大体磁弹性问题的闭合解. Maugin(1996a) 从 Eringen 和 Maugin(1990a; 1990b) 的铁磁性体的磁力耦合理论出发, 对软铁磁裂纹体, 研究了考虑磁致伸缩效应的路径无关积分. 进一步, Fomethe 等 (1998) 对更一般情况的硬磁性材料, 研究了裂纹体的路径无关积分. 近来, Shindo 及其合作者 (1997; 1998; 1999) 又对磁场下载流裂纹板和铁磁裂纹板的动应力集中和裂纹引起的磁场变化问题进行了理论研究. Liang 等 (2000) 从 Pao 和 Yeh 线性化理论出发,通过分析得到各向同性磁弹性平面问题和平面裂纹问题的复变函数解, 进一步分析了共线裂纹问题和界面裂纹问题, 并扩展应变能密度因子理论给出了断裂准则.

1.2.2   电磁功能材料的力学行为研究概况

随着科学技术的发展和需要, 出现了许多新型的铁磁功能材料 (蒋志红等, 1991; 龙毅, 1997; Jiles, 2003), 如稀土超磁致伸缩材料、铁磁形状记忆合金, 以及磁电复合材料等. 新型铁磁功能材料同时具有感知和驱动功能, 即材料自身能感知环境变化, 并作出相应的响应, 因此在工程技术领域有广阔的应用前景, 越来越受到人们的关注.

传统的磁致伸缩材料包括 Ni、CoNi、NiFe、FeCo、FeAl 合金和铁氧体材料, 其饱和磁致伸缩系数一般为 $23 \times 10^{-6} \sim 70 \times 10^{-6}$. 室温下具有巨大磁致伸缩特性的稀土超磁致伸缩材料, 以 Terfenol-D 为代表, 具有比传统磁致伸缩材料大数十倍的磁致伸缩值, 而且机械响应快、能量密度高、输出功率大、能量转换效率高、弹性模量及声速可随磁场调节等特点, 可广泛应用于大功率低频声纳系统、大功率超声换能器、精密微位移定位及控制系统、传感器、微型致动器、各种控制阀、燃料喷射系统、减震装置等领域 (蒋志红, 刘湘林等, 1991; Zhu et al., 1997; 龙毅, 1997; O'Handley, 2000; Vassiliev, 2002), 并且人们还在不断地探索开发这种材料应用的新领域. 在实际应用中, 超磁致伸缩材料总是承受一定的应力, 而 Clark 等 (1988) 发现超磁致伸缩材料在预应力作用下的 "跳跃" 效应, 即在低磁场下将发生大的磁致伸缩效应. 因此, 超磁致伸缩材料的力磁耦合行为成为研究热点之一. Jiles 和 Thoelke(1995) 报道了几种具有代表性的 TbDyFe 合金在力磁耦合场作用下的磁滞回线和磁致伸缩行为, 总结了低应力场对磁性的影响, 解释了出现负磁致伸缩的原因. 人们获得了该系列合金的在零磁场和磁场作用下巨大磁机械阻尼性能 (Hathaway et al., 1995; Teter et al., 1996; Wun-Fogle et al., 2003). Teter(1990) 等研究了 TbDyFe 系列合金三个互相垂直方向的磁致伸缩, 发现其体磁致伸缩与样品有很大关系. Zhao 等 (1996) 首次成功地制备出 ⟨111⟩ 取向无孪晶的 TbDyFe 单晶, 并在力磁耦合场作用下获得了目前最大的磁致伸缩系数 2375×10^{-6}. Mei 等 (1998) 对 ⟨111⟩、⟨112⟩ 和 ⟨110⟩ 取向的 TbDyFe 的低应力场下的磁致伸缩性能进行了对比, 发现 ⟨110⟩ 取向的晶体在低磁场阶段其性能优于 ⟨112⟩ 取向的晶体, ⟨111⟩ 取向的晶体性能最好. Zhang 等 (2004) 报道了 ⟨113⟩ 取向的晶体的磁致伸缩性能. 马天宇等 (2006) 系统地研究了 Co 元素对该系列合金力磁耦合性能的影响. Lanotte 等 (2000) 研究了低温下磁致伸缩对磁滞回线的影响. Yamamoto 等 (2003) 研究发现 Terfenol-D 合金磁滞损耗随着应力的单调增加. Sandlund 等 (1994) 研究了 Terfenol-D 复合材料的磁致伸缩, 并与合金性能进行对比, 发现其复合材料在高频领域应用的优势. Prajapati 等 (1996) 报道了经过应力循环 Terfenol-D 的磁致伸缩大幅提升的现象. 冯雪 (2002) 和万永平 (2002) 分别系统的研究了 Terfenol-D 合金在力磁耦合场作用下的本构行为, 但其外磁场在高应力情况下已不能使磁化曲线饱和. 尽管人们对超磁致伸缩材料进行了大量的实验研究, 但目前文献主要侧重于单轴应力场对磁致伸缩性能的影响, 缺少高应力高磁场以及多轴力磁耦合场下的实验研究.

在超磁致伸缩材料的理论研究方面, 大致存在三类模型来描述其力磁耦合行为. 第一类是基于磁畴旋转机制提出的各向异性磁畴旋转模型, Jiles 和 Thoelke(1994) 最早应用总能量最小原理来解释 Terfenol-D 的磁致伸缩过程. Zhao(1999) 等在此基础上引进了退磁场能研究了退磁场的效应. DeSimone 和 James(2002) 基于能量阱分析提出了一种约束型理论描述磁弹特性. Armstrong(1997a; 1997b; 2002) 提出磁畴分布按照总能量的负指数分布, 这样能够模拟出光滑的磁致伸缩曲线, 而不是折线跳变的曲线. Park(2002) 在此基础上提出除原来 8 种 ⟨111⟩ 方向上磁畴还要考虑一种磁场方向的磁畴. Shu 等 (2004) 引进等效磁场并结合 LLG 演变方程模拟磁畴分布. Yan 等 (2001) 理论计算了不同晶轴定向的 TbDyFe 合金的磁致伸缩性质, 与实验现象吻合. 但这类模型在模拟磁滞现象上存在困难, 因此 Armstrong(2003) 在原来非滞后模型基础上提出了一种增量理论定性的模拟滞后现象. 冯雪 (2002) 将磁化过程简化为 90° 和 180° 畴变, 提出了畴变翻转模型, 但不能描述小回线现象. 第二类是一些特殊的 Preisach 模型, Adly 和 Mayergoyz(1991; 1996) 基于两个 Preisach 分布函数发展了一类特殊 Preisach 模型. Della Torre 和 Reimers(1997) 基于 DOK 模型, 将磁场等效为应力场模拟磁致伸缩现象. 但这些模型在确定力磁耦合的 Preisach 函数和发展三维力磁耦合模型上存在困难. Bergqvist 和 Engdahl(1994a; 1994b; 1996) 基于塑性理论中屈服面的概念和机械摩擦概念, 提出了两种类 Preisach 模型很好地模拟滞后现象, 但这两类模型均需要确定非滞后曲线. 第三类模型是基于热力学框架提出的唯象模型. 万永平 (2002) 研究了标准平方型, 双曲正切型和基于畴变密度的唯象本构模型. 郑晓静等 (Zheng et al., 2005; 2006; 2009; Zhou et al., 2008; 2009) 提出了利用工程应用的非线性模型, 很好地描述了力磁耦合实验现象. 冯雪 (2002) 类比于塑性流动理论, 提出了各向同性唯象本构模型, 并进一步提出由磁极化强度的模和应变不变量表示的 Helmholtz 自由能函数, 从而构成完整的三维各向异性本构模型. 但它在描述力磁耦合作用下的回线时, 尤其是在高应力场作用时存在一定误差.

铁磁形状记忆合金同传统的形状记忆合金一样, 可以在温度场驱动下发生高温奥氏体相和低温马氏体相之间的相变和逆相变过程, 从而实现形状记忆效应 (舟久保等, 1992; Vassiliev, 2002). 更引人关注的是该合金可以在磁场作用下发生相变及马氏体变体择优取向过程, 从而产生巨大的磁致应变 (magnetic field-induced strain), 并且其响应频率高, 克服了传统形状记忆合金在温度场作用下响应频率低的缺点. 目前报道的铁磁形状记忆合金有 FePd, Ni$_2$MnGa, Ni$_2$FeGa, FeCoNiTi 和 Co$_2$MnGa 等 (Cui et al., 2001; Heczko et al., 2001; Wuttig et al., 2001; Morito et al., 2002), AdaptaMat 公司已经用铁磁形状记忆合金设计和开发了驱动器, 测试响应时间为 0.2ms, 磁致应变为 2.8%(Claeyssen et al., 2002; Suorsa et al., 2002; Tellinen et al., 2002).

　　自 1996 年 Ullakko 等 (1997) 首先报道在 Ni$_2$MnGa 合金中获得 0.2%的磁致应变后, 人们便开始重点研究该合金在力场、温度场和磁场及三种复合作用下的应变性能. 近几年来已在不同单晶样品中获得了 4.3%(Tickle et al., 1999)、5.1%(Heczko et al., 2000)、6%(Murray et al., 2000) 和 9.5%(Sozinov et al., 2002) 等一系列巨磁致应变. Heczko 和 Ullakko(2001) 发现当磁场达到一临界值时, 磁化强度和磁致应变同时发生了突变. Henry 等 (2002) 在预应力和交流场下得到了可逆磁致应变. Sozinov 等 (2004) 在一定磁场下得到了可逆应力—应变回线. Müllner 等 (2002) 研究了该合金磁场诱发的循环变形. Cherechukin 等 (2001) 通过巧妙的实验方法, 研究了磁场诱发的相变应变, 报道了磁场控制的形状记忆效应. Chopra 等 (2000) 通过光学方法观测磁畴时, 发现了磁场驱动的孪晶变体的长大过程. 在国内, 中国科学院物理研究所和北京航空航天大学在铁磁形状记忆合金的研究方面独树一帜. 他们在非调制结构的 NiMnGa 合金中得到应力诱发的应变达到 13.5%和 15% (Jiang et al., 2002); 发现了同时发生的磁相变和结构相变; 在循环应力压缩过程处理的样品中, 得到 6%的磁致应变等 (Jiang et al., 2002).

　　在理论研究方面, O'Handley(1998) 提出了针对两个孪晶变体的驱动力, 分析了马氏体择优取向的机理. Likhachev 和 Ullakko(2000; 2001; 2004) 通过对麦克斯韦方程的分析, 结合实验测量的应力—应变曲线, 得出了与实验结果吻合较好的磁致应变曲线. L'vov 等 (2002) 提出磁致应力和机械应力的等效原则, 利用 Gibbs 自由能方法模拟了该合金的磁弹响应. Buchel'nikov 等 (2001) 基于 Landau 理论, 在考虑磁畴结构和退磁场作用的同时提出了一种唯象理论. Kiefer 和 Lagoudas(2005) 通过分析磁畴和晶体学结构, 提出了基于内变量理论的唯象模型. Hirsinger 和 Lexcellent(2003) 介绍了一种非平衡热力学模型. 另外, 传统形状记忆合金的理论模型研究已经取得了较大进展 (Liang et al., 1990; 1992; Brinson, 1993; 王颖晖, 2002), 对我们研究铁磁形状记忆合金的本构理论提供了很好的借鉴.

　　磁电效应是磁场产生电极化, 或者电场产生磁极化的现象. 前者叫做正磁电效应, 后者叫做逆磁电效应. 衡量磁电效应的最核心的参数是磁电耦合系数, 它表征了电磁场耦合程度的大小. 在所有的磁电耦合系数定义方式中, 使用最为广泛的是磁电电压系数 α_E, 它定义为单位磁场强度变化引起的电压变化:

$$\alpha_E = \frac{dE}{dH} \tag{1.1}$$

磁电效应的产生有直接和间接两种途径. 直接的方式主要是指单相磁电材料, 这种材料本身就具有磁场产生电极化的功能. 自 1961 年在 Cr_2O_3 中发现磁电效应以来 (Folen et al., 1961; Rado et al., 1961), 对单相磁电材料的挖掘从未停止, $BiFeO_3$, $BaMnF_4$, $RMnO_3$, $HoMnO_3$ 等材料都先后被发现具有磁电效应 (Brik, 1994; Rivera et al., 1994; Siratori, 1994). 遗憾的是, 到目前为止, 所有的单相磁电材料都只有在极低温才表现出很小的磁电效应. 近年来多有报道的 $BiFeO_3$ 在常温下同时具有铁电性和铁磁性 (Wang et al., 2003; Wang et al., 2006), 引起了研究者的广泛关注. 实现磁电效应的另一种途径是采用复合材料的方式, 通过将压电相和磁致伸缩相以某种方式结合在一起, 利用其乘积效应实现电磁场的耦合. 其基本原理是: 铁磁相在外加磁场的作用下会产生磁致伸缩应变, 这种应变通过界面应变协调条件传递给压电相, 从而产生压电效应. 这种方式通常在室温条件下即可实现, 而且磁电复合材料的耦合系数通常要比单相磁电材料高 2~5 个数量级. 因此, 无论是理论研究还是工程应用, 磁电复合材料都是磁电效应的研究重点. 目前, 两相磁电复合材料的构型包括颗粒复合的 0-3 型、层和结构的 2-2 型、以及纤维增强的 1-3 型等. 其中, 层和结构的磁电材料又根据极化方向的不同分为 L-L 型、L-T 型和 T-T 型三种. 材料体系包括复合陶瓷体系、金属/压电体系、聚合物基三相复合体系等. 但无论两相怎样结合, 其界面在复杂磁场、应力场和温度场的耦合作用下, 都会产生复杂的界面约束, 从而带来变形和失效的复杂性. 以铁电—铁磁复合材料为代表的磁电功能复合材料, 除了铁电相和铁磁相各自性质外, 还具有磁介电、磁控相变等交叉耦合性能, 成为近年来的研究热点, 被认为将引发存储器、传感器、换能器等器件的革命 (Fiebig, 2005; Nan et al., 2008).

　　绝大多数磁电复合材料的实验研究的目标都是通过改变材料组分、工艺、几何尺寸等因素, 来追求磁电系数的不断提高. 目前, 采用超磁致伸缩材料 Terfenol-D 体系的叠层材料磁电性能最高, 宾夕法尼亚州立大学的 Ryu 等采用粘结制成的 Terfenol-D 与 PZT 磁电材料磁电电压系数达到了 5.9V/cmOe(Ryu et al., 2001), 当采用具有很高压电系数的 ⟨001⟩ 取向的 PMN-PT 替代上述的 PZT 层时, 磁电电压系数达到了 10.30V/cmOe(Ryu et al., 2002). 为了克服 Terfenol-D 合金脆性、易氧化、加工困难以及高频涡流损耗大的缺点, 施展 (2006) 采用三相颗粒复合叠层体系, 但牺牲了部分磁电性能, 提出了 PZT 阵列结构复合材料结构. 实验结果表明, 除了各组元材料性能参数, 体积分数, 颗粒形状、取向, 结构参数 (叠层方式、厚度比、层数), 界面耦合状态, 偏置磁场的幅值、施加方向, 交流磁场的频率等对于磁电性能的影响也是十分显著的 (Ryu et al., 2002; Laletsin et al., 2004), 比如, 当 Permendur/PZT/Permendur 三层结构发生机电共振时, 磁电电压系数达到 90V/cmOe(Laletsin et al., 2004). Dong 等 (2006) 通过金属玻璃和 PZT 纤维制备的磁电复合材料在共振时获得的磁电电压系数为 500V/cmOe, 在非共振时也达到

22V/cmOe, 这是迄今为止实验观测到的最大磁电电压系数.

磁电复合材料的本构模型可以统一的表示为

$$\begin{cases} \boldsymbol{\sigma} = c\boldsymbol{S} - e^{\mathrm{T}}\boldsymbol{E} - \boldsymbol{q}^{\mathrm{T}}\boldsymbol{H} \\ \boldsymbol{D} = e\boldsymbol{S} + \varepsilon\boldsymbol{E} + \boldsymbol{\alpha}\boldsymbol{H} \\ \boldsymbol{B} = \boldsymbol{q}\boldsymbol{S} + \boldsymbol{\alpha}^{\mathrm{T}}\boldsymbol{E} + \boldsymbol{\mu}\boldsymbol{H} \end{cases} \qquad (1.2)$$

其中, $\boldsymbol{\sigma}$、$\boldsymbol{S}$、$\boldsymbol{D}$、$\boldsymbol{E}$、$\boldsymbol{B}$ 和 $\boldsymbol{H}$ 分别为应力、应变、电位移、电场强度、磁感应强度和磁场强度张量; c, ε 和 μ 分别是刚度、介电常数和磁导率张量; e 和 q 分别为压电和压磁系数张量; α 是磁电耦合系数张量, 体现了电场与磁场的耦合. 所有针对磁电复合材料的理论模型都可以看做对 (1.2) 式的求解. 目前的理论方法大致包括等效电路方法、弹性力学方法、细观力学方法以及基于格林函数的有效介质理论等四类方式, 能够预测出颗粒形状、取向、材料组分、体积分数等参数对磁电性能的影响以及谐振磁电效应. Dong 等 (2003a; 2003b; 2007) 利用等效电路方法分析了磁电材料的谐振行为, 该模型简单易用, 能够计算出共振频率. Avellaneda 等 (1994) 利用均匀应变假设和弹性力学的方法, 计算了 2-2 型层状磁电复合材料的磁电系数. Bichruin 等 (2002a; 2000b) 在此基础上, 通过界面耦合系数 k, 描述了自发应变对磁电效应的影响. Bichruin 和 Filippov 等 (Bichruin et al., 1994; 2002a; 2002b; Bichruin, Filippov et al., 2003; Filippov, Bichruin et al., 2004) 进一步从本构方程和牛顿方程出发, 简化材料为均一材料, 计算了磁电效应与频率的关系. Li 等 (Li, 2000; Srinivas et al., 2006) 利用细观力学方法, 考虑了颗粒的取向分布和形状, 计算了磁电材料在线性压电、压磁、弹性变形以及热应力下的磁电性能. 南策文等 (Nan, 1994a; 1994b; Nan et al., 2000) 则基于格林函数和扰动理论提出了有效介质理论, 在本构理论中引入了非线性的磁致伸缩应变, 并预测了磁电材料性能.

1.3 本书的结构与内容安排

电磁材料服役环境往往存在电、磁、热、机械载荷的多场耦合特征, 其次是电磁材料存在非线性、滞后特性、各向异性、非均质和畴结构演化, 而且, 电磁功能材料一般较脆, 断裂韧性低, 容易破坏失效, 需要开展力电磁热多场耦合作用下的变形与断裂理论.

首先是需要发展铁磁固体材料和结构的多场耦合实验力学, 早期针对磁致伸缩材料的耦合实验研究以静态的力磁、热磁等二场耦合为主 (Savage et al., 1977; Clark et al., 1985; Kendall et al., 1990; Jiles, 2003), 和以单轴加载为主. 静态电磁场通常用直流电源和缠绕线圈的电磁铁来实现, 应力通常用砝码、弹簧、液压等方式施加, 温度场通常用烘箱或通电线圈加热的方式提供 (Nersessian et al., 2003; Liang et al., 2007). 然而, 当力电磁热耦合场同时存在时, 多场之间的相互制约和干扰就会给实验带来新的困难. 比如, 卧式电磁铁会制约应力的加载, 烘箱的存在会制约静磁场的加载, 通电线圈加热会影响磁场加载的精度 (Nersessian, 2003; Liang, Zheng, 2007). 如何避免力电磁热场的相互干扰, 同时保持较高的加载范围和精度是多场耦合加载与测量方法的技术瓶颈. 另外, 在早期的磁电效应研究中, 一般采用静态法来测量磁电效应, 即施加静态磁场, 测量稳定电压值. 但是在实际测量中, 磁电效应产生的极化电荷容易通过外电路瞬间泄漏掉而很难检测, 测量的电压值不稳定. 动态法测量磁电效应是目前国际上所普遍采用的测量方法 (Ryu et al., 2002; 施展, 2006; 曹东升等, 2007). 原理简单易行, 但动态磁场的产生都是以函数信号发生器为信号源, 难以解决高频率与高幅值的矛盾. 多轴多场耦合下的静动态测试表征非常缺乏, 也成为阻碍耦合场理论体系建立的瓶颈.

其次在电磁固体材料和结构理论研究方面, 由于铁磁材料在多场耦合环境下的非线性和滞后等基本特征, 使得定量描述铁磁固体材料和结构的力学行为变得非常困难, 尤其需要发展铁磁固体材料和结构的非线性断裂失效力学. 比如, 目前无论是静态断裂问题还是裂纹引起的动载荷下磁场集中问题, 都是以裂纹面边界条件为基础的. 同时, 已有线性分析均建立在假设耦合引起的磁场强度变化远远小于加载磁场强度. 而分析结果却表明裂纹附近磁场集中, 磁场强度大于加载磁场, 因此需要考虑磁弹性非线性理论, 甚至磁滞后、各向异性等特征. 针对电磁功能材料还需要考虑磁致伸缩效应的影响.

最后随着新材料的发展, 包括纳米磁性材料、磁电超晶格材料、多铁性材料、非晶磁性材料等, 为电磁固体力学提出了许多新的科学问题. 比如电磁固体材料的界面效应、表面效应、尺度效应、波动与时间效应等, 需要发展电磁固体的非均质界面力学、多尺度力学和波动与振动力学等. 总而言之, 这给电磁固体力学的发展带来了挑战和机遇, 也丰富和拓展了固体力学的内涵.

本书的内容主要侧重铁磁材料的变形与断裂研究, 第 2 章简单介绍了电磁学的基础知识, 包括电磁场的基本方程、电磁介质的物理方程、电磁场边界条件、磁性材料的分类、铁磁畴结构和技术磁化、铁磁体的变形机制、磁学单位与量纲等. 第 3 章主要介绍了多场耦合实验方法与技术, 包括作者长期从事铁磁固体的变形与断裂研究中总结的多场耦合实验方法和技术, 以及自主研发的多场耦合实验设备. 第 4 章在铁磁固体的多场耦合实验方法和技术基础上, 主要介绍了铁磁固体的变形与断裂实验结果. 包括对锰锌铁氧体、软磁金属材料 Ni6、高纯度电解镍、超磁致伸缩材料 Terfenol-D、FeGa 合金、FeCo 合金, 以及铁磁形状记忆合金 NiMnGa 在多场耦合条件下的变形与断裂进行了实验研究, 完成了多场耦合环境下的磁滞回线、磁致伸缩曲线、应力—应变曲线测量以及三点弯断裂实验, 观察到超磁致伸缩材料的 "拟弹性"、磁致伸缩 "回落"、路径效应、弹性模量的各向异性等新的实验现象.

第 5 章介绍了磁致伸缩材料的唯象本构模型, 包括不考虑滞后效应的标准平方型 (SS)、双曲正切型 (HT) 和基于畴转密度 (DDS) 的非线性本构模型, 以及考虑滞后效应的基于 J2 流动理论本构模型和基于内变量理论的各向异性本构模型. 第 6 章介绍了磁致伸缩材料的畴变本构模型, 包括磁畴旋转本构模型和磁畴翻转本构模型. 第 7 章介绍了磁致伸缩材料的磁弹性耦合断裂力学, 包括磁致伸缩材料的磁弹性耦合断裂、含裂纹磁致伸缩材料的线性磁化模型, 以及小范围理想饱和磁化断裂模型. 第 8 章介绍了软磁材料的磁弹性耦合断裂力学, 包括线性模型分析软磁裂纹问题, 以及软磁体平面中心裂纹的非线性分析. 第 9 章介绍了铁磁复合材料的细观力学分析, 包括非力磁耦合基体中含有压磁夹杂的压磁复合材料问题和磁致伸缩复合材料的有效性质. 第 10 章介绍了磁控形状记忆合金的本构模型. 第 11 章介绍了磁力耦合理论和变形体磁力表达, 并讨论了铁磁板在面内磁场下的自由振动问题.

第 2 章　电磁学基础知识

本章内容是电磁固体材料力学的物理学和材料学基础, 主要介绍了电磁场的基本方程、电磁介质的物理方程、电磁场边界条件、磁性材料的分类、铁磁畴结构和技术磁化、铁磁体的变形机制、磁学单位与量纲等.

2.1　电磁场的麦克斯韦方程组

麦克斯韦电磁理论的基础是电磁学的三大实验定律, 即库仑定律、毕奥—萨伐尔定律和法拉第电磁感应定律. 它们分别适用于静电场、静磁场和缓慢变化的电磁场, 不具有普遍适用性. 麦克斯韦在总结这些实验定律并把它们与弹性振动理论进行类比的基础上, 提出了科学的假设, 建立了完整的电磁场理论.

麦克斯韦方程组的积分形式描述的是任意闭合的面或者闭合曲线所占的空间范围内的场与场源 (电荷、电流及时变的电场和磁场) 相互之间的关系. 记 E 和 D 分别表示电场强度和电位移; H 和 B 分别表示磁场强度和磁感应强度; ρ 和 J 分别表示自由电荷密度和自由电荷的电流密度.

安培环路定律:

$$\oint_C \boldsymbol{H} \cdot \mathrm{d}\boldsymbol{l} = \int_S \boldsymbol{J} \cdot \mathrm{d}\boldsymbol{S} + \int_S \frac{\partial \boldsymbol{D}}{\partial t} \cdot \mathrm{d}\boldsymbol{S} \tag{2.1}$$

描述了变化的电流激发磁场的规律. 其含义是磁场强度沿任意闭合曲线的环量, 等于穿过以该闭合曲线为周界的任意曲面的传导电流与位移电流之和.

电磁感应定律:

$$\oint_C \boldsymbol{E} \cdot \mathrm{d}\boldsymbol{l} = -\int_S \frac{\partial \boldsymbol{B}}{\partial t} \cdot \mathrm{d}\boldsymbol{S} \tag{2.2}$$

描述了变化的磁场激发电流的规律. 其含义是电场强度沿任意闭合曲线的环量, 等于穿过以该闭合曲线为周界的任意曲面的磁通量变化率的负值.

磁通守恒定律:

$$\oint_S \boldsymbol{B} \cdot \mathrm{d}\boldsymbol{S} = 0 \tag{2.3}$$

描述了磁场的性质, 其含义是穿过任意闭合曲面的磁感应强度的通量恒等于零. 即无论是传导电流激发的磁场, 还是变化电场的位移电流激发的磁场, 它们都是涡旋场, 磁力线为闭合曲线, 对封闭曲面的通量无贡献.

高斯定律:

$$\oint_S \boldsymbol{D} \cdot \mathrm{d}\boldsymbol{S} = \int_V \rho \mathrm{d}V \tag{2.4}$$

描述了电场的性质, 其含义是穿过任意闭合曲面的电位移的通量等于该闭合面所包围的自由电荷的代数和. 它可以是库仑电场, 也可以是变化磁场激发的感应电场, 但感应电场是涡旋场, 它的电位移线是闭合的, 对封闭曲面的通量无贡献.

通常所说的麦克斯韦方程组, 大都指它的微分形式:

$$\boldsymbol{\nabla} \times \boldsymbol{H} = \boldsymbol{J} + \frac{\partial \boldsymbol{D}}{\partial t} \tag{2.5}$$

$$\boldsymbol{\nabla} \times \boldsymbol{E} = -\frac{\partial \boldsymbol{B}}{\partial t} \tag{2.6}$$

$$\boldsymbol{\nabla} \cdot \boldsymbol{B} = 0 \tag{2.7}$$

$$\boldsymbol{\nabla} \cdot \boldsymbol{D} = \rho \tag{2.8}$$

另外, 在电磁场理论中假设电荷的量值与运动无关, 并且电荷是守恒的, 它既不能产生也不能消灭, 由此可得

$$\boldsymbol{\nabla} \cdot \boldsymbol{J} + \frac{\partial \rho}{\partial t} = 0 \tag{2.9}$$

在电磁场理论中, 作用于单位电荷的力为

$$\boldsymbol{f}_0 = \boldsymbol{E} + \boldsymbol{v} \times \boldsymbol{B} \tag{2.10}$$

2.2   电磁介质的物理方程

当有电磁介质存在时, 上述方程尚不够完备, 需要补充描述电磁介质的物理方程. 对于线性和各向同性电磁介质

$$\boldsymbol{D} = \kappa \boldsymbol{E} = \kappa_0 \kappa_\mathrm{r} \boldsymbol{E} \tag{2.11}$$

$$\boldsymbol{B} = \mu \boldsymbol{H} = \mu_0 \mu_\mathrm{r} \boldsymbol{H} \tag{2.12}$$

$$\boldsymbol{J} = \eta \boldsymbol{E} \tag{2.13}$$

其中, κ, κ_0, κ_r 分别为介电常数、真空和相对介电常数, $\kappa_0 = 8.85 \times 10^{-12} \mathrm{F/m}$; μ, μ_0, μ_r 分别为磁导率、真空和相对磁导率, $\mu_0 = 4\pi \times 10^{-7} \mathrm{H/m}$; η 为电导率.

2.2.1　电介质极化的物理描述

电介质在外电场作用下, 介质内部质点的正负电荷中心发生分裂, 从而转变成偶极子. 如果介质中本身就含有极性分子, 则这些极性分子就可以看做是偶极子. 在外电场作用下, 这些极性分子发生转向, 转向的结果是每一个极性轴趋于电场方向, 这种现象称为电介质的极化. 有些晶体在不受外界条件影响下, 由于晶体的对称性以及晶胞结构的特殊性, 沿某一晶向电矩不为零, 因而出现带极性的晶体表面, 这种现象称为自发极化.

电介质的极化程度是用单位体积电介质内沿电场方向的电偶极矩总和, 即所谓的极化强度矢量来度量的, 即

$$P = \frac{\sum p_i}{\Delta V} \tag{2.14}$$

式中 $\sum p_i$—— 小体积元 ΔV 内沿电场方向感应偶极矩之和. 由于极化强度 P 是介质小体积元 ΔV 内大量分子沿电场方向感应偶极矩的平均值, 所以 P 是一个宏观物理量, 它的大小与外加场有关. 根据静电场中关于电介质极化的论述, 在各向同性的线性介质中, 各点极化强度与宏观电场强度 E 成正比, 即

$$P = \kappa_0 \chi_p E \tag{2.15}$$

式中, χ_p 为电介质的极化率. 上式是建立电介质极化的宏、微观参数间联系的重要公式.

电介质在电场作用下, 一方面内部感应偶极矩; 另一方面, 在表面感应束缚电荷. 显然, 表面束缚电荷的大小亦表征电介质在电场作用下极化的程度, 因此, 极化强度 P 与感应的表面束缚电荷面密度大小必有一定的联系.

设在均匀电介质中, 取一长度为 L、底面积为 ΔS、体积为 ΔV 的小圆柱体轴线与外施电场强度 E 的方向平行, 两底面的法线 n 与 E 成 θ 角, 如图 2.1 所示. 在 ΔV 体积范围内, E 可以认为是一恒量. 设两底面上出现的束缚电荷面密度分别为 $+\sigma'$ 和 $-\sigma'$, 则圆柱体的偶极矩等于一个底面积上的电荷 $\sigma'\Delta S$ 与负电荷底面到正电荷底面的距离矢量 L 的乘积. 而从极化强度的定义来看, 圆柱体的偶极矩等

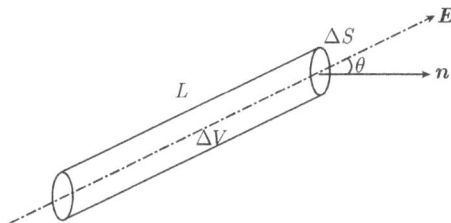

图 2.1　极化强度与表面束缚电荷的关系

于极化强度 P 与圆柱体体积 ΔV 的乘积. 两者表示同一物理量, 应当相等, 即有

$$P\Delta V = \sigma'\Delta S L \tag{2.16}$$

由于 $\Delta V = \Delta S L \cos\theta$, 于是有

$$\sigma' = P\cos\theta = P_{\mathrm{n}} \tag{2.17}$$

式中, P_{n} —— 极化强度在 ΔS 面法线方向的分量. 式 (2.17) 表明电介质表面某处束缚电荷面密度, 在数值上等于该处极化强度矢量在该面法线方向的分量. 在 SI 单位制中, 极化强度的单位是 $\mathrm{C/m^2}$. 引入电位移矢量可以表示为

$$D = \kappa_0 E + P = \kappa_0(I + \chi_{\mathrm{p}})E = \kappa_0\kappa_{\mathrm{r}}E = \kappa E \tag{2.18}$$

写成分量形式为

$$D_i = \kappa_0 E_i + P_i = \kappa_{ij}E_j \tag{2.19}$$

张量 κ 称为介电常数张量. 由式 (2.18) 看出, 因电位移矢量 D 与电场强度 E 都是矢量, 即一阶张量, 故介电常数必是二阶张量.

2.2.2　磁介质磁化的物理描述

磁性是物质的一种基本属性, 从微观粒子到宏观物体, 以至于宇宙天体, 无不具有某种程度的磁性, 只是其强弱程度不同而已. 从宏观角度, 外磁场发生改变时, 系统能量随之改变, 此时表现出宏观磁性. 从微观角度来看, 物质中带电粒子的运动形成了物质的原磁矩, 当这些原磁矩取向有序时, 便形成了物质的磁性.

物质是由原子构成的. 原子又是由原子核以及围绕核运动的电子组成的. 物质的磁性来源于电子磁性. 原子具有一定的磁矩, 它来源于原子中的电子磁矩和核磁矩. 原子核的磁矩很小, 一般可以忽略. 电子的磁矩分为轨道磁矩和自旋磁矩两部分, 所以原子的总磁矩就是这两部分磁矩的总和. 为了描述宏观物体的磁性强弱, 一般常用单位体积内的总磁矩来表示. 单位体积的总磁矩称为磁化强度 M, 即

$$M = \frac{\sum m}{V} \tag{2.20}$$

其中, V 是磁体的体积, m 是磁偶极子的磁矩. 当物质未被磁化时, 各磁矩取向杂乱无章, 矢量和为零. 当把物体放入磁场中, 各分子磁矩一定程度上沿着磁化场方向排列, 磁矩的矢量和不为零, 即它被磁化了, 其磁化强度 M 与磁场强度 H 的关系为

$$M = \chi_{\mathrm{m}}H \tag{2.21}$$

式中 χ_{m} 称为物质的磁化率, 它是物质磁性参量之一. 磁感应强度可以表示为

$$\boldsymbol{B} = \mu_0(\boldsymbol{H} + \boldsymbol{M}) = \mu_0(\boldsymbol{I} + \chi_{\mathrm{m}})\boldsymbol{H} = \mu_0\mu_{\mathrm{r}}\boldsymbol{E} = \mu\boldsymbol{E}$$

写成分量形式为

$$B_i = \mu_0(H_i + M_i) = \mu_{ij}H_j$$

同理, 磁导率也是二阶张量.

2.3　运动介质的麦克斯韦方程组

电磁场与物体具有复杂的相互作用. 电磁场引起物体发生极化或磁化, 而这种极化和磁化又成为一种源, 使得物体内外的电磁场发生变化; 另一方面, 电磁场与极化和磁化后的物体产生相互作用, 使得物体的运动状态发生变化. 对于处于电磁场中的静止刚体而言, 物体中场可以用上述电磁场的麦克斯韦方程组描述. 但对于电磁场中运动着的可变形物体, 物体内的场十分复杂. 在过去的一个多世纪, 人们提出了多种电动力学理论, 来研究变形物体与电磁场的相互作用问题. 其中, 较为常用的有以下四种理论:

(1) Minkowski 表述

Minkowski 提出的运动介质的电动力学理论认为: 静止刚体的电磁场相互作用场可以采用麦克斯韦方程组描述, 相对于惯性系以常速度 v 运动的物体, 其场方程组也可以采用类似的方程组描述, 而方程组中的各个量满足的本构方程相应地变化. 当运动速度远小于光速时, 电磁本构方程可以表示如下:

$$\boldsymbol{D} = \kappa\boldsymbol{E} + (\kappa\mu - \kappa_0\mu_0)\boldsymbol{v} \times \boldsymbol{H} \tag{2.22a}$$

$$\boldsymbol{B} = \mu\boldsymbol{H} + (\kappa_0\mu_0 - \kappa\mu)\boldsymbol{v} \times \boldsymbol{E} \tag{2.22b}$$

$$\boldsymbol{J} - \rho\boldsymbol{v} = \eta(\boldsymbol{E} + \boldsymbol{v} \times \boldsymbol{B}) \tag{2.22c}$$

尽管该理论是以刚体、以不变速度运动着的物体与电磁场相互作用来推导的, 但这个理论还是常常被运用于运动可变形物体的情况.

(2) Lorentz 表述

Lorentz 提出所有的电磁现象都归因于运动电荷的作用, 假设物体包含着大量的极小带电粒子, 这些带电粒子与充满物体中的场相互作用, 而这些场满足真空中的麦克斯韦方程. 由于电子快速运动, 所以微观电磁场在时空中迅速变动, 而这些场的平均值是较为光滑的函数. Lorentz 表述的完整的电动力学方程组为

$$\boldsymbol{\nabla} \cdot \boldsymbol{B} = 0 \tag{2.23a}$$

$$\nabla \times \boldsymbol{E} + \partial \boldsymbol{B}/\partial t = \mathbf{0} \tag{2.23b}$$

$$\kappa_0 \nabla \cdot \boldsymbol{E} = \rho - \nabla \cdot \boldsymbol{P} \tag{2.23c}$$

$$\frac{1}{\mu}\nabla \times \boldsymbol{B} - \kappa_0\frac{\partial \boldsymbol{E}}{\partial t} = \boldsymbol{J} + \frac{\partial \boldsymbol{P}}{\partial t} + \nabla \times (\boldsymbol{P} \times \boldsymbol{v}) + \nabla \times \boldsymbol{M} \tag{2.23d}$$

(3) 统计表述

随着统计力学的发展, Lorentz 的追随者试图修改电子论, 他们认为电子可以分成如原子、离子或者分子等稳定群, 每个稳定群中的电子效应由微观电和磁的多极矩 (如偶极矩、四极矩等) 来表示, 而这些多极矩在大量稳定群上的统计平均就是极化强度矢量 $\boldsymbol{P}$ 和磁化强度矢量 $\boldsymbol{M}$. 这种表述的电动力学方程为

$$\nabla \cdot \boldsymbol{B} = 0 \tag{2.24a}$$

$$\nabla \times \boldsymbol{E} + \partial \boldsymbol{B}/\partial t = \mathbf{0} \tag{2.24b}$$

$$\kappa_0 \nabla \cdot \boldsymbol{E} = \rho - \nabla \cdot \boldsymbol{P} \tag{2.24c}$$

$$\frac{1}{\mu_0}\nabla \times \boldsymbol{B} - \kappa_0\frac{\partial \boldsymbol{E}}{\partial t} = \boldsymbol{J} + \frac{\partial \boldsymbol{P}}{\partial t} + \nabla \times \boldsymbol{M} \tag{2.24d}$$

(4) Chu 表述

这种表述认为运动和变形物体对电磁场的贡献类似于源 (电荷和电流) 对电磁场的贡献. 这些源可以用自由电荷 ρ、自由电流 $\boldsymbol{J}$ 和电极化强度矢量 $\boldsymbol{P}$ 和磁化强度矢量 $\boldsymbol{M}$ 来表示; 极化和磁化可以直接用电荷、电偶极子和磁荷、磁偶极子来模拟. 这种表述的电动力学方程为

$$\nabla \cdot (\mu_0 \boldsymbol{H}) = -\nabla \cdot (\mu_0 \boldsymbol{M}) \tag{2.25a}$$

$$\nabla \times \boldsymbol{E} + \mu_0\frac{\partial \boldsymbol{H}}{\partial t} = -\frac{\partial(\mu_0 \boldsymbol{M})}{\partial t} - \nabla \times (\mu_0 \boldsymbol{M} \times \boldsymbol{v}) \tag{2.25b}$$

$$\kappa_0 \nabla \cdot \boldsymbol{E} = \rho - \nabla \cdot \boldsymbol{P} \tag{2.25c}$$

$$\nabla \times \boldsymbol{H} - \kappa_0\frac{\partial \boldsymbol{E}}{\partial t} = \boldsymbol{J} + \frac{\partial \boldsymbol{P}}{\partial t} + \nabla \times (\boldsymbol{P} \times \boldsymbol{v}) \tag{2.25d}$$

其中, $-\nabla \cdot (\mu_0 \boldsymbol{M})$ 是磁化磁荷; $-\nabla \cdot \boldsymbol{P}$ 是极化电荷; $\frac{\partial(\mu_0 \boldsymbol{M})}{\partial t} + \nabla \times (\mu_0 \boldsymbol{M} \times \boldsymbol{v})$ 是磁化磁流; $\frac{\partial \boldsymbol{P}}{\partial t} + \nabla \times (\boldsymbol{P} \times \boldsymbol{v})$ 是极化电流.

运动介质的克麦斯韦方程组的各种表述都可以从下述整体定律来得到. 这些定律可以看成对运动物质中的电磁场所作的假设, 包括如下定律:

高斯—法拉第 (Gauss-Faraday): $\displaystyle\oint_S \boldsymbol{B} \cdot \mathrm{d}\boldsymbol{S} = 0$ \qquad\qquad (2.26a)

法拉第 (Faraday)：$\displaystyle\oint_C \boldsymbol{E}_e \cdot \mathrm{d}\boldsymbol{C} = -\frac{\mathrm{d}}{\mathrm{d}t}\oint_S \boldsymbol{B} \cdot \mathrm{d}\boldsymbol{S}$ (2.26b)

高斯—库仑 (Gauss-Coulomb)：$\displaystyle\oint_S \boldsymbol{D} \cdot \mathrm{d}\boldsymbol{S} = \oint_V \rho\mathrm{d}V$ (2.26c)

安培—麦克斯韦 (Ampere-Maxwell)：$\displaystyle\oint_C \boldsymbol{H}_e \cdot \mathrm{d}\boldsymbol{C} = \frac{\mathrm{d}}{\mathrm{d}t}\oint_S \boldsymbol{D} \cdot \mathrm{d}\boldsymbol{S} + \oint_S \boldsymbol{J}_e \cdot \mathrm{d}\boldsymbol{S}$

(2.26d)

电荷守恒定律：$\displaystyle\oint_S \boldsymbol{J} \cdot \mathrm{d}\boldsymbol{S} + \frac{\mathrm{d}}{\mathrm{d}t}\oint_V \rho\mathrm{d}V = 0$ (2.26e)

上述各式中的下角标 "e" 代表有效的, $\boldsymbol{E}_e$, $\boldsymbol{H}_e$, $\boldsymbol{J}_e$ 分别表示有效电场强度、有效磁场强度和有效电流密度. 对于静止物体, $\boldsymbol{E}_e = \boldsymbol{E}$, $\boldsymbol{H}_e = \boldsymbol{H}$, $\boldsymbol{J}_e = \boldsymbol{J}$, 但对于运动变形物体, 有效场与观察者有关, 根据真空中运动电荷和电流, 可以对有效场赋予多种解释, 得出运动介质的麦克斯韦方程的多种形式. 比如：在 Minkowski 表述中, 有效场定义为 $\boldsymbol{E}_e = \boldsymbol{E} + \boldsymbol{v} \times \boldsymbol{B}$ 和 $\boldsymbol{H}_e = \boldsymbol{H} - \boldsymbol{v} \times \boldsymbol{D}$, 而在 Chu 表述中, 有效场定义为 $\boldsymbol{E}_e = \boldsymbol{E} + \boldsymbol{v} \times \mu_0\boldsymbol{H}$ 和 $\boldsymbol{H}_e = \boldsymbol{H} - \boldsymbol{v} \times \kappa_0\boldsymbol{E}$.

2.4　电磁场的边界条件

在电磁场穿过不同电磁介质的分界面时, 电磁介质的参数 κ, μ, σ 发生突变, 因此, 电磁场矢量 $\boldsymbol{E}, \boldsymbol{D}, \boldsymbol{H}, \boldsymbol{B}$ 出现相应的不连续, 场矢量及其一阶导数在分界面是连续有界的, 并且是空间和时间的函数. 只有在电磁场的边界条件已知的情况下, 才能唯一确定麦克斯韦方程组的解. 下面根据麦克斯韦方程组的积分形式导出电磁场的边界条件.

(1) 磁场强度 $\boldsymbol{H}$ 的边界条件

设想用一很薄的过渡层代替电磁介质 1 和介质 2 的分界层, 参数分别为 κ_1, μ_1, σ_1 和 κ_2, μ_2, σ_2, 分界面的法向和切向单位矢量分别表示为参数 $\boldsymbol{e}_n$ 和 $\boldsymbol{e}_t$, 如图 2.2 所示.

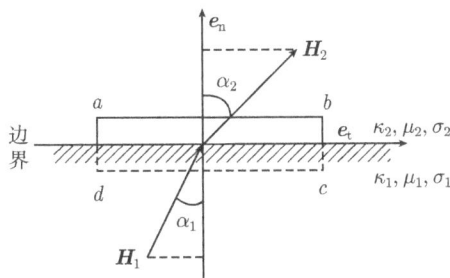

图 2.2　$\boldsymbol{H}$ 的边界条件示意图

在分界面上取矩形闭合回路 $abcda$, 其宽边 $ab = cd = \Delta l$, 高 $bc = da = \Delta h \to 0$, 根据安培环路定律沿此回路求 $\boldsymbol{H}$ 的线积分, 可得

$$\oint_C \boldsymbol{H} \mathrm{d}l = \int_a^b \boldsymbol{H} \mathrm{d}l + \int_b^c \boldsymbol{H} \mathrm{d}l + \int_c^d \boldsymbol{H} \mathrm{d}l + \int_d^a \boldsymbol{H} \mathrm{d}l = \int_S \boldsymbol{J} \cdot \mathrm{d}\boldsymbol{S} + \int_S \frac{\partial \boldsymbol{D}}{\partial t} \cdot \mathrm{d}\boldsymbol{S} \quad (2.27)$$

由于 $bc = da = \Delta h \to 0$, 上式可变为

$$\oint_C \boldsymbol{H} \mathrm{d}l = \int_a^b \boldsymbol{H}_1 \mathrm{d}l + \int_c^d \boldsymbol{H}_2 \mathrm{d}l = \lim_{\Delta h \to 0} \left(\int_S \boldsymbol{J} \cdot \mathrm{d}\boldsymbol{S} + \int_S \frac{\partial \boldsymbol{D}}{\partial t} \cdot \mathrm{d}\boldsymbol{S} \right) \quad (2.28)$$

其中 $\displaystyle\lim_{\Delta h \to 0} \int_S \boldsymbol{J} \cdot \mathrm{d}\boldsymbol{S} = \int_{\Delta l} \boldsymbol{J}_\mathrm{S} \cdot \boldsymbol{e}_\mathrm{p} \mathrm{d}l$, 即 $\Delta h \to 0$ 时, 如果分界面上存在自由面电流 $\boldsymbol{J}_\mathrm{s}$, 则闭合回路 $abcda$ 包围此面电流. $\boldsymbol{e}_\mathrm{p}$ 是闭合回路所包围面积的法向单位矢量, 与绕行方向 $abcda$ 成右手螺旋关系. 另外, $\dfrac{\partial \boldsymbol{D}}{\partial t}$ 是有限值, 因此, $\displaystyle\lim_{\Delta h \to 0} \int_S \frac{\partial \boldsymbol{D}}{\partial t} \cdot \mathrm{d}\boldsymbol{S} = 0$. 故上式可以整理为

$$\int_{\Delta l} [\boldsymbol{e}_\mathrm{n} \times (\boldsymbol{H}_1 - \boldsymbol{H}_2)] \cdot \boldsymbol{e}_\mathrm{p} \mathrm{d}l = \int_{\Delta l} \boldsymbol{J}_\mathrm{s} \cdot \boldsymbol{e}_\mathrm{p} \mathrm{d}l \quad (2.29)$$

因此, 磁场强度在穿过存在面电流的分界面时, 其切向分量是不连续的

$$\boldsymbol{e}_\mathrm{n} \times (\boldsymbol{H}_1 - \boldsymbol{H}_2) = \boldsymbol{J}_\mathrm{s} \quad \text{或者} \quad \boldsymbol{H}_{1\mathrm{t}} - \boldsymbol{H}_{2\mathrm{t}} = \boldsymbol{J}_\mathrm{s} \quad (2.30)$$

当两种电磁介质的电导率为有限制时, 分界面上不存在面电流分布, 其切向分量是连续的

$$\boldsymbol{e}_\mathrm{n} \times (\boldsymbol{H}_1 - \boldsymbol{H}_2) = \boldsymbol{0} \quad \text{或者} \quad \boldsymbol{H}_{1\mathrm{t}} - \boldsymbol{H}_{2\mathrm{t}} = \boldsymbol{0} \quad (2.31)$$

(2) 电场强度 $\boldsymbol{E}$ 的边界条件

$\dfrac{\partial \boldsymbol{B}}{\partial t}$ 是有限值, 因此, $\displaystyle\lim_{\Delta h \to 0} \int_S \frac{\partial \boldsymbol{B}}{\partial t} \cdot \mathrm{d}\boldsymbol{S} = 0$, 根据电磁感应定律可得电场强度 $\boldsymbol{E}$ 的边界条件为

$$\boldsymbol{e}_\mathrm{t} \cdot (\boldsymbol{E}_1 - \boldsymbol{E}_2) = 0 \quad \text{或者} \quad \boldsymbol{E}_{1\mathrm{t}} - \boldsymbol{E}_{2\mathrm{t}} = \boldsymbol{0} \quad (2.32)$$

表明电场强度的切向分量是连续的.

(3) 磁感应强度 $\boldsymbol{B}$ 的边界条件

在两种电磁介质的分界面上做一个底面积为 ΔS, 高为 Δh 的扁圆柱形闭合面, 其中一半在介质 1 中, 另外一半在介质 2 中, 如图 2.3 所示. 因为 ΔS 足够小, 可以认为穿过此面积的磁通量为常数; 又因为 $\Delta h \to 0$, 故圆柱面侧面对面积分的贡献可以忽略. 根据磁通守恒定律, 可得

$$\boldsymbol{e}_\mathrm{n} \cdot (\boldsymbol{B}_1 - \boldsymbol{B}_2) = 0 \quad \text{或者} \quad \boldsymbol{B}_{1\mathrm{n}} - \boldsymbol{B}_{2\mathrm{n}} = \boldsymbol{0} \quad (2.33)$$

表明磁感应强度的法向分量是连续的.

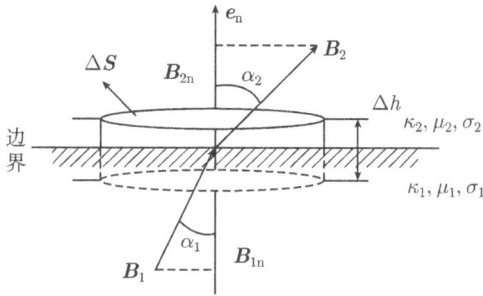

图 2.3　B 的边界条件示意图

(4) 电位移矢量 D 的边界条件

分界面上存在的自由电荷密度为 ρ_s, 所以电位移矢量法向分量在分界面上是不连续的, 根据高斯定律可得

$$e_n \cdot (D_1 - D_2) = \rho_s \quad \text{或者} \quad D_{1n} - D_{2n} = \rho_s \tag{2.34}$$

2.5　电磁能量与坡印亭定理

电磁场具有能量, 赫兹 (Hertz) 实验证明了电磁场是能量的载体. 在线性介质中, 电磁场能量可表示为

$$W = W_e + W_m = \frac{1}{2} \int_V (D \cdot E + B \cdot H) \mathrm{d}V \tag{2.35}$$

在非定常情况下, 空间个点的电磁场能量密度也要随着时间改变, 并以波动的形式传播, 即电磁能量流动. 为了描述电磁能量流动情况, 引入了电磁能流密度矢量, 又称为坡印亭 (Poynting) 矢量, 用 S 表示. 其方向表示电磁能量的流动方向, 其大小表示单位时间内流过与能量流动方向垂直的单位面积的电磁能量.

$$\frac{1}{2} \frac{\partial (D \cdot E + B \cdot H)}{\partial t} = E \cdot \frac{\partial D}{\partial t} + H \cdot \frac{\partial B}{\partial t} \tag{2.36}$$

由麦克斯韦方程组可知

$$\frac{\partial D}{\partial t} = \nabla \times H - J, \quad \frac{\partial B}{\partial t} = -\nabla \times E \tag{2.37}$$

矢量恒等式为

$$\nabla \cdot (E \times H) = H \cdot (\nabla \times E) - E \cdot (\nabla \times H) \tag{2.38}$$

将 (2.37), (2.38) 代入 (2.36) 可得

$$\frac{1}{2} \frac{\partial (D \cdot E + B \cdot H)}{\partial t} = E \cdot (\nabla \times H - J) + H \cdot (-\nabla \times E) = -\nabla \cdot (E \times H) - E \cdot J \tag{2.39}$$

所以电磁能量随时间的流动可表示为

$$\frac{\mathrm{d}W}{\mathrm{d}t} = -\int_V [\boldsymbol{\nabla} \cdot (\boldsymbol{E} \times \boldsymbol{H}) + \boldsymbol{E} \cdot \boldsymbol{J}]\mathrm{d}V = -\oint_S (\boldsymbol{E} \times \boldsymbol{H}) \cdot \mathrm{d}\boldsymbol{S} - \int_V (\boldsymbol{E} \cdot \boldsymbol{J})\mathrm{d}V \quad (2.40)$$

从能量守恒的观点来看, 右端第一项代表单位时间内通过曲面 $\boldsymbol{S}$ 进入体积 V 的电磁能量, 所以定义坡印亭矢量 $\boldsymbol{S} = \boldsymbol{E} \times \boldsymbol{H}$, 因此, $\boldsymbol{S}$, $\boldsymbol{E}$ 和 $\boldsymbol{H}$ 三者相互垂直, 且成右旋关系. 右端第二项是单位时间内电场对体积 V 中电流所做的功.

2.6   电磁场位函数

一般情况下, 直接求解麦克斯韦方程组比较困难. 通过位函数作为辅助量, 常常可使电磁场的分析变得简单. 这里介绍几种常见的引入位函数.

(1) 矢量位和标量位

由于磁场 $\boldsymbol{B}$ 的散度恒等于零, 即 $\boldsymbol{\nabla} \cdot \boldsymbol{B} = 0$, 因此可以将磁场 $\boldsymbol{B}$ 表示为一个矢量函数 $\boldsymbol{A}$ 的旋度, 即

$$\boldsymbol{B} = \boldsymbol{\nabla} \times \boldsymbol{A} \quad (2.41)$$

其中, 矢量函数 $\boldsymbol{A}$ 称为电磁场的矢量位. 将上式代入电磁感应定理的方程, 可得

$$\boldsymbol{\nabla} \times \boldsymbol{E} = -\frac{\partial \boldsymbol{B}}{\partial t} = -\frac{\partial}{\partial t}(\boldsymbol{\nabla} \times \boldsymbol{A}) \quad (2.42)$$

整理可得

$$\boldsymbol{\nabla} \times \left(\boldsymbol{E} + \frac{\partial \boldsymbol{A}}{\partial t} \right) = \boldsymbol{0} \quad (2.43)$$

由于旋度为零, 可以引入一个标量位函数 φ 的梯度来表示, 即

$$\boldsymbol{E} + \frac{\partial \boldsymbol{A}}{\partial t} = -\boldsymbol{\nabla}\varphi \quad (2.44)$$

但由于只规定了矢量函数 $\boldsymbol{A}$ 的旋度, 没有规定它的散度, 使得矢量位和标量位并不唯一. 还存在另外的 $\boldsymbol{A}'$ 和 φ', 可以求得同样的 $\boldsymbol{E}$ 和 $\boldsymbol{B}$. 比如, 可令

$$\boldsymbol{A}' = \boldsymbol{A} + \boldsymbol{\nabla}\Phi, \quad \varphi' = \varphi - \frac{\partial \Phi}{\partial t} \quad (2.45)$$

则可以得到

$$\boldsymbol{B}' = \boldsymbol{\nabla} \times \boldsymbol{A}' = \boldsymbol{\nabla} \times (\boldsymbol{A} + \boldsymbol{\nabla}\Phi) = \boldsymbol{\nabla} \times \boldsymbol{A} + \boldsymbol{\nabla} \times \boldsymbol{\nabla}\Phi = \boldsymbol{\nabla} \times \boldsymbol{A} = \boldsymbol{B} \quad (2.46)$$

$$\boldsymbol{E}' = -\frac{\partial \boldsymbol{A}'}{\partial t} - \boldsymbol{\nabla}\varphi' = -\frac{\partial \boldsymbol{A}}{\partial t} - \frac{\partial \boldsymbol{\nabla}\Phi}{\partial t} - \boldsymbol{\nabla}\varphi + \boldsymbol{\nabla}\frac{\partial \Phi}{\partial t} = -\frac{\partial \boldsymbol{A}}{\partial t} - \boldsymbol{\nabla}\varphi = \boldsymbol{E} \quad (2.47)$$

将矢量位和标量位函数代入安培定理的公式, 可得

$$\nabla \times \nabla \times \boldsymbol{A} = \mu \boldsymbol{J} - \mu\varepsilon\frac{\partial^2 \boldsymbol{A}}{\partial t^2} - \mu\varepsilon\nabla\left(\frac{\partial\varphi}{\partial t}\right) \tag{2.48}$$

利用矢量恒等式 $\nabla \times \nabla \times \boldsymbol{A} = \nabla(\nabla \cdot \boldsymbol{A}) - \nabla^2\boldsymbol{A}$, 可得

$$\nabla^2\boldsymbol{A} - \mu\varepsilon\frac{\partial^2\boldsymbol{A}}{\partial t^2} - \nabla\left(\nabla \cdot \boldsymbol{A} + \mu\varepsilon\frac{\partial\varphi}{\partial t}\right) = \mu\boldsymbol{J} \tag{2.49}$$

由高斯定理方程, 可得

$$\nabla^2\varphi + \frac{\partial}{\partial t}(\nabla \cdot \boldsymbol{A}) = -\frac{\rho}{\varepsilon} \tag{2.50}$$

为了得到唯一的矢量位和标量位, 在电磁工程中, 通常规定矢量 $\boldsymbol{A}$ 的散度为

$$\nabla \cdot \boldsymbol{A} = -\mu\varepsilon\frac{\partial\varphi}{\partial t} \tag{2.51}$$

此式称为 Lorentz 条件. 这样就可以得到达朗贝尔方程

$$\nabla^2\boldsymbol{A} - \mu\varepsilon\frac{\partial^2\boldsymbol{A}}{\partial t^2} = \mu\boldsymbol{J} \tag{2.52}$$

$$\nabla^2\varphi - \mu\varepsilon\frac{\partial^2\varphi}{\partial t^2} = -\frac{\rho}{\varepsilon} \tag{2.53}$$

在 Lorentz 规范下求解, 矢量位和标量位分别在两个独立的方程中, 且矢量位仅与电流密度有关, 标量位仅与电荷密度关. 还有一种选择是库仑规范

$$\nabla \cdot \boldsymbol{A} = 0 \tag{2.54}$$

这两种规范下所求的矢量位和标量位不同, 但求出的电场和磁感应强度是相同的.

(2) 静态磁场的矢量位和标量位

在恒定磁场下的磁矢位仍是利用磁场的无散度特征定义的, 即 $\boldsymbol{B} = \nabla \times \boldsymbol{A}$, 但此时一般选用库仑规范定义它的散度, 可以得到

$$\nabla^2\boldsymbol{A} = \mu\boldsymbol{J} \tag{2.55}$$

不同电磁介质分界面上磁矢位表示的边界条件为

$$\boldsymbol{e}_{\mathrm{n}} \times \left(\frac{1}{\mu_1}\nabla \times \boldsymbol{A}_1 - \frac{1}{\mu_2}\nabla \times \boldsymbol{A}_2\right) = \boldsymbol{J}_{\mathrm{s}} \tag{2.56}$$

$$\boldsymbol{A}_1 = \boldsymbol{A}_2 \tag{2.57}$$

当电流密度为零的时候, 有 $\nabla \times \boldsymbol{H} = \boldsymbol{0}$, 所以, 可以将 $\boldsymbol{H}$ 表示为一个标量函数的梯度, 即

$$\boldsymbol{H} = -\nabla\varphi_{\mathrm{m}} \tag{2.58}$$

其中 φ_m 称为标量磁位. 在均匀线性和各向同性的磁介质中, 可得

$$\boldsymbol{\nabla}^2 \varphi_\mathrm{m} = 0 \tag{2.59}$$

不同电磁介质分界面上标量磁位的边界条件为

$$\varphi_\mathrm{m1} = \varphi_\mathrm{m2} \tag{2.60}$$

$$\mu_1 \frac{\partial \varphi_\mathrm{m1}}{\partial \boldsymbol{n}} = \mu_2 \frac{\partial \varphi_\mathrm{m2}}{\partial \boldsymbol{n}} \tag{2.61}$$

2.7 磁性材料的分类

磁性是一切物质的基本属性, 其强弱和磁性本质不同, 因此其磁化规律及物理方程也不同, 有些磁介质表现出线性磁化规律, 有些磁介质的磁化率随着磁场的变化而变化, 表现出非线性磁化规律, 并且存在磁滞现象. 各种物质的磁性不同, 可以根据磁体的磁化率大小和符号分为五类:

(1) 抗磁性

这是一种原子系统在外磁场的作用下, 获得与外磁场方向相反的磁矩的现象. 某些物质当它们受到外磁场 $\boldsymbol{H}$ 作用后, 感生出与 $\boldsymbol{H}$ 方向相反的磁化强度, 其磁化率 $\chi < 0$, 这种物质称为抗磁性物质, 如图 2.4 所示. χ 不但小于零, 而且绝对值也很小, 一般为 10^{-5} 数量级. 抗磁性物质的磁化曲线为直线. 这种磁性的来源是由于电磁感应作用, 外磁场改变了电子绕原子核旋转的速度. 楞次定律指出, 感生电流产生一个反抗外场变化的磁通, 因此表现出抗磁性. 所有物质都有抗磁性, 一般抗磁磁化率不随温度的改变而变化.

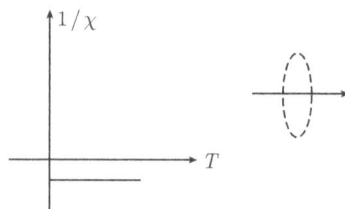

图 2.4 抗磁性磁化率与温度曲线及磁结构示意图

(2) 顺磁性

许多物质在受到外磁场作用后, 感生出与磁场方向相同的磁化强度, 其磁化率 $\chi > 0$, 但是其绝对值很小, 一般为 $10^{-3} \sim 10^{-5}$ 数量级. 具有顺磁性的物质很多, 典型的有稀土金属和铁族元素的盐类等. 磁介质的分子也可分为两类: 一类分子中各电子磁矩相互抵消, 不具有固有磁矩; 另外一类分子中各电子磁矩不能完全抵消, 因而具有一定的固有磁矩. 当磁介质中含有固有的原子、离子或电子磁矩, 并且固有磁矩之间的相互作用较小可以自由转向, 就会表现出顺磁性. 图 2.5 是顺磁磁化

率与温度曲线及磁结构示意图. 在一定温度下, 由于热运动固有磁矩取向杂乱无章, 对外不表现出磁化强度, 当施加磁场后, 固有磁矩趋向外场的方向而表现出磁化强度, 这种顺磁性叫做 Langevin 顺磁性或居里 (Curie) 型顺磁性, 并服从距离定律

$$\chi = C/T \tag{2.62}$$

其中 C 为居里常数 (K). 还有一类顺磁性, 其磁化率基本与温度无关, 称为泡利顺磁性.

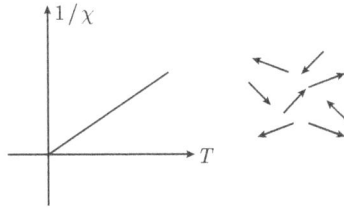

图 2.5　顺磁性磁化率与温度曲线及磁结构示意图

(3) 反铁磁性

如果相邻原子磁矩的数值相等, 排列的方向又相反, 则原子间的磁矩完全抵消, 这种现象称为反铁磁性. 这类物质只有在很强的外磁场下才会显示出微弱的磁性. 反铁磁介质的晶格由两套相同的次格子组成, 次格子内的固定磁矩平行排列, 而两套次格子之间反平行, 由于固定磁矩之间强的相互作用, 反铁磁矩有序排列, 外磁场磁化变的十分困难. 图 2.6 是反铁磁性磁化率与温度曲线及磁结构示意图. 当 $T = 0K$ 时反铁磁介质内是完全整齐的有序排列, 随着温度升高而被热运动扰乱, 当 $T = T_N$ 时突然变得混乱排列, T_N 是反铁磁有序到无序的转变点 —— 奈尔 (Néel) 温度. 反铁磁物质在 $T > T_N$ 时表现出居里—外斯型顺磁性, 其磁化率服从居里—外斯定律

$$\chi = \frac{C}{T - T_a} \tag{2.63}$$

其中 T_a 是外斯常数, 一般为负值.

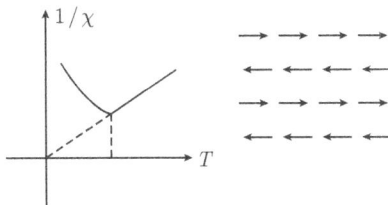

图 2.6　反铁磁性磁化率与温度曲线及磁结构示意图

(4) 铁磁性

这种磁性物质在很小的磁场下就可以被磁化饱和, 不但磁化率 $\gg 1$, 而且可以达到 $10^1 \sim 10^6$ 数量级, 其磁化强度和磁场强度之间是非线性的复杂关系. 反复磁

化时, 会出现磁滞现象, 这种类型的磁性称为铁磁性. 图 2.7 铁磁性磁化率与温度曲线及磁结构示意图, 铁磁性介质中元磁矩做平行有序排列, 当温度在居里温度以下时, 自发磁化强度随温度升高而单调下降; 在居里温度以上, 磁矩的有序排列被破坏, 表现为居里—外斯型顺磁性.

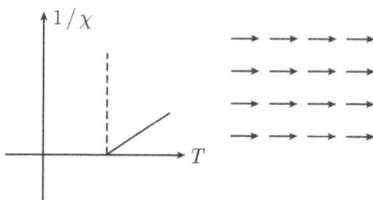

图 2.7 铁磁性磁化率与温度曲线及磁结构示意图

(5) 亚铁磁性

它的宏观磁性与铁磁性相同, 仅仅是磁化率的数量级稍低一些, 大约 $10^0 \sim 10^3$ 数量级. 众所周知的铁氧体就是典型的亚铁磁性物质. 图 2.8 是亚铁磁性磁化率与温度曲线及磁结构示意图, 同反铁磁介质类似, 在铁氧体中磁性离子存在两套次格子, 每套次格子内磁矩平行排列, 两套之间反平行排列, 但两套次格子的磁矩的大小并不相同, 表现出不为零的磁化强度. 当到达居里温度时, 有序排列变为混乱排列.

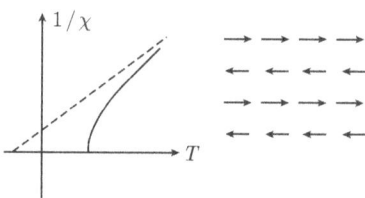

图 2.8 亚铁磁性磁化率与温度曲线及磁结构示意图

综上所述, 物质磁性可以分为抗磁性、顺磁性、反铁磁性、铁磁性、亚铁磁性五种, 前三种是弱磁性, 后两种为强磁性. 具有铁磁性和亚铁磁性的材料统称为铁磁材料. 铁磁介质按照矫顽力的大小分为软磁材料和硬磁材料. 软磁材料的矫顽力一般小于 100Oe, 如工业纯铁、铁镍合金、锰锌铁氧体、镍锌铁氧体等材料, 广泛应用在变压器、镇流器、电动机和发电机的铁芯中. 它的特点是磁导率高, 矫顽力小, 当外加磁场较弱时, 磁化强度就可以达到较大值; 去掉外磁场时, 材料保持的剩余磁化强度很小, 容易退磁. 硬磁材料, 矫顽力一般大于 100Oe, 如碳钢、稀土永磁、钡铁氧体等, 可应用在扬声器、电动机以及微波器件中. 永磁材料的特点是剩余磁化强度高, 矫顽力大, 不容易退磁. 另外, 还有矩磁材料、旋磁材料、磁致伸缩材料等. 矩磁材料的特点是磁滞回线接近于矩形, 而且矫顽力低. 矩磁材料可用作记忆元件, 如锰镁铁氧体、锰镁锌铁氧体等. 旋磁材料的特点是在微波电磁场的作用下,产生一系列特殊效用, 如铁磁共振、法拉第旋转效用等. 主要应用于各种微波器件, 如石榴石铁氧体、镁锰铁氧体等. 磁致伸缩材料在磁场作用下会产生形变. 可以用作测量力、速度等的传感器, 如纯镍、钴铁氧体等.

2.8　铁磁材料的畴结构与技术磁化

铁磁材料的最主要特点是具有自发磁化和畴结构 (戴道生, 1998). 根据外斯分子场假设, 铁磁材料由于分子场的作用使原子磁矩有序排列形成自发磁化. 自发磁化和温度有关, 当超过居里点, 材料的原子或离子磁矩的排列变得混乱起来, 自发磁化消失. 根据热力学平衡原理, 稳定的磁状态一定与铁磁体内总自由能极小状态对应. 铁磁铁内产生磁畴, 实质上是自发磁化平衡分布要满足能量最小原理的必然结果.

在铁磁体内部分成许多大小和方向基本一致的自发磁化区域, 这样的每一个小区域称为磁畴, 如图 2.9 所示. 对于不同的磁畴其自发磁化强度的方向各不相同. 以单晶为例说明磁畴的形成. 整个晶体内的自发磁化均匀一致的取易磁化方向, 晶体表面出现磁极, 因而晶体内的总能量要包括新出现的退磁场能. 为了降低表面退磁场能, 自发磁化分布发生改变. 分成两个或四个反向平行的磁畴, 从而大大降低了表面退磁能. 如果分成更多的磁畴, 例如有 N 个, 则晶体表面的退磁场能可以减少到原来的 $1/N$. 但是形成磁畴之后, 两个相邻的磁畴之间存在着约为 10^3 原子数量级宽度的、自发磁化强度由一个畴的方向改变到另一个畴的方向的过渡层, 在这个过渡层内, 磁矩遵循能量最小原理, 按照一定规律逐渐改变方向. 这种相邻畴之间的过渡层称为畴壁. 磁畴壁两侧磁矩取向不一致, 必然增加交换能和磁晶各向异性能而构成磁畴壁能量. 这样, 磁畴不能无限分下去, 虽然增加磁畴数目会降低退磁能, 同时随着磁畴数目的增加畴壁增多, 而磁畴壁能又会增加, 所以, 磁畴的数目要由它们共同决定的能量极小条件来确定. 磁畴的大小、形状和分布情况便构成了磁畴结构. 铁磁体的磁性性质和磁畴结构有着密切的关系.

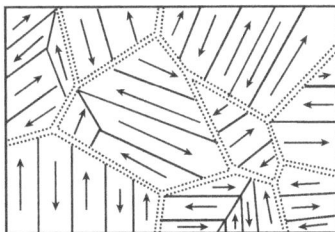

图 2.9　铁磁材料的畴结构示意图

通过 Kerr 磁光效应法、法拉第磁光效应法、电子显微镜法和中子散射法可以观测到磁畴.

铁磁体具体的磁畴结构受很多因素的制约. 分割相邻磁畴的磁畴壁不能任意

取向, 畴壁的取向必须保证相邻磁畴在畴壁平面内各方向上产生的自发应变能够相互协调, 否则, 晶体在畴壁区域内就会出现较强的局部应力, 使体系能量增加. 根据畴壁两侧磁畴自发磁化强度方向间的关系, 对于立方晶系, 可以将磁畴分为 90° 畴壁和 180° 畴壁两大类; 对于三角晶系, 可以将磁畴分为 71°、109° 和 180° 三类畴壁. 由于实际晶体中不可避免地要存在着不均匀应力、杂质或缺陷以及气泡或非磁相, 使磁畴结构十分复杂, 因而畴壁的类型也会是多种多样.

　　磁畴理论是研究磁化曲线、磁滞回线和磁致伸缩曲线的理论基础. 理论和实验都表明, 磁畴的变化是铁磁材料非线性力磁耦合的重要原因. 磁滞回线、磁致伸缩等现象都可以通过磁畴来解释.

　　图 2.10 是铁磁材料磁滞回线示意图. 从材料磁中性状态 O 点开始, 随着磁场的增大, 磁化强度沿着虚线 OA 段上升, 到达 A 点时, 大量磁畴发生翻转, 导致磁化强度的剧烈变化. 磁场继续增大, 则越来越多的畴向磁场方向翻转, 磁化强度逐渐达到饱和, OB 段称为初始磁化曲线. 从磁化饱和点 B, 磁场开始卸载, 磁化强度并不沿着原来的路线返回, 而是沿着 BC 段, 在这一阶段, 部分磁畴翻转回原来的状态, 当磁场卸载到零, 此时磁化强度并不为零, 则在 C 点的磁化强度称为剩余磁化强度. 对于软磁材料剩余磁化强度较小, 硬磁材料的剩余磁化强度较大. 磁场继续沿着负的方向增大, 则磁畴开始向当前的磁场方向翻转, 当磁化强度变为零时, 对应的 D 点磁场强度为矫顽场. 继续增大磁场, 材料达到相反方向的磁化饱和. 当反方向的磁场开始卸载并改变方向时, 磁化过程和前面类似, 磁场经由 E 点返回 B 点, 构成完整的磁滞回线. 磁滞回线的形成就是由于磁畴的运动导致的.

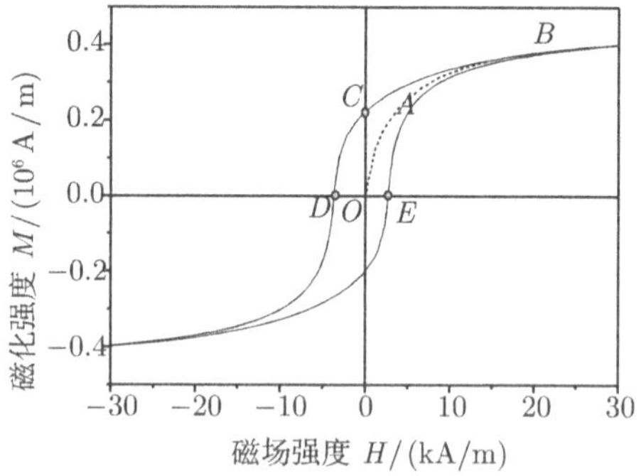

图 2.10　铁磁材料的磁滞回线

2.9　铁磁体的变形机制

2.9.1　磁致伸缩的变形机制

　　铁磁体在外磁场中磁化过程中, 其形状及体积均发生变化, 这个现象被称为磁致伸缩效应. 它是焦耳在 1842 年发现的, 故亦称焦耳效应. 传统的磁致伸缩材料包括 Ni、CoNi、NiFe、FeCo、FeAl 合金和铁氧体材料, 其饱和磁致伸缩系数一般为 $23 \times 10^{-6} \sim 70 \times 10^{-6}$. 室温下具有巨大磁致伸缩特性的稀土超磁致伸缩材料, 以 Terfenol-D 为代表, 具有比传统磁致伸缩材料大数十倍的磁致伸缩值, 而且机械响应快、能量密度高、输出功率大、能量转换效率高、弹性模量及声速可随磁场调节等特点, 可广泛应用于大功率低频声纳系统、大功率超声换能器、精密微位移定位及控制系统、传感器、微型致动器、各种控制阀、燃料喷射系统、减震装置等领域.

　　磁致伸缩有三种表现: 沿着外磁场方向材料形状大小的相对变化, 称为纵向磁致伸缩; 垂直于外磁场方向形状大小的相对变化, 称为横向磁致伸缩; 铁磁体体积大小在磁化过程中的相对变化, 称为体积磁致伸缩. 纵向和横向磁致伸缩又统称为线磁致伸缩. 体积磁致伸缩分为两类, 一类是由温度诱发引起的, 称之为自发体磁致伸缩; 另外一类是由磁场诱发引起的, 称之为强迫体磁致伸缩. 强迫体积磁致伸缩一般只有在铁磁体技术磁化达到饱和以后的顺磁过程中才能明显表现出来. 本书除特别声明外, 线磁致伸缩也简称为磁致伸缩. 铁磁体的磁致伸缩是由于原子或离子的自旋与轨道的耦合作用产生的. 根据热力学平衡原理, 稳定的磁状态与铁磁体内总自由能极小状态对应, 磁致伸缩正是由于自旋与轨道耦合能和物质的弹性能平衡而产生的.

　　如前文所述, 铁磁性物质的基本特征是物质内部存在有自发磁化和磁畴结构. 自发磁化是指在居里点温度以下时, 即使不加外磁场, 铁磁性物质内部也存在磁化的现象. 自发磁化是磁有序物质内部的某种相互作用, 克服了热运动的无序效应, 使原子磁矩有序排列, 从而在铁磁体内形成了大量的磁畴, 同时产生了自发磁致伸缩, 它实质是自发磁化平衡分布满足能量最小原理的必然结果. 铁磁体在磁化过程中产生磁致伸缩的过程如图 2.11 所示. 当外磁场为零时, 铁磁体处于退磁化状态, 此时各个自发磁化的磁畴在铁磁体内是随机分布的, 与自发磁化对应的自发应变在各个方向上也是随机分布的, 因此铁磁体不显示宏观效应. 当铁磁体在外磁场作用下磁化时, 各个磁畴的取向基本平行于外磁场方向, 所以铁磁体在外磁场方向表现出伸长 (正磁致伸缩) 或者缩短 (负磁致伸缩), 而在垂直于磁场方向表现出缩短或者伸

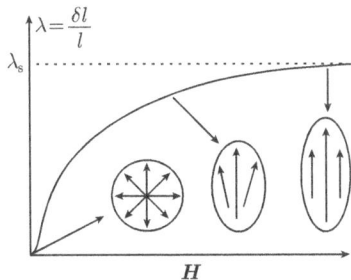

图 2.11　磁致伸缩过程示意图

长. 当磁场增大到一定强度时, 磁畴完全平行于磁场方向, 达到饱和磁致伸缩状态. 一般情况下, 磁化过程分为 180° 畴壁运动和非 180° 磁畴转动, 而磁致伸缩主要发生在非 180° 畴壁转动阶段.

铁磁材料具有和自发磁化强度方向有关的能量各向异性, 宏观表现为对磁性材料施加磁场进行磁化时出现对外磁场方向的各向异性. 在测量铁磁体单晶磁化曲线时, 磁化曲线随晶轴方向的不同而有所差别, 即磁性随晶轴方向显示各向异性, 这种现象称为磁晶各向异性. 量子理论计算结果表明, 磁晶各向异性的微观机构与电子自旋和轨道的相互耦合作用以及晶体的电场效应有关的. 为了表征磁晶各向异性的特征, 把最容易磁化的晶轴方向称为易磁化方向, 而易磁化方向所在的晶轴称为易磁化轴, 它表明沿这个晶轴方向很容易磁化饱和. 从能量的观点而言, 铁磁晶体各向异性, 表现为沿单晶体不同晶轴方向上, 外磁场使其从退磁化状态到达饱和磁化时所需要的磁化能量是不相同的. 在易磁化方向需要的磁化能量最小, 而在难磁化方向所需要的磁化能量最大. 铁磁体磁化时需要的磁化能为

$$W = \int_0^{\boldsymbol{M}_s} \boldsymbol{H} \cdot \mathrm{d}\boldsymbol{M} \tag{2.64}$$

磁晶各向异性能定义为饱和磁化强度矢量在铁磁体中取不同方向时, 随方向而改变的能量. 磁晶各向异性能只与磁化强度矢量在晶体中相对晶轴的取向有关. 显然, 在易磁化轴方向上, 磁晶各向异性能最小; 而在难磁化轴方向上, 则最大. 因此, 铁磁体中自发磁化矢量和磁畴的分布取向是倾向于沿着磁晶各向异性能最小的易磁化轴方向, 处于最稳定的状态. 对于立方晶体, 通常以单位体积的铁磁晶体沿 [111] 型轴与沿 [100] 型轴饱和磁化时所耗费的能量差来定义.

铁磁体在受到外应力 σ 作用时, 晶体将发生相应的形变. 当 $\lambda_s > 0$ 时, 张应力使磁畴中自发磁化强度矢量的方向取平行或反平行于应力的方向; 压应力使磁畴其垂直于应力的方向; 反之亦然. 在磁化过程中, 应力对磁化的进程可以起到促进或阻碍的作用. 对于 $\lambda_s \sigma > 0$ 的情形, 若外磁场 $\boldsymbol{H}$ 平行于 σ 的方向, 则应力促进磁化; 反之, 当 $\lambda_s \sigma < 0$ 时, 与外磁场 $\boldsymbol{H}$ 平行的应力 σ 将阻碍磁化进行. 但应当指出, 在没有外磁场作用时, 应力作用并不会导致晶体在宏观上显示出磁性. 磁致伸缩会使材料产生各向异性的磁弹性能.

当铁磁体在磁场作用下磁化时, 铁磁体与磁场间的相互作用能量称作静磁能. 它包括两个方面: 外磁场能和退磁场能. 外磁场能是铁磁体与外磁场存在的相互作用能; 退磁场能则是铁磁体本身存在的磁矩间相互作用能量, 即是铁磁体与其自身所产生的退磁场之间的相互作用能. 若铁磁体的磁化强度为 M, 在外磁场 H 作用下, 铁磁体具有的位能为 $F_H = -\mu_0 M H \cos \theta$, 其中 θ 是磁化强度和外磁场之间的夹角. 对于有限尺寸的铁磁体被磁化后, 在其两端面上将会分别出现 N 和 S 磁极, 从而产生与内部磁化强度方向相反的退磁场 H_d. 如果铁磁体被均匀磁化, 则退磁

场可以表示为 $H_d = -NM$, 其中 N 是退磁因子, 决定于铁磁体的几何形状. 与外磁场能相似, 可以得到铁磁体的退磁场能

$$F_d = -\int_0^M \mu_0 H_d \mathrm{d}M = \frac{1}{2}\mu_0 N M^2 \tag{2.65}$$

如果铁磁体不是均匀磁化时, 其退磁场也不均匀, 退磁场就不能用 $H_d = -NM$ 表示. 目前, 理论上也只能对某些具有特殊而简单形状的样品进行严格求解. 对于任意形状的样品只能依靠实验测定. 对于铁磁体内部的磁畴结构的形成以及分布, 退磁场的影响是不可忽略的, 因为它是铁磁体形成多畴的根本原因之一.

2.9.2　磁致形状记忆效应的机制

还有一类铁磁体同传统的形状记忆合金一样, 可以在温度场驱动下发生高温奥氏体相和低温马氏体相之间的相变和逆相变过程, 从而实现形状记忆效应 (舟久保等, 1992; Vassiliev, 2002). 更引人关注的是该合金可以在磁场作用下发生相变及马氏体变体择优取向过程, 从而产生巨大的磁致应变, 并且其响应频率高, 克服了传统形状记忆合金在温度场作用下响应频率低的缺点. 目前报道的铁磁形状记忆合金有 FePd、Ni$_2$MnGa、Ni$_2$FeGa、FeCoNiTi 和 Co$_2$MnGa 等 (Cui et al., 2001; Heczko et al., 2001; Wuttig et al., 2001; Morito et al., 2002), AdaptaMat 公司已经用铁磁形状记忆合金设计和开发了驱动器, 测试响应时间为 0.2ms, 磁致应变为 2.8%. 自 1996 年首次获得 0.2%(Ullakko et al., 1997) 的磁致应变起, 人们不断研究合金在应力场、温度场和磁场及其耦合场作用下的应变. 一般将该合金在温度场作用下的应变称为相变应变, 在应力场作用下的应变称为应力—应变, 在磁场作用下的应变称为磁致应变 (Murray et al., 2000).

铁磁形状记忆合金在温度场作用下发生形状记忆效应与传统的形状记忆合金相同, 即通过相变实现. 该合金在磁场作用下, 存在两种物理机制 (O'Handley, 1998; O'Handley et al., 2000): ① 由于磁场作用发生奥氏体到马氏体的结构相变而产生磁致形状记忆效应; ② 在磁场作用下引起马氏体变体的择优取向而产生磁场诱发的应变. 由于磁场的作用能够影响奥氏体到马氏体结构相变的相变温度, 因此可以在磁场作用下观察到铁磁形状记忆合金发生结构相变. 但磁场作用对于结构相变的相变温度影响很小 (约 1.2K/106A·m^{-1}), 换言之, 该合金发生结构相变需要很强的磁场, 因此对于铁磁形状记忆合金马氏体结构相变的研究进展缓慢 (Cherechukin et al., 2001). O'Handley(1998) 认为磁场诱发的应变是通过马氏体变体的内孪晶界的运动 (磁感生应变) 和马氏体—奥氏体相界的运动 (相变应变) 实现的. 它们的驱动力来源于马氏体变体之间或马氏体—奥氏体相之间的磁晶各向异性能或静磁能 (Zeeman 能) 的差别.

当磁晶各向异性能 K_u 远大于静磁能时, 马氏体变体具有很强的单轴磁各向异性, 所以马氏体孪生变体中的磁矩方向在磁场下的改变量可以忽略, 同时也忽略了不产生应变的 $180°$ 畴壁运动. 磁场的作用产生了孪晶界和相界的运动, 在适当选择磁场方向的情况下, 易轴与磁场方向平行的马氏体变体体积分数增加. 如图 2.12 所示, O'Handley 将马氏体简化为两种变体, 每种变体只有一种单一的磁畴, 随着磁场的增加, 由于变体之间静磁能的差别产生了引起孪晶界运动的驱动力 P 为

$$P = -M_s H[\cos\theta - \cos(\theta + \phi)] \tag{2.66}$$

当磁晶各向异性能远小于静磁能时, 磁矩旋转相对孪晶界的运动更容易发生, 从而达到饱和磁化状态, 这样使得孪晶界之间的静磁能相同, 此时只有磁致伸缩, 而不存在由于孪晶界运动产生的应变.

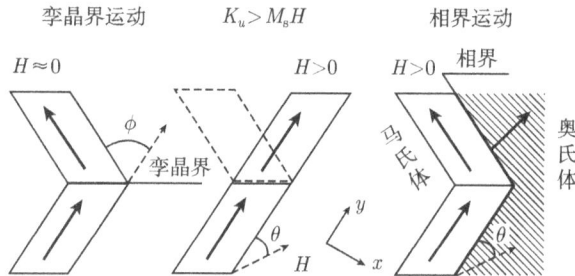

图 2.12 孪晶界与相界运动示意图 $(K_u > M_s H)$

2.10 磁学单位与量纲

电磁学的单位制包括多种单位制. 如 CGSE 单位制和 CGSM 单位制, 又分别称作绝对静电单位制 (e.s.u.) 和绝对电磁单位制 (e.m.u.), 基本量包括长度、时间和质量, 基本单位是 m, s 和 mg. 其中, CGSE 单位制是从库仑定律出发制定的, CGSM 单位制是从安培定律出发制定的. 高斯单位制是它们的混合, 所有的电学量用 CGSE 单位制, 所有的磁学量用 CGSM 单位制, 联系两种单位制的关键物理量是电流, 但在两种单位制的磁学量和电学量推导时, 一般需要引入光速 c, 由于在理论物理中使用和运算比较方便, 很多情况下仍然采用高斯单位制. 由于高斯单位制采用的是绝对单位制, 可用 CGS 表示. 在国际单位制 (MKSA) 中, 包括四个基本量: 长度、时间、质量和电流强度, 基本单位是 m, kg, s 和 A. 它是一种有理单位制, 这使得高斯定理、安培环路定理等的公式中不含有 4π, 使这些定理变得简单. 如表 2.1 所示, 但 4π 是由于几何立体角引入到电磁公式中的, 不可能消失, 因此它会出现其他定律中, 比如库仑定理. 这就导致磁学中多种单位制并存, 有些人偏爱高斯单位制, 有些人偏爱国际单位制, 两种单位之间的换算表如表 2.2 所示. 需要指出

的是, 如果在磁学中出现的物理量的单位不属于同一单位制, 则这些公式只表示数值间的关系, 不要把物理量的单位带入公式, 可能导致单位的运算结果并不相等.

表 2.1　磁学基本公式

公式说明	CGS 制	MKSA 制
$\boldsymbol{B}$, $\boldsymbol{H}$, $\boldsymbol{J}$, $\boldsymbol{M}$ 之间的关系	$\boldsymbol{B} = \boldsymbol{H} + 4\pi\boldsymbol{J} = \boldsymbol{H} + 4\pi\boldsymbol{M}$	$\boldsymbol{B} = \mu_0\boldsymbol{H} + \boldsymbol{J} = \mu_0(\boldsymbol{H} + \boldsymbol{M})$
磁化率	$\chi = \dfrac{M}{H}$	$\chi = \dfrac{M}{H} = \dfrac{J}{\mu_0 H}$
磁导率	$\mu = 1 + 4\pi\chi$	$\mu = 1 + \chi$
磁场能量密度	$\omega_{\mathrm{m}} = \dfrac{\mu H^2}{8\pi} = \dfrac{\boldsymbol{B} \cdot \boldsymbol{H}}{8\pi}$	$\omega_{\mathrm{m}} = \dfrac{\mu_0\mu H^2}{2} = \dfrac{\boldsymbol{B} \cdot \boldsymbol{H}}{2}$
坡印亭矢量	$\boldsymbol{S} = \dfrac{\mathrm{c}}{4\pi}\boldsymbol{E} \times \boldsymbol{H}$	$\boldsymbol{S} = \boldsymbol{E} \times \boldsymbol{H}$
Lorentz 力公式	$\boldsymbol{F} = q\left(\boldsymbol{E} + \dfrac{1}{\mathrm{c}}\boldsymbol{v} \times \boldsymbol{B}\right)$	$\boldsymbol{F} = q(\boldsymbol{E} + \boldsymbol{v} \times \boldsymbol{B})$
麦克斯韦方程组	$\nabla \cdot \boldsymbol{D} = 4\pi\rho$ $\nabla \times \boldsymbol{E} = -\dfrac{1}{\mathrm{c}}\dfrac{\partial \boldsymbol{B}}{\partial t}$ $\nabla \cdot \boldsymbol{B} = 0$ $\nabla \times \boldsymbol{H} = \dfrac{4\pi}{\mathrm{c}}\boldsymbol{j} + \dfrac{1}{\mathrm{c}}\dfrac{\partial \boldsymbol{D}}{\partial t}$	$\nabla \cdot \boldsymbol{D} = \rho$ $\nabla \times \boldsymbol{E} = -\dfrac{\partial \boldsymbol{B}}{\partial t}$ $\nabla \cdot \boldsymbol{B} = 0$ $\nabla \times \boldsymbol{H} = \boldsymbol{j} + \dfrac{\partial \boldsymbol{D}}{\partial t}$

表 2.2　主要磁学量在两种单位之中的换算表

磁学量	MKSA 制	CGS 制	换算比 *
磁场强度 $\boldsymbol{H}$	安/米 (A/m)	奥斯特 (Oe)	$4\pi \cdot 10^{-3}$
磁感应 [强度] $\boldsymbol{B}$	特 [斯拉](T)	高斯 (Gs,G)	10^4
磁通 [量] $\boldsymbol{\Phi}$	韦 [伯](Wb)	麦克斯韦 (Mx)	10^8
磁极化强度 $\boldsymbol{J}$	韦 [伯]/米 ^{2}(Wb/m^2)	高斯 (Gs, G)	$10^4/4\pi$
磁化强度 $\boldsymbol{M}$	安/米 (A/m)	高斯 (Gs, G)	10^{-3}
真空磁导率 μ_0	$4\pi \cdot 10^{-7}$	1	$10^7/4\pi$
磁晶各向异性常数 k	焦 [耳]/米 ^{3} (J/m^3)	尔格/厘米 ^{3}(erg/cm^3)	10

*MKSA 制的数量乘以此数便成为 CGS 制的数量

第3章 多场耦合实验方法与技术

众所周知, 磁性材料的磁性能不仅受磁场的影响, 而且与应力和温度场有很大的关系. 随着应力状态和温度场的改变, 磁性材料的矫顽场、饱和磁化强度、磁导率、饱和磁致伸缩等均会发生变化. 同时, 磁性材料的力学性能不仅受应力的影响, 而且可以在磁场和温度场作用下调控, 表现出不同的力学行为. 磁性材料的多场耦合性能测试是材料制备、性能评价和器件优化设计的基础. 本章内容主要介绍了作者长期从事铁磁固体的变形与断裂研究中总结的多场耦合实验方法和技术, 以及自主研发的多场耦合实验设备.

3.1 多场耦合实验原理

准静态下铁磁材料的本构关系可表示为

$$\varepsilon_{ij} = \varepsilon_{ij}\left(\sigma_{ij}, H_i, T\right) \tag{3.1}$$

$$B_i = B_i\left(\sigma_{ij}, H_i, T\right) \tag{3.2}$$

其中, σ_{ij} 为应力, ε_{ij} 为应变, B_i 为磁感应强度, H_i 为磁场强度, T 为温度. 由本构方程可以看出, 当自变量为应力、磁场强度和温度时, 输出量是应变和磁感应强度. 通过这些基本量的测量, 我们可以得到反映铁磁材料性质的特征曲线, 如磁滞回线、磁致伸缩曲线、应力—应变曲线等; 进一步, 由这些基本的特征曲线, 可以测得重要的材料参数.

3.1.1 基本量的测量

(1) 磁场强度

磁场强度是空间某点外加磁场的大小和方向, 一般用 H 表示. 磁场强度的测量根据不同的物理原理, 可以分为: 力和力矩法、电磁感应法、磁电效应法和共振法 (周世昌, 1987). 在我们自主研发的多场耦合测试设备中提供了磁场线圈方法 (H 线圈) 和磁电效应方法中的 Hall 效应方法 (Hall 探头) 来测量磁场强度, 因此我们可以根据需要采用其中一种测量方法. H 线圈根据电磁感应定律测量磁场强度, 具有高线性度, 几乎不受温度影响, 测量灵敏度高, 但该方法需要与磁通积分器配合使用, 不能测量静态磁场; 而 Hall 探头利用 Hall 效应的原理可以测量静态磁场, 使用简单方便. 将截流半导体放置于磁场中, 如果电流的方向与磁场方向垂直, 则在

电流的横向方向上产生电位差 U_H, 这种现象称为 Hall 效应. Hall 电动势 U_H 的公式为

$$U_H = \frac{R_H I}{d} B \tag{3.3}$$

其中, R_H 为 Hall 系数, I 电流强度, d 为厚度, B 为磁感应强度. 由于具有 Hall 效应材料的磁化率远远小于 1, 则 $B \approx \mu_0 H$, 代入上式可得磁场强度

$$H = \frac{d}{\mu_0 R_H I} U_H \tag{3.4}$$

Hall 探头放置的位置非常重要, 它对测量结果有很大影响. 它包括两个方面: Hall 探头本身平面的调节; Hall 探头与被测样品的位置和距离. 由 Hall 效应测量磁场的原理可知, Hall 探头测量的是垂直于 Hall 元件平面的磁场分量, 因此在测量之前, 一定要认真调节 Hall 片使其与电磁铁极头平行. 调节 Hall 探头到被测样品中间部位, 并且离样品 1 cm 为好. 如果 Hall 探头靠近样品的上下两端面, 由于被测样品的两个端面不可能绝对平行, 因此在样品端面和电磁铁极头的接触面之间就有漏磁存在, 将会影响磁场测量准确性. 如果 Hall 探头过分靠近样品中间, 由于被测样品表面附近磁场分布与电磁铁均匀区的分布一般不同, 当 Hall 探头过分靠近样品表面时, Hall 探头测量的磁场值并不代表磁体内部的磁场, 影响测量结果. 另外, 为了减少样品形状引起的磁场分布不均匀, 要求样品尽量制成圆柱形, 并且从上到下样品截面积误差要小于 0.2%. 当然样品形状可以是长方体、圆环等, 但注意分析测量误差. 最后 Hall 探头受温度的影响较大, 因此在高温实验中可采用气冷方法使 Hall 探头保持室温, 从而保证磁场强度的测量精度.

(2) 磁感应强度

磁感应强度是用来描述磁场性质的物理量, 也被称为磁通量密度, 常用符号 B 表示. 根据电磁感应定律, 当穿过 N 匝线圈的截面的磁通量 Φ 在 Δt 时间内发生改变时, 将产生电动势

$$U_e = N \frac{\Delta \Phi}{\Delta t} \tag{3.5}$$

采用磁通积分器可以测量在一定时间内的磁通 Φ, 当以 $t = 0$ 时的初始状态为参考点, 如果在磁通积分的面积 S 内磁通密度是均匀的, 则有 $B = \Phi/S$. 当与上述 H 线圈配合时可用来测量空间的磁场强度 $H = B/\mu_0$. 由于磁通积分器的信号需要对时间积分, 所以在测量过程中存在零点漂移, 需要调节使其稳定后再进行测量.

我们自主研发的多场耦合测试设备中提供 B 线圈和 J 线圈两种测量磁感应强度的方法. B 线圈一般选择较细的漆包线, 线的直径应远远小于被测样品的直径, 通常选为小于 0.2 mm 的导线. 使用 B 线圈测量样品获得的磁性能, 反映的是线圈所在位置磁性能的平均值. 在计算磁感应强度时使用的是样品的截面积, 因此 B 线圈应紧贴样品中间部位绕制, 线圈的直径应取线圈的内径和漆包线的直径之和. B

线圈的匝数应根据样品的饱和磁感应强度 B_s, 样品截面积以及磁通计量程选择, 通常匝数不得少于 2 匝, 一般选为 5~6 匝即可, 线圈绕完后其输出线应紧密绞合直到离开电磁铁磁化线包为止. 但其最大缺点是绕线相对麻烦.

J 线圈是由两个匝面积相等的 B 线圈串联反接制成的, 分为平行和同心两种, 它们都是由磁通探测线圈和空气磁通补偿线圈串联反接组成. 这种测量方法避免了绕线的麻烦, 提高了测量速度, 但理想的 J 线圈要求满足两个条件: 组成 J 线圈的两个 B 线圈匝面积相等, 空气补偿是理想的; 测量过程中 J 线圈所处位置的磁场是均匀的, 即磁力线是平行的. 但实际上述两个条件都不能得到完全满足, 因为两个线圈的匝面积不可能完全相等; 测量过程中, 随着磁场的增加, 在样品附近的磁力线会发生弯曲 (即磁场不均匀), 因此, J 线圈使用条件不能得到满足. 由于用比较大的 J 线圈测量小的样品, 测量误差较大, 应尽量选择与样品合适的线圈. 这就要求在实际测量中应尽量选择与样品直径合适的 J 线圈来减小残匝和磁场不均匀性带来的测量误差. 一般情况下, 线圈尺寸可以大于样品尺寸 2 mm, 其测量误差小于 1%. 使用 J 线圈测量样品获得的磁性能, 反映的是线圈所在位置磁性能的平均值. 为了减少样品漏磁的影响, 应将 J 线圈调节到样品中间部位. 对于标准拉伸试件, 其端部直径大于试件有效区直径, 因此应选择 B 线圈测量, 保证测量精度.

(3) 应力

应力是受力物体截面上内力的集度, 即单位面积上的内力, 因此需要测量试件的截面积和承受的机械载荷. 测量机械载荷的方法比较成熟, 可采用力传感器. 需要注意的是, 力传感器要避免强磁场的影响, 在我们自主研发的多场耦合测试设备中提供了两种方式. 一种是采用液压传感器测量载荷, 为了避免磁场对传感器的影响, 利用液压传动技术的优势, 将液压传感器安置在远离磁场的位置. 另外一种是采用非磁性材料自行设计应变式力传感器, 非磁性材料可以减小对磁场分布的扰动, 其中的屏蔽电线应紧密绞合避免磁通变化的影响. 另外, 机械加载时一定要注意两个夹头是否对称, 保证对心性. 且样品两端面尽量平行, 压头与试件接触面一定要光滑, 防止压碎试件.

(4) 应变

应变是描述一点变形程度的力学量, 应变的测量可采用光测法和电测法. 由于电测法具有使用简单、精度高的特点, 被测物体测量部位的应变 $\varepsilon = \Delta l/l$ 与其电阻变化率成正比关系, 即

$$\frac{\Delta R}{R} = K\frac{\Delta l}{l} = K\varepsilon \tag{3.6}$$

其中, K 是电阻应变片的灵敏系数. 一般采用惠更斯电桥技术测量应变, 它有四个桥臂顺序地接在 A, B, C, D 之间, R_1, R_2, R_3, R_4 是桥臂电阻, 电桥的对角点 AC 接电源 E, 另一对角 BD 为电桥的输出端, 其输出电压为 U_{DB}, 如图 3.1 所示.

当满足 $\Delta R/R \ll 1$(小应变) 时, 电桥输出电压的变化量与四个桥臂的电阻变化率成线性关系. 当满足 $R_1 = R_2 = R_3 = R_4$, 可以得到

$$\Delta U_{DB} = \frac{E}{4}\left(\frac{\Delta R_1}{R_1} - \frac{\Delta R_2}{R_2} + \frac{\Delta R_3}{R_3} - \frac{\Delta R_4}{R_4}\right) \quad (3.7)$$

测量过程中磁场加载缓慢, 电阻应变片基本不受磁场的影响, 但需要注意的问题是, 需要采用屏蔽线作为信号线避免噪声影响, 引出的信号线应紧密绞合避免磁通变化的影响. 否则, 由于磁场产生的感

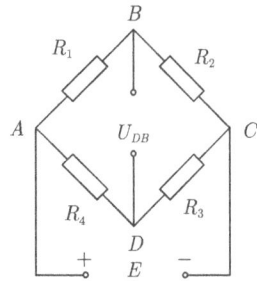

图 3.1　惠更斯电桥示意图

生电压信号, 远远大于真实应变产生的电压信号. 同时, 端子上的引线焊点要平滑; 否则, 在缓慢的磁场变化中也会有感生电流而影响测量精度. 最好采用全桥方式来尽量消除弯矩影响. 在高温实验中除了采用高温应变片外, 还可采用两种方法克服温度对电阻变化的影响, 一种方法是采用温度自补偿电阻应变片, 另一种方法是在惠更斯电桥中接入温度补偿片. 此外, 需要采用高温导线和高熔点焊锡.

(5) 温度

温度的测量一般采用热电偶测量, 为了避免磁场的影响, 我们采用屏蔽电磁场的 K 型铠装热电偶测量, 并通过控制系统对加热功率进行反馈, 保证恒温的环境. 需要说明的是, 在高温实验中为了防止烫坏导线的胶管需要采用耐高温的屏蔽导线.

3.1.2　特征曲线的测量

(1) 磁滞回线

图 3.2 是铁磁材料磁滞回线示意图. 从材料磁中性状态 O 点开始, 随着磁场的增大, 磁化强度沿着虚线 OA 段上升, 到达 A 点时, 大量磁畴发生翻转, 导致磁化强度的剧烈变化. 磁场继续增大, 则越来越多的畴向磁场方向翻转, 磁化强度逐渐达到饱和, OB 段称为初始磁化曲线, 同时也对应着初始的饱和磁化历程. 从磁化饱和点 B, 磁场开始卸载, 磁化强度并不沿着原来的路线返回, 而是沿着 BC 段, 在这一阶段, 部分磁畴翻转回原来的状态, 当磁场卸载到 O, 此时磁化强度并不为零, 则在 C 点的磁化强度称为剩余磁化强度. 对于软磁材料剩余磁化强度较小, 硬磁材料的剩余磁化强度较大. 磁场继续沿着负的方向增大, 则磁畴开始向当前的磁场方向翻转, 当磁化强度变为零时, 对应的 D 点磁场强度为矫顽场. 继续增大磁场, 材料达到相反方向的磁化饱和. 当反方向的磁场开始卸载并改变方向时, 磁化过程和前面类似, 磁场经由 E 点返回 B 点, 构成完整的磁滞回线. 磁滞回线的形成就是由于磁畴的运动导致的. 磁滞回线分别有三种形式: B-H 曲线, M-H 曲线和 J-H 曲

线. 其中磁化强度 M, 磁极化强度 J 以及磁感应强度 B 之间存在如下关系

$$B = H + J = H + 4\pi M \quad \text{(高斯制)} \tag{3.8a}$$

$$B = \mu_0 (H + M) = \mu_0 H + J \quad \text{(国际单位制)} \tag{3.8b}$$

只要知道磁化强度 M, 磁极化强度 J, 或磁感应强度 B 中的任意一个值均可按照式 (3.8a,b) 求出另外两个量. 在我们的实验中采用 J 线圈, 即直接得到 J 值.

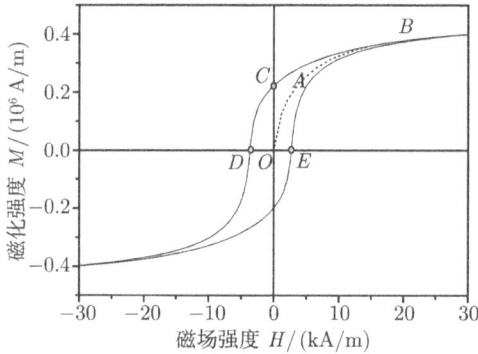

图 3.2   磁滞回线示意图

以 B-H 曲线为例说明磁滞回线测量原理. 如图 3.3 所示, 通过 Hall 片测量磁场强度, 并将采集到的电压信号传入 A/D 卡, 同时, 通过线圈获得磁感应 B 值, 并将其传入 A/D 卡, 由计算机自动记录这两组数据, 从而得到 B-H 曲线.

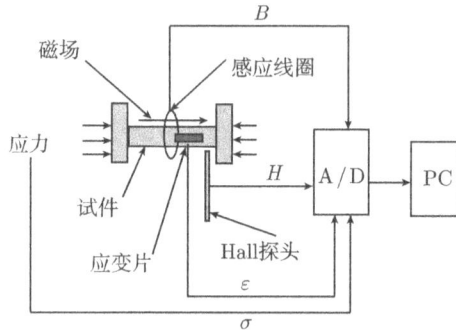

图 3.3   测量原理示意图

(2) 磁致伸缩曲线

铁磁体在外磁场中磁化过程中, 其形状及体积均发生变化, 这个现象被称为磁致伸缩效应. 铁磁体在磁化过程中产生磁致伸缩的过程如图 3.4 所示. 当外磁场为零时, 铁磁体处于退磁化状态, 此时各个自发磁化的磁畴在铁磁体内是随机分布的, 与自发磁化对应的自发应变在各个方向上也是随机分布的, 因此铁磁体不显示宏

观效应. 当铁磁体在外磁场作用下磁化时, 各个磁畴的取向基本平行于外磁场方向, 所以铁磁体在外磁场方向表现出伸长 (正磁致伸缩) 或者缩短 (负磁致伸缩), 而在垂直于磁场方向表现出缩短或者伸长. 当磁场增大到一定强度时, 磁畴完全平行于磁场方向, 达到饱和磁致伸缩状态. 一般情况下, 磁化过程分为 180° 畴壁运动和非 180° 磁畴转动, 而磁致伸缩主要发生在非 180° 畴壁转动阶段.

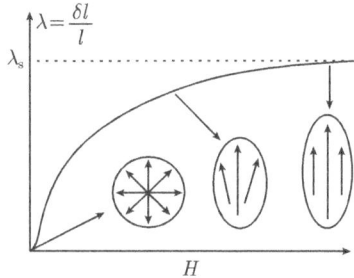

图 3.4　磁致伸缩与畴变过程示意图

在器件设计和应用过程中, 人们关注的是磁致伸缩材料的可重复使用性能, 经历饱和磁化后的具有相同的初始状态, 可以得到可重复回线. 而磁致伸缩材料在经历饱和磁化状态后磁场减小到零时仍然存在一定的剩磁, 并不是处于完全退磁化的状态. 因此, 在实验过程中测量的磁致伸缩实际上是相对磁致伸缩, 定义如下

$$\Delta\lambda = \lambda_f - \lambda_i \tag{3.9}$$

如图 3.5 所示, λ_i 是从退磁状态经历饱和磁化后磁场为零时对应的磁致伸缩, 称为初始状态的磁致伸缩; λ_f 是当前磁场对应的磁致伸缩. 在力磁耦合的实验过程中, 首先施加一定的载荷, 然后经历饱和磁化过程后磁场减小到零, 此时对应的是初始状态的磁致伸缩. 磁致伸缩曲线的测量与磁滞回线测量类似, 如图 3.3 所示, 可以通过应变片测量磁致伸缩并将信号引入 A/D 卡; 同时, 通过 Hall 片测量磁场强度, 并将其引入 A/D 卡. 由计算机自动记录这两组曲线, 得到磁致伸缩曲线 H-λ.

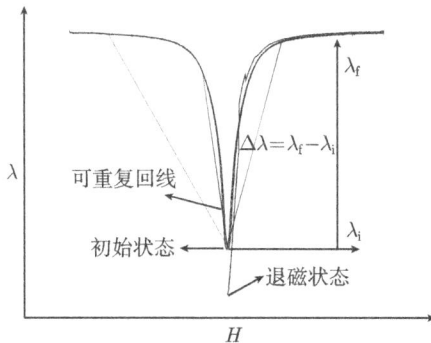

图 3.5　磁致伸缩曲线测量示意图

(3) 应力—应变曲线

铁磁体在受到外应力 σ 作用时, 晶体将发生相应的形变. 当 $\lambda_s > 0$ 时, 张应力使磁畴中自发磁化强度矢量的方向取平行或反平行于应力的方向, 压应力使磁畴取其垂直于应力的方向, 反之亦然. 在磁化过程中, 应力对磁化的进程可以起到促进或阻碍的作用. 对于 $\lambda_s\sigma > 0$ 的情形, 若外磁场 H 平行于 σ 的方向, 则应力促进磁化; 反之, 当 $\lambda_s\sigma < 0$ 时, 与外磁场 H 平行的应力 σ 将阻碍磁化进行. 因此, 应力将引起磁畴运动, 使得除弹性的变形外, 还存在由于磁畴运动引起的变形 ε_m, 其应力—应变曲线表现出非线性的特征, 如图 3.6 所示. 铁磁材料弹性模量 $E = \sigma/(\varepsilon_e + \varepsilon_m)$ 比其为非铁磁性状态时的值 $E_s = \sigma/\varepsilon_e$ 减少 ΔE 的现象称作 ΔE 效应, 则有

$$\frac{\Delta E}{E} = \frac{E_s - E}{E} = \frac{\varepsilon_m}{\varepsilon_e} \tag{3.10}$$

同样, 在应力—应变曲线的测试过程中, 为了获得可重复的实验结果, 需要使材料经历饱和磁化后卸载到零磁场, 从而得到相同的初始磁化状态. 从应力—应变曲线可以看出, 当材料经历应力循环后, 其卸载曲线并没有回复到初始的应变值也说明其磁畴的分布状态发生了不可逆的改变, 需要经历饱和磁化后才能得到可重复的应力—应变曲线. 如图 3.3 所示, 通过力传感器得到应力信号, 通过电阻应变片得到应变信号, 同时将这两组信号引入 A/D 卡, 由计算机自动记录, 从而得到应力—应变曲线 σ-ε.

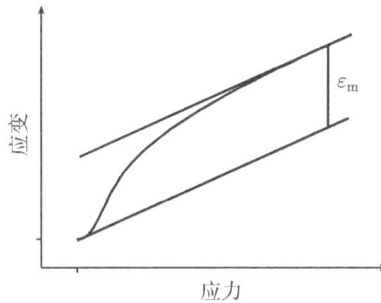

图 3.6   应力—应变曲线示意图

(4) 基本材料参数

材料的基本参数都可以从磁滞回线, 磁致伸缩曲线, 应力—应变曲线中得到, 比如弹性模量便可以直接从应力—应变曲线中测得. 磁导率和磁化率分别定义为

$$\mu = \frac{B}{H}, \quad \chi = \frac{M}{H} \tag{3.11}$$

由于磁导率和磁化率是依赖于加载历史的, 故根据不同应用范围可以定义不同的磁导率, 如初始磁导率、最大磁导率、微分磁导率等. 磁导率和磁化率之间存在如下

关系

$$\mu = 1 + \chi \tag{3.12}$$

从饱和磁化状态开始, 磁场逐渐减小到 $H = 0$, 材料仍保留一定的磁感应强度或磁化强度, 称为剩余磁感应强度 B_r 或剩余磁化强度 M_r. 然后反向增加磁场, 使 $B = 0$ 或 $M = 0$ 对应的磁场强度称作矫顽场, 分别记做 H_{cM} 和 H_{cB}. 矫顽场用来表征材料在磁化状态以后保持磁化状态的能力, 从本质上说, H_{cM} 才是真正的矫顽场, 也称作内禀矫顽场. 一般有 $|H_{cM}| > |H_{cB}|$. 剩余磁化强度 M_r, 饱和磁化强度是铁磁材料的重要基本材料常数, 可以从 M-H 曲线测得.

图 3.7 是磁性参数测量示意图, x 轴是磁场强度, y 轴是磁化强度. 数据采集的是离散的点, 在计算矫顽场时, 取最靠近零磁化强度的两点 (H_1, M_1) 和 (H_2, M_2), 其中 $M_1 < 0$ 而 $M_2 > 0$. 由于矫顽场是磁化强度为零时的磁场强度值, 故通过 (H_1, M_1) 和 (H_2, M_2) 的插值可得矫顽场 H_{cM}. 对于硬磁材料, 磁化曲线穿过矫顽场时有一定斜率, 故矫顽场 H_{cM} 是 (H_1, M_1) 和 (H_2, M_2) 连线上 $M = 0$ 对应的值, 可以表达为

$$H_{cM} = H_2 - \frac{H_1 - H_2}{M_1 - M_2} M_2 \tag{3.13}$$

对于软磁材料, 磁化曲线穿过矫顽场时几乎垂直于 x 轴, 则 M_1 和 M_2 几乎相等, 将会导致按照上式数值计算的溢出. 故 H_{cM} 可近似为两点的中点

$$H_{cM} = \frac{1}{2}(H_1 + H_2) \tag{3.14}$$

剩余磁化的测量与矫顽场测量类似, 取最靠近零磁场的两点 (H_1', M_1') 和 (H_2', M_2'), 其中, $H_1' < 0$ 和 $H_2' > 0$, 可得剩余磁化强度

$$M_r = M_2' - \frac{M_1' - M_2'}{H_1' - H_2'} H_2' \tag{3.15}$$

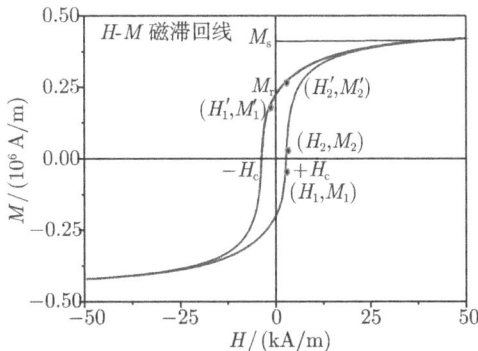

图 3.7　磁性参数测量示意图

(5) 退磁场

当铁磁体在磁场作用下磁化时, 铁磁体与磁场间的相互作用能量称作静磁能. 它包括两个方面: 外磁场能和退磁场能. 外磁场能是铁磁体与外磁场存在的相互作用能; 退磁场能则是铁磁体本身存在的磁矩间相互作用能量, 即是铁磁体与其自身所产生的退磁场之间的相互作用能. 有限尺寸的铁磁体被磁化后, 在其两端面上将会分别出现 N 和 S 磁极, 从而产生与内部磁化强度方向相反的退磁场 H_d. 如果铁磁体被均匀磁化, 则退磁场可以表示为 $H_d = -NM$, 其中, N 是退磁因子, 决定于铁磁体的几何形状. 如果铁磁体不是均匀磁化, 材料内的磁化强度随位置发生变化, 其退磁场也不均匀. 退磁因子不仅与样品尺寸有关, 还与磁导率有关. 目前, 理论上也只能对某些具有特殊而简单形状的样品进行严格求解. 对于任意形状的样品只能依靠实验测定. 对于铁磁体内部的磁畴结构的形成以及分布, 退磁场的影响是不可忽略的, 因为它是铁磁体形成多畴的根本原因.

在标准的磁滞回线测量中, 一般要求样品端面与磁极头端面紧密接触形成闭合的磁路, 这样可以消除退磁场的影响, 从而保证测量结果能够真实反映材料的磁性能, 称作闭路测量. 在多场耦合实验过程中, 需要在样品两端施加机械载荷, 不能满足闭合磁路测试的条件, 因此实验过程为开路测量. 磁性材料在开路测量情况下, 会产生退磁场. 图 3.8 和图 3.9 分别显示了 Ni6 和钢材在开磁场和闭磁场情况下的磁滞回线, 可以看出, 由于退磁场的存在, 磁滞回线产生了 "切变", 即退磁场减小磁导率、减小剩余磁化强度, 但是不改变饱和磁化强度.

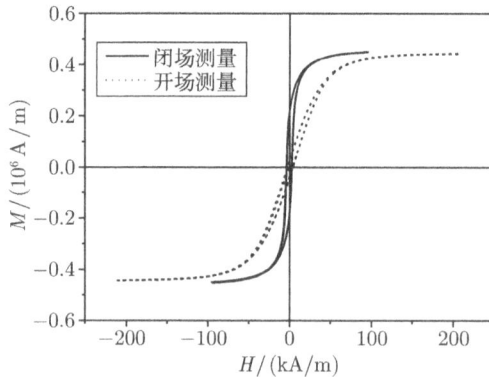

图 3.8   Ni6 在开磁场与闭磁场下磁滞回线

由于退磁场的存在, 物体内部实际的磁场强度是施加的外磁场和内部退磁场的和, 表达为

$$H = H_e + H_d \tag{3.16}$$

其中 H_e 是外磁场. 当物体被均匀磁化时, 退磁因子仅仅是材料形状的函数, 根据理论值和实验, 可以得到退磁因子 N. 对于圆柱状的 Ni6 试件, 根据其细长比可以从

退磁因子表中查出 $N = 0.09$, 则可以修正开磁场的实验结果使其近似等于闭磁场情况下的测量结果. 图 3.10 显示了 Ni6 修正后的开磁场测量数据基本与闭磁场数据吻合.

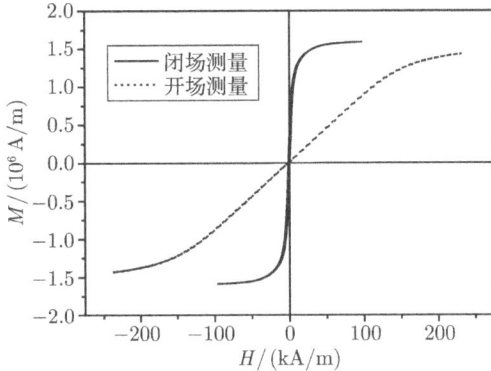

图 3.9 钢在开磁场与闭磁场下磁滞回线

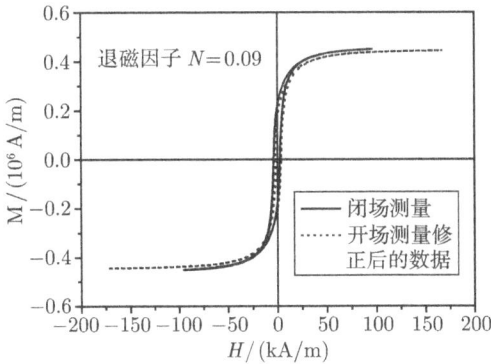

图 3.10 Ni6 修正后的开磁场与闭磁场下磁滞回线

3.2 多场耦合实验设备

3.2.1 现有多场耦合实验设备

多场耦合实验设备随着人们对磁弹性实验研究的深入得到不断发展. Carman 等 (1995) 设计了一套准静态测量磁致应变的装置, 如图 3.11 所示. 将线圈缠绕在塑料管壁上提供磁场, 采用贴在磁致伸缩试件上的光纤应变传感器测量轴向变形. 光纤传感器具有较高的测量精度, 应变可以达到一个微应变的量级, 同时, 光纤传感器不受电磁场的影响. 这套设备只能测量准静态磁致伸缩, 没有提供施加偏磁场和机械载荷的装置.

Bednarek(1999) 采用 Bitter 线圈研究了 Terfenol-D 颗粒磁致伸缩复合材料的磁致应变, 如图 3.12 所示. 该实验装置通过 Bitter 线圈提供磁场, 其最大恒磁场达到 8T. 它通过传感器感受电容变化得到试件在长度方向的变化, 从而测量磁致应变. 显然, 这个装置不能同时施加力磁耦合载荷, 并且 Bitter 线圈造价昂贵, 一般实验很难采用.

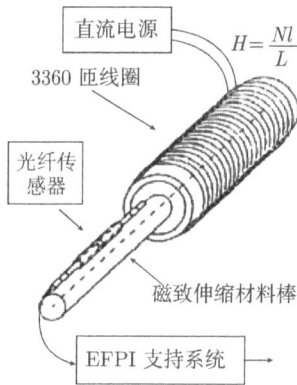

图 3.11   光纤测量磁致应变装置   图 3.12   Bitter 线圈磁致应变测量装置

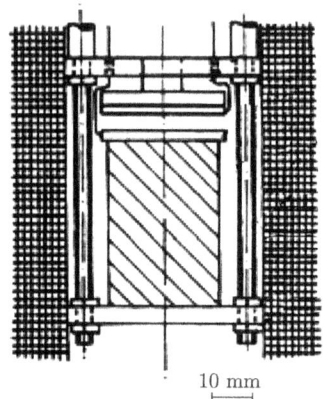

砝码式力加载磁致应变测量装置是一种简易的力磁加载装置 (Clark et al., 2000), 通过一个线圈提供磁场, 机械压力的加载由砝码的自重提供, 如图 3.13 所示. 这种装置能够实现恒力加载, 设计简单. 但由于线圈磁场较小, 并且砝码的重量固定, 因此, 这种加载方式无法实现大磁场、大载荷情况的力磁加载实验, 也无法施加连续的力磁耦合载荷. 另外一种简易磁致伸缩参数测量装置. (杨李色等, 1999) 采用线圈提供磁场, 通过碟形弹簧对试件施加压应力, 力的大小通过数字测力计给出, 力的施加通过调整螺杆手动实现, 如图 3.14 所示. 这个装置显然结构简单, 使用方便, 但无论是力加载还是磁加载, 都只能在较小范围内进行, 机械载荷与磁场的方向垂直.

柱形液压磁致伸缩加载装置 (Timme, 1976; Kvarnsjo et al., 1993) 能够保证变形过程中应力加载是恒定的, 如图 3.15 所示. 其中各个部件如下: 1—— 无磁外壳, 2—— 盖子, 3—— 可动柱塞, 4—— 固定柱塞, 5—— 球形支座, 6—— 垫片, 7—— 试件, 8—— 密封片, 9—— 应变片, 10——Hall 探头, 11—— 耦合线圈, 12—— 压力传感器, 13—— 液压油路, 14—— 油体. 通过液压装置和球形支座, 保证试件受到纯压. 磁场的提供采用与之配套的电磁铁装置. 这套实验设备能够连续地施加力载荷和磁载荷. 然而, 其不足在于机械加载仅能提供单向的压应力, 耦合线圈提供的磁场较小, 而对于其他机械载荷方式如拉应力、三点弯断裂载荷的施加不能进行, 也不能施加恒位移载荷. 闭合磁路磁致应变测量装置 (Timme, 1976) 采用变压器中硅钢片作为磁路介质, 采用线圈提供磁场, 如图 3.16 所示. 在磁场加载过程中, 为了保证试件的变形充分进行, 在磁路中设置了一个间距可调磁块. 这个装置能保证变形过程中磁路闭合, 但由于整个磁路需要不断地调整, 因此控制复杂. 同时这个加载装置不能对试件施加力载荷, 无法实现力磁耦合加载.

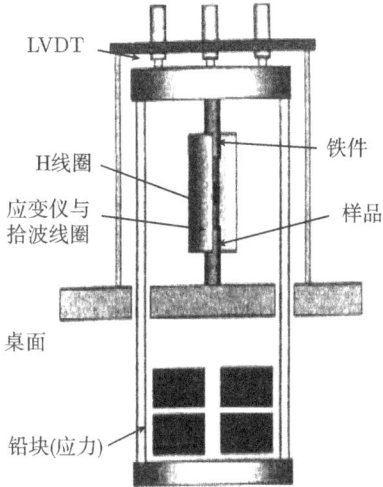

图 3.13   砝码式力加载磁致应变测量装置

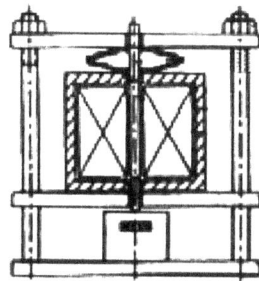

图 3.14   简易磁致伸缩参数测量装置

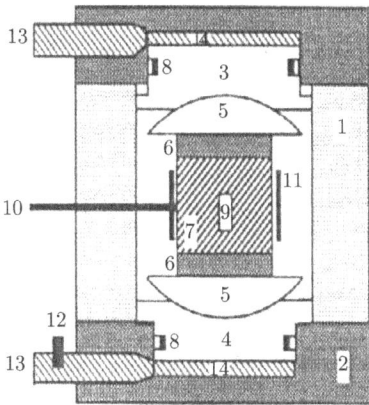

图 3.15   柱形液压磁致伸缩加载装置

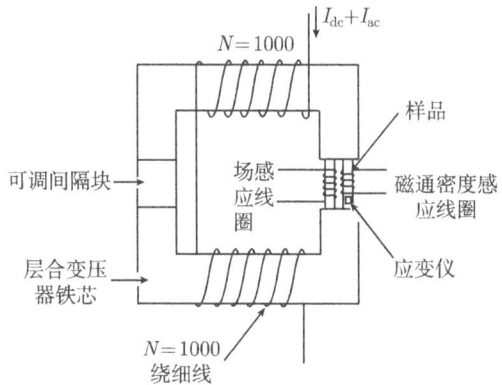

图 3.16   闭合磁路磁致应变测量装置

图 3.17 是一种闭合磁路的力磁耦合测试装置的示意图 (Moffett et al., 1991), 采用电磁体提供稳定的直流磁场, 通过液压驱动提供变化或者恒定的压缩载荷. 该设备具有独特的电磁铁极头和活塞设计, 它一方面可作为电磁铁的极头与试件接触, 保证闭合磁路测量; 另一方面可作为液压驱动的活塞, 提供变化或者恒定的压缩载荷. 但这种设计破坏了电磁铁极头的对称性, 而且磁极头在测试过程中难以保

持静止, 也在一定程度上影响了磁场的均匀区. Jiles 等 (1984) 设计了全自动化的力磁耦合测试设备, 同样采用电磁铁提供稳定的直流磁场, 采用步进电机控制传动螺纹提供压缩和拉伸载荷, 其机械传动设计如图 3.18 所示.

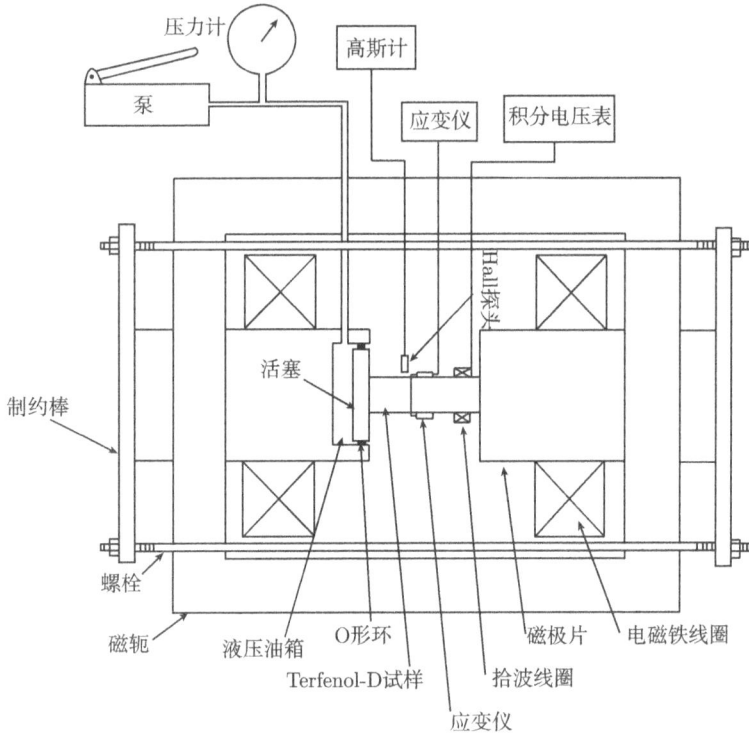

图 3.17   闭合磁路力磁耦合测试装置示意图

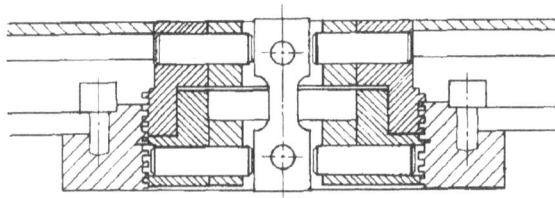

图 3.18   机械传动设计示意图

图 3.19 是炉内加热的力磁热耦合的实验装置 (Nersessian et al., 2003), 采用 MTS858 提供力学加载和测试, 通过螺线管提供磁场, 通过加热炉实现炉内热加载, 最终实现力磁热多场耦合加载和测试. 该装置采用 MTS858 载荷控制模式实现恒定的机械载荷以及正弦变化的机械载荷. 但加热炉的存在制约了静磁场的加载, 使其静磁场的幅值比较小, 另外需要解决采用电阻丝的加热方式所产生附加磁场的干

扰. 图 3.20 是炉外加热的力磁热耦合实验装置示意图 (宋玉泉等, 2008), 该装置主要用来研究温度和磁场联合作用下材料的塑性和超塑性行为. 它采用励磁线圈提供磁场和采用 WQ-100 电子万能试验机实现机械载荷的控制. 它采用炉外加热方式来加热氩气, 然后用高温恒温恒压的氩气来加热试件, 不仅避免了电阻丝加热附加磁场的干扰, 而且可以防止高温下材料的氧化. 同时, 该装置还设计了动态密封技术, 消除了摩擦力的影响.

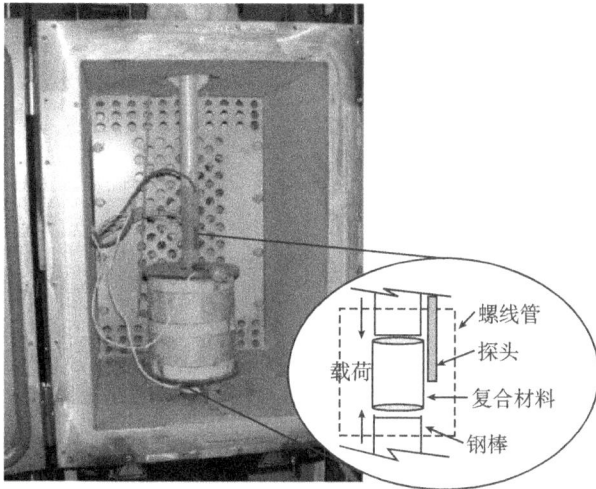

图 3.19　炉内加热的力磁热耦合加载和测试装置

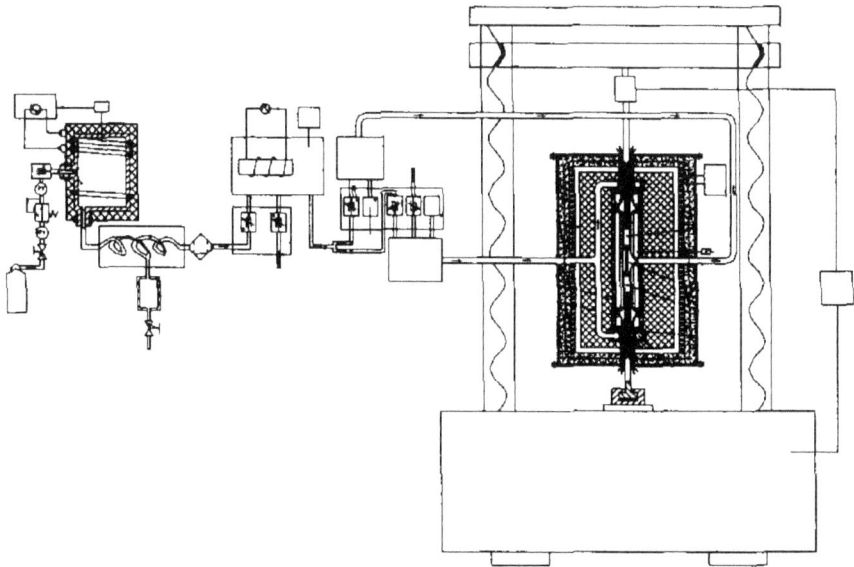

图 3.20　炉外加热的力磁热耦合实验装置示意图

法国科学家为了制备高温超导陶瓷, 研发了一套超导多场耦合的实验仪器 (Nou-dem et al., 1993), 如图 3.21 所示. 它通过超导线圈提供磁场, 最高达 8T, 通过液压驱动可提供高达 60MPa 的压力, 通过外面的加热炉能够提供最高 1100°C 的温度环境, 因此, 它能够为超高温陶瓷的制备同时提供热压和磁场耦合的条件, 也为多场耦合加载实验技术提供了方案. 然而, 该设备一方面比较昂贵, 另一方面它主要是为制备材料提供多场耦合的环境, 还需要开发相应的信号测量技术.

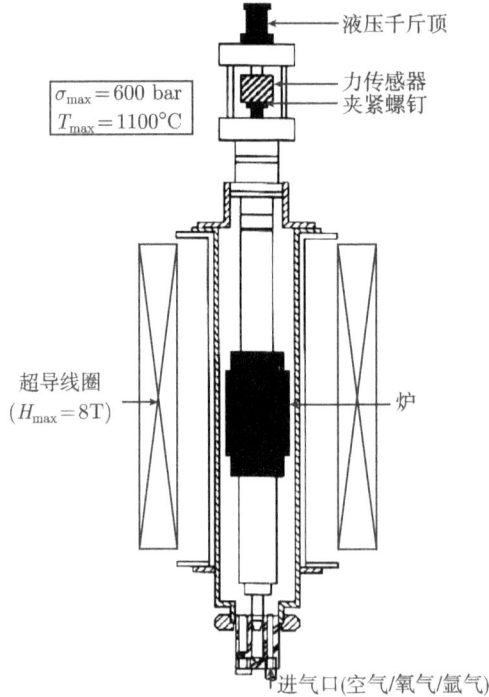

图 3.21   高温超导陶瓷多场耦合制备装置示意图

图 3.22 是美国明尼苏达大学为铁磁形状记忆材料性能测试研发的多场耦合实验设备 (MMTM)(Shield, 2003), 采用两组双极头分别提供直流磁场, 因此可以产生两个方向的磁场, 在 100mm 极间距的中心能够产生 0.85T 的磁场. 通过 Instron4467 力学试验机和非磁性夹具施加机械载荷, 力传感器的量程为 1350N, 因此该设备可以产生双轴向的电磁场和单轴向的应力场. 另外, 它还可以通过具有合适温度的液体槽提供 $-50 \sim 150°C$ 的环境.

综上所述, 电磁固体材料在多场耦合条件下的变形与断裂实验科学仪器, 首先必须能够对电磁固体材料同时施加力磁热多场耦合载荷, 其次需要能够测量各种力学量和磁学量. 磁场发生设备是多场耦合实验装置的一个重要部分. 对于常规磁场可以采用励磁线圈和永磁体等, 励磁线圈可以为机械载荷的施加提供足够的空间,容易实现多场耦合加载. 但磁场的幅值和均匀区的空间受到限制, 同时, 永磁体不能实现连续的磁场调节. 超大磁场需要采用超导线圈, 超导线圈由于在低温下工作, 可以通过巨大的电流从而产生强磁场. 但由于超导线圈的工作环境处于绝对低温下 (如文献 (Clatterbuck et al., 2000) 中的 4.2K), 这涉及到一整套的低温装置, 其设备固定投资和运行维护费用都十分昂贵, 这对于一般实验而言难以承受. 同时, 超导磁场发生设备一般工作空间较小, 难以进行多种机械载荷 (如拉、压、弯以及断裂载荷等) 和热载荷的施加, 也给多场耦合响应的测量带来了困难. 常规的电磁铁提供的磁场可以满足多场耦合实验所需的磁场. 但磁场的幅值随着电磁铁双极头距离的增大迅速衰减, 磁场均匀区与电磁铁极头直径成正比, 这就使得在保证磁场幅值和均匀区的条件下限制了机械和热加载的空间. 机械加载装置也有多种形式, 如弹簧、碟簧、砝码、机械传动加载、液压系统和气动系统等, 多场耦合实验主要涉及到机械加载装置的刚度系数和可调压力范围等参数. 弹簧、碟簧和砝码的机械加载方式只能提供很小的载荷, 而且可调压力范围有限, 比如不能完成多场耦合条件下的应力—应变实验. 机械传动加载方式一般需要设计其刚度系数, 减小由于磁致伸缩的变化引起的机械载荷的变化, 因此, 一般采用现有成熟试验机的恒载荷控制模式来实现恒定的预加载荷. 但是由于商业试验机的空间局限, 在商业试验机的基础上通过励磁线圈提供磁场方式限制了磁场幅值和均匀区空间.

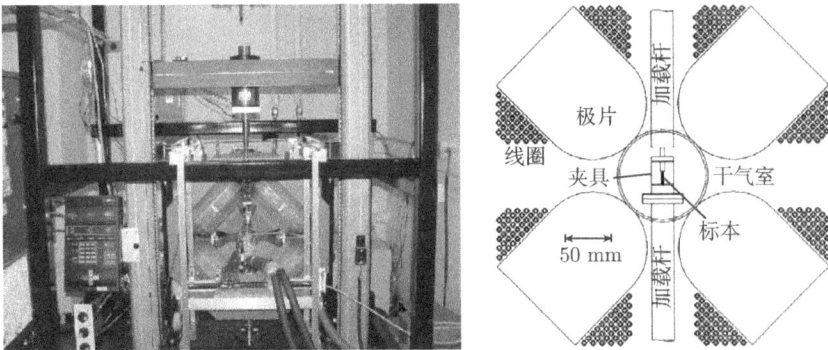

图 3.22　多场耦合实验设备 (MMTM) 和结构示意图

3.2.2　机械传动力磁耦合实验设备

为了研究电磁固体材料的多场耦合性能和力学行为, 需要自主研发多场耦合的实验技术和设备. 我们自主研发了第一代卧式力磁耦合加载和测量实验设备, 包括四部分: 磁场产生设备、磁场测量设备、机械加载与测量设备、监控与采集设备, 如图 3.23 所示.

(1) 磁场产生设备

磁场由直流电通过电磁铁产生, 基本尺寸为 800mm×600mm×700mm. 电磁铁为外斯型通用电磁铁, 极柱直径 ϕ220mm, 线包间距 ϕ130mm, 气隙可调范围 0～120mm, 极头直径 ϕ100mm. 两线包串联总电阻为 9Ω, 有内冷式水冷措施. 为了同时具有高磁场和高精度, 设计了两套电源: ① 通过晶体管整流的小电源, 最大输出电流 20A, 最大功率 2kW, 当极间距为 80mm, 最大磁场可以达到 0.4T, 5 min 内磁场波动小于 1%; ② 通过可控硅整流的大电源, 最大输出电流 50A, 最大功率 15kW, 当极间距为 80mm, 最大磁场可达到 1.2T, 3min 内磁场波动小于 3%. 对于一般软磁材料使用小电源, 磁场稳定, 精度高. 对于硬磁材料或者饱和场大于 1T 的磁性材料, 可以使用大电源, 虽然大电源产生的磁场很高, 但是以牺牲稳定性为代价的.

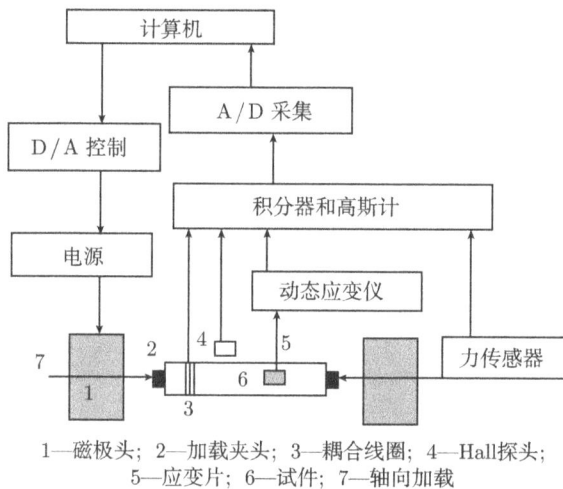

1—磁极头; 2—加载夹头; 3—耦合线圈; 4—Hall探头;
5—应变片; 6—试件; 7—轴向加载

图 3.23 卧式力磁耦合加载与测试原理示意图

(2) 磁场测量设备

磁场强度由 Hall 探头或者 H 线圈测量, 磁感应强度由 J 线圈或者 B 线圈测量, 将这两路原始模拟信号引入专门设计的积分器和特斯拉计, 转换为 A/D 卡可以直接采集的模拟信号.

(3) 机械加载设备

分别设计了垂直磁场方向和平行磁场方向的加载设备, 这两个方向的加载通过涡轮蜗杆传动. 沿磁场方向的轴向拉压, 最大载荷 1000 kg, 通过步进电机控制加载, 并设计了行程限位保护功能. 垂直于磁场方向最大拉压载荷 100 kg. 载荷传感器采用 4 位半表, 与固定承载板串联连接后安置在电磁铁外侧, 这样避免磁场对传感器的影响. 磁场中的所有部件包括压头和拉头均为无磁不锈钢制作. 另外采用电阻应变片法测试材料的变形. 该设备还能完成不同磁场下的三点弯实验和压痕实验, 其中, 三点弯实验支座要满足放置试件时方便定位的要求, 同时支座间的距离是可调的, 以满足不同尺寸的试件的实验要求, 如图 3.24 所示. 支座的材料选用黄铜, 以保证放置在磁场中时不会影响磁极头之间的磁场分布.

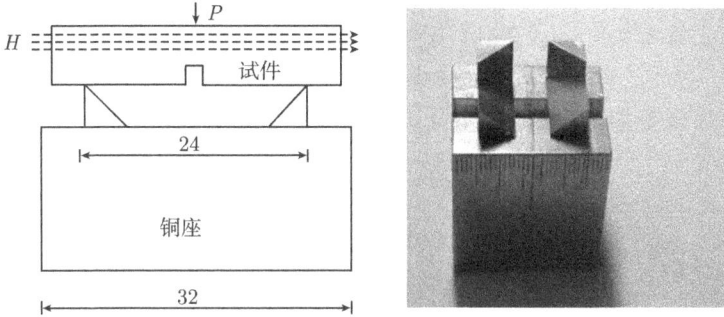

图 3.24　三点弯支座

(4) 监控与采集设备

整个实验过程由计算机控制, 通过 D/A 控制电源加载, 通过 A/D 采集磁场强度、磁感应强度、应力和应变等信号. 由于这套设备不仅进行本构实验还要进行断裂实验, 为了满足我们的要求并使测量过程自动化, 我们自行开发了测量过程的监控与数据采集软件. 在监控软件的控制下, 应力和应变信号分别通过力传感器和动态应变仪引入 A/D 卡, 磁场强度和磁感应强度则通过积分器转换后引入 A/D 卡. 计算机通过 D/A 卡, 控制磁场加载, 在磁场加载的同时, 计算机通过 A/D 同步采集磁感应、强度、应变和应力信号, 并自动处理和记录数据.

卧式力磁耦合加载和测量实验设备如图 3.25 所示, 可以进行全面的本构实验, 包括测量不同应力状态下的磁滞回线、不同应力状态下磁致伸缩曲线、不同磁场强度下的应力—应变曲线、不同磁场强度下的应力退磁化曲线等, 还可以完成不同磁场下的三点弯断裂实验、压痕实验和振动实验.

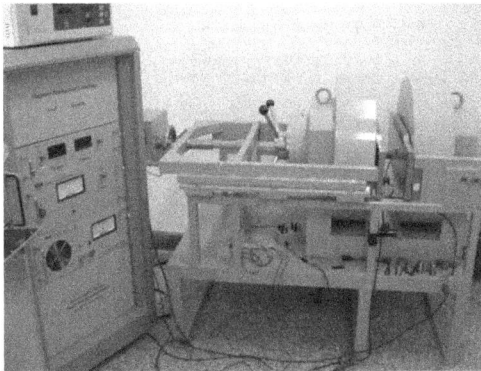

图 3.25　卧式力磁耦合加载和测量实验设备

3.2.3　液压传动力磁耦合实验设备

　　卧式力磁耦合机械加载与测量系统依然不能满足高磁场、高载荷力磁耦合加载与测量的要求, 因此, 我们利用液压传动技术设计出小型化加载装置, 通过绝缘和屏蔽技术, 实现了液压加载装置和新一代电磁铁的结合, 研发第二代多功能全自动力磁耦合加载与测量系统, 其测量和控制的原理如图 3.26 所示.

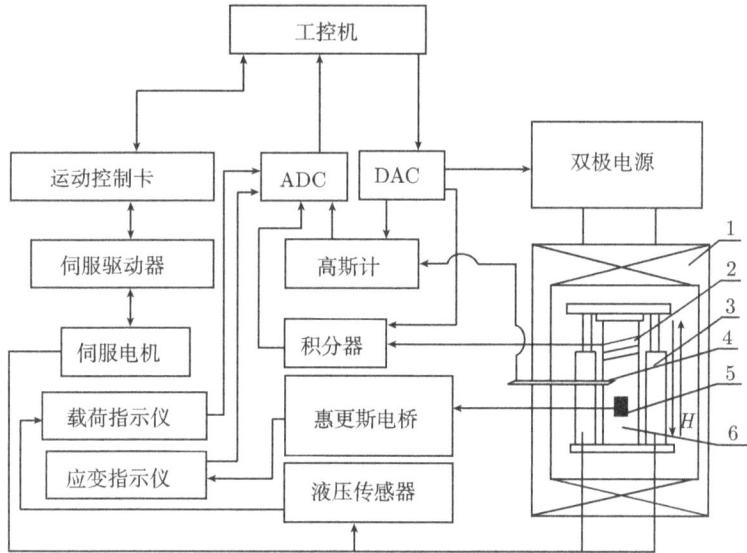

1——电磁铁; 2——J 线圈; 3——液压泵; 4——Hall 探头; 5——应变片; 6——试件

图 3.26　测量与控制系统原理示意图

(1) 磁场产生设备

　　采用全自动控制电磁铁, 极头可调距离 0~180mm, 可更换不同直径 (30mm, 60mm, 100mm) 的极头. 实现了电极头位置自动化反馈调控技术, 这样在测量过程中伺服电机实时调控双极头间距, 使之保持恒定, 避免机械锁定极头压碎试件. 并且采用了刚性支架设计, 克服双极头间巨大的电磁吸引力引起的变形. 同时, 采用层状的铝/铜箔来代替传统漆包线作为励磁电流的载体, 提高了槽满率, 实现更高密度的线圈绕制, 在相同线圈截面积下获得了更多的匝数, 从而提高了磁场强度. 另一方面, 提出了随动磁路设计, 上极头与导磁率较高的磁轭连接, 并随之移动, 提高了磁路的封闭性, 减小了磁路中滑动连接部位的磁泄漏和损耗, 这样也间接提高了磁场强度. 当使用 100mm 直径的极头, 在保持极间距为 100mm 时, 最大磁场能够达到 1910kA/m; 设计了高精度程控直流稳压励磁电源为电磁铁提供电流, 最大输出 450V, 150A, 稳定性 1%/5min, 另外也可以用手动旋钮控制励磁电源电流. 在磁场强度小于 79.6kA/m 时, 磁场强度在 5min 内波动小于 2%; 在磁场强度大于 79.6kA/m, 小于 1910kA/m 时, 磁场强度在 5min 内波动小于 1%, 如图 3.27 所示.

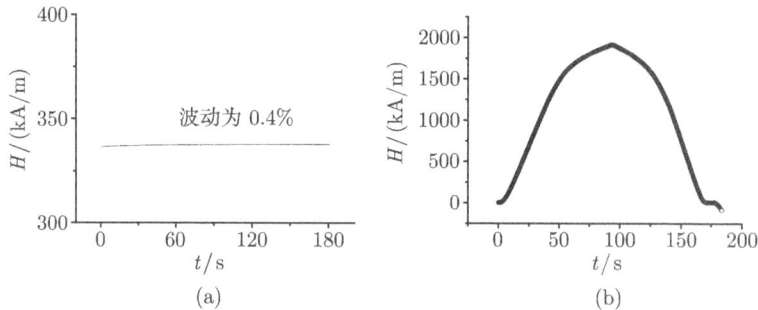

图 3.27　(a) 磁场波动测试; (b) 最大磁场强度测试

(2) 磁性测量设备

采用高斯计与 Hall 探头配合或者积分器与 H 线圈配合测量磁场强度, 采用积分器与 J 线圈配合测量磁极化强度, 或者积分器与 B 线圈配合测量磁感应强度, 重复性和准确性达到满量程的 1%. 为了对磁场强度和磁感应强度进行标定, 我们对 AlNiCo 标样进行了磁滞回线的测量, 测试结果显示, 其剩余磁感应强度为 1.315 T, 矫顽场为 59.9 kA/m, 其测试结果与标样的已知结果接近, 误差在 0.5% 范围内, 如图 3.28 所示.

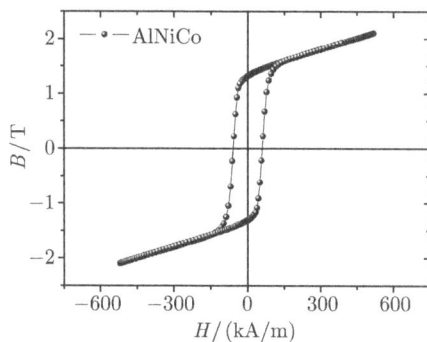

图 3.28　AlNiCo 磁滞回线测量

(3) 力学加载与测量设备

液压驱动的机械加载装置采用非磁性材料以减小其对磁场强度均匀性的影响; 通过伺服驱动器控制伺服电机为液压系统提供驱动力, 还可以通过手动曲柄为液压系统提供驱动力; 机械加载装置具有小型化的特点 (100mm×100mm×200mm), 因此可以在双极头之间的磁场均匀区内旋转, 使加载载荷与磁场之间成任意角度, 从而实现了多轴力磁耦合场加载; 并且由于加载板跨度很小, 可以避免加载板产生大的挠度变形; 其最大载荷为 20000N, 分辨率为 1N. 为了对液压系统进行标定, 我们巧妙设计了一种标定装置, 如图 3.29 所示. 为了实现拉压弯等多种加载方式, 我们设计了适应各种尺寸试件的夹具与相应的安装工具, 如图 3.30 所示.

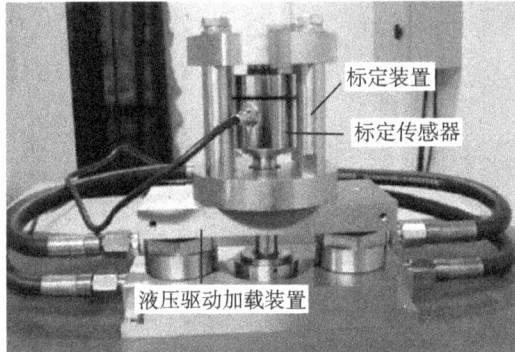

图 3.29   液压驱动加载装置与标定装置

图 3.30   各种夹具与安装工具

力学测量装置包括上驱动液压传感器和相对应的液压指示仪, 量程 15MPa, 输出电压 0~5V, 设置为上上限报警模式; 下驱动液压传感器和相对应的液压指示仪, 量程 10MPa, 输出电压 0~5V, 设置为上上限报警模式; 四通道动态应变仪和惠更斯电桥, 桥路具有自平衡功能, 拥有 100、300、1000、3000 四档增益功能. 为了对液压传感器进行标定, 我们用自行设计的标定装置进行了标定, 如图 3.31 所示, 然后再对不锈钢的弹性模量进行了测量, 测量的弹性模量为 206.8GPa. 我们采用标准应变源对动态应变仪进行了标定. 由于伺服驱动系统和磁场设备在整个系统中产生了交流噪声信号, 使得液压传感器和动态应变仪无法正常显示, 我们在传感器的输入端设计电容屏蔽交流噪声. 同时, 我们设计了可在强磁场下工作的应变型传感器, 与夹具配合后直接串联试件和液压驱动加载装置, 可在不同磁场下测试机械载荷, 如图 3.32 所示. 另外, 我们在液压驱动泵中设计了限位传感器, 在软件中设置了最大允许位移和最大允许磁场强度, 在液压指示仪中设置了上上限报警, 并安装了三相电路指示灯等各种安全措施, 尽可能避免人为失误造成力磁耦合加载与测量系统的损坏以及对人身造成伤害.

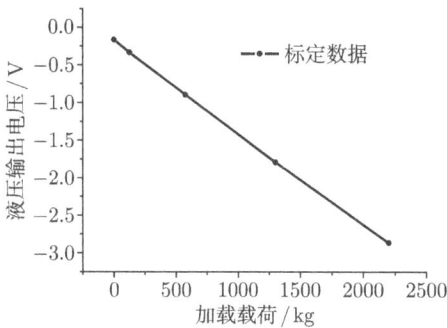

图 3.31　载荷标定结果

图 3.32　安装夹具后的磁场环境使用的传感器

(4) 监控与采集设备

励磁电源由专门设计的两通道 12 位的 D/A 卡控制, 从而控制电磁场的大小; 伺服电机由高速多轴智能伺服运动控制卡通过伺服驱动器控制, 从而控制液压驱动装置的加载与卸载过程; 磁学信号由专门设计的 8 通道 14 位的 A/D 卡采集; 力学信号由普通的 8 通道 16 位 A/D 卡采集. 这样设计可以避免磁学信号和力学信号互相干扰, 整个实验过程包括磁场与载荷的加载和卸载, 以及磁场强度、磁感应强度、载荷、应变的采集, 均可以通过工控机自动化控制与测量. 在各采集单元中均采用电容屏蔽技术避免噪声信号对采集信号的干扰.

(5) 软件开发与功能介绍

MagMech 力磁耦合测控系统可以自动化控制磁场和载荷的加载与卸载过程, 并对磁场强度、磁感应强度、载荷和应变信号进行自动采集和数据处理, 操作界面如图 3.33 所示. 为了保持恒定的载荷, 除了利用液压系统实现被动控制方式外, 该软件系统可实时采集载荷反馈信号, 通过控制液压系统加载与卸载过程实现恒载荷的主动控制方式. 该软件的磁滞回线的流程示意图如图 3.34 所示.

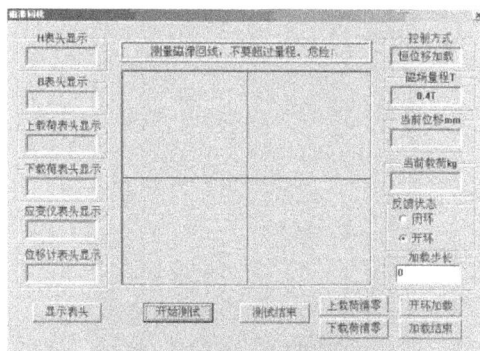

图 3.33　磁滞回线的操作界面

功能包括: 不同恒定载荷下的磁滞回线, 磁致伸缩, 磁致相变等实验测量; 不同恒定磁场下的应力—应变曲线, 压力退磁化曲线, 三点弯等实验测量; 多场耦合下的路径效应, 擦除特性和同余性等实验测量过程. 图 3.35 给出了完整的液压传动力磁耦合实验设备.

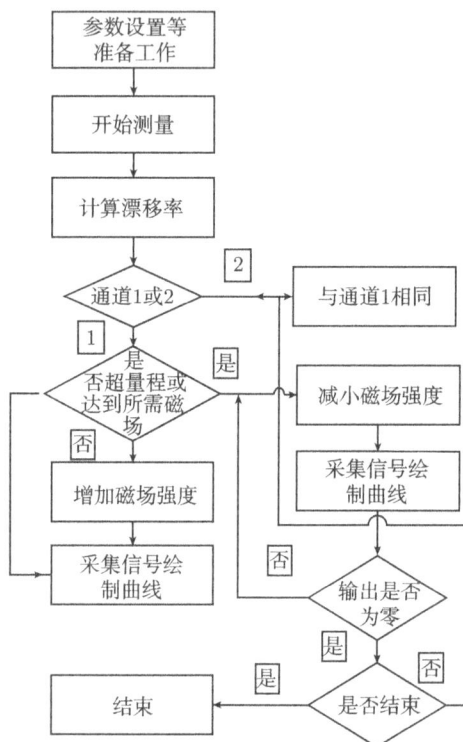

图 3.34　磁场加载与卸载控制流程图

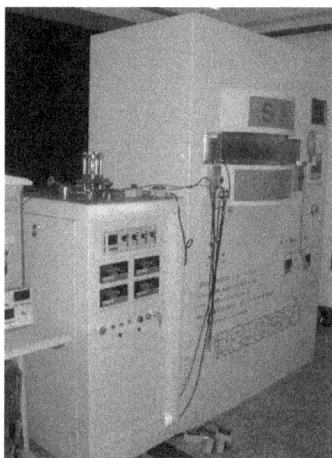

图 3.35　液压传动力磁耦合实验设备

3.2.4　力磁热耦合实验设备

在力磁耦合实验平台的基础上增加了温度加载模块, 并对力磁耦合加载模块进行了必要的改进. 为了避免温度场和磁场、应力场之间的相互干扰, 采用循环油浴的办法来实现温度加载. 这种方法的核心思想是将加热区域和工作区域分离, 通过硅油热媒在两个区域间的循环流动实现温度加载. 下面具体介绍该系统的工作原理.

(1) 循环油浴温度加载系统的原理和结构

循环油浴温度加载系统由热媒加热区, 工作区和循环反馈系统三部分组成, 如图 3.36. 热媒加热区包括恒温油槽、加热丝、控制箱、热电偶和高温油泵, 用于给热媒循环提供动力和热源; 工作区是本系统的主要部分, 包括绝缘耐压油杯、液压应力加载系统、绝缘夹头、高温电极、电磁铁、热电偶、B 线圈、Hall 探头、隔热毡、水冷系统等, 用来给试件提供力磁热耦合加载环境; 循环与反馈, 包括进油管、出油管和温度反馈, 主要起连接加热区和工作区, 以及信号反馈控制的作用.

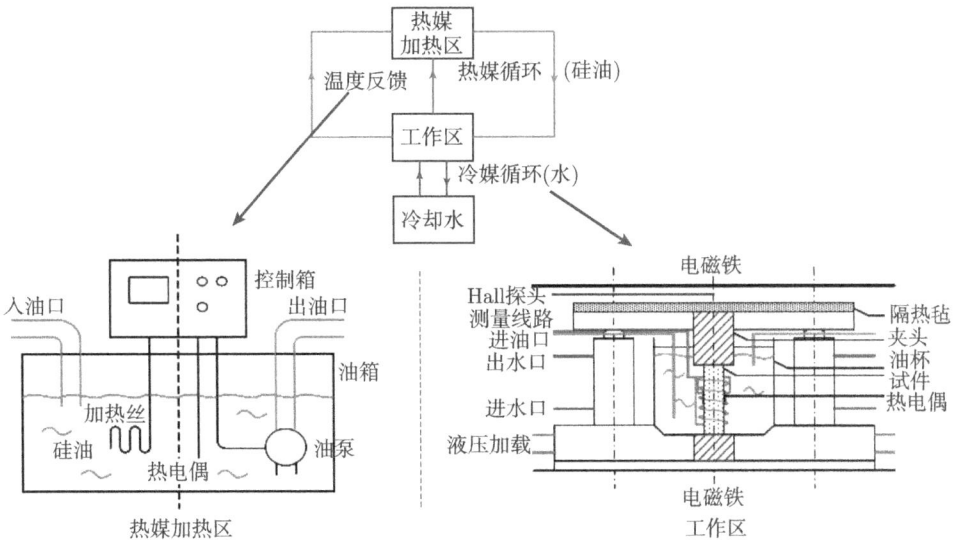

图 3.36　循环油浴温度加载系统原理简图

在热媒加热区, 加热丝在设定温度和反馈温度的控制下对硅油进行加热, 加热的硅油在高温油泵的驱动下通过出油口进入热媒循环系统. 热媒循环系统由不锈钢导管为主体, 采用三层保温隔热套管结构, 将硅油导入工作区的油杯底部. 油杯中放置夹持好的实验样品, 也是温度场、磁场和应力场的集中作用区域. 整个实验样品浸泡在硅油中, 在充分的热交换后与硅油保持同温; 静磁场由两块平行的电磁铁提供; 应力载荷由不锈钢的液压加载装置提供, 该装置的两个活塞都与水冷系统连接以减小热膨胀, 该装置的上方铺设三层石棉隔热毡以减小热损耗. 硅油经由接近油杯顶部的出油口再次进入循环系统, 最终流入恒温油槽被再次加热, 从而完成整个循环过程, 如图 3.37 所示.

(a)   (b)

图 3.37   循环油浴加载系统

(a) 热媒加热区; (b) 工作区

(2) 高温下的加载与测试技术

为了避免加热过程对应力和磁场加载的影响, 我们最终选择了分离式的循环加热方式, 加热端远离工作区域; 为了消除温度变化引起的活塞热变形, 我们在液压加载系统中增加水冷系统; 为了避免热媒对加载和测量信号的影响, 我们采用了 GD-56 型绝缘高燃点硅油作为热媒, 同时为了减小硅油输运过程中的热损耗, 我们对进、出油管采用三层隔热套管设计, 油杯顶部增加了杯盖, 在油杯外侧增加了三层石棉隔热毡, 温度稳定性达到 ≤1°C/h. 这些改进措施有效的避免了力磁热加载的相互干扰. 高温条件给测试过程带来了新的困难, 我们在设备和元件选型时充分考虑了温度的影响. 如图 3.38 所示, 为了在高温硅油中准确测量磁感应强度和应变, 我们采用了 A-250 高温导线和高熔点焊锡; 为了在高温硅油中准确测量应变, 我们采用了 ZF-1-11 型中温应变片; 为了在磁场环境中准确测量温度, 我们采用了 K 型铠装热电偶; 由于 Hall 元件对温度比较敏感, 我们在 Hall 探头外侧增加了气冷系统以准确测量高温条件下的静磁场. 这些改进措施有效的保证了力磁热测量信号的准确性.

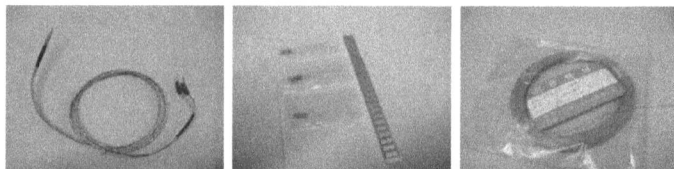

图 3.38   测试元件

(a) 铠装热电偶; (b) 中温应变片; (c) 高温导线

这样实现了力磁热耦合加载与测试, 能够满足高磁场 (2.4T, 100mm 极间距)、大载荷 (20000N)、高温 (300°C) 的静态力磁热耦合实验要求. 同时, 油浴硅油具有良好的电绝缘性能, 为电场加载功能预留了设计空间. 测试功能在原有基础上也拓展了. 获得不同温度、不同应力下的磁滞回线 (磁感应强度随静磁场的变化关系); 获得不同温度、不同应力下的磁致伸缩曲线 (应变随静磁场的变化关系); 获得不同温度、不同静磁场下的应力—应变曲线 (应变随应力的变化关系); 获得不同应力、不同静磁场下的应力退极化曲线 (磁感应强度随应力的变化关系); 获得不同温度、不同静磁场下的热膨胀系数曲线 (应变随温度的变化关系); 获得不同应力、不同静磁场下的热磁耦合曲线 (磁感应强度随温度的变化关系).

3.2.5　动态力磁热耦合实验设备

在力磁热耦合实验设备基础上, 我们又增加了动态磁场加载模块, 实现了动态力磁热耦合加载与测量. 为了实现高频率、高幅值的动态磁场加载, 我们改变了传统的以信号发生器作为信号源的方法, 而是采用全桥逆变电路的原理产生交流信号, 通过直流电源来实现增益, 通过无功补偿的方式来减小功率损耗.

(1) 全桥逆变电路的原理和结构

激励源的主要作用是产生高频交变信号, 驱动激励线圈从而生成高频交变磁场. 该系统的原理简图如图 3.39 所示. 本系统利用数字信号处理器 DSP 和大功率场效应管 MOSFET, 运用逆变技术和 PWM 控制原理设计了高频、大功率的高频交变磁场激励源. 逆变器是高频交流磁场激励源的核心, 它与整流相对应, 用来将直流电变成交流电. 通过逆变器得到各种频率和占空比的方波和脉冲波后, 采用脉

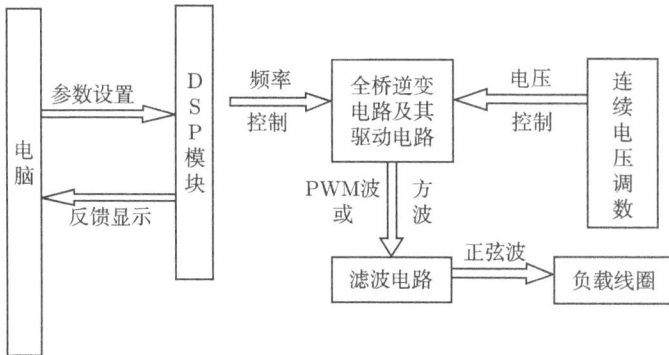

图 3.39　动态磁场加载系统简图

各部分功能如下:

全桥逆变器: 将直流电变成脉冲的交流电;

全桥驱动电路: 将小信号的控制信号放大后用于驱动全桥电路;

滤波电路: 将逆变器产生的交流脉冲信号变成交流正弦信号;

DSP 模块: 产生控制全桥电路开关管开关的控制信号;

负载线圈: 将交流电信号转换成交流磁场

冲宽频滤波技术 (pulse width modulation, PWM) 对一系列脉冲的宽度进行调制, 来等效地获得所需要的波形. 滤波过程利用了面积等效原理: 冲量相等而形状不同的窄脉冲加在具有惯性的环节 (本方案中的滤波电路) 上时, 其效果基本相同. 如图 3.40 所示, 我们将一个正弦波等分成等宽不等幅度几份, 根据面积等效原理, 我们将等宽不等幅的波形用等幅不等宽的一系列脉冲波代替. 经过一个合适的惯性系统后, 它与等宽不等幅度波形产生的响应波形应该基本一致, 于是我们就能利用逆变器产生的 SPWM(sinusoid pulse width modulation) 波产生我们想要的正弦波.

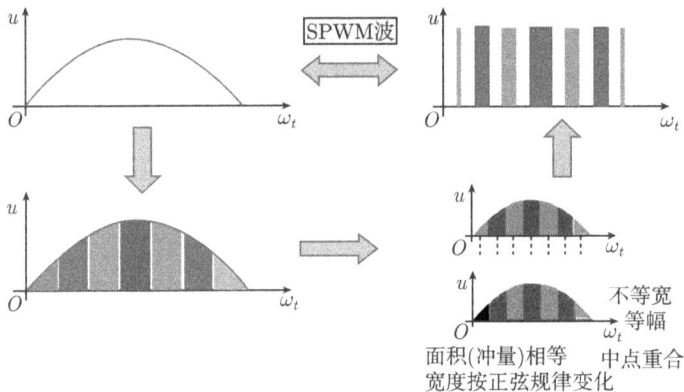

图 3.40   由 SPWM 产生正弦波

(2) 高频抗干扰设计

电源线设计: 根据电流大小, 尽量加粗电源线宽度, 减少环路电阻, 同时尽量让电源线, 数据线, 地线走向一致, 这样有助于增强抗干扰能力; 数字地与模拟地分开, 接地线应尽量加粗, 接地线构成闭环路; 电路板各关键部位配置适当的退耦电容; 选取合适的电源, 在带所有负载的情况下, 控制电源的纹波尽可能小; 每块芯片的电源端都加 0.1μf 的电容, 电路板的电源端都加 100μf 的电容, 减少电源线的干扰; 将 DSP 信号用光耦隔离电路与全桥逆变器电路隔离, 减少逆变器对 DSP 信号的干扰; 开关管接缓冲吸收电路, 减少由于开关管高速开关产生的电磁干扰; 在与高频信号有关的缓冲吸收和滤波电路等环节使用性能更好的无感吸收电容, 进一步减少电磁干扰.

(3) 宽频滤波设计

硬件和软件上都采用分频段分别处理的方式. 在需要得到各种低频 < 20kHz 的正弦波时, 软件上要输出 SPWM 波, 而且采用同一频率的载波 (载波频率 200kHz), 而去改变载波数量的方法, 而且这一情况下的滤波电路参数将保持一致, 如图 3.41 所示; 在高频段通过输出不同频率方波, 然后通过滤波电路将其滤成正弦波的方法, 得到正弦波, 这时需要通过可调电容来改变滤波电路参数的方法得到正弦波, 如图

3.42 所示.

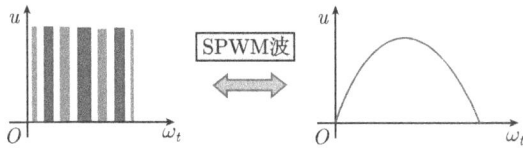

图 3.41 低频段采用 SPWM, 固定滤波电路参数

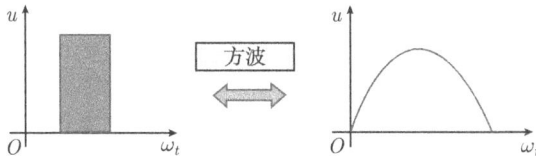

图 3.42 高频段采用方波, 改变滤波电路参数

(4) 无功补偿技术

无功补偿是指把具有容性功率负荷的装置与感性功率负荷并联接在同一电路, 能量在两种负荷之间相互交换. 这样, 感性负荷所需要的无功功率可由容性负荷输出的无功功率补偿. 我们的 Helmholtz 线圈是感性负荷, 在运行过程中需向它提供相应的无功功率. 在设备中安装并联无功补偿电容器以后, 可以提供感性负载所消耗的无功功率, 减少了电源向感性负荷提供、由线路输送的无功功率, 由于减少了无功功率的流动, 因此可以降低线路和电源因输送无功功率造成的电能损耗, 提高功率因数.

(5) 软件开发与设备性能

我们开发了自动控制软件, 实现了加载与测量的自动化, 如图 3.43 所示. 它的

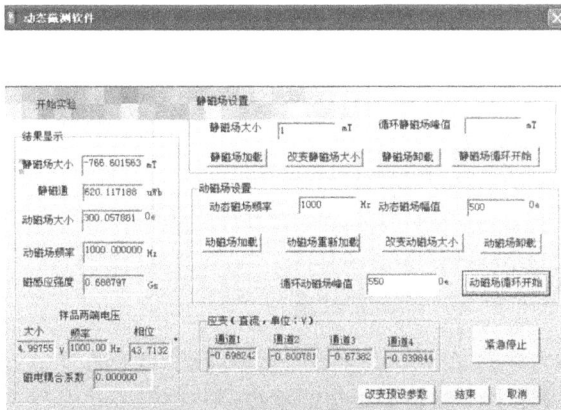

图 3.43 自动测控软件界面

频率范围, 频率范围: 1Hz~1MHz. 在 1Hz~500kHz 频率范围内, 输出电流大小为 0~10A, 即磁场强度为 0~500Oe; 在 500kHz~1000kHz 频率范围内, 输出电流大小为 0~2A, 即磁场强度为 0~100Oe. 图 3.44 为高频交流磁场激励源在频率为 500kHz 的电流输出波形, 电流峰峰值为 10A, 对应的磁场峰峰值为 500Oe.

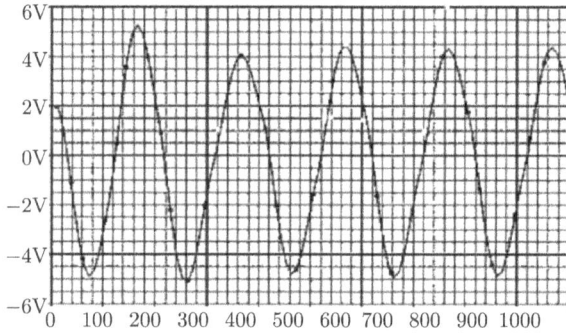

图 3.44   频率 500kHz, 电流峰峰值 10A 的电流输出波形

为了与力磁热耦合加载与测试设备结合, 选择了耐高温绝缘非磁性材料作为骨架, 外面绕制线圈制备成电磁线圈. 其中, 线圈骨架本身采用上文所述的油浴室设计方案, 它可以替代油浴室, 在保证热加载的同时, 实现了动态磁场的加载, 如图 3.45 所示.

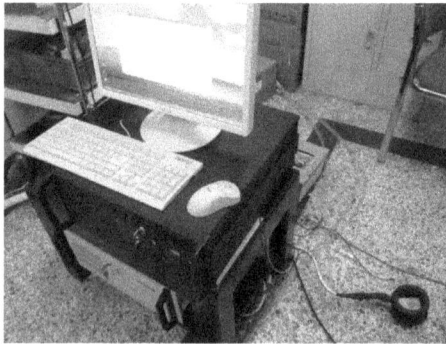

图 3.45   动态磁场加载设备

3.2.6   动态力电磁热耦合实验设备

为了实现动态力电磁热多场耦合的加载和测试, 我们在上述动态力磁热耦合实验设备的基础上, 增加了电场的加载和测试模块, 通过 Sawyer-Tower 电路可以获得电滞回线, 如图 3.46 所示.

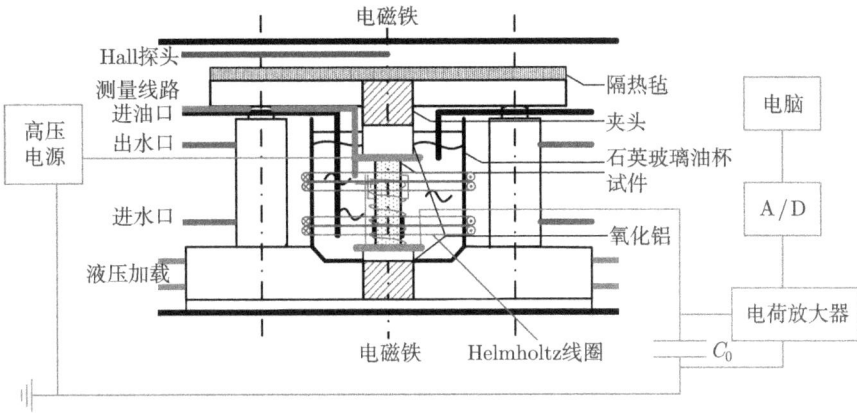

图 3.46　动态力电磁热多场耦合的加载和测试原理图

采用传统的 Sawyer-Tower 电路来测量铁电陶瓷的电场强度—电位移曲线, 即电滞回线. 高压电源的输出电压为 U, 与待测试件 C_x 串联的标准电容 C_0 两端的电压为 U_1, 试件的电容 C_x 一般小于 200pf, 标准电容的容量 C_0 至少是 C_x 的 10^5 倍, 根据串联电容两端的电量相等, 有

$$Q = C_x \cdot (U - U_1) = C_0 \cdot U_1 \tag{3.17}$$

因此, 只要测出标准电容 C_0 两端的电压 U_1, 就可以得到试件两端的电量, 电量与试件表面电极的面积之比即是电位移. 标准电容 C_0 两端的电压 U_1 远远小于高压电源输出电压 U, 因此, 试件两端的电压约等于电源的输出电压, 电源的输出电压 U 由电源输出的电压监控信号获得, 除以试件两电极间距离即得到电场强度.

如图 3.47 所示, 高压电源的交流电压输出为 0~30kV 幅值连续可调, 直流电压输出为 0~60kV, 2 mA 连续可调. 高压电源配有高压输出的监控信号, 为输出高压的 1/3000, 用 A/D 卡直接采集该监控信号即可得到电源的输出电压. 高压电源的过流自动切断功能最大限度地保证了在使用中的安全问题. 电荷放大器用来测量标准电容 C_0 两端的小电压, 它的基本功能是将标准电容 C_0 两端的电压准确地输入至 A/D 卡, 并且在任何情况下确保输入 A/D 卡的电压在 ±12V 以内, 以免损坏A/D 卡; 它的另一个主要功能是具有过压自动保护, 当试件被击穿或其他意外情况发生时, 标准电容 C_0 两端有可能高达上万伏, 电荷放大器通过输入电路中的压敏电阻来防止高压对其内部电路造成破坏. 电磁线圈骨架采用石英玻璃材料, 既可以作为电磁线圈的骨架, 也可作为循环高温硅油的油浴室. 另外, 试件浸泡在液体绝缘材料中可以防止高压放电. 最后设计了以高压绝缘材料作为夹具, 既保证了装置的绝缘、抗击穿性能, 又保证了足够的刚度和强度.

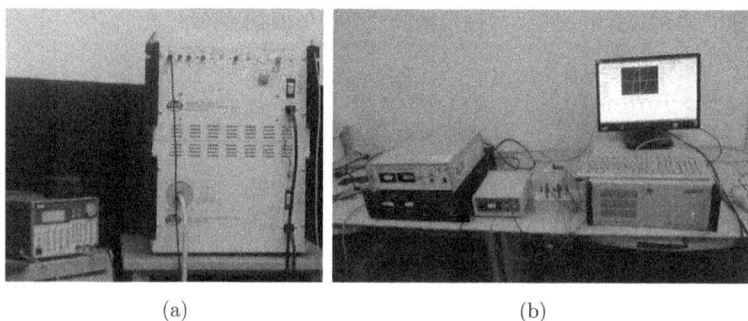

(a)   (b)

图 3.47   高压电源

(a) 国外引进的高压电源; (b) 自主研发的高压电源

3.3   本 章 小 结

作者自 1996 年以来坚持铁磁固体的变形与断裂的实验研究, 本章首先介绍了作者长期从事铁磁固体的变形与断裂研究中总结的多场耦合实验方法和技术, 以及自主研发的多场耦合实验设备. 包括磁场、电场、应力场、温度场、动态磁场及耦合场加载的实验方法, 磁学量、电学量、力学量在耦合场下的测量原理等, 自主研发的五代多场耦合实验设备 —— 分别是第一代机械式力磁耦合加载与测量设备、第二代液压式力磁耦合加载与测量设备、第三代力磁热耦合加载与测量设备第四代动态力磁热耦合加载与测量设备和第五代动态力磁电热耦合加载与测量设备. 这些实验方法、技术及仪器设备为铁磁固体的变形与断裂的研究提供了有力的实验表征手段, 并推广应用到国内外的一些高校和科研院所.

第4章 铁磁固体的变形与断裂实验结果

铁磁固体材料在多场耦合作用下变形与断裂成为该领域的研究热点之一, 本章在铁磁固体的多场耦合实验方法和技术基础上, 对锰锌铁氧体、软磁金属材料 Ni6、高纯度电解镍、超磁致伸缩材料 Terfenol-D、FeGa 合金、FeCo 合金、以及铁磁形状记忆合金 NiMnGa, 在多场耦合条件下的变形与断裂进行了实验研究, 完成了多场耦合环境下的磁滞回线、磁致伸缩曲线、应力—应变曲线测量以及三点弯断裂实验, 观察到了超磁致伸缩材料的 "拟弹性"、磁致伸缩 "回落"、路径效应、弹性模量的各向异性等新的实验现象.

4.1 铁磁固体材料的多场耦合本构实验

4.1.1 锰锌铁氧体的多场耦合本构实验

本实验采用的锰锌铁氧体(复合铁氧体), 其化学分子式分别为 $Mn_{0.9}Zn_{0.1}Fe_2O_4$. 锰锌铁氧体的制造工艺有成熟的方法. 市场上有锰锌铁氧体 (高锌) 出售, 但是由于锌含量高的铁氧体, 其居里温度较低、磁致伸缩系数很小, 不适合于力磁耦合变形实验. 另外, 一般厂家供应的锰锌铁氧体仅为片状和环状, 制作柱形块体陶瓷材料需要专门设计的模具. 因此, 本实验专门设计制作了压制柱形块体陶瓷材料的模具, 在清华大学材料系功能陶瓷材料实验室压制了本实验所需的铁氧体坯件.

(1) 配料

试件制备所需的原料有 $MnCO_3$、Fe_2O_3 以及 ZnO, 原料的纯度分别为 96.25%, 99% 以及 99.5%.

配方计算, 锰锌铁氧体 (复合铁氧体) 中各种原料的重量百分比为 Fe_2O_3, 58.87%; $MnCO_3$, 38.12%; ZnO, 3.01%.

实际投料量, 本实验准备压制 5 个试件, 考虑到制备过程中原料的损耗, 投料时按制作 75g 样品所需的各种原料来投放. 将原料百分比除以原料各自的纯度, 得到实际投料百分比, 再乘以样品重量得到实际投料量. Fe_2O_3, 44.63g; $MnCO_3$, 29.69g; ZnO, 2.27g.

(2) 称料、装罐并球磨

这一步中使用的器具和工具有: 电子天平、球磨罐、球磨机、勺子、刷子、行星磨等. 使用的耗材: 称量纸、酒精、棉花. 在称量前, 先将球磨罐清洗好. 球磨罐中的钢球一般在长时间不用后, 容易起锈迹. 因此, 在使用前, 要清洗一遍. 清洗的方法为, 倒入适量的酒精, 盖好球磨罐. 放到行星磨上, 磨 30min. 取出后, 用水反复清洗, 直至锈迹被洗干净. 再用酒精清洗一遍.

称料采用电子天平, 精确到小数点后两位. 称量时要用到称量纸和勺子, 将称量纸放在天平底座上, 记录下天平的显示值. 用勺子将原料从原料瓶中轻轻取出, 轻倒放在称量纸上. 用到的勺子要用水清洗, 并用脱脂棉擦干. 称量出准确的质量, 托起称量纸, 将原料倒入已经清洗好的球磨罐中. 重复该过程, 直至所有原料称好并被倒入原料罐中.

倒入适量的酒精作为球磨液, 酒精以浸满所有原料, 并有一定余量为宜. 盖紧球磨盖, 并做好标记. 将球磨罐放到球磨机上, 球磨 40h.

(3) 烘干

准备两个托盘, 分别用水洗净, 并用酒精洗一遍. 标上记号, 以免混淆. 将球磨罐小心拧开, 把混合液倒入托盘中. 为了不浪费原料, 用少许酒精把附着在球磨罐和钢球上的残余原料洗入托盘. 将托盘放入烘箱, 烘烤 10h. 用过的球磨罐和钢球要用水反复清洗. 必要时加入酒精, 放到行星磨上 0.5h, 再用水清洗. 清洗完毕, 用少许酒精浸着球磨罐中的钢球, 防止钢球生锈, 以便下次使用.

(4) 预烧

这一步用的器械有: 坩锅、勺子、120 目分筛、刮片. 辅助器械: 砂纸、洗洁净、电吹风、酒精、脱脂棉. 将烘干的料装入坩锅的过程为: 用脱脂棉和酒精清洗勺子, 用勺子刮干净托盘, 将结块的料粉 (软团聚) 分数次倒入干净的 120 目分筛中, 用刮片慢慢将料粉过筛, 直至所有的料粉都过完筛. 用洗洁净和砂纸仔细清洗坩锅, 以免坩锅中残余的东西污染料粉. 洗完后, 用少许酒精清洗一遍, 其目的是用电吹风吹时, 坩锅干得更快. 坩锅标上记号, 以免混淆. 将过完筛的细粉倒入坩锅, 并敦实料粉. 将用过的托盘、分筛、刮片、勺子等分别洗净并放好, 以便下次再用.

设置预烧温度: 锰锌铁氧体的预烧最低温度为 1020°C(余忠等, 2000). 本材料制作选取预烧温度 1100°C. 加温速度为 4°C/min, 即升温时间为 2h35min. 保温时间设为 4h, 而后随炉冷却.

(5) 二次球磨

取出坩锅, 将预烧好的料倒入研钵, 将料细细地研磨. 如果预烧温度过高, 铁氧体成相后, 晶体颗粒涨得过大, 此时, 用研钵研磨会觉得困难, 应先用钢锤把料砸碎, 后放入研钵细研. 像第一次球磨一样, 将球磨罐和钢球洗净. 将研磨好得料粉倒入球磨罐, 倒入适量无水酒精作为球磨液. 拧紧球磨罐盖, 做好标记, 以免混淆. 将球磨罐放到球磨机上, 磨 48h.

(6) 烘干

使用的器具: 托盘、烘箱、筛子、刷子、行星磨、电吹风等. 使用的耗材: 酒精、棉花、洗洁净等. 同第一次烘干一样, 取两个托盘, 用砂纸仔细打磨, 并用水洗净. 拧开球磨罐, 将球磨好的料浆慢慢倒入托盘, 注意不要让钢球倒入. 为了不浪费原料, 同样用少许酒精把附着在球磨罐和钢球上的残余原料洗入托盘. 将托盘放入烘箱. 烘箱是专烘酒精的, 其温度为 75°C. 烘 10h. 用过的球磨罐需用水仔细清洗. 钢球放入筛子, 用刷子细细地刷, 直至刷干净. 如果需要, 可用球磨罐装一些酒精, 倒入钢球, 放到行星磨上, 磨 30min, 在用水清洗钢球. 洗干净的球磨罐和钢球用少许酒精浸着, 以免钢球生锈, 以便下次再用.

(7) 研磨、造粒并制坯

这一步使用的器具有: 玛瑙研钵、模具、勺子、压片机、坯件盒、镊子、60 目分筛、刮片、电吹风等. 使用的耗材有: 酒精、棉花、PVA 粘结剂等. 取一个洗干净的玛瑙研钵, 将烘干的料倒入研钵中, 细细研磨. 一般来说, 粘结剂 PVA 为料粉重量的 5%. 对于模具不同, 由于脱模所要求的料粉的流动性不一样, 添加的粘结剂也可以略有差别. 本次实验是做出长柱形试件, 所用的模具是长条形的, 一般干粉料脱模困难. 因此, 本次实验采用 10% 的 PVA 粘结剂. 将研磨好的料过 60 目的筛, 这样造出的粒料比较均匀, 且流动性好, 易于压制成形和脱模. 压制好的坯件要用坯件盒装好, 以免坯件碰坏.

(8) 烧结

这一步使用的器具有: 坩锅、镊子、烧结炉等. 使用的耗材有: 酒精、棉花. 烧结温度曲线共分为 5 段. 第一段, 0~600°C, 升温速度 2°C/min. 第二段, 600°C 保温 4h. 这两段温度的控制是为了坯件中的 PVA 能顺利排出, 以免试件中出现过多空洞. 第三段, 600~1250°C, 升温速度 4°C/min. 第四段, 1250°C 保温 4h. 第五段, 随炉冷却. 将压制好的铁氧体坯件分别放入洗净的坩锅中, 对各个坩锅编上号码, 以免混淆. 所制备的锰锌铁氧体圆柱形试件 $\phi 8.5 \times 26.5$mm, 如图 4.1 所示.

图 4.1　锰锌铁氧体圆柱形试件

图 4.2 是锰锌铁氧体在不同应力下的磁致伸缩曲线. 从图中可以看出, 锰锌铁氧体是负磁致伸缩材料, 即沿着磁场方向, 锰锌铁氧体在磁场作用下缩短. 压应力

和磁场起到相同的作用, 即将磁畴沿着材料的轴向分布. 在压应力作用下, 磁畴已经旋转到锰锌铁氧体的轴向, 这样在施加磁场的时候, 只有少量的磁畴发生非 180° 畴变旋转到锰锌铁氧体的轴向, 因此磁致伸缩减小.

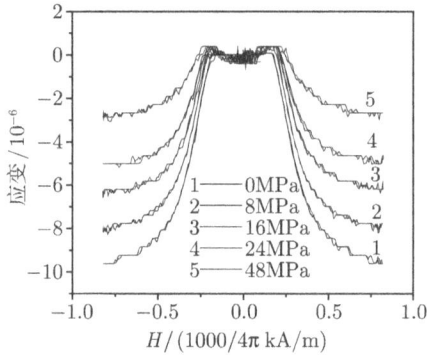

图 4.2　锰锌铁氧体在不同应力下的磁致伸缩曲线

4.1.2　金属软磁材料的多场耦合本构实验

1. 软磁材料 Ni 合金的力磁耦合本构实验

Ni 是一种典型软磁金属材料, 又由于相对其他普通金属有较大的磁致伸缩, 所以我们对金属软磁材料选用 Ni6 和高纯度电解镍. Ni6 就是 6 号镍, 从天津有色金属研究所购买, Ni 和 Co 之和 $\geqslant$99.5%, Si$\leqslant$0.1%, Mg$\leqslant$0.1%, C$\leqslant$0.1%, Zn$\leqslant$0.07%, 杂质 $\leqslant$0.1%. 电解镍的纯度是 99.95%, 从有色金属研究总院购买. 根据实验要求, 将 Ni6 分别加工为拉伸试件和压缩试件; 对于电解镍, 由于加工的原因, 只能加工成压试件. 对于 Ni6, 拉伸试件的形状为 4mm×32mm(有效区域), 压缩试件的形状为 ϕ10mm×30mm; 而电解镍试件, 尺寸为 6mm×6mm×18mm 的长方体.

图 4.3 是 Ni6 的应力—应变曲线, 从图中可以看出, Ni6 在轧制过程中经过了强化, 当应力小于 600MPa 时, 材料处于弹性阶段; 当应力超过 600MPa 时, 有一段很小的屈服平台; 当应力继续加大时, 试件断裂. 可以测量出 Ni6 的弹性模量是 197.5GPa.

图 4.4 和图 4.5 是 Ni6 分别在 0MPa、38.2MPa、89.1MPa 压应力下的磁滞回线和磁致伸缩曲线. 图 4.4 中, 随着压应力的增大, 剩余磁化强度增大, 磁导率 (磁化率) 增大; 图 4.5 中, 随着压应力的增加, 饱和磁致伸缩减小, 外加应力为零时, Ni6 的饱和磁致伸缩可以达到 -36×10^{-6}, 而当外加压应力增加到 89.1MPa 时, 饱和磁致伸缩为 -22×10^{-6}. 图 4.6 和图 4.7 是 Ni6 分别在 0MPa、50.9MPa、318.3MPa、557MPa 拉应力状态下的磁滞回线和磁致伸缩曲线. 图 4.6 中, 随着拉应力的增加, 磁导率 (磁化率) 减小, 剩余磁化强度减小. 当磁场强度为 25kA/m 时, 0MPa 和 50.9MPa

拉应力状态的磁化强度趋近饱和, 而 318.3MPa 和 557MPa 拉应力状态下的磁化强度远远没有饱和, 可以看出, 饱和磁化强度随着拉应力的增加而增加. 图 4.7 中, 饱和磁致伸缩值随着拉应力的增大而增大, 由 0 应力状态下的 -36×10^{-6} 增加到 318.3MPa 下的 -48×10^{-6}. 当拉应力增加到 557MPa, 磁场为 150kA/m 时, 磁致伸缩仍没有达到饱和.

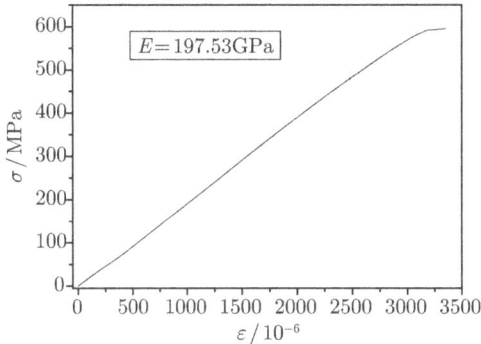

图 4.3　Ni6 的应力—应变曲线

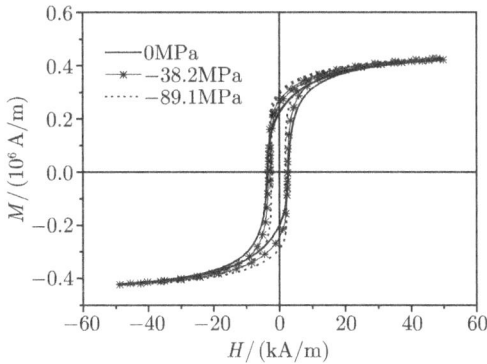

图 4.4　Ni6 在不同压应力下的磁滞回线

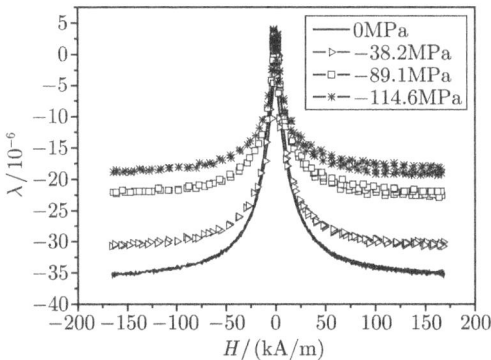

图 4.5　Ni6 在不同压应力下的磁致伸缩曲线

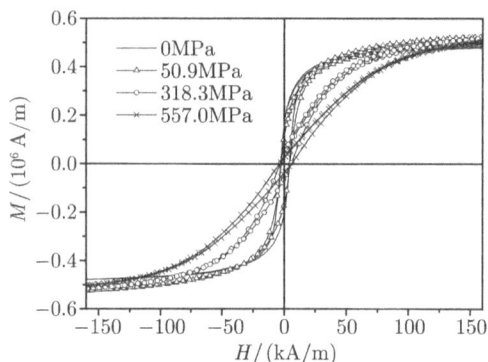

图 4.6   Ni6 在不同拉应力下的磁滞回线

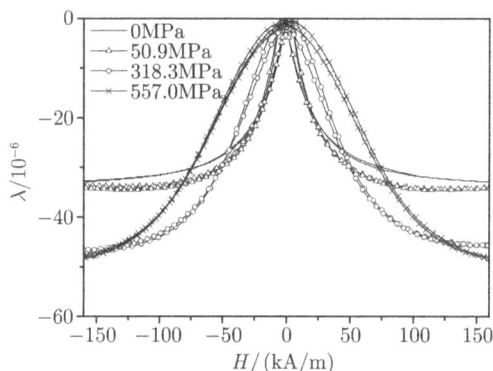

图 4.7   Ni6 在不同拉应力下的磁致伸缩曲线

图 4.8 和图 4.9 分别显示了压应力和拉应力与矫顽场的关系. 矫顽场随着压应力的增大而减小, 随着拉应力的增大而增大, 在压应力作用下矫顽场的变化更明显.

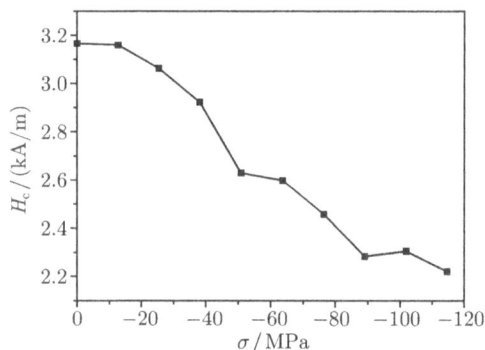

图 4.8   矫顽场 H_c 与压应力 σ 的关系

图 4.10 和图 4.11 分别是电解镍在不同压应力状态下的磁滞回线和磁致伸缩曲线. 由于电解镍试件形状是长方体, 而测量磁感应强度的线圈截面为圆形, 测量

时会有漏磁产生, 导致测量的磁滞回线不精确, 所以, 图 4.10 中不同应力下的磁滞回线几乎重合, 反映不出应力的敏感性. 而电解镍的磁致伸缩曲线反映出较强的应力敏感性, 随着压应力的增加, 饱和磁致伸缩值减小, 金属软磁材料的磁滞和磁致

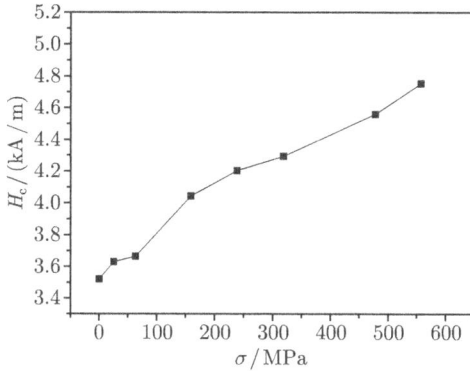

图 4.9　矫顽场 H_c 与拉应力的关系

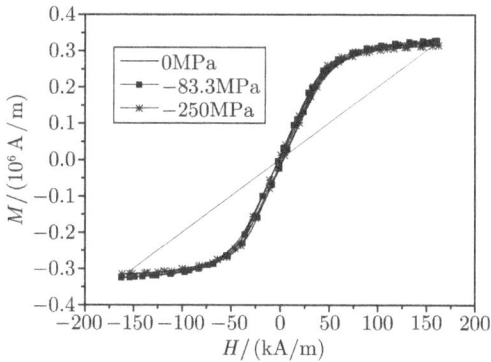

图 4.10　电解镍的磁滞回线

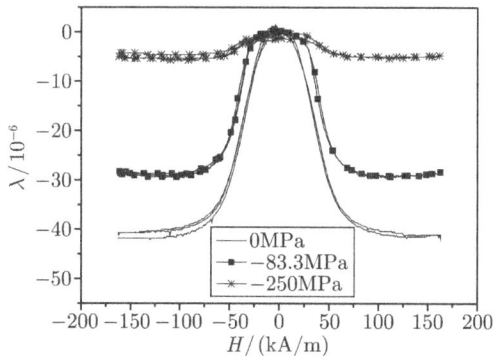

图 4.11　电解镍的磁致伸缩曲线

伸缩均是由于材料内部的磁畴畴壁运动以及畴向磁化方向的转动引起的, 力磁之间的耦合也是通过力对磁畴的作用体现的.

2. 软磁材料 FeCo 合金的力磁热耦合本构实验

FeCo 软磁合金具有高的饱和磁感应强度、低的矫顽力, 被称作高饱和磁感应合金, 同时也是一种高温磁性材料, 被广泛应用于高性能、高温磁控元件, 长期以来在航空航天、核工业等国防工业一直受到很大的关注. 因此, 我们对 FeCo 合金在不同温度和不同应力作用下的磁性能和力学性能进行了实验研究.

图 4.12 是在室温条件下测量的不同应力条件下的磁化曲线. 应力的增大对磁化曲线几乎没有影响. 图 4.13 是不加应力时不同温度下的磁化曲线. 可以看出, 温度的改变几乎不影响其磁化性能. 同样地, 我们也研究了 FeCo 合金在不同温度下的应力—应变特性, 如图 4.14 所示, 呈现良好的线弹性. 综上所述, 在不同的应力和温度下的磁化曲线, 以及不同温度下的应力—应变曲线均表现出对偏置场的不敏感特性. 这说明 FeGa 合金具有很好的温度稳定性和应力稳定性, 为工业产品的设计和应用提供了方便.

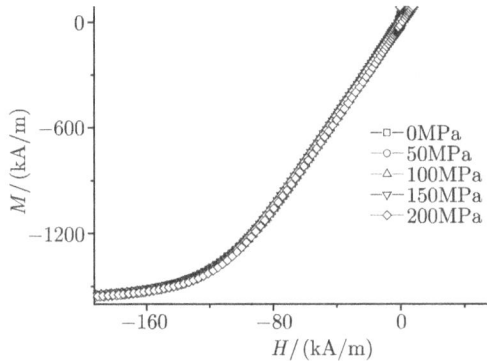

图 4.12 室温条件不同应力下的磁化曲线

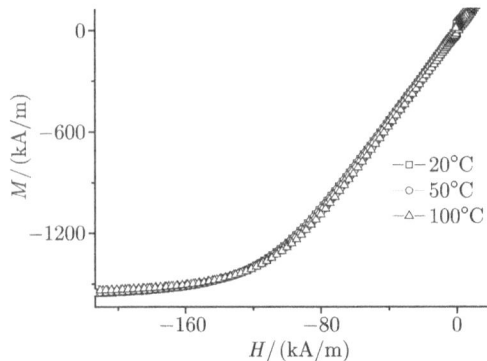

图 4.13 不加应力时不同温度下的磁化曲线

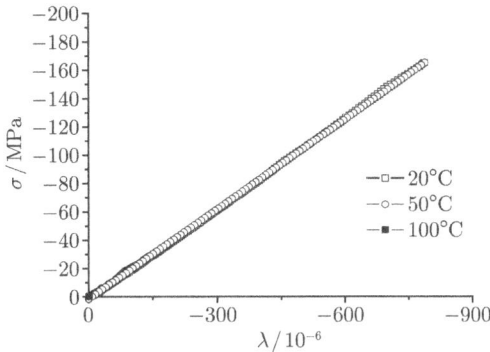

图 4.14　不同温度条件下的应力—应变曲线

4.1.3　超磁致伸缩材料的多场耦合本构实验

1. 超磁致伸缩材料的力磁耦合本构实验

1972 年, Clark 等 (1972; 1980) 首次发现 Laves 相稀土铁系化合物 RFe2(R 表示稀土元素 Tb,Dy,Ho,Er,Sm,Tm 等) 的磁致伸缩在室温下达到了 Fe,Ni 等传统磁致伸缩材料的 100 倍, 并且高于 PZT, PLZT 等压电陶瓷, 因而 RFe_2 化合物被称为超磁致伸缩材料 (giant magnetostriction). 由于 RFe2 化合物必须在很高的外加磁场中才有较大的磁致应变, 因而不具有实用价值. 后来经过了大量的研究, 又提出了伪三元 $Tb_xDy_{1-x}Fe_{2-y}(0 < x < 1, 0 < y < 0.2)$ 合金 (Wohlfarth, 1980). 这种合金克服了 RFe_2 化合物需加很高的外磁场才能得到超磁致伸缩的缺点, 使超磁致伸缩材料真正具有实用性. 目前, 美国的 Edge Technologies 公司已经推出了商标为 Terfenol-D 的伪三元超磁致伸缩棒材. 这种材料的典型成分为 $Tb_{0.27}Dy_{0.73}Fe_{1.9}$. Terfenol-D 中的 Ter 表示元素铽 (terbium), fe 表示元素铁, nol 表示该材料的开发实验室的名称 (naval ordinance laboratory), 最后的 D 表示元素镝 (dysprosium), 表示加入 Dy 后材料的磁晶各向异性变小. 瑞典也推出了商品牌号为 Magmek86 的超磁致伸缩棒材. 稀土超磁致伸缩材料与压电陶瓷的一些性能的比较列于表 4.1 中.

表 4.1　稀土超磁致伸缩材料与压电陶瓷性能对比

材料	稀土超磁致伸缩材料 $(Tb_{0.3}Dy_{0.7}Fe_{1.9})$	压电陶瓷
磁致伸缩应变/10^{-6}	1500~2000	400
居里温度/°C	380	300
机电耦合系数/k_{33}	0.72	0.68
能量密度/(J/m^3)	14000~25000	960
密度/(g/cm^3)	9.25	7.5
抗拉强度/MPa	28	76

室温下具有巨大磁致伸缩特性的稀土超磁致伸缩材料, 以 Terfenol-D 为代表, 具有比传统磁致伸缩材料大数十倍的磁致伸缩值, 而且机械响应快、能量密度高、输出功率大、能量转换效率高、弹性模量及声速可随磁场调节等特点, 可广泛应用于大功率低频声纳系统、大功率超声换能器、精密微位移定位及控制系统、传感器、微型致动器、各种控制阀、燃料喷射系统、减震装置等领域, 并且, 人们还在不断的探索开发这种材料应用的新领域. 我们实验中使用的试件是定向生长的 TbDyFe 多晶体, 生长方向为 [110], 其分子式为 $Tb_{0.27}Dy_{0.73}Fe_{1.95}$, 密度 $9.1g/cm^3$. 最初试件的尺寸是 $\phi10mm\times30mm$, 由于力磁耦合实验为开磁路的实验, 因此, 需要进行退磁因子修正, 尽量减小退磁场的影响. 后来试件的尺寸为 $\phi10mm\times40mm$, 长细比达到了 4:1, 在这种条件下其轴向退磁场很小, 可以忽略. 实验测量的开场和闭场的磁滞回线如图 4.15 所示.

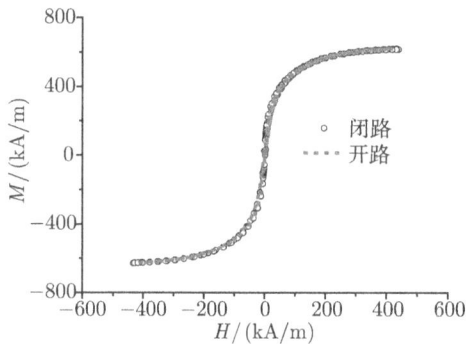

图 4.15　开场和闭场的磁滞回线测量

我们采用机械传动多场耦合测试设备进行了超磁致伸缩材料的多场耦合性能实验研究. 取 TbDyFe 多晶的定向生长方向 [110] 为 x_3 轴. 实验中进行了两种加载方式, 如图 4.16 所示: (a) 磁场方向与应力方向平行, 沿着 x_3 轴; (b) 磁场方向与应力方向垂直, 应力沿着 x_3 轴, 磁场垂直于 x_3 轴.

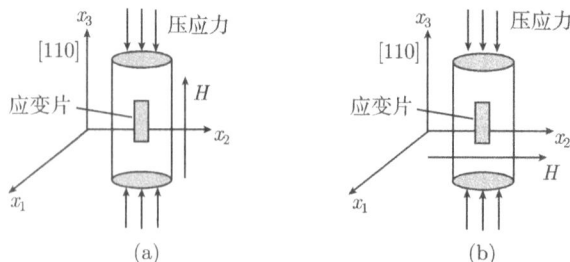

图 4.16　两种力磁耦合加载方式

(1) 加载方式 (a) 的实验结果与分析

加载方式 (a) 下, 磁场与应力均沿着 x_3 轴, 则相应的磁感应强度 $M_3 = M$, 相

应的应变 $\varepsilon_{33} = \varepsilon$, 相应的磁致伸缩 $\lambda = \varepsilon_{33}$. 由于该设备配置了两套电源, 为了充分验证超磁致伸缩材料的性能, 我们分别做了两组实验. ① 低场实验, 采用小电源, 磁场最大值 250kA/m, 测试材料的低场性能, 如响应速度, 耦合系数; ② 高场实验, 采用大电源, 磁场最大值 550kA/m 测试材料的高场性能, 如饱和趋势. 随着外应力的增加, 磁滞回线和磁致伸缩曲线都会发生很大的变化, 低场无法反映出材料在高场下的饱和趋势. 图 4.17 和图 4.18 是大电源提供的高场下的不同压应力状态对磁滞回线和磁致伸缩曲线的影响. 由于磁场可以达到 550kA/m, 可以很好地研究 Terfenol-D 在高场下的行为. 图 4.17 可以看出磁滞回线在不同应力下的变化趋势, 随着压应力的增加, 饱和磁化强度增加, 磁化率减小, 当压应力超过 50.9MPa 时候, 磁化强度在 550kA/m 的磁场作用下依然没有达到饱和. 对于高场下的磁致伸缩, 随着压应力的增加, 饱和磁致伸缩增加, 压磁系数 $\partial\lambda/\partial H$ 减小, 如图 4.18 所示. 没有施加外应力时, 饱和磁致伸缩可达 1000×10^{-3}; 当压应力增加到 12.7MPa, 饱和磁致伸缩增加到 2000×10^{-3}; 压应力继续增加到 50.9MPa, 磁致伸缩在 550kA/m 的磁场作用下没有达到饱和.

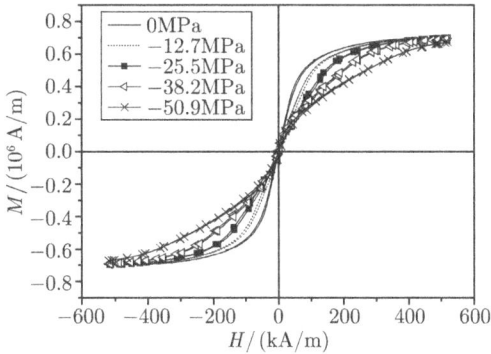

图 4.17　不同压应力状态下的磁滞回线 (大电源)

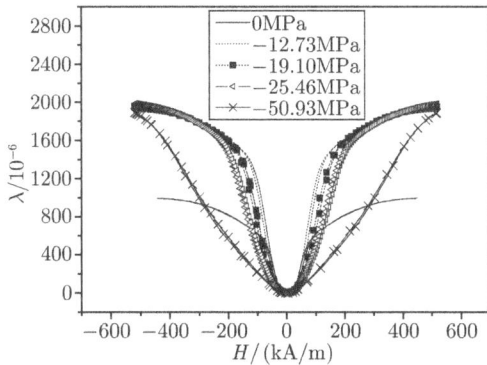

图 4.18　不同压应力状态下的磁致伸缩曲线 (大电源)

Terfenol-D 的磁化和磁致伸缩均来自磁畴的翻转, 它是正磁致伸缩材料. 由于压应力沿着 x_3 轴, 在压应力作用下, 磁畴向垂直于应力的方向翻转, 此时施加沿着 x_3 轴方向的磁场, 在磁场作用下, 磁畴向着磁场方向翻转, 从而引起较大的磁致伸缩. 随着压应力的增加, 更多的畴向垂直于压应力方向翻转, 则在与应力相同方向的磁场作用下, 更多的畴向磁场方向翻转, 所以磁致伸缩的饱和值会增大; 同样, 由于应力的作用, 需要相对更多的能量驱动畴的翻转, 所以磁致伸缩的变化率随着应力的增加而减小.

图 4.19 和图 4.20 分别显示了低场下 Terfenol-D($H < 250\text{kA/m}$) 在 10.2MPa, 20.3MPa, 38.2MPa 和 50.9MPa 压应力状态下的磁滞回线和磁致伸缩曲线. 图 4.19 中, 随着压应力的增加, Terfenol-D 的磁导率减小, 且存在扭曲现象. 图 4.21 显示了压应力为 38.2MPa 时候的磁滞回线, 图中虚框标示出的部分是 "扭曲"(distortion) 现象, 即在低场时候, 磁感应强度并非光滑增加, 而是出现波折. Jiles 在实验中也发现了这一现象. "扭曲" 现象是由于畴在应力作用下发生 $90°$ 翻转产生的. 图 4.20 中, 随着压应力的增加, 在低场下压磁系数 $\partial\lambda/\partial H$ 减小, 即同一磁场对应的磁致伸缩随

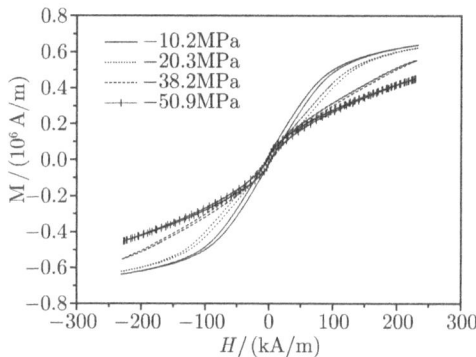

图 4.19   不同压应力状态下的磁滞回线 (小电源)

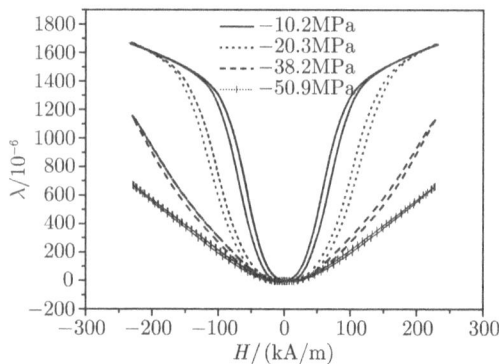

图 4.20   不同压应力状态下的磁致伸缩曲线 (小电源)

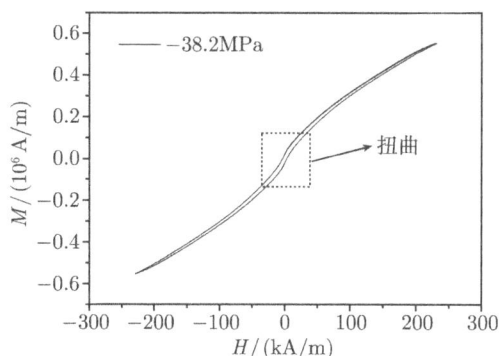

图 4.21　施加压应力后磁滞回线中的 "扭曲" 现象

着压应力的增加而减小. 图中的磁致伸缩并没有饱和, 但依然可以预测随着压应力的增大饱和磁致伸缩将会增大.

在不同的预应力作用下, 其磁致应变的响应和磁化强度的响应都很不同. 为了系统的表征不同预应力下的磁致伸缩和磁滞回线, 我们选取相同的最大磁场, 不同的压应力包括 0MPa, 8MPa, 16MPa, 24MPa, 32MPa, 40MPa, 48MPa, 56MPa, 64MPa, 72MPa 和 80MPa. 从实验曲线可以看出, 在应力达到 80MPa 时, 磁致应变的发生变得非常困难, 如图 4.22 所示. 同时, 其磁化曲线几乎变成直线, 即其磁化行为与顺磁材料的磁化行为几乎相同, 如图 4.23 所示. 同时, 获得了不同恒定磁场作用下的应力退磁化曲线, 如图 4.24 所示. 可以看出, 在恒定磁场作用下, 其磁化强度随着压应力的增加而减小, 说明压应力使得磁畴转到与应力垂直的方向.

然而机械传动多场耦合测试设备的磁场强度和机械载荷, 仍然不能满足我们的实验要求, 不能很好地研究超磁致伸缩材料在高机械载荷下的饱和性能. 由于磁场

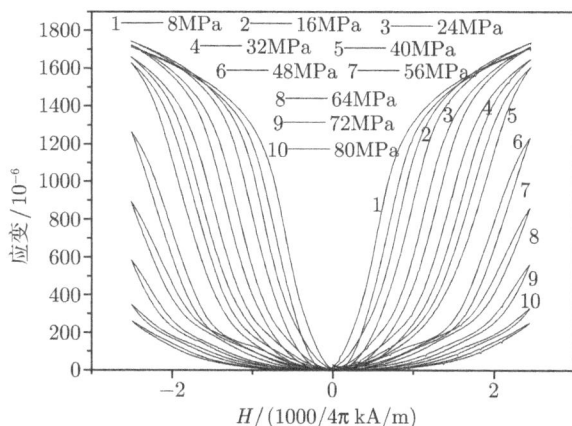

图 4.22　稀土铁系超磁致伸缩材料在各种预应力下的磁致伸缩曲线

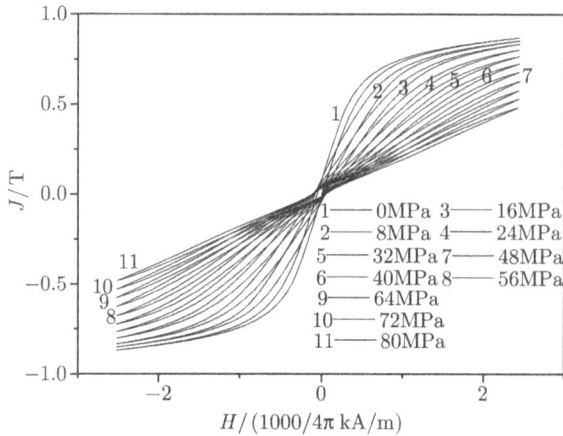

图 4.23　稀土铁系超磁致伸缩材料在各种应力下的磁场磁化曲线

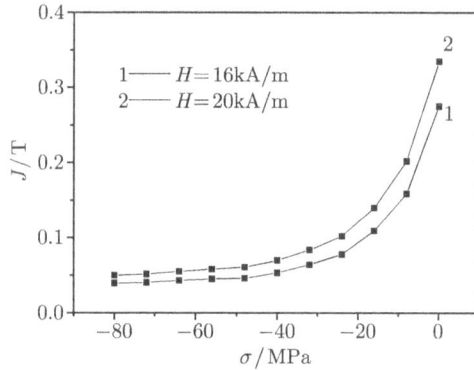

图 4.24　稀土铁系超磁致伸缩材料在恒磁场下的应力磁化曲线

和压应力对磁畴旋转处于竞争的状态, 如果我们继续增加磁场, 应该能够使原来不能饱和的磁滞回线与磁致伸缩曲线达到饱和, 因此, 我们采用液压传统的多场耦合测试设备, 对超磁致伸缩材料在高机械载荷和强磁场作用下的耦合性能进行了研究.

　　图 4.25 是不同预应力作用下的轴向磁致伸缩. 由于预应力作用, 在磁化前更多的磁畴转向垂直于试件轴向的方向, 从而在磁化过程中发生了较多的非 180° 畴变, 最大磁致伸缩随着预应力的增加而增加. 并且我们可以看出, 当应力低于 10MPa 时, 磁致伸缩随磁场增加的很快, 存在一个 "跳变" 现象, 这正是由于发生较多非 180° 畴变的原因; 当应力高于 10MPa 时, 磁致伸缩随磁场增加变得缓慢. 这是由于磁畴在磁场作用下转向磁场方向, 而较高的压应力阻碍磁畴的旋转过程. 图 4.26 是不同预应力作用下的磁滞回线, 可以看出其饱和磁化强度不受预应力的影响, 在低应力区域磁化过程也存在 "跳变" 现象, 但随着应力的增加, 磁化过程变得更加困

难, 这正体现了应力和磁场之间的竞争机制. 与前文所述的实验相比, 由于施加了更强的磁场, 在 75MPa 时, 超磁致伸缩材料的磁滞回线与磁致伸缩曲线仍然趋近饱和. 我们继续增加压应力, 超磁致伸缩材料的特征曲线将再次不能达到饱和. 图 4.27(a) 和 (b) 分别是高应力作用下的轴向磁致伸缩和磁滞回线, 可以看出随着应力的进一步增加, 现有的磁场强度已经不足以使超磁致伸缩材料达到饱和磁化状态,

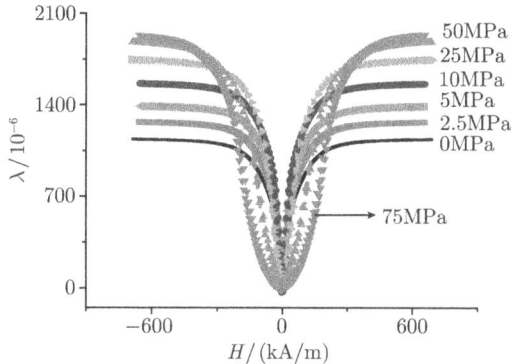

图 4.25 不同预应力作用下的轴向磁致伸缩

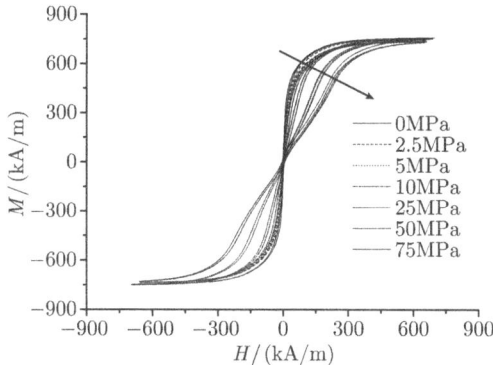

图 4.26 不同预应力作用下的磁滞回线

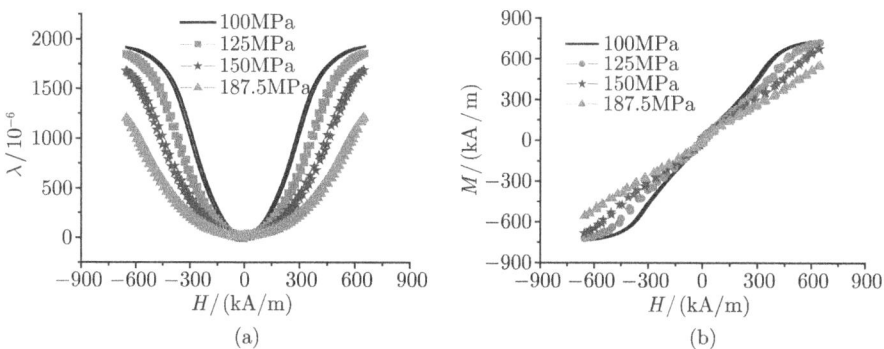

图 4.27 高应力作用下的 (a) 轴向磁致伸缩; (b) 磁滞回线

这再次验证了磁场和应力场之间的竞争机制. 图 4.28 是在 $H = 640\mathrm{kA/m}$ 时磁致伸缩幅值随着预应力变化趋势, 可以看出在应力比较小的时候, 磁致伸缩性能迅速提高, 但当应力高于 75MPa 时, 其磁致伸缩幅值开始下降, 已经不能饱和.

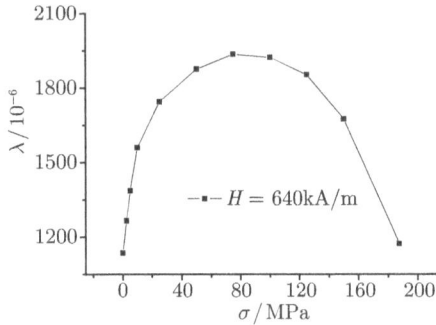

图 4.28   在 $H = 640\mathrm{kA/m}$ 轴向磁致伸缩幅值随预应力变化趋势

图 4.29 是不同预应力下的经典 $M\text{-}\lambda$ 曲线, 由于磁致伸缩和磁化强度均依赖于磁畴的分布, 因此更能够反映出磁化机制. 从图中可以看出, 在没有预应力作用时, 首先发生了 180° 畴变, 因此在初始阶段出现了明显的平台. 随着预应力的增加, 更多的磁畴取向垂直于试件轴向, 180° 畴变减少, 非 180° 畴变增多, 因此初始阶段的平台越来越小, 磁致伸缩曲线由 "U" 型变为 "V" 型. 图 4.30(a) 和 (b) 是不同预应力下磁化率和应变导数随磁场变化的趋势, 可以看出磁化率随应力的增加降低得比较明显, 而应变导数在应力小于 10MPa 时变化并不明显. 力磁耦合性能参数如表 4.2 所示, 从表中可以看出超磁致伸缩材料应用存在一个优化应力区域, 即在较低的磁场下得到尽可能大的磁致伸缩幅值, 在预应力为 10MPa 时, 磁致伸缩的幅值和应变导数均取得合适的值. 当预应力较小时, 没有充分发挥其磁致伸缩性能, 而预应力较大时, 应变导数和磁化率过低而导致不适宜实际应用.

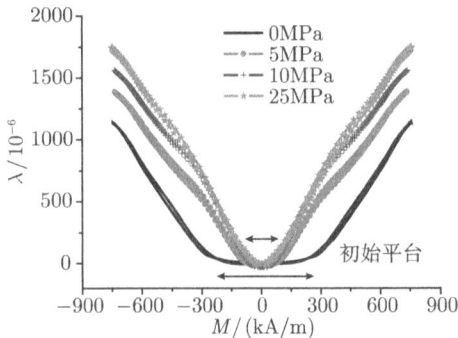

图 4.29   不同预应力作用下的 $M\text{-}\lambda$ 曲线

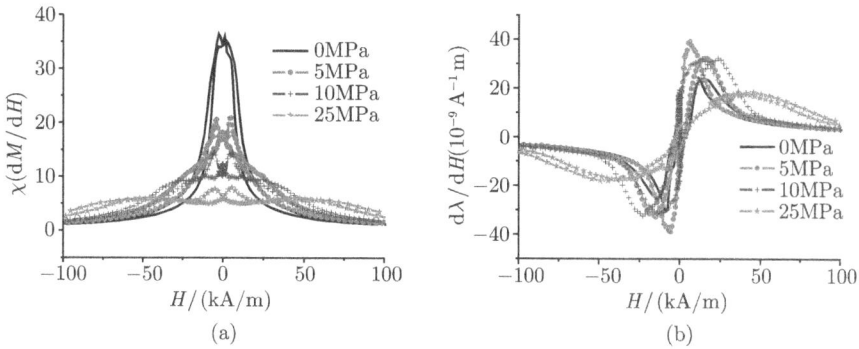

图 4.30　不同预应力作用下的 (a) 磁化率; (b) 应变导数

表 4.2　超磁致伸缩材料的力磁耦合性能参数

σ/MPa	$\lambda_{\max}/10^{-6}$	$\left(\dfrac{\mathrm{d}\lambda}{\mathrm{d}H}\right)_{\max}\Big/(10^{-9}\mathrm{m/A})$	$\left(\dfrac{\mathrm{d}M}{\mathrm{d}H}\right)_{\max}$
0	1138	30	36.39
5	1392	39	20.80
10	1556	32	14.55
25	1742	18	7.9

(2) 加载方式 (b) 的实验结果与分析

加载方式 (b) 下, 应力沿着 x_3 轴, 磁场垂直于 x_3 轴. 在此方式下, 只测量轴向的磁致伸缩, 设相应的磁致伸缩 $\lambda = \varepsilon_{33} = \varepsilon$.

图 4.31 显示了不同压应力状态下的磁致伸缩曲线. 在加载方式 (b) 下, 轴向磁致伸缩为负值. 当压应力为 1.65MPa, 饱和磁致伸缩为 275×10^{-3}, 要小于不施加压应力时的饱和磁致伸缩值, 这可能是由于材料内部的缺陷导致的. 压应力从 4.0MPa 起, 随着压应力的增加, 饱和磁致伸缩值绝对值随之增大, 同时, 压磁系数 $\partial\lambda/\partial H$

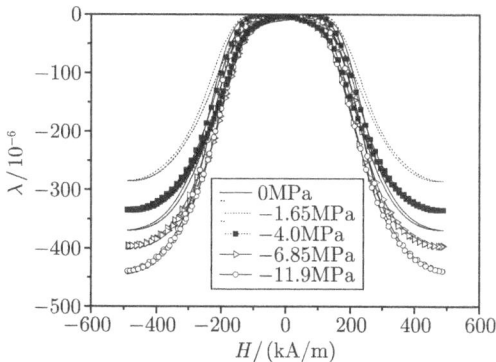

图 4.31　不同压应力状态下磁致伸缩曲线

的绝对值减小. 在此加载方式下, 由于退磁场的作用很大, 磁场磁化变得困难, 因此矫顽场变得很大. 磁场在应力作用下向垂直于 x_3 轴翻转, 当施加磁场后, 由于磁场和应力垂直, 磁场继续推动磁畴向垂直于 x_3 轴方向翻转, 故轴向磁致伸缩为负值, 且饱和磁致伸缩值随着压应力的增加而增加.

2. 超磁致伸缩材料的力磁热耦合本构实验

在本实验中, 静磁场 H 和压缩应力 σ 均沿试件长度方向加载. 试件温度 T 由试件中点附近的铠装热电偶测量. 当 5min 内热电偶测量温度不变时, 可以认为试件温度与硅油温度相同. 轴向应变 (记做 $\varepsilon_\parallel$) 由对称的一对应变片组对臂测量, 横向应变 (记做 $\varepsilon_\perp$) 由试件中部的一个应变片测量, 如图 4.32 所示. 考虑温度对应变测量的影响, 由中温应变片测得的表观应变 ε^* 需要通过温度自补偿公式修正为真实应变 ε

$$\varepsilon = \varepsilon^* - \varepsilon_{\mathrm{mod}} \tag{4.1}$$

$$\varepsilon_{\mathrm{mod}} = -3.63 \times 10 + 2.13 \times T - 1.62 \times 10^{-2} \times T^2$$
$$+ 2.35 \times 10^{-5} \times T^3 + 3.27 \times 10^{-10} \times T^4 \tag{4.2}$$

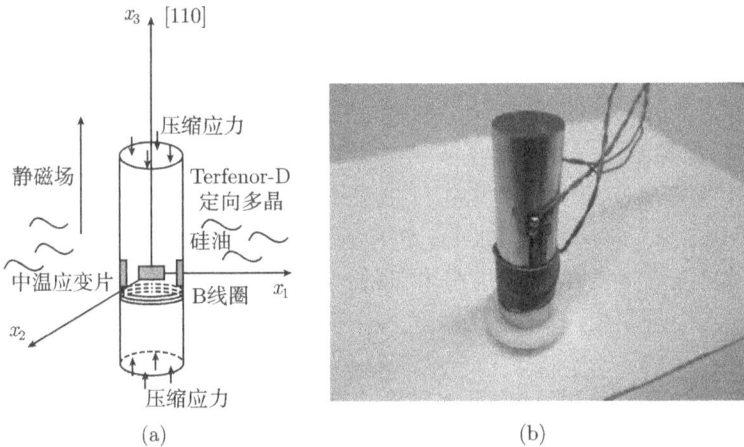

图 4.32   实验样品

(a) 示意图; (b) 实物照片

由于 B 线圈的缠绕和硅油的流动都有可能影响试件的磁致伸缩, 我们在实验中专门针对以上因素进行了测试, 结果表明上述因素的影响很小, 均可忽略, 如图 4.33 所示. 为了确保各组实验数据之间具有可比性, 每组实验之前均对试件进行了饱和磁化, 使之具有相同的初始磁化状态.

我们分别在 20°C, 60°C, 100°C, 140°C 和 180°C 条件下进行了 Terfenol-D 的磁化曲线和磁致伸缩曲线测试. 实验结果表明, 在不同温度下, 室温下的结论依然成立. 在此处, 我们仅给出 180°C 条件下的实验结果进行佐证. 图 4.34 和图 4.35 分别表示 180°C 条件下的磁化曲线和磁致伸缩曲线. 与室温下的实验结果相比, 曲线的变化规律相同, 室温下的结论在 180°C 条件下仍然成立.

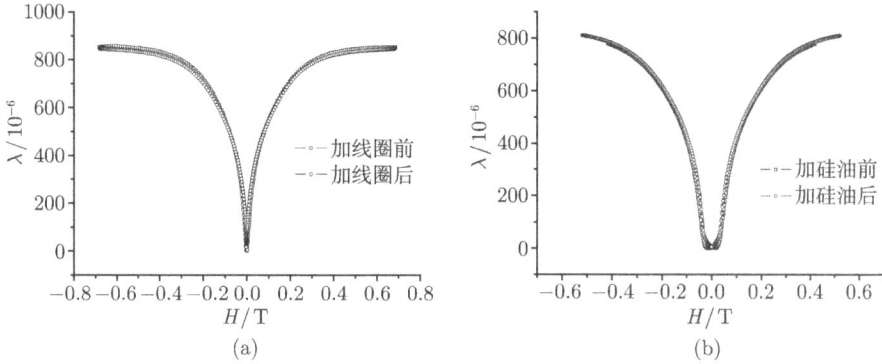

图 4.33　各种因素对应变测量的影响

(a) 线圈影响; (b) 硅油影响

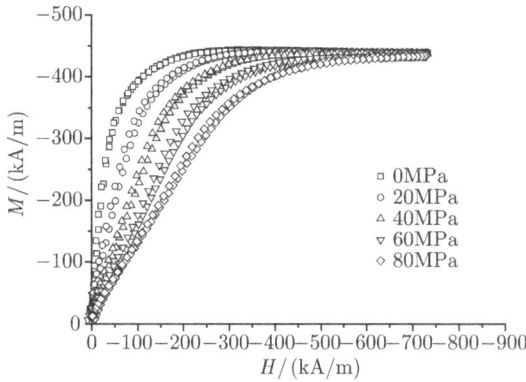

图 4.34　180°C 下的磁化曲线

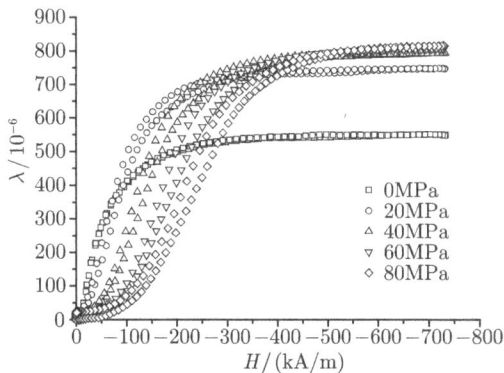

图 4.35　180°C 下的磁致伸缩曲线

图 4.36 和图 4.37 分别表示不加应力时, 不同温度条件下负半周期的磁化曲线和磁致伸缩曲线. 从图中可见, 随着温度的升高, 磁化曲线和磁致伸缩曲线都有明显的降低. 对于铁磁材料, 越接近居里温度, 其铁磁性越弱, 我们的实验结果很好地反映了这一规律.

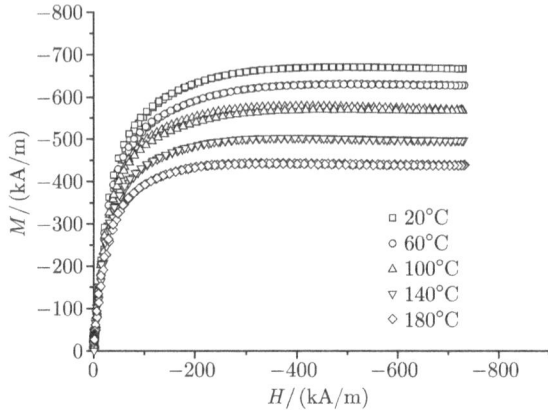

图 4.36　无预应力时不同温度下的磁化曲线

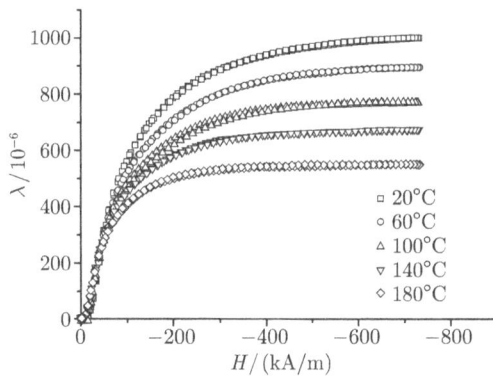

图 4.37　无预应力时不同温度下的磁致伸缩曲线

图 4.38 和 4.39 给出了饱和磁化强度和饱和磁致伸缩, 随温度和预应力的变化规律. 从实验结果可以看出, 饱和磁化强度和饱和磁致伸缩随温度的降低非常明显, 而应力增加到 20MPa 之后基本不会改变饱和磁致伸缩. 对于磁致伸缩材料, 温度的作用主要体现在对材料性能的改变.

图 4.40 和图 4.41 分别是 80MPa 预应力下的磁化曲线和磁致伸缩曲线. 与不加预应力的图 4.36 和图 4.37 相比, 曲线形状发生了明显变化. 当磁场绝对值小于 300kA/m 时, 磁化强度和磁致伸缩随温度的变化很小, 显示出良好的中低磁场下的温度稳定性能. 这是由于在初始阶段, 温度对磁致伸缩性能的影响较小, 当达到中

低磁场强度时, 温度的作用使得磁致伸缩性能明显的下降, 而预应力在中低磁场作用下可以在一定程度上提高磁致伸缩性能, 因此, 预应力的增加可以有效降低温度对材料中低磁场性能的影响, 拓宽 Terfenol-D 使用的温度范围.

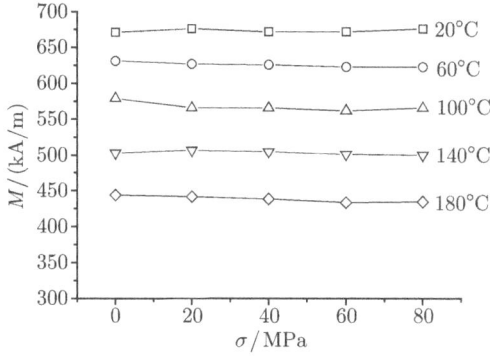

图 4.38　不同温度、应力下的饱和磁化强度

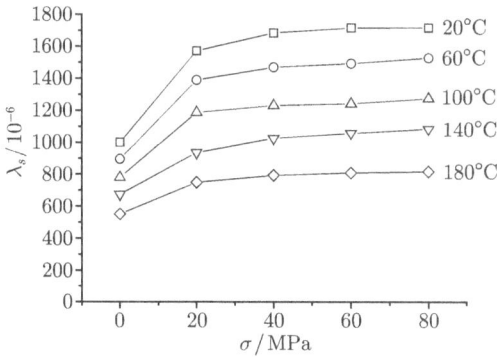

图 4.39　不同温度、应力下的饱和磁致伸缩

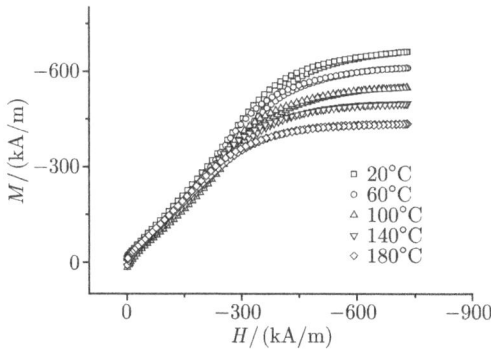

图 4.40　80MPa 预应力下的磁化曲线

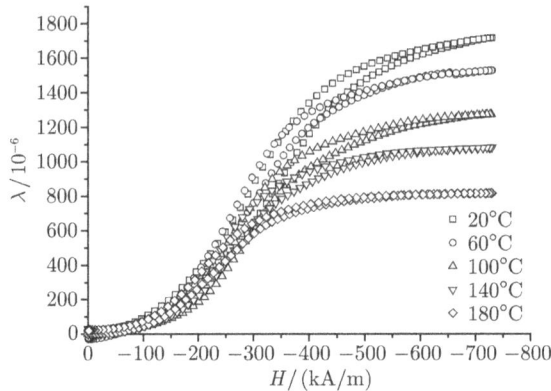

图 4.41　80MPa 预应力下的磁致伸缩曲线

4.1.4　铁磁形状记忆合金的多场耦合本构实验

铁磁形状记忆合金同传统的形状记忆合金一样, 可以在温度场驱动下发生高温奥氏体相和低温马氏体相之间的相变和逆相变过程, 从而实现形状记忆效应. 更引人关注的是, 该合金可以在磁场作用下发生相变及马氏体变体择优取向过程, 从而产生巨大的磁致应变, 并且其响应频率高, 克服了传统形状记忆合金在温度场作用下响应频率低的缺点. 目前报道的铁磁形状记忆合金有 FePd, Ni$_2$MnGa, Ni$_2$FeGa, FeCoNiTi 和 Co$_2$MnGa 等. NiMnGa 合金不仅具有形状记忆效应, 更由于在磁场下高达 9.5%超磁致应变而引起人们的注意, NiMnGa 的超磁致应变来自相变后马氏体在磁场下的重排. 但是, NiMnGa 合金很脆, 经常经过几次温度循环相变后, NiMnGa 样品便破碎了, 这一缺点限制了它作为智能材料的应用. 为了进一步提高 NiMnGa 的磁性与机械性能, 通过部分用 Mn 替换 Fe 得到 Ni$_{52}$Mn$_{16}$Fe$_8$Ga$_{24}$ 合金. 对于 NiMnGa, 母相性质对相变后马氏体的排列起到重大的作用. 实验样品为通过 Czochralski 方法生长的 Ni$_{52}$Mn$_{16}$Fe$_8$Ga$_{24}$ 单晶, 生长方向 [001], 由中国科学院物理研究所提供. 试件加工成长方体 3mm×3mm×5mm, 其中 5mm 的长度方向是 [001] 方向. Ni$_{52}$Mn$_{16}$Fe$_8$Ga$_{24}$ 单晶的马氏体开始相变温度 M_s, 奥氏体相变开始温度 A_s 和居里温度 T_c 分别是 262K, 286K 和 381K. 室温下, 样品处于母相, 为奥氏体.

同样, 取 Ni$_{52}$Mn$_{16}$Fe$_8$Ga$_{24}$ 单晶的生长方向 [001] 为 x_3 轴. 实验中进行了两种加载方式: ⓐ 磁场方向与应力方向平行, 沿着 x_3 轴; ⓑ 磁场方向与应力方向垂直, 应力沿着 x_3 轴, 磁场垂直于 x_3 轴. 对于形变和磁致伸缩我们只关心 x_3 轴方向.

图 4.42 显示了加载方式 ⓐ 下的应力—应变曲线, 分别在恒磁场 $H = 0T$, 0.3T 和 0.4T 作用下的应力—应变均为线性关系. 在磁场 $H = 0.3T$ 和 0.4T 下的应力—应变曲线的斜率要稍大于磁场 $H = 0T$ 下的应力—应变曲线的斜率, 则沿着

[001] 方向的弹性模量随着磁场的增加而增加. 图 4.43 显示了加载方式 ⓑ 下的应力—应变曲线, 同样, 分别在恒磁场 $H = 0\text{T}, 0.8\text{T}$ 和 1.2T 作用下的应力 — 应变也都是线性关系. 此时, 三条曲线的斜率基本没有变化, 这就意味着垂直于 [001] 方向的磁场基本不影响 [001] 方向的弹性模量. 这是应力和磁场相互作用于磁畴的结果. 加载方式 ⓐ 下, 应力和磁场方向相同, 而引起磁畴排列的方向却相反, 所以在磁场作用下需要更大应力才能引起形变, 从而导致 [001] 方向弹性模量随外磁场增大. 从图 4.42 可以测出 [001] 方向的弹性模量为 13.7GPa, 用同样方法测得不掺 Fe 的 NiMnGa 弹性模量为 60GPa(Takagi et al., 1995), 可以看出, 掺入 Fe 后使 NiMnGa 的韧性增加了.

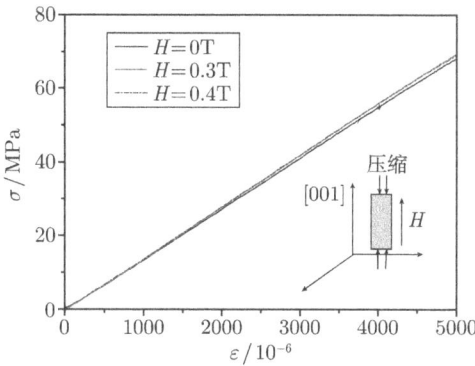

图 4.42　加载方式 ⓐ 下的应力—应变曲线

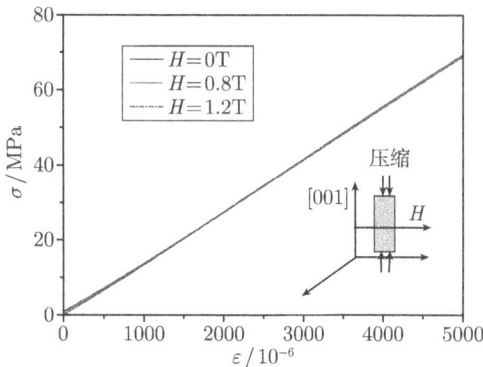

图 4.43　加载方式 ⓑ 下的应力—应变曲线

由于 $\text{Ni}_{52}\text{Mn}_{16}\text{Fe}_8\text{Ga}_{24}$ 单晶在室温下是奥氏体, 没有马氏体的出现, 故磁场作用下的变形依然为磁畴引起的磁致伸缩, 而非马氏体重排引起的变形. 图 4.44 显示了加载方式 ⓐ 下, [001] 方向的磁致伸缩. 当不施加压应力时候, 单晶样品 [001] 方向的磁致伸缩是负的. 但施加压应力之后, 当压应力小于 33MPa, [001] 方向磁致伸缩在低场中为负, 而后变为正; 当压应力达到 66.7MPa, 磁致伸缩全程均为正. 同时, 随着外应力的增加磁致伸缩值增加. 图 4.45 显示了加载方式 ⓑ 下, 压应力小于 23MPa 时候 [001] 方向的磁致伸缩, 磁致伸缩随着压应力的增加而增加. 图 4.46 显示了加载方式 ⓑ 下, 压应力大于 23MPa 时候 [001] 方向的磁致伸缩, 此时, 磁致伸缩随着压应力的增大而减小.

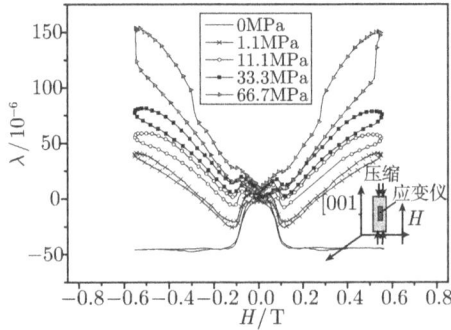

图 4.44   加载方式 ⓐ 下的不同压应力状态的磁致伸缩曲线

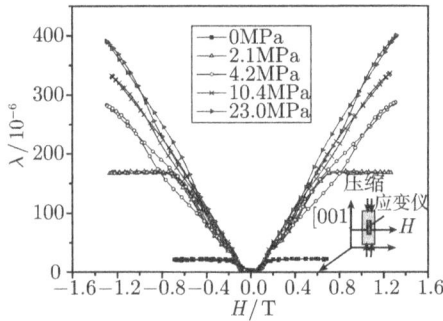

图 4.45   加载方式 ⓑ 下的不同压应力状态的磁致伸缩 (压应力小于 23MPa)

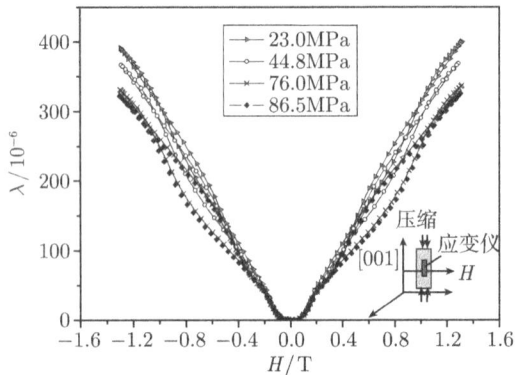

图 4.46   加载方式 ⓑ 下的不同压应力状态的磁致伸缩 (压应力大于 23MPa)

$Ni_{52}Mn_{16}Fe_8Ga_{24}$ 单晶母相下的饱和磁场大约 0.2T, 不施加应力的时候, 加载方式 ⓐ 和 ⓑ 下的磁致伸缩也都是在磁场不到 0.2T 达到饱和. $Ni_{52}Mn_{16}Fe_8Ga_{24}$ 单晶磁致伸缩是来自磁畴的非 180° 翻转 (四方相时为 90° 翻转, 三角晶系为 71° 和 109° 翻转). 应力和磁场作用下导致的磁畴非 180° 翻转的路径和畴壁移动比较复杂, 从而导致了加载方式 ⓑ 下, 存在对磁致伸缩影响的 23MPa 最优应力, 以及图 4.44 中形状特殊的磁致伸缩曲线.

为了进一步测试试件的机械性能, 应用维氏压痕 (Vickers indentation) 技术检测单晶的韧性和硬度. 维氏硬度定义为

$$H_V = P/2a^2 \tag{4.3}$$

其中, P 是外载荷, a 是压痕的对角线半长. 图 4.47 是外载荷 $P = 50N$ 时候的压痕电子显微照片. 压痕的对角线长度 $2a = 125\mu m$, 则根据式 (4.3), 维氏硬度为 6.4GPa. 在高达 50N 的作用力下并没有出现裂纹, 表明材料的韧性得以提高.

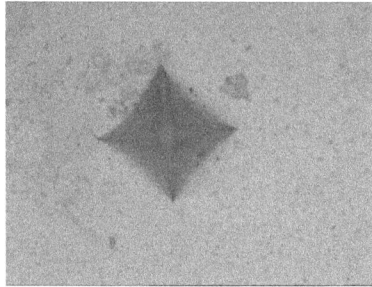

图 4.47　当 $P = 50N$ 时候的压痕电子显微照片. 压痕的对角线长度 $2a = 125\mu m$

4.1.5　Galfenol 合金的多场耦合本构实验

美国海军表面武器试验室 (the Naval Surface Warfare Center) 将 FeGa 合金命名为 Galfenol, 它是继 Terfenol-D(TbDyFe) 合金和 Ni_2MnGa 合金之后发展起来的一种新型的磁致伸缩材料, 其单晶体沿 $\langle 100 \rangle$ 晶向的饱和磁致伸缩系数 λ_{100} 达到 300×10^{-6}. 虽然磁致伸缩系数低于 Terfenol-D, 但该合金强度高、脆性小、可以热轧, 同时具有较高的抗拉强度 (约 500MPa, Terfenol-D 只有 28MPa)、低的饱和磁化场、高的磁场灵敏度、高的磁导率、低廉的价格 (仅为 Terfenol-D 的 1/3)、很好的温度特性、能在很宽的温度范围内使用等优点. 因此, 它更有利于应用在那些具有强震动、冲击、大负荷、腐蚀强等恶劣条件下工作器件的设计和制备. 我们对 FeGa 合金也进行了力磁热多场耦合性能测试. 图 4.48 是室温和 100°C 条件下的磁化曲线和磁致伸缩曲线. 可以看出, 磁化曲线基本表现出双线性, 而且应力对磁化过程的影响较小. 图 4.49 是室温和 100°C 条件下的磁致伸缩曲线. 可以看出, 应变随磁

场也呈现双线性变化. 当应力从 0 增加到 20MPa 时, 饱和磁致伸缩明显增加, 应力
继续增大的作用则不明显.

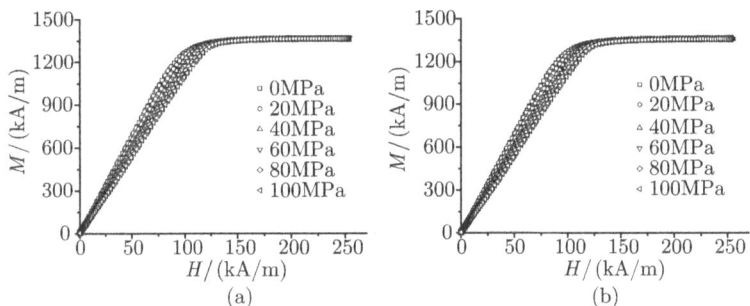

图 4.48   不同温度下的磁化曲线随应力的变化关系

(a) 室温; (b) 100°C

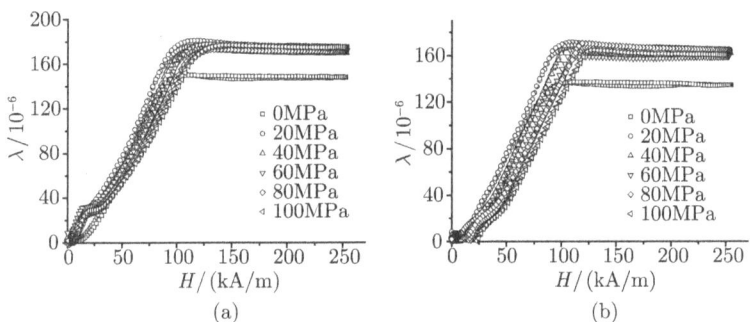

图 4.49   不同温度下的磁致伸缩曲线随应力的变化关系

(a) 室温; (b) 100°C

为了研究温度对 FeGa 性能的影响, 我们比较了 20°C, 50°C 和 100°C 下的磁化
曲线和磁致伸缩曲线, 如图 4.50 所示. 可以看出, 不用温度下的磁化曲线基本重合,

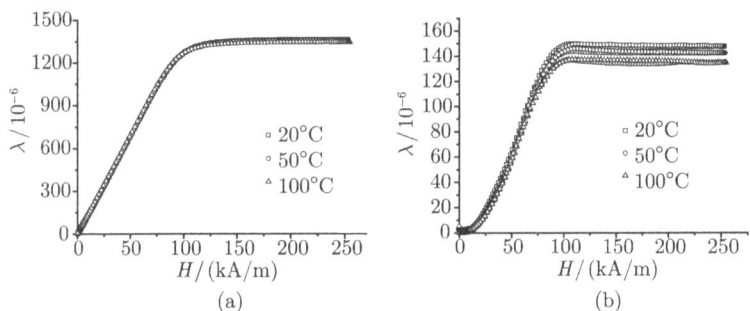

图 4.50   不同温度下的磁化曲线和磁致伸缩曲线

(a) 磁化曲线; (b) 磁致伸缩曲线

磁致伸缩随温度的变化也比较小. 我们进一步研究了 FeGa 在不同温度下的应力—应变曲线, 如图 4.51 所示, 可以看出, 材料表现出良好的线弹性, 而且弹性模量不受温度影响.

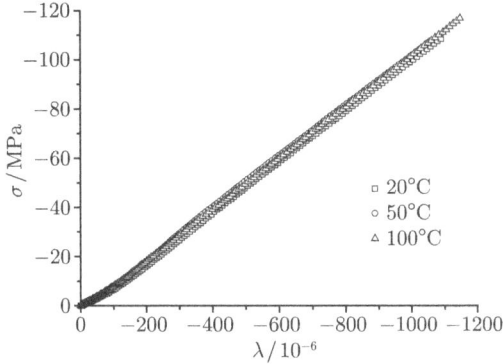

图 4.51　不同温度下的应力—应变曲线

4.2　超磁致伸缩材料的多场耦合实验新现象

4.2.1　畴变 "拟弹性" 行为

在形状记忆合金中存在两类拟弹性行为: 一类是和马氏体相变有关的拟弹性, 称为相变拟弹性; 一类是和孪晶界面的可逆迁动有关的拟弹性, 称为孪生拟弹性. 在超磁致伸缩材料中也发现了拟弹性现象, 由于它与畴变过程有关, 我们将之称为畴变拟弹性.

图 4.52(a) 和 (b) 给出了没有外加磁场时的应力—应变曲线和压磁曲线, 可以看出磁化强度和应变幅值在经历加载和卸载循环后, 并没有恢复到初始值, 曲线是开口的, 即存在剩余应变和磁化强度. 另外, 如果材料处于完全退磁状态, 并不会出现压磁效应. 这说明本实验采用的试件经历饱和磁化后, 存在一定剩余磁化强度. 类比于磁场矫顽场的定义, 应力—应变曲线上弯曲变化点 (图 4.52(a) 中 "C" 点) 定义为矫顽应力 σ_c, 可以测出 Terfenol-D 的矫顽应力是 2.5MPa. 由于材料的铁弹性, Terfenol-D 的弹性模量是变化的, 则应力—应变曲线上初始阶段 "A-B" 段 (图 4.52(a) 中) 的斜率定义为初始弹性模量 E_0, 当经过 "D" 点 (图 4.52(a) 中), 应力—应变关系最终又为线性时, "D-E" 段 (图 4.52(a) 中) 的斜率定义为材料的弹性模量 E.

在初始阶段 "A-B" 段, 当压应力小于 2MPa, 应力—应变是线性的, 此时初始杨氏模量 $E_0 = 10.6$GPa; 随着应力的增加, 磁畴开始大量地翻转 ("B-D" 段), 从而引起较大的应变 (图 4.52(a)) 和磁化强度 (图 4.52(b)). 当应力超过矫顽应力时, 大量的磁畴翻转完毕, 应力—应变又变为线性关系, 此时杨氏模量 $E = 59.1$GPa. 加载至 60MPa 开始卸载. 在卸载过程中, 应力大于 8MPa 时, 应力—应变依然为线性; 但当卸载至 "F" 点, 应力—应变又变成非线性, 这是由于部分磁畴又重新翻转回初始状态. 当应力完全卸载至零, 则存在剩余应变 $\varepsilon_r = 700 \times 10^{-6}$. 同时, 图 4.52(b) 显示了压磁效应, 加载过程中, 随着压应力的增加磁化强度增加; 卸载过程中, 随着压应力的减小磁化强度减小. 当应力卸载至零, 存在剩余磁化强度 $M_r = 4\mathrm{kA/m}$.

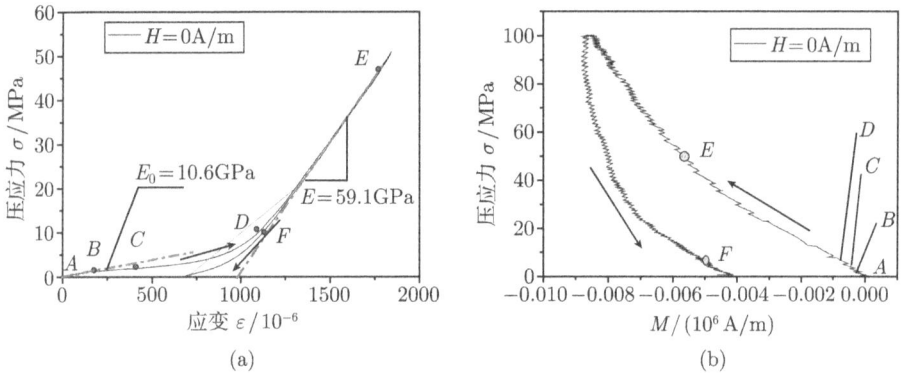

图 4.52   Terfenol-D 在磁场强度 $H=0$ 时的 (a) 应力—应变曲线; (b) 压磁曲线

为了研究磁场对材料机械性能的影响, 将外磁场固定, 分别得到了不同恒磁场 $H = 39.8\mathrm{kA/m}$, $79.8\mathrm{kA/m}$, $119.4\mathrm{kA/m}$ 和 $159.2\mathrm{kA/m}$ 下的应力—应变曲线和应力的退磁化影响, 如图 4.53~ 图 4.56 所示. 可以看出在一定磁场作用下, 应力—应变曲线由开口变为闭合回线, 即经历加载与卸载循环后应变恢复到初始值, 这正是拟弹性的特征; 并且, 随着磁场的增加, 其在低应力区域发生回线现象也提升到高应力区域, 同时, 回线变窄. 应力退磁化曲线也具有与应力—应变曲线相同的特征, 这是由于这个过程中主要发生了非 180° 畴变. 畴变拟弹性主要是由于磁场和应力场在畴

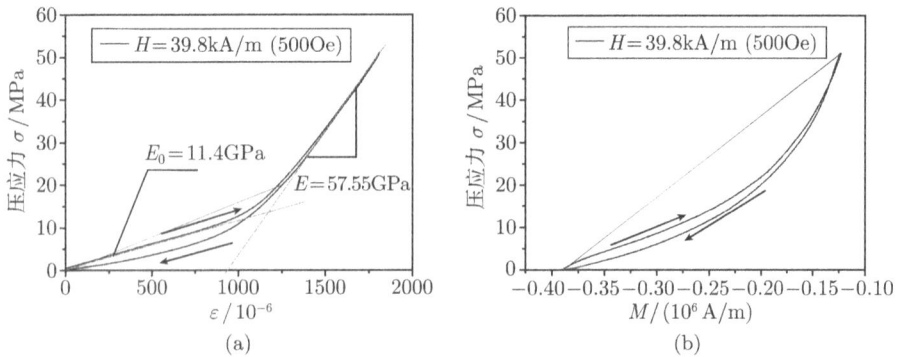

图 4.53   Terfenol-D 在磁场强度 $H=39.8\mathrm{kA/m}$ 时的
(a) 应力—应变曲线; (b) 应力退磁化曲线

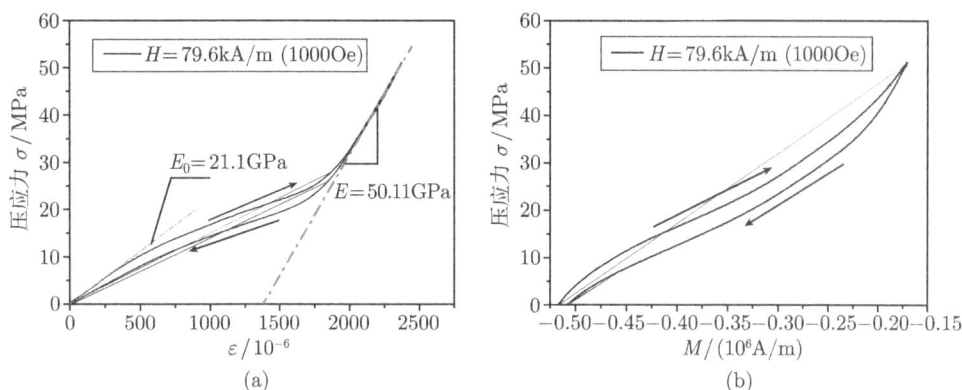

图 4.54　Terfenol-D 在磁场强度 H=79.6kA/m 时的

(a) 应力—应变曲线; (b) 应力退磁化曲线

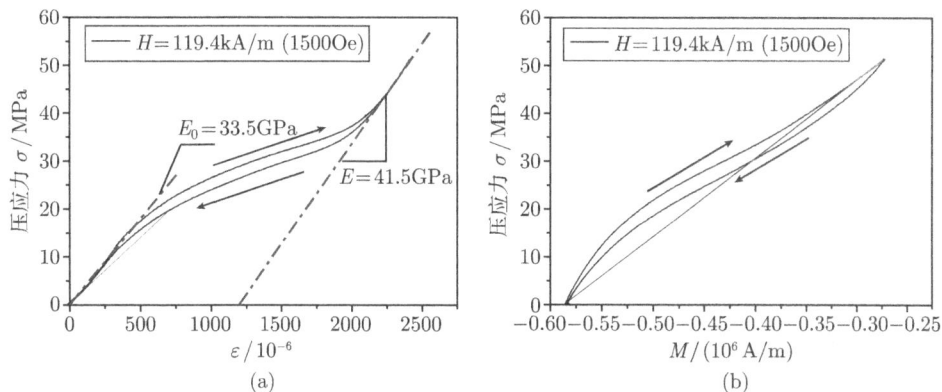

图 4.55　Terfenol-D 在磁场强度 H=119.4kA/m 时的

(a) 应力—应变曲线; (b) 应力退磁化曲线

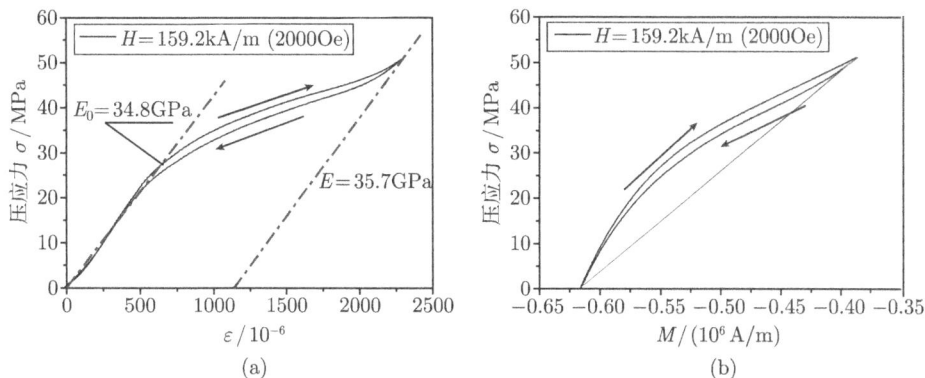

图 4.56　Terfenol-D 在磁场强度 H=159.2kA/m 时的

(a) 应力—应变曲线; (b) 应力退磁化曲线

变过程中的竞争机制引起的, 磁场使磁畴沿试件轴向排列, 而应力使磁畴远离试件的轴向排列. 因此, 在加载过程中, 应力的作用逐渐占主导地位, 磁畴远离试件的轴线; 在卸载过程中, 磁场的作用逐渐占主导地位, 磁畴平行试件轴向排列, 应变和磁化强度恢复到初始值; 并且随着磁场的增加, 需要更高的应力驱动磁畴旋转, 因此, 回线发生的区域也提升到了高应力区域.

由于应力引起畴向垂直于应力的方向翻转, 当应力和磁场同一方向时候, 磁场将会抵抗应力的影响, 而试图把磁畴固定于它的初始位置, 所以需要更大的应力才能引起畴的翻转. 随着外加磁场的增大, 材料的矫顽应力增大, 初始杨氏模量 E_0 增大, 在初始阶段仿佛材料被 “硬化” 了. 由于畴在应力作用下向垂直于应力方向翻转, 则随着压应力的增加磁化强度不断减弱, 当卸载至零应力时, 在磁场作用下, 由于应力引起翻转的畴又重新翻转回初始状态, 所以磁化强度基本上又回复到初始值. 图 4.53(b) 和图 4.54(b) 中, 卸载完毕后, 磁化强度要稍小于初始磁化强度值, 这是由于施加的外恒定磁场不足以使应力引起的翻转畴全部回复到初始状态. 在退磁化曲线中, 存在回线, 则加载卸载过程中存在能量耗散, 这些能量耗散用于驱动磁畴的翻转.

图 4.57 显示了矫顽应力和外加磁场的关系, 矫顽应力随着外加磁场的增加近似成线性增长. 这种线性关系可以通过磁畴翻转的能量准则进行解释. 我们知道, 只有系统能量达到一定阈值时, 磁畴才会发生翻转, 可以表达为

$$\sigma \cdot \varepsilon + H \cdot \Delta B = w_s \tag{4.4}$$

上式中, 第一项是表征机械能, 第二项表征磁场能, w_s 是磁畴翻转的能量阈值. 根据上式, 矫顽应力可以表达为

$$\sigma_c = -\frac{\Delta B}{\varepsilon} H + \frac{w_s}{\varepsilon} \tag{4.5}$$

上式中 $\frac{\Delta B}{\varepsilon}$ 表示压磁系数, 故根据式 (4.5), 矫顽应力 σ_c 和磁场 H 成线性关系.

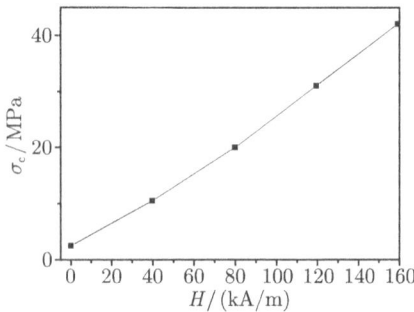

图 4.57   矫顽应力 σ_c 和外加恒磁场的关系

图 4.58 显示了初始杨氏模量 E_0 和最终杨氏模量 E 与外加恒磁场的关系. 随着外磁场的增加, E_0 增大, E 减小. 初始阶段, E_0 和 E 变化得很微小, 当外加磁场

超过 40kA/m 后, E_0 和 E 变化都很快, 当外加恒磁场达到 160kA/m, E_0 和 E 基本相等. 从磁化曲线可以知道, 当磁场为 40kA/m 时, 材料的磁化强度增加很快, 这意味着在 $H = 40$kA/m 附近, 有大量的磁畴发生翻转, 而恰是这些大量畴的翻转导致了弹性模量的剧烈变化. 从图 4.53~ 图 4.56, 我们知道应力导致磁畴向垂直于应力方向翻转, 从而随着外加磁场的增大矫顽应力随之增大, 则随着外磁场的增加, 需要更大的应力才能引起磁畴的翻转, 所以, 初始弹性模量 E_0 随着外磁场的增大而增大. 当大量的畴翻转完之后, 材料的应力—应变重新进入线性段, 此时在外加磁场引起的磁致伸缩的作用下, 只需要较少的力就可以使材料发生变形, 所以材料的最终杨氏模量 E 随着外磁场的增加而减小.

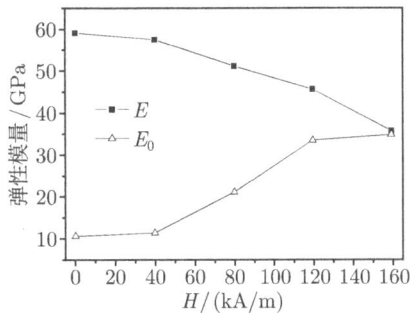

图 4.58　弹性模量 E 和 E_0 与外加恒磁场的关系

　　为了深入地研究超磁致伸缩材料的 "拟弹性" 行为, 我们对不同的试件进行了应力—应变曲线的测量, 均发现超磁致伸缩材料具有 "拟弹性", 并获得了 "拟弹性" 行为的临界磁场. 图 4.59 是材料在不同偏置磁场下的应力—应变曲线, 偏置磁场由零增大到饱和. 在加载、卸载过程中, 材料的表观弹性模量发生了明显的变化, 这是由于加卸载过程都发生了 90° 的畴变所致. 在畴变发生前后, 应变随应力线性变化, 而在畴变阶段, 应变不仅随应力呈现出明显的非线性, 还存在较大的能量耗散. 当偏置磁场较低时, 应变在加载初始阶段就增加很快, 说明材料很快进入了畴变区域, 之后的应变线性增加, 说明畴变已经基本完成; 当偏置磁场升高时, 畴变的发生所需要的应力增大, 畴变前的线性段增加; 当偏置磁场增大到饱和时, 畴变就很难发生, 应变基本随应力线性增加. 卸载曲线的非线性段反映了 90° 畴变的恢复, 因此同样会受偏置磁场的影响. 当磁场较小时, 畴变恢复比较困难, 甚至当引力卸载为零的时候仍没有完全恢复, 体现出一定的剩余应变; 当偏置磁场升高时, 畴变恢复较快; 当偏置磁场接近饱和, 基本不发生畴变, 卸载段与加载段基本重合. 图 5.60 描述了剩余应变随磁场的变化规律, 可以看出, 剩余应变随偏置磁场的增大而减小. 当偏置磁场大于 80kA/m 时, 剩余应变基本为零, 表现出拟弹性现象, 该磁场即为拟弹性发生的临界磁场.

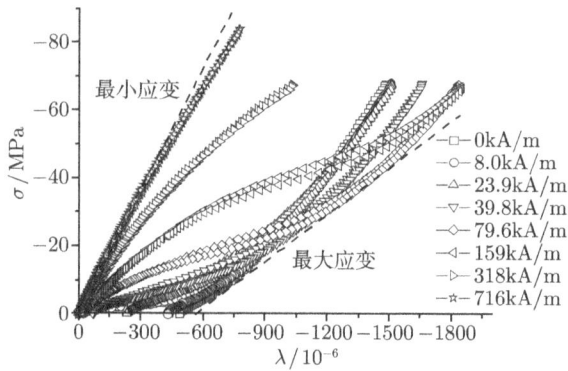

图 4.59   不同磁场下的应力—应变曲线

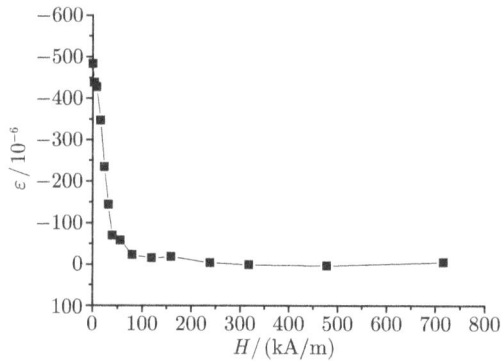

图 4.60   剩余应变与偏置磁场的关系曲线

另外, 图 4.59 中所有的应力—应变曲线都位于两条直线包络线之间. 这两条包络线分别代表了同一应力水平所能达到的最大和最小应变. 也就是说超磁致伸缩材料在不同磁场作用下, 当承受同一应力载荷时, 可以获得不同的应变值, 因此存在应变的上界和下界. 图 4.61 中的三条曲线分别表示 20MPa, 40MPa 和 60MPa 应

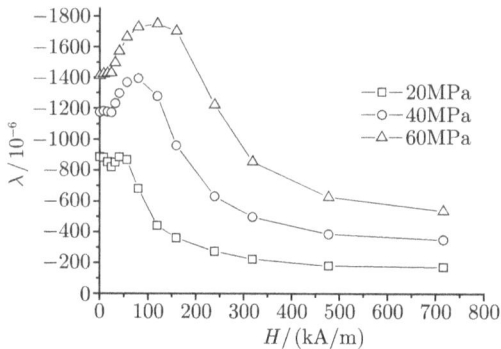

图 4.61   不同磁场下的最大应变曲线

力作用下, 最大应变随偏置磁场的变化规律. 它是通过不同应力值下的水平线与不同磁场下应力—应变曲线的最大应变交点获得的. 可以看出, 最大应变随偏置磁场的增加先增大后减小, 其峰值代表了最优偏置磁场. 在该磁场下, 应力能够恰好使畴变完成, 因此能够表现出最大的应变响应. 随着应力的增加, 该最优磁场也在不断增大.

4.2.2　巨大的受迫体磁致伸缩

超磁致伸缩材料 Terfenol-D 合金具有正的磁致伸缩系数, 当磁畴沿磁场方向排列时, 试件将在沿着磁场方向伸长, 而在垂直于磁场方向缩短, 因此, 我们在测量轴向磁致伸缩和磁滞回线的同时, 测量了超磁致伸缩材料的横向磁致伸缩 ($\lambda_\perp$) 性能, 如图 4.62 所示. 可以看出, 横向磁致伸缩为负, 但其幅值变化与轴向磁致伸缩的幅值变化相同, 在低应力区随着预应力的增加而增加; 当 $\sigma \geqslant 100\text{MPa}$ 时, 磁致伸缩不能达到饱和磁化状态.

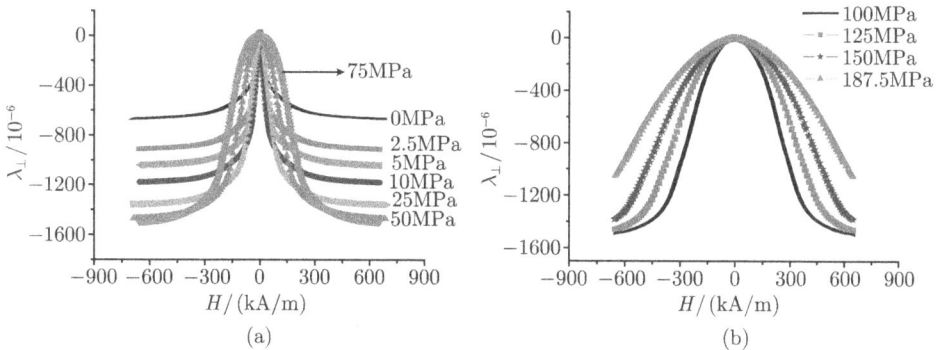

图 4.62　横向磁致伸缩

(a) $\sigma \leqslant 75\text{MPa}$; (b) $\sigma \geqslant 100\text{MPa}$

当只有轴向磁场和应力场时, 即磁场和应力场沿 [110] 方向, [110] 定向的多晶 Terfenol-D 合金可以考虑为横观各向同性材料. 将试件轴向, 即 [110] 方向定义为 z, 垂直于试件轴向的方向定义为 r, 即可得到它的体磁致伸缩为

$$\omega = (1 + \Delta z/z)(1 + \Delta r/r)^2 - 1 \approx \lambda_\parallel + 2\lambda_\perp \tag{4.6}$$

图 4.63 是横向磁致伸缩和轴向磁致伸缩的关系曲线, 可以看出实验曲线基本都在 $\lambda_\perp : \lambda_\parallel = -1 : 2$ 的曲线下面, 这说明在 [110] 定向的多晶 $\text{Tb}_{0.3}\text{Dy}_{0.7}\text{Fe}_{1.95}$ 合金中存在体磁致伸缩. 图 4.64 是不同预应力作用下的体磁致伸缩曲线, 可以看出体磁致伸缩曲线分为三个阶段, 首先在矫顽场附近, 体磁致伸缩迅速增加; 随后在 1~3 倍矫顽场阶段, 体磁致伸缩出现了一个平台或者轻微的下降阶段, 这个阶段在低应力区域较为明显; 最后, 体磁致伸缩逐渐增加达到饱和状态. 当预应力从 0 增加到

50MPa 时, 矫顽场附近的体磁致伸缩的幅值也从 200×10^{-6} 提升到 1000×10^{-6}. 研究报道 Terfenol-D 的单晶合金的体磁致伸缩几乎为零, 因此, 这种受迫体磁致伸缩与传统的体磁致伸缩机制不同. 1990 年, Teter(1990) 报道了在无应力场作用时 Terfenol-D 的多晶合金的体磁致伸缩为 $140 \times 10^{-6} \pm 260 \times 10^{-6}$, 指出这种体磁致伸缩在很大程度上依赖于微晶分布的大小和方向, 以及孪晶片之间的稀土共晶体含量, 并且预测在合适的预应力作用下, 具有孪晶结构的 Terfenol-D 可能在矫顽场附近表现出巨大的体磁致伸缩. 这与我们的实验结果一致. 图 4.65 是体磁致伸缩幅值随着压应力的变化曲线, 可以看出在低应力时, 体磁致伸缩迅速增加, 而在高应力区域增加缓慢区域饱和.

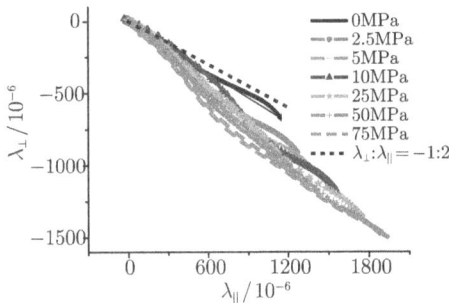

图 4.63　横向磁致伸缩和轴向磁
　　　　致伸缩的关系曲线

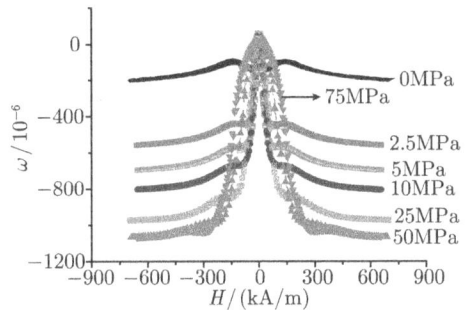

图 4.64　不同预应力作用下的体
　　　　磁致伸缩

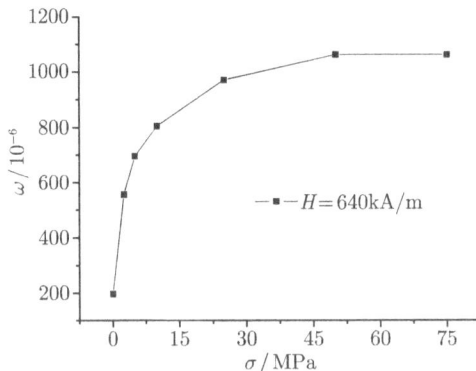

图 4.65　体磁致伸缩幅值随应力的变化曲线

4.2.3　多轴力磁耦合场作用下的磁致伸缩和磁滞回线

为了实现多轴力磁耦合场, 液压驱动加载装置在磁场均匀区旋转一定角度, 从而磁场方向和载荷方向 (试件轴向) 成一定角度. 磁场和应力场的加载方案如图 4.66 所示. 为了使材料具有相同的初始磁化状态, 在实验之前均沿试件轴向对材料进行了饱和磁化.

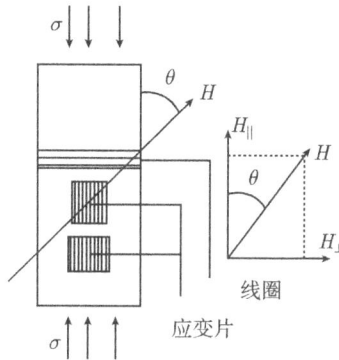

图 4.66　加载方案示意图

　　图 4.67(a) 和 (b) 是当 $\theta = 90°$ 时的轴向磁致伸缩和横向磁致伸缩, 可以看出随着预应力的增加, 更多磁畴将在磁化前垂直于试件轴线, 即非 180° 畴变减少, 因此磁致伸缩幅值下降. 我们发现在磁致伸缩过程中出现了一个初始平台, 这是由于试件轴向存在退磁场, 使得磁化过程更加困难. 随着应力的增加, 轴向磁致伸缩的平台逐渐增加, 这是由非 180° 畴变减少引起的, 当应力达到 50MPa 时, 几乎没有轴向磁致伸缩发生. 而横向磁致伸缩曲线随着应力的增加由 "U" 型变成 "W" 型. 这是由于与磁场方向平行的磁畴随着磁场的增加偏离试件的轴向, 发生了非 180° 畴变, 从而出现了负磁致伸缩; 而随着磁场的增加, 磁畴将与磁场方向平行, 磁致伸缩逐也渐变由负变为正. 随着压应力的增加, 更多的畴变被限制在试件的横截面内, 因此, 上述畴变过程也逐渐增多, 负磁致伸缩现象也逐渐明显.

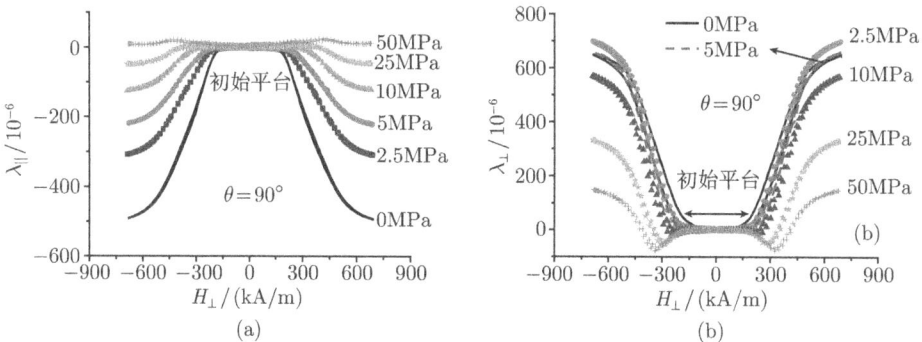

图 4.67　$\theta = 90°$ 时不同预应力作用下的 (a) 轴向磁致伸缩; (b) 横向磁致伸缩

　　图 4.68(a) 是当 $\theta = 60°$ 时的轴向磁致伸缩曲线. 可以看出当 $\sigma \leqslant 25$MPa 时, 磁致伸缩的幅值随着应力的增加而增加; 当 $\sigma > 25$MPa 时, 磁致伸缩已经不能达到饱和状态, 其幅值也随之下降. 另外, 值得注意的是, 磁致伸缩的幅值随着磁场的增

加而增加, 当达到一个合适磁场的时候, 磁致伸缩幅值出现了小幅度的下降, 我们称之为 "回落" 现象. 而当 $\theta = 0°$ 时, 即只有轴向磁场和轴向应力时, 磁致伸缩幅值随磁场增加最终达到饱和状态. 图 4.68(b) 是当 $\theta = 60°$ 时的磁滞回线, 可以看出饱和磁化强度随着应力的增加而降低, 这说明磁畴总能量最小化方向随着压应力的增加而越来越偏离试件的轴向, 因此轴向饱和磁化强度降低了, 这在高应力区域比较明显. 然而, 当 $\theta = 0°$ 时, 即只有轴向磁场和轴向应力作用时, 饱和磁化强度没有随着压应力的增加而降低, 即饱和磁化强度不受应力影响, 但与磁致伸缩相对应区域, 磁化曲线没有出现明显的 "回落" 现象.

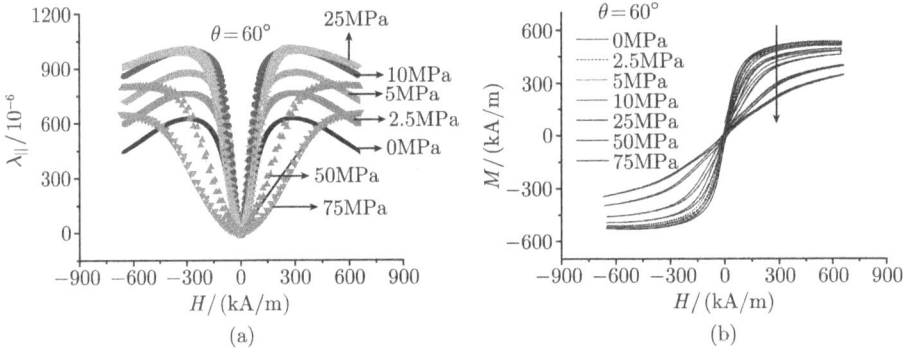

图 4.68　$\theta = 60°$ 时不同预应力下的 (a) 磁致伸缩; (b) 磁滞回线

图 4.69(a) 和 (b) 是 $\theta = 45°$ 时的轴向磁致伸缩和磁滞回线. 可以看出轴向磁致伸缩依然存在 "回落" 现象; 饱和磁化强度也随着压应力的增加而降低. 图 4.70(a) 和 (b) 分别是 $\theta = 60°$ 和 $\theta = 45°$ 时的横向磁致伸缩, 其幅值变化趋势与轴向磁致伸缩的幅值变化趋势相同.

图 4.71(a) 和 (b) 是不同预应力作用下, $\theta = 0°, 45°, 60°, 90°$ 的磁滞回线. 首先其他易轴方向的磁畴跳变到离磁场方向近的易轴方向, 随后旋转到磁场方向, 因此, 磁

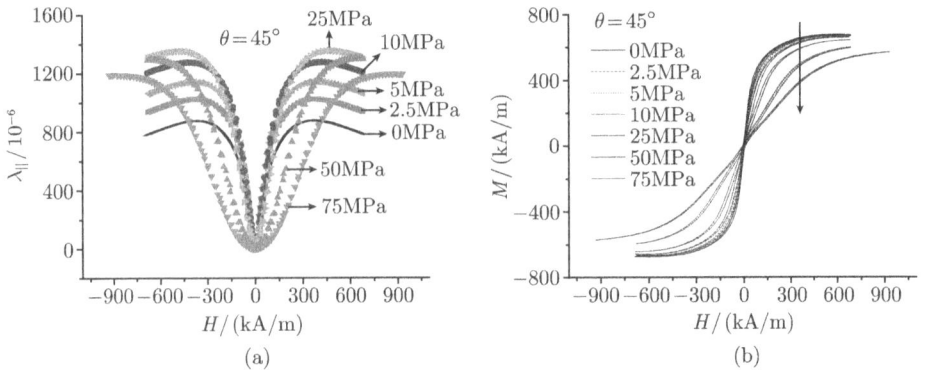

图 4.69　当 $\theta = 45°$ 时不同预应力下的 (a) 轴向磁致伸缩; (b) 磁滞回线

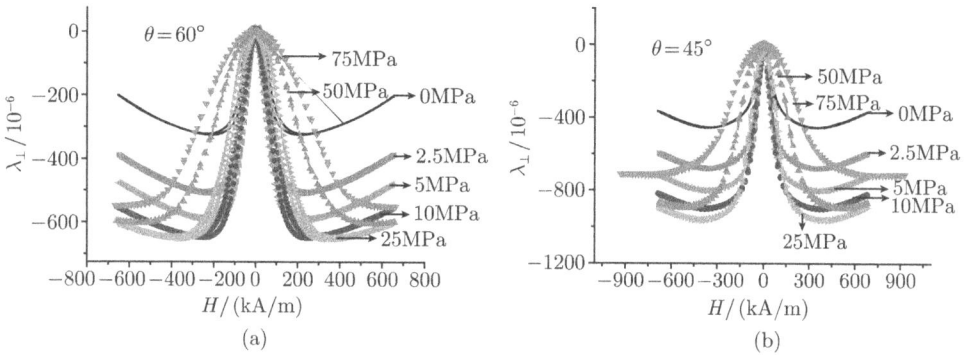

图 4.70　(a) $\theta = 45°$, (b) $\theta = 60°$ 时不同预应力下的横向磁致伸缩

化曲线出现了 "跳变" 和 "旋转" 区域. 而饱和磁化强度随着角度增加而降低, 当磁场足够强时, 磁畴将与磁场方向平行, 因此, 可以得到不同角度时的饱和磁化强度为

$$M_s(\theta) = M_s \cos(\theta) \tag{4.7}$$

其中, M_s 是材料的饱和磁化强度, 可由 $\theta = 0°$ 时测量饱和磁化强度获得. 因此, 磁化率 $\chi(\theta)$ 也随着角度的增加而降低.

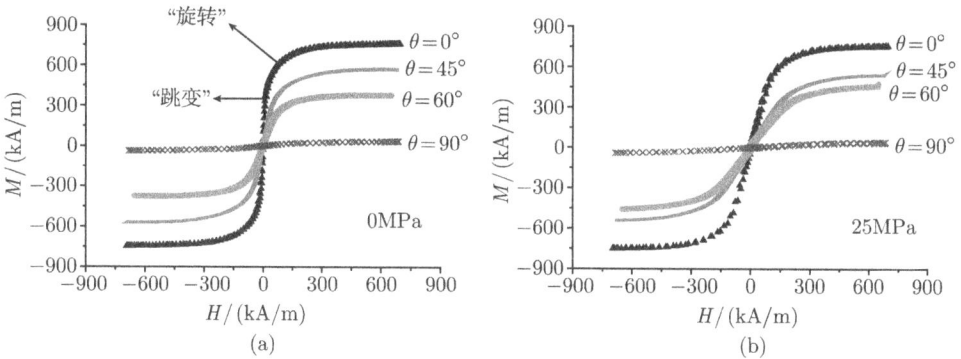

图 4.71　(a) $\sigma = 0\text{MPa}$, (b) $\sigma = 25\text{MPa}$ 时不同角度的磁滞回线

图 4.72(a) 和 (b) 是不同预应力作用下, $\theta = 0°, 45°, 60°, 90°$ 的磁致伸缩曲线. 当 $\theta = 0°$ 时, 饱和轴向磁致伸缩为 $\lambda_s(0°) = 1137 \times 10^{-6}$; 当 $\theta = 90°$ 时, 饱和轴向磁致伸缩为 $\lambda_s(90°) = -490 \times 10^{-6}$. 因此可以得到最大的轴向磁致伸缩

$$\lambda_M = \lambda_s(0°) - \lambda_s(90°) = 1627 \times 10^{-6} \tag{4.8}$$

当 $\sigma = 25\text{MPa}$ 时, 轴向饱和磁致伸缩 $\lambda_s(0°) = 1746 \times 10^{-6}$ 与 λ_M 相近, 而 $\lambda_s(90°)$ 几乎为零, 这说明当 $\sigma = 25\text{MPa}$ 时, 大部分磁畴在磁化前垂直于试件的轴向排列. 可以看出饱和磁致伸缩的幅值随着角度的增加而降低.

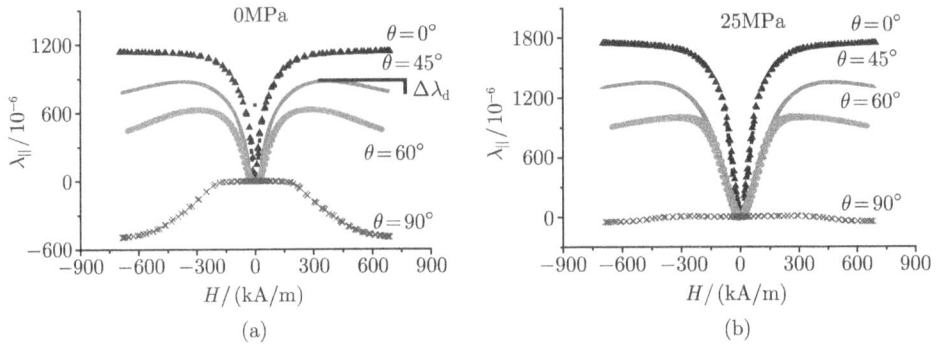

图 4.72   (a) $\sigma = 0\text{MPa}$, (b) $\sigma = 25\text{MPa}$ 时不同角度的轴向磁致伸缩

为了解释磁致伸缩的 "回落" 现象, 我们假设立方单晶中测量 [110] 方向的磁致伸缩, 沿着 [112] 方向施加磁场, 在磁化过程中, 磁畴首先由其他易轴方向跳变到离磁场方向最近的 [111] 方向, 然后随着磁场的增加逐渐转向磁场方向. 在这个磁化过程中, 可以得到 [110] 方向的磁致伸缩为

$$\lambda_{110}(\theta) = -\frac{3}{8}(\lambda_{100} + \lambda_{111})\cos 2\theta + \text{const.} \tag{4.9}$$

所以, 在发生磁畴旋转的过程中, 磁致伸缩幅值将降低, 从而出现了 "回落" 现象. 但单一磁畴旋转理论无法解释磁化强度在相应区域几乎保持不变的现象, 因为上述的磁畴旋转过程将会导致磁化强度的降低. 由于在多晶样品中, 存在复杂的多畴结构, 因此, 在上述磁化过程中, 可能同时存在另外一种磁畴旋转偏离 [1̄10] 方向, 这将会保持磁化强度不变, 而磁致伸缩出现 "回落" 现象. 表 4.3 和表 4.4 是多轴力磁耦合场性能参数.

表 4.3   多轴力磁耦合场下的磁化强度参数

$\theta/(°)$	$M_{\text{s}}(\theta)/(\text{kA/m})$		$\chi_{\text{M}} = \left(\dfrac{\text{d}M}{\text{d}H}\right)_{\max}$		$M_{\text{s}}\cos(\theta)/(\text{kA/m})$
	0MPa	25MPa	0MPa	25MPa	
0	756	756	36.39	7.90	756
45	573	541	8.0	3.18	533
60	454	406	5.27	2.40	382
90	32	32	0.26	0.23	0

表 4.4   多轴力磁耦合场下的磁致伸缩参数

$\theta/(°)$	$\lambda_{\text{s}}/10^{-6}$		$\Delta\lambda_{\text{d}}/10^{-6}$		$\Delta\lambda_{\text{s}}/10^{-6}$
	0MPa	25MPa	0MPa	25MPa	
0	1137	1746	/	/	609
45	878	1357	96	49	479
60	630	1012	181	100	32
90	−490	−46	/	/	444

4.2.4　弹性模量的各向异性与阻尼性能

　　超磁致伸缩材料的表观弹性模量, 随着磁场的改变而改变, 从前文所述可以发现当磁场足够强时应力的作用并不能够驱使磁畴发生, 即使加载过程也可以认为是弹性加载过程, 这样能测量材料的弹性模量. 通常, 我们认为在没有磁场作用时, 应力—应变的卸载部分为弹性卸载, 由此我们也可以测量材料的弹性模量. 图 4.73 为不同角度下的应力—应变曲线, 可以看出它们的线弹性阶段 (张性度 $\geqslant 99.45\%$) 并没有重合. 图 4.74 为弹性模量随角度变化的曲线, 可以看出未饱和状态的弹性模量 (零磁场卸载阶段) 只有 69.4GPa. 而饱和状态的弹性模量随着角度增加先减小再增加, 在 $\theta = \pi/3$ 时得到最小弹性模量. 这是由于当磁畴远离试件轴线时, 磁畴承受的剪切力将在变形过程中起重要作用, 因此, 可能得到最小的弹性模量, 如图 4.74 中的插图所示.

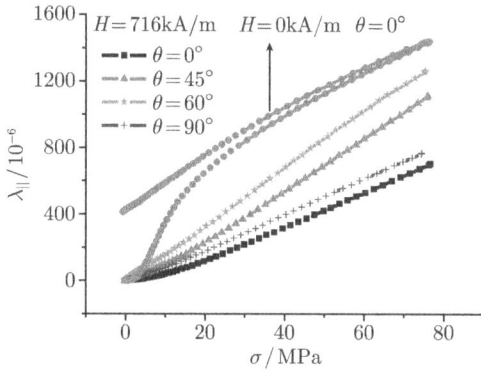

图 4.73　不同角度的应力—应变曲线

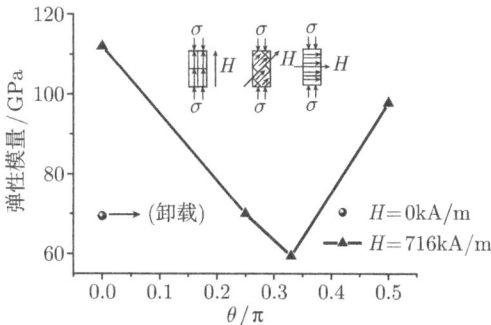

图 4.74　弹性模量随角度变化的曲线

　　另外, 由于畴壁运动引起摩擦耗散, 铁磁材料具有很好的阻尼特性, 它由三部分组成: ① 宏观涡流; ② 微观涡流; ③ 磁滞回线. 其中, 磁滞回线依赖于振动幅值, 而 Terfenol-D 在低磁场具有很高的磁致伸缩, 因此, 我们研究了它的阻尼性能.

图 4.75 是不同磁场作用下的应力—应变曲线, 其应力范围分别为 0MPa, 25MPa, 50MPa, 75MPa. 这样就可以计算得到其阻尼性能

$$\Delta W/W = 2A/[1/2(\sigma_{\mathrm{m}}\varepsilon_{\mathrm{m}})] \tag{4.10}$$

其中, A 是应力—应变的回线面积, ε_{m} 是在最大应力 σ_{m} 时得到的最大应变值. 图 4.76 是阻尼性能随磁场的变化曲线, 由于足够强的磁场将阻碍应力驱动的畴变过程, 所以, 它随着磁场的增加而降低.

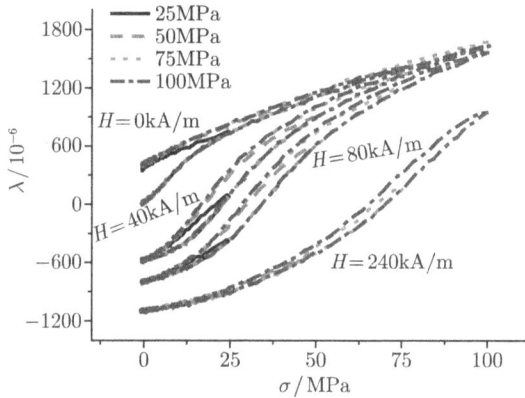

图 4.75   不同磁场下的应力—应变曲线

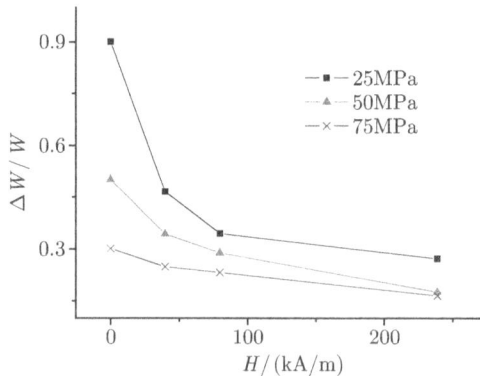

图 4.76   阻尼性能随着磁场的变化曲线

4.2.5   路径效应

应力场和磁场均能驱动非 180° 畴变, 而 180° 畴变仅受磁场的影响, 在磁场和应力场不同的加载和卸载路径作用下, 将会得到不同的磁畴分布状态, 这必然引起不同的非线性变形行为. 图 4.77 是在力磁耦合场不同加载路径的示意图.

图 4.78 和图 4.79 是 $\theta = 0°$ 时不同加载路径下的轴向应变行为的三维图和投影图, 可以看出经历不同的加卸载循环路径 ($oabco$ 和 $ocbao$) 之后, 超磁致伸缩材料具有不同的变形行为 ($OABCO'$ 和 $O\overline{CBAO}$), 其中, $OABCO'$ 是开口曲线, 而 $O\overline{CBAO}$ 几乎为闭合曲线. 表 4.5 是 $\theta = 0°$ 时各个关键折点的轴向应变值, 可以看出各个折点的数值均存在一定差异. 图 4.80 是 $\theta = 0°$ 时不同路径下的横向应变行为, 它具有与轴向应变行为相同的基本特征.

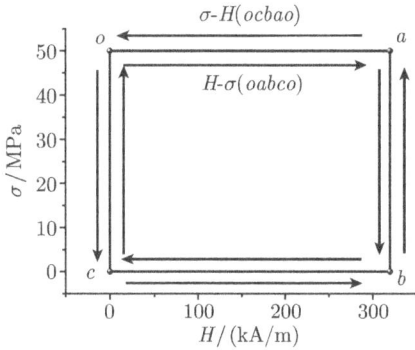

图 4.77　不同加卸载路径示意图

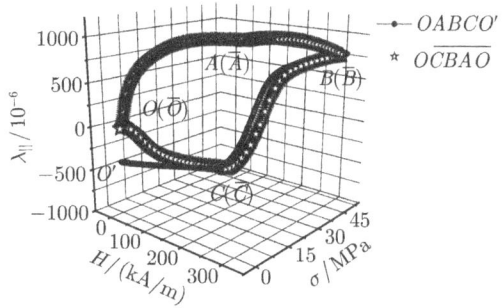

图 4.78　$\theta = 0°$ 时不同加卸载路径下的轴向应变行为

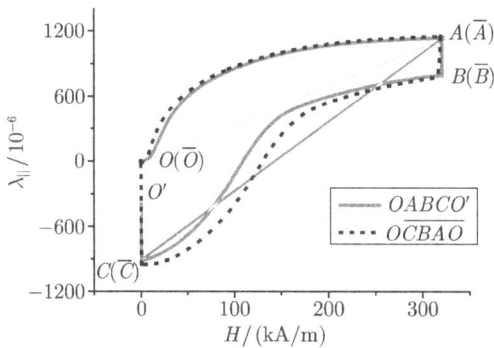

图 4.79　$\theta = 0°$ 时不同加卸载路径下轴向应变行为在 H-$\lambda_{\parallel}$ 投影

表 4.5　$\theta = 0°$ 时关键折点的应变值

折点	$\lambda_{\parallel}/10^{-6}$	折点	$\lambda_{\parallel}/10^{-6}$
A	1136	$\overline{A}$	1153
B	792	$\overline{B}$	777
C	-913	$\overline{C}$	-954
O	-395	$\overline{O}$	-15

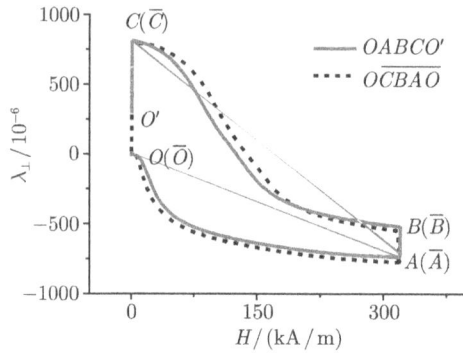

图 4.80 $\theta = 0°$ 时不同加卸载路径下的横向应变行为

图 4.81(a) 和 (b) 分别是当 $\theta = 90°$ 时, 不同加卸载路径下的轴向和横向应变行为. 图 4.82(a) 和 (b) 分别时当 $\theta = 45°$ 时, 不同加卸载路径下的轴向和横向应变行为. 可以看出它们均表现出明显的路径效应, 由于在垂直于试件的轴向存在退磁场, 所以在图 4.81 中出现了初始的平台.

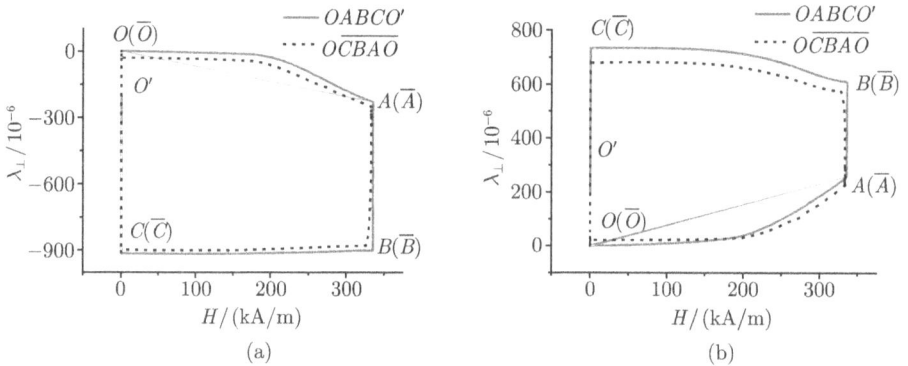

图 4.81 $\theta = 90°$ 时不同加卸载路径下的 (a) 轴向应变; (b) 横向应变

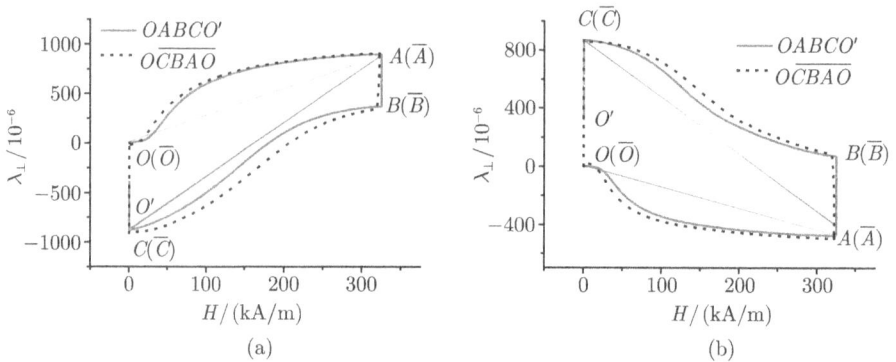

图 4.82 $\theta = 45°$ 时不同加卸载路径下的 (a) 轴向应变; (b) 横向应变

4.2.6　擦除特性

经典的 Preisach 模型具有两个充分必要的特性, 擦除特性 (wiping out property) 和同余特性 (congruency property). 擦除特性是指每一个输入局部最大值擦除了 α 坐标小于该值的 $L(t)$ 上的所有顶点, 每一个输入局部最小值擦除了 β 坐标大于该值的 $L(t)$ 上的所有顶点, 顶点的擦除实际上就是擦除了与这些顶点相关的历史. 其中 α, β 分别表示对应于磁滞算子的上下开关场值, $L(t)$ 为 α-β 平面内正负磁滞算子的分界线, 它的每一个顶点代表过去输入的极值点.

图 4.83 是 $\theta = 0°$ 时外磁场随时间变化的曲线, 图 4.84(a) 和 (b) 是 $\theta = 0°$ 时零应力作用下轴向和横向应变随时间的变化曲线, 可以看出与磁场极值点相对应的应变值在磁场下满足擦除特性. 图 4.85 和图 4.86 是 $\theta = 0°$ 时 25MPa 和 50MPa 时轴向应变和横向应变的擦除特性.

图 4.87 和图 4.88 是 $\theta = 0°$ 时力磁耦合场下磁化强度的擦除特性, 这也是传统铁磁材料需要测量的特性. 可以看出 $\theta = 0°$ 时, 超磁致伸缩材料的磁化强度, 轴向应变和横向应变均满足擦除特性.

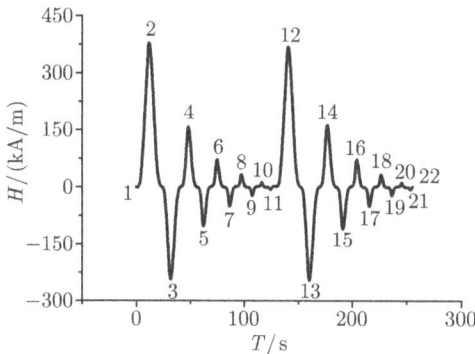

图 4.83　$\theta = 0°$ 时外磁场随时间变化的曲线

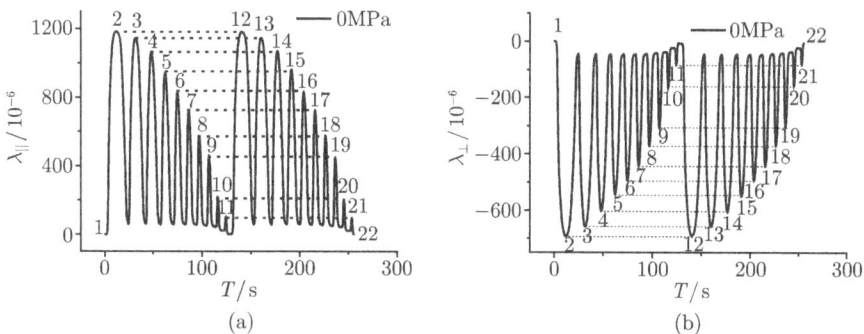

图 4.84　$\theta = 0°$ 时零应力下 (a) 轴向应变; (b) 横向应变的擦除特性

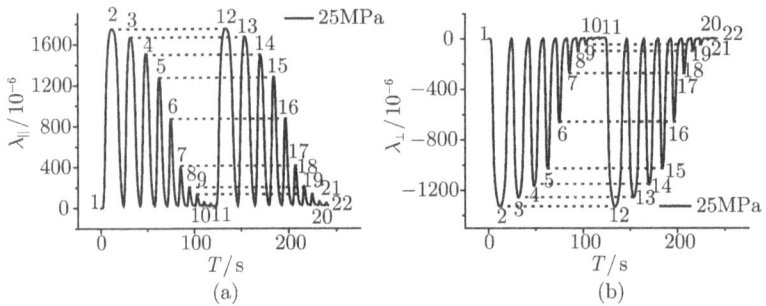

图 4.85　$\theta = 0°$ 时 25MPa 应力下 (a) 轴向应变; (b) 横向应变的擦除特性

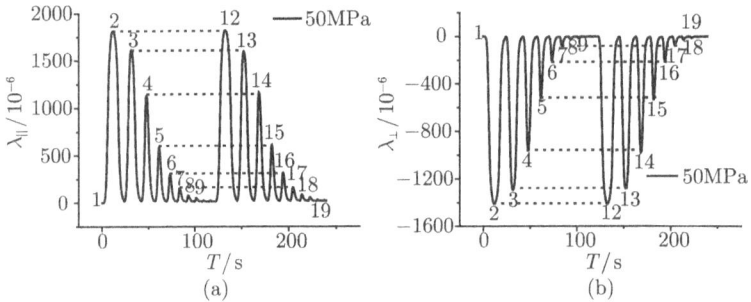

图 4.86　$\theta = 0°$ 时 50MPa 应力下 (a) 轴向应变; (b) 横向应变的擦除特性

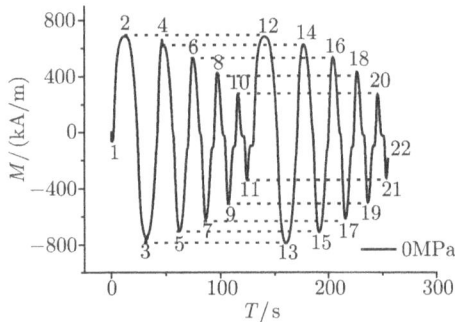

图 4.87　$\theta = 0°$ 时 0MPa 下磁化强度的擦除特性

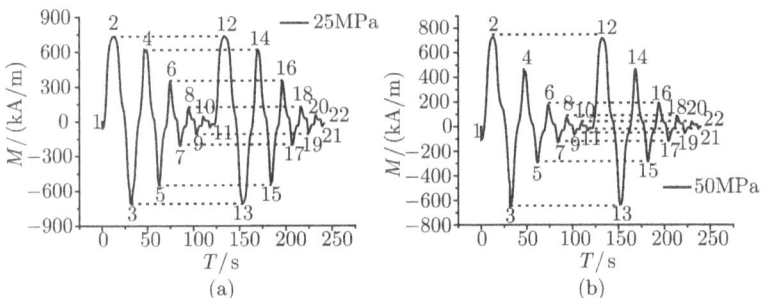

图 4.88　$\theta = 0°$ 时 (a)25MPa, (b)50MPa 下磁化强度的擦除特性

图 4.89 是 $\theta = 90°$ 时外磁场随时间的变化曲线, 而图 4.90~ 图 4.94 分别是 $\theta = 90°$ 时不同预应力作用下, 轴向应变和横向应变的擦除特性. 可以看出横向应变在力磁耦合场作用下满足擦除特性. 轴向应变在低应力区域满足擦除特性, 而在高应力区域轴向应变随着时间有向上漂移的现象, 但两次循环加载的对应点的幅值变化不大. 另外, 我们可以看到在高应力区域, 轴向应变为正, 而横向应变出现了较大的负磁致伸缩, 这与图 4.67 中的 "W" 型曲线类似.

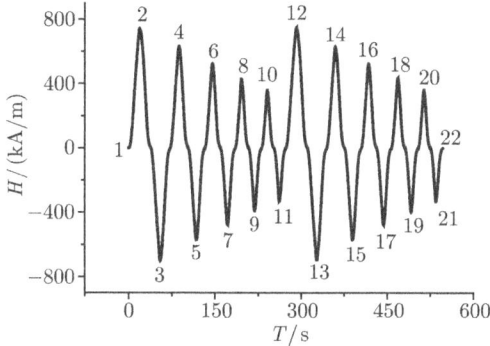

图 4.89　$\theta = 90°$ 时外磁场随时间变化的曲线

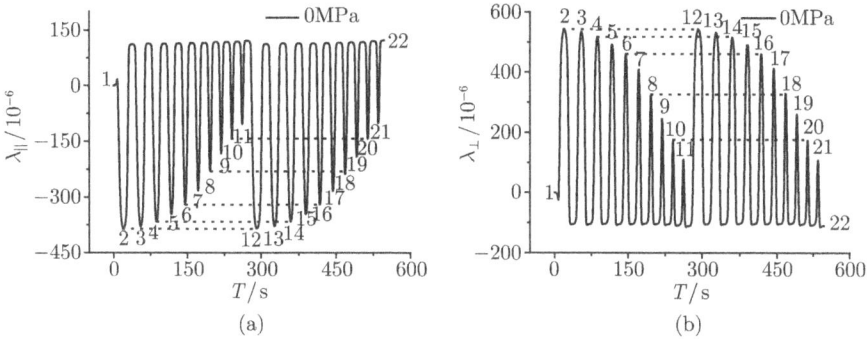

图 4.90　$\theta = 90°$ 时 0MPa 下 (a) 轴向应变和 (b) 横向应变的擦除特性

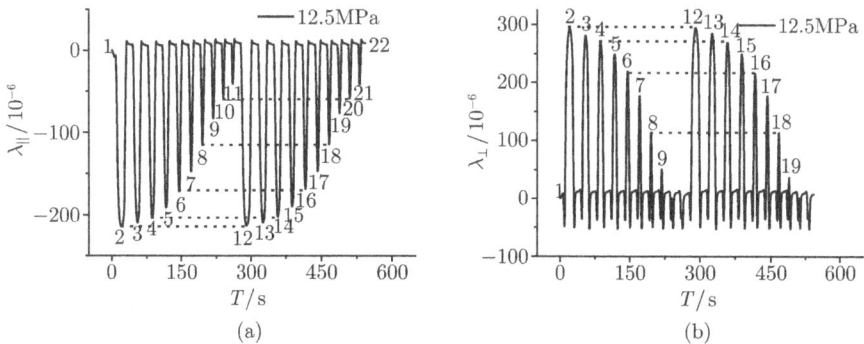

图 4.91　$\theta = 90°$ 时 12.5MPa 下 (a) 轴向应变和 (b) 横向应变的擦除特性

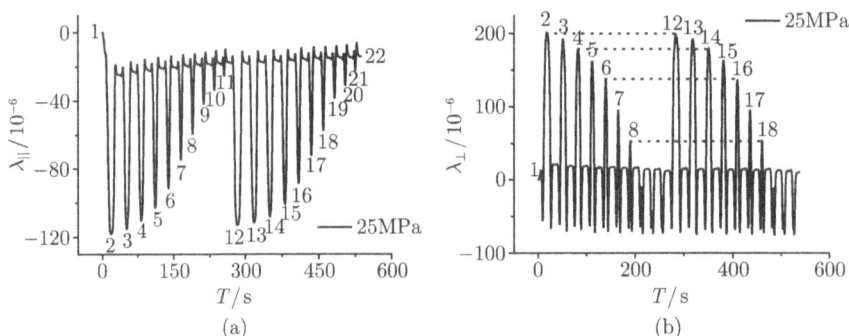

图 4.92 $\theta = 90°$ 时 25MPa 下 (a) 轴向应变和 (b) 横向应变的擦除特性

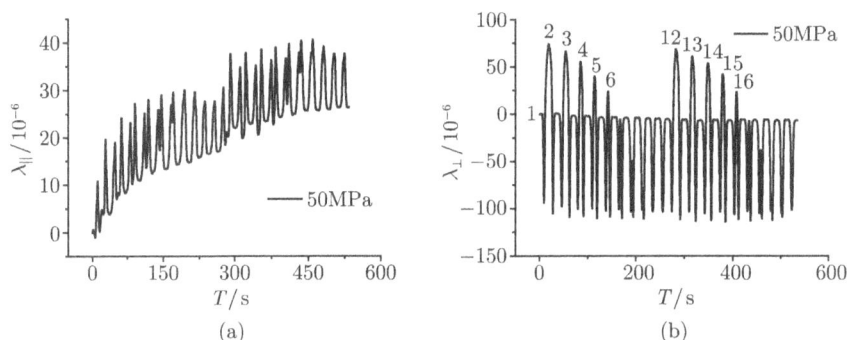

图 4.93 $\theta = 90°$ 时 50MPa 下 (a) 轴向应变和 (b) 横向应变的擦除特性

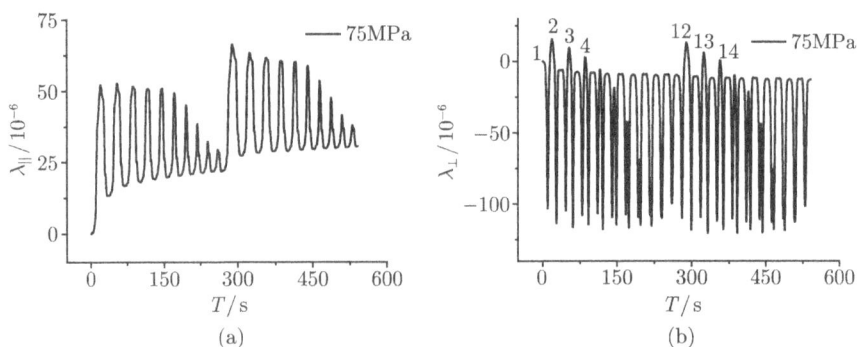

图 4.94 $\theta = 90°$ 时 75MPa 下 (a) 轴向应变和 (b) 横向应变的擦除特性

图 4.95 是 $\theta = 45°$ 时外磁场随时间的变化曲线, 而图 4.96~ 图 4.100 分别是 $\theta = 45°$ 时不同预应力作用下, 轴向应变和横向应变的擦除特性. 图 4.101~ 图 4.103 分别是 $\theta = 45°$ 时不同预应力作用下, 磁化强度的擦除特性. 可以看出在 $\theta = 45°$ 时, 轴向应变、横向应变和磁化强度均满足擦除特性.

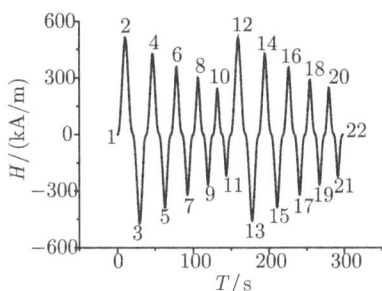

图 4.95　$\theta = 45°$ 时外磁场随时间的变化曲线

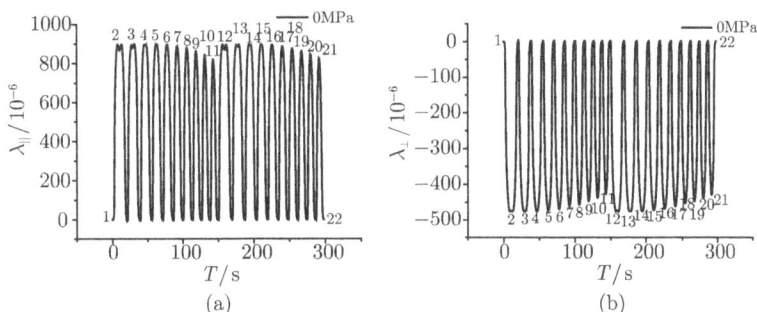

图 4.96　$\theta = 45°$ 时 0MPa 下 (a) 轴向应变和 (b) 横向应变的擦除特性

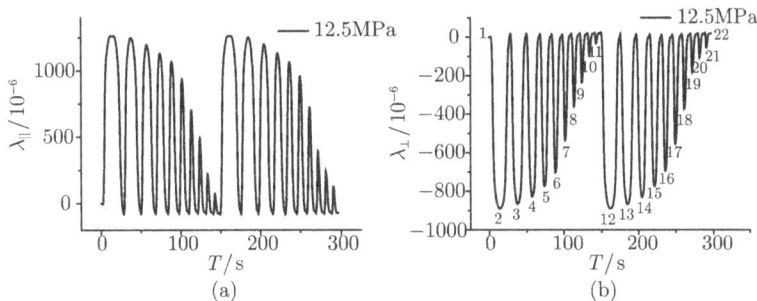

图 4.97　$\theta = 45°$ 时 12.5MPa 下 (a) 轴向应变和 (b) 横向应变的擦除特性

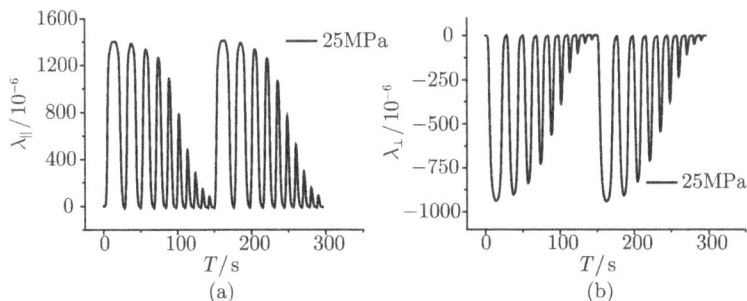

图 4.98　$\theta = 45°$ 时 25MPa 下 (a) 轴向应变和 (b) 横向应变的擦除特性

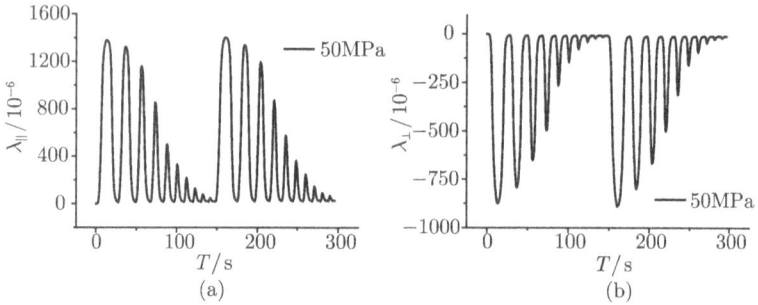

图 4.99 $\theta = 45°$ 时 50MPa 下 (a) 轴向应变和 (b) 横向应变的擦除特性

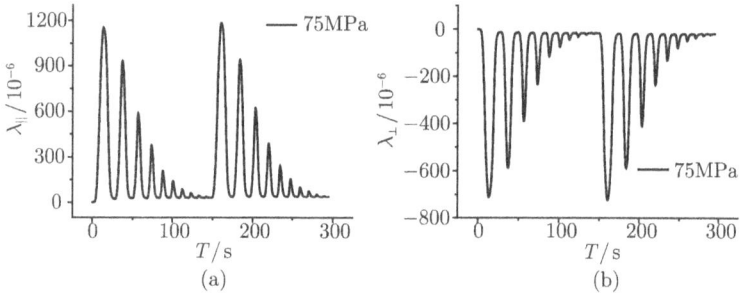

图 4.100 $\theta = 45°$ 时 75MPa 下 (a) 轴向应变和 (b) 横向应变的擦除特性

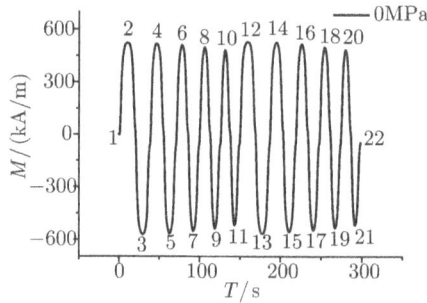

图 4.101 $\theta = 45°$ 时 0MPa 下磁化强度的擦除特性

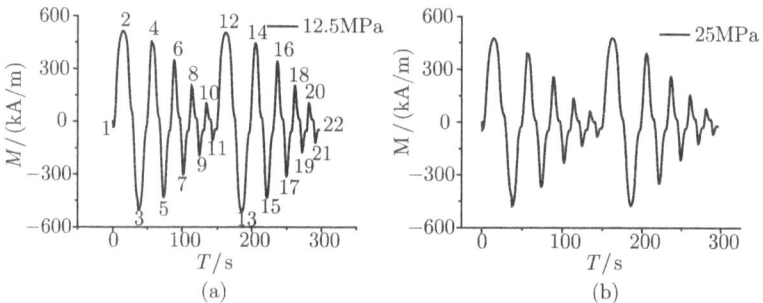

图 4.102 $\theta = 45°$ 时 (a)12.5MPa, (b)25MPa 磁化强度的擦除特性

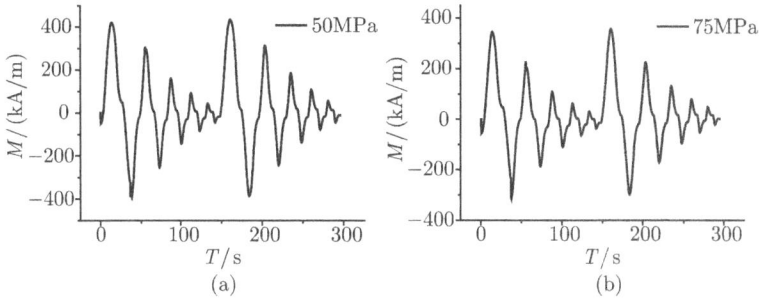

图 4.103 $\theta = 45°$ 时 (a)50MPa 和 (b)75MPa 磁化强度的擦除特性

以上的实验结果均为在一定预应力作用下轴向应变, 横向应变和磁化强度随着磁场增加和减小过程表现出的擦除特性. 图4.104是应力场随时间的变化曲线. 由于超磁致伸缩材料脆性高易碎, 很难施加拉伸应力, 因此, 经历第一次应力加载卸载后, 对超磁致伸缩材料进行了一次饱和磁化, 然后再进行第二次应力的加载与卸载循环. 这样在两次应力加卸载循环过程中, 出现了一个空缺阶段, 如图4.104 所示.

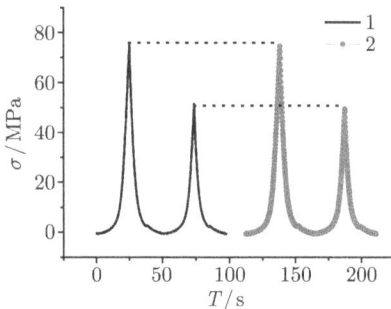

图 4.104 $\theta = 0°$ 时应力随下时间的变化曲线

图 4.105(a) 和 (b) 分别是 $\theta = 0°$ 时 $H = 0\text{kA/m}$ 和 $H = 240\text{kA/m}$ 轴向应变的擦除特性. 可以看出在随应力加卸载循环过程中, 超磁致伸缩材料依然满足擦除特性.

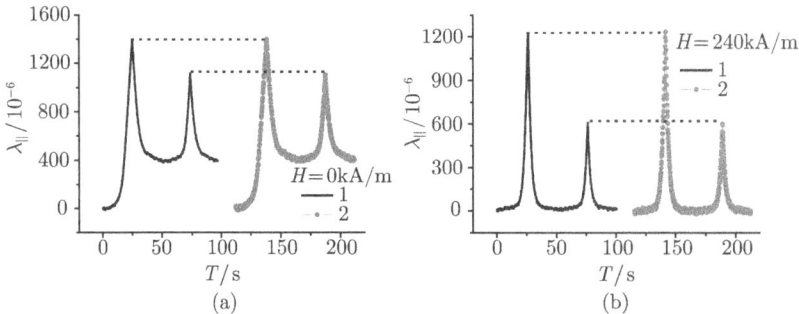

图 4.105 $\theta = 0°$ 时 (a) $H = 0\text{kA/m}$ 和 (b) $H = 240\text{kA/m}$ 轴向应变的擦除特性

4.2.7　同余特性

同余特性是指输入极大值与极小值相同的所有闭合回线是相互同余的. 其示意图如图 4.106 所示, 需要说明的是同余特性要求小回线的形状基本一致, 并不要求是重合的.

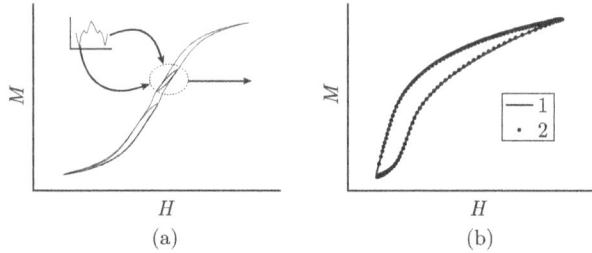

图 4.106　$\theta = 0°$ 时 (a) 大回线和 (b) 小回线同余特性示意图

图 4.107 是 $\theta = 0°$ 时不同预应力作用下磁化强度的同余特性, 可以看出超磁致伸缩材料的磁化强度在力磁耦合场作用下仍然满足同余同性.

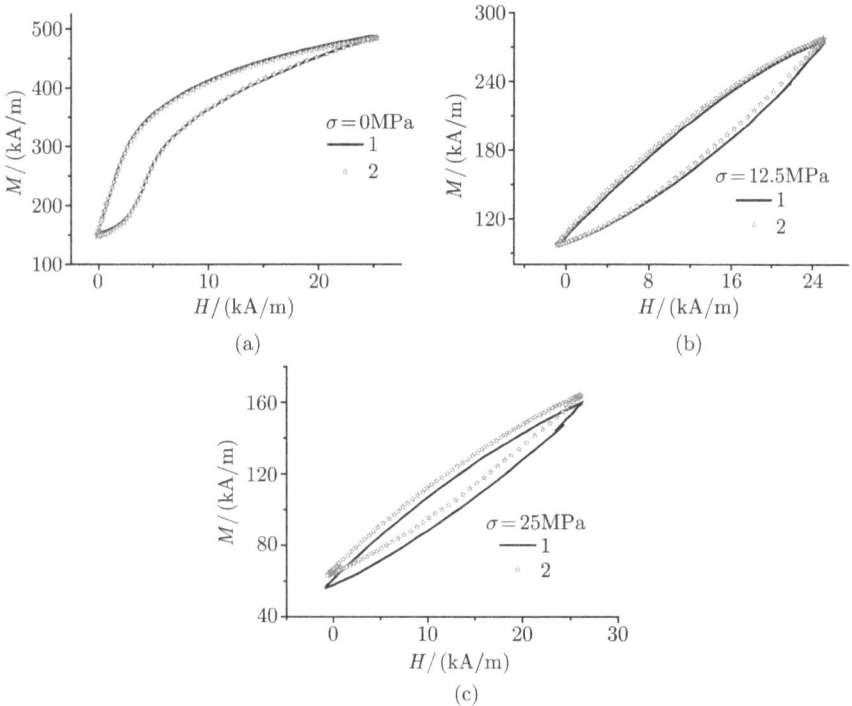

图 4.107　$\theta = 0°$ 时 (a)0MPa; (b)12.5MPa; (c)25MPa 磁化强度的同余特性

图 4.108∼ 图 4.110 是 $\theta = 0°$ 时, 不同预应力作用下轴向和横向应变的同余特性, 可以看出超磁致伸缩材料的轴向和横向应变在力磁耦合场作用下仍然满足同

余同性.

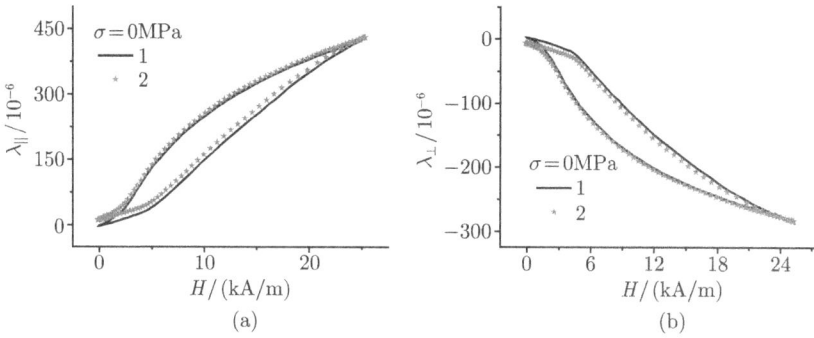

图 4.108　$\theta = 0°$, $\sigma = 0\text{MPa}$ 时 (a) 轴向应变和 (b) 横向应变的同余特性

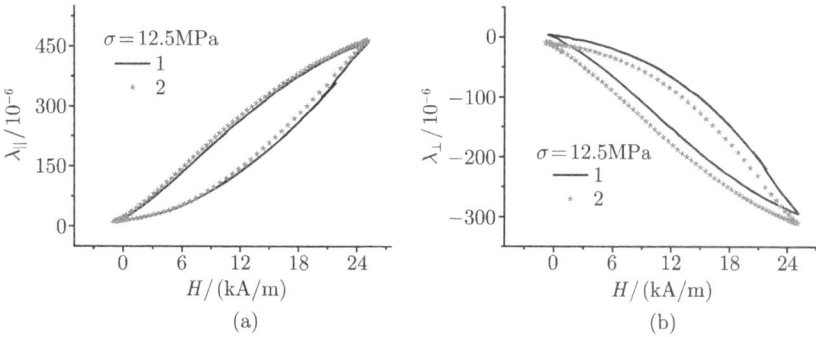

图 4.109　$\theta = 0°$, $\sigma = 12.5\text{MPa}$ 时 (a) 轴向应变和 (b) 横向应变的同余特性

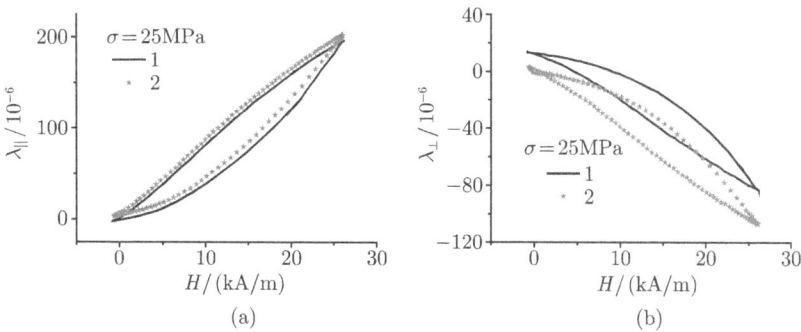

图 4.110　$\theta = 0°$, $\sigma = 25\text{MPa}$ 时 (a) 轴向应变和 (b) 横向应变的同余特性

图 4.111 是在 $\theta = 45°$ 不同预应力作用下, 磁化强度, 轴向应变和横向应变随磁场变化的同余特性. 图 4.112 是 $\theta = 0°$ 在恒定磁场作用下轴向应变随应力加卸载循环的同余特性, 可以看出它仍然满足同余特性.

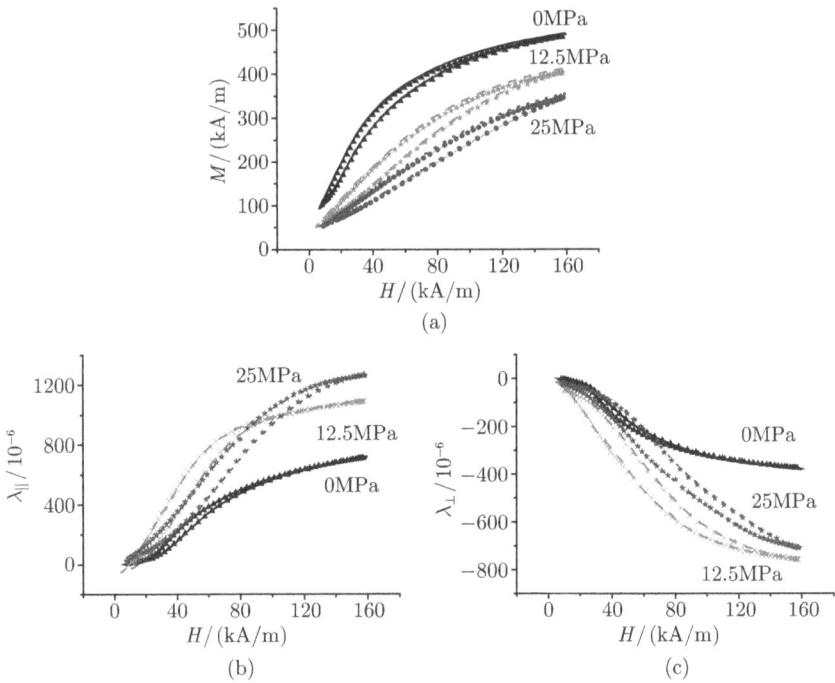

图 4.111　$\theta = 45°$ 时 (a) 磁化强度; (b) 轴向应变; (c) 横向应变的同余特性

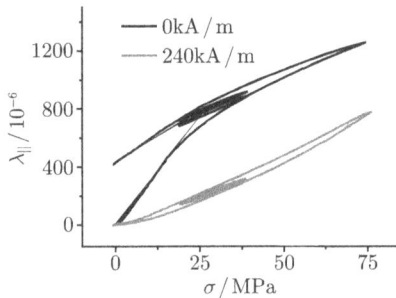

图 4.112　$\theta = 0°$ 轴向应变在应力加卸载循环中的同余特性

4.3　铁磁固体材料的多场耦合断裂实验

　　磁性材料在工程中的广泛应用必然引起人们对磁性材料在磁场中安全问题的关心. Moon 等 (1968) 首先采用实验的方法研究了处于均匀横向静磁场中的铁磁材料的梁式板的屈曲问题. Panovko 等 (1965) 首先对处于静磁场中铁磁材料的梁的稳定性进行了研究. 实验发现, 当外磁场达到一定强度时, 板突然发生屈曲. 一般情况下, 材料中都包含着裂纹、空洞、夹杂等非均匀相, 这些相的存在大大影响了材料的使用性能. 研究含类裂纹缺陷的铁磁材料磁断裂行为是力磁耦合研究的一个重要方面. 磁场对含裂纹的软铁磁材料性能的影响, 首先由 Shindo(1977) 从理论上进行了研究, 而 Clatterbuck 等 (2000) 首先对这个问题采用实验的方法进行了研究. Clatterbuck 针对软铁磁合金钢, 采用 CT 试件的方法, 测量在各种磁场作用下试件的断裂韧性. 实验结果表明磁场对材料的断裂韧性并没有明显影响. 显然, 对于磁弹性断裂的实验研究还很缺乏. 针对经典的软磁材料 —— 锰锌铁氧体陶瓷材料, 分别采用单边裂纹的试件, 利用磁场下三点弯断裂实验, 和磁场下的维氏压痕实验方法, 研究磁场对软磁材料断裂韧性的影响, 以期得到更多的磁弹性断裂的实验资料, 为理论研究磁弹性断裂提供基础.

4.3.1　磁场下的三点弯断裂实验

本实验采用的是锰锌铁氧体陶瓷材料. 在各种磁场强度作用下, 测量断裂载荷的大小, 并与该种材料相同试件在无外磁场作用下的断裂载荷对比, 从而对磁场对材料表观断裂韧性的影响作出判断. 三点弯断裂实验所用的试件尺寸为 3mm×4.8mm×30mm. 由于这种长条状的锰锌铁氧体可以从 E 形片状试件中切取, 而 E 形片状试件在市场上是有供应的. 本实验中的条状锰锌铁氧体是直接从生产厂家购买的. 为了从实验中发现磁场对各种不同导磁率材料的断裂韧性的影响, 这里选用两种不同导磁率的锰锌铁氧体陶瓷, 三点弯断裂实验的锰锌铁氧体陶瓷材料的相对磁导率分别是 2000 和 10000.

三点弯断裂实验采用的试件是单边缺口试件, 缺口的大小为 0.2mm×0.6mm×3mm. 陶瓷材料是很脆的, 采用常规的方法很容易使试件脆断. 在本实验中, 开缺口采用超声波的技术, 通过超声波的发出控制刀具, 从而一点一点地打开缺口. 由于每次都是采用一点接触, 从而避免了压力过大而致使试件断裂. 为了考虑试件加工中的误差, 在实验前将每个试件编号, 并记录下其准确尺寸. 对于缺口尺寸的测量, 采用光学显微镜下放大测量的办法进行. 试件如图 4.113 所示.

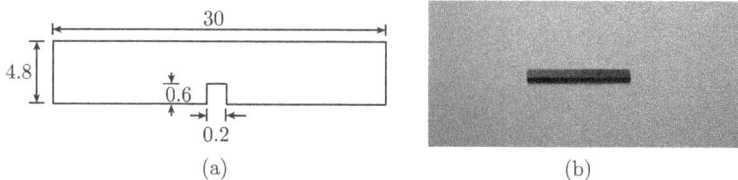

图 4.113　单边缺口试件

(a) 基本尺寸图; (b) 实物照片

对于三点弯断裂实验, 材料的断裂韧性可以由如下公式计算 (Srawley, 1976)

$$K_{\mathrm{IC}} = \frac{PL\sqrt{a}}{BW^2}(2.9 - 4.6\alpha + 21.8\alpha^2 - 37.6\alpha^3 + 38.7\alpha^4) \qquad (4.11)$$

其中, $\alpha = a/W < 0.6$. $a = 0.6$mm 是缺口深度, $W = 4.8$mm 是试件高度, $L = 24$mm 表示支座间的距离. P 是断裂的临界载荷, 对于陶瓷脆性材料而言, 就是断裂的最大载荷. 因此, $a/W = 0.125 < 0.6$. 材料断裂韧性的测量结果如图 4.114 所示. 实验采用的导磁率为 2000 和 10000 的锰锌铁氧体陶瓷, 得到平均断裂韧性分别为 1.37MPa·m$^{\frac{1}{2}}$ 和 1.38MPa·m$^{\frac{1}{2}}$. 从图中可以看出, 随着外磁场的增加, 锰锌铁氧体陶瓷材料的断裂韧性没有明显变化.

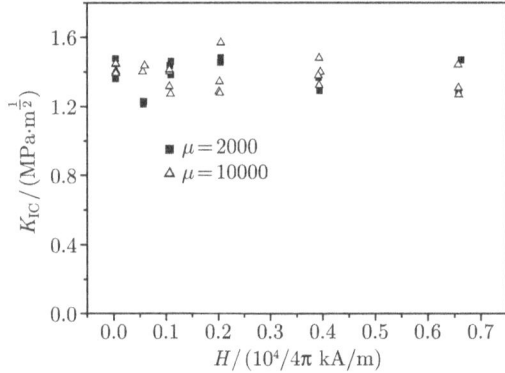

图 4.114　磁场下三点弯断裂实验结果

4.3.2　磁场下的维氏压痕实验

采用维氏压痕实验方法是测量陶瓷材料的断裂韧性的一种常用方法. 同样, 为了研究磁场对各种不同导磁率材料的断裂韧性的影响, 本实验采用三种不同导磁率的锰锌铁氧体陶瓷, 它们的相对导磁率分别为 2000, 5000 和 10000.

磁场作用下的锰锌铁氧体陶瓷维氏压痕实验采用的试件尺寸为 3mm×10mm× 30mm. 在做维氏压痕实验时, 一般都要将压痕表面研磨至一定的光洁度, 如图 4.115 所示. 按照研磨膏的金刚砂粒径从大到小的顺序, 利用研磨膏研磨陶瓷材料的 10mm×30mm 的一个面, 直至陶瓷表面达到镜面一样光滑. 按照研磨的顺序, 金刚砂的粒径分别为 20μm, 10μm, 3.5μm 以及 1.5μm.

图 4.115　研磨后 (上) 和研磨前 (下) 试件的光洁度对比

维氏压痕实验测量陶瓷试件的断裂韧性的计算公式为 (Anstis et al., 1981)

$$K_{\text{IC}} = 0.016 \cdot \left(\frac{E}{H} \right)^{\frac{1}{2}} \cdot P \cdot C^{-\frac{3}{2}} \tag{4.12}$$

其中, $E = 126\text{GPa}$ 为锰锌铁氧体陶瓷的杨氏模量, C 是一个方向压痕裂纹总长度的一半 (如图 4.116 中 1-3 方向或者 2-4 方向裂纹总长度一半), P 是压头施加的载荷, H 是材料的维氏硬度, 其计算公式为 (Anstis, Chantikul et al., 1981)

$$H = 2\sin(\beta/2) \cdot \frac{P}{D^2} \tag{4.13}$$

其中, $\beta = 136°$, D 是压痕表面的对角线长度, 即压痕锥形底面的对角线长度.

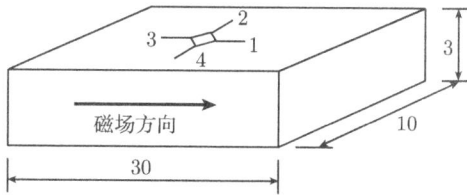

图 4.116　压痕试件

实验施加的压头平均载荷 $P = 50\text{N}$. 测量结果得到锰锌铁氧体陶瓷材料的平均维氏硬度 $H = 8\text{GPa}$, 表面压痕对角线平均长度 $D = 107\mu\text{m}$.

图 4.117 是不同相对磁导率的维氏压痕实验结果, 表 4.6 给出了维氏压痕实验数据对照. 由实验结果可以看出, 三点弯断裂实验得到的材料断裂韧性, 相对于由维氏压痕实验测量出的断裂韧性大. 这与文献 (Gilbert et al., 1997; Fang et al., 2000) 中的结论是一致的. 同时, 由维氏压痕实验可以发现, 平行于磁场方向和垂直于磁场方向的断裂韧性差别很小, 表明磁化后锰锌铁氧体材料的断裂韧性没有各向异性现象. 三点弯断裂实验和维氏压痕实验都表明, 随着外磁场的增大, 锰锌铁氧体陶瓷的断裂韧性没有明显改变.

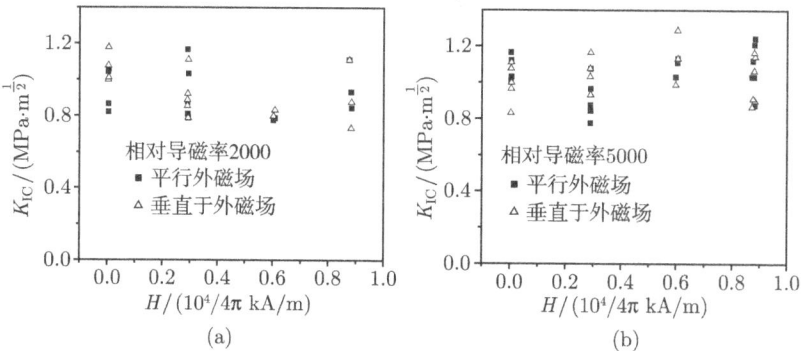

(a)

(b)

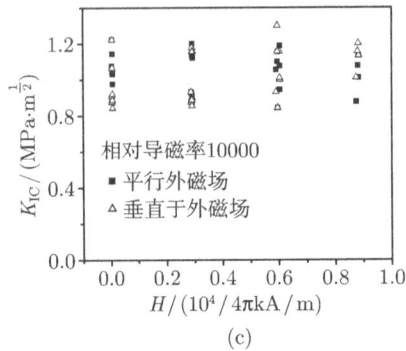

(c)

图 4.117   维氏压痕实验结果 —— 材料相对导磁率

(a)2000; (b)5000; (c)10000

表 4.6   维氏压痕实验结果对照

材料相对导磁率	平行磁场方向 (1-3)		垂直磁场方向 (2-4)	
	$K_{\rm IC}/({\rm MPa \cdot m}^{\frac{1}{2}})$	$C_{\parallel}/\mu m$	$K_{\rm IC}/({\rm MPa \cdot m}^{\frac{1}{2}})$	$C_{\perp}/\mu m$
2000	0.92	228	0.93	226
5000	1.04	210	1.03	212
10000	1.03	212	1.02	213

4.4   本 章 小 结

本章介绍了铁磁固体材料在力磁热耦合场作用下变形与断裂的实验中作者取得的研究成果, 不仅研究了传统的磁致伸缩材料、超磁致伸缩材料、铁磁形状记忆合金在多场耦合下的基本本构行为和断裂性能, 还观察到了大量多场耦合作用下的新实验现象, 这正是基于作者十几年坚持的铁磁固体多场耦合实验方法和技术研究. 这些实验研究成果为铁磁固体材料在耦合场下的力学行为理论的建立奠定了基础.

第 5 章 磁致伸缩材料的唯象本构模型

磁致伸缩材料作为致动器和传感器广泛应用于现代工业生产中, 但磁致伸缩材料在多场耦合下的变形具有非线性、滞后性以及耦合效应等特征, 这在一定程度上限制了磁致伸缩材料的器件设计和应用. 这就需要建立磁致伸缩材料的多场耦合本构理论, 较好地描述铁磁固体材料在多场耦合下的力学行为, 为磁致伸缩材料的应用设计提供理论基础. 本章内容是介绍基于热力学框架的唯象本构理论, 包括不考虑滞后效应的标准平方型 (SS)、双曲正切型 (HT) 和基于畴转密度 (DDS) 的非线性本构模型, 以及考虑滞后效应的基于 J2 流动理论本构模型和基于内变量理论的各向异性本构模型.

5.1 标准平方型本构

由实验可知, 在磁场不太大时, 磁致伸缩材料的磁致应变随着磁场的增加呈现平方型的增长关系. 同时实验发现, 当材料受到大小相等方向相反的磁场时, 材料的磁致应变不变, 即磁致应变是磁场的偶次函数. 基于这一点, 在推导唯象本构关系时, 认为磁致应变是磁场的平方型函数.

5.1.1 热力学本构方程的推导

由电磁体的能量平衡方程 (Pao, 1978)

$$\frac{\mathrm{d}}{\mathrm{d}t} \int_v \left(\frac{1}{2}\rho \dot{u}_i \dot{u}_i + \rho U \right) \mathrm{d}v = \int_v (f_i \dot{u}_i + \varPhi) \,\mathrm{d}v + \int_S t_i \dot{u}_i \mathrm{d}s \tag{5.1}$$

其中, U 是单位质量的内能密度函数, $\varPhi$ 是单位时间的电磁能量密度. 对于准静态电磁弹性问题, 电磁能量密度可以用坡印亭能流矢量表示, $\varPhi = -\nabla \cdot (\boldsymbol{E} \times \boldsymbol{H})$, 其中, $\boldsymbol{E}$ 是电场强度矢量, $\boldsymbol{H}$ 是磁场强度矢量, ∇ 是梯度算子. f_i 与 t_i 分别是体力和面力分量, u_i 是位移分量; $\mathrm{d}v$ 与 $\mathrm{d}s$ 分别是体元和面元, 点算子表示对时间的导数, ρ 是质量密度. 由电磁介质的连续方程和运动方程可以简化能量平衡方程为

$$\int_v \rho \dot{U} \mathrm{d}v = \int_v (\varPhi + \dot{\varepsilon}_{ij}\sigma_{ij}) \mathrm{d}v \tag{5.2}$$

其中, ε_{ij} 与 σ_{ij} 分别是应变分量和应力分量. 利用准静态假设和法拉第电磁感应定律

$$\nabla \times \boldsymbol{H} = 0, \quad \nabla \times \boldsymbol{E} = -\dot{\boldsymbol{B}} \tag{5.3}$$

能量平衡方程可以进一步化为如下的方程形式

$$\int_v \rho \dot{U} \mathrm{d}v = \int_v (\dot{B}_k H_k + \dot{\varepsilon}_{ij} \sigma_{ij}) \mathrm{d}v \tag{5.4}$$

其中, $\boldsymbol{B}$ 是磁感应强度矢量. 对于小变形采用单位体积的内能密度, 则

$$\dot{U} = \dot{B}_k H_k + \dot{\varepsilon}_{ij} \sigma_{ij} \tag{5.5}$$

以应力和磁场为自变函数, 作一个 Legendre 变换得到本构关系为

$$\varepsilon_{ij} = \left. \frac{\partial G}{\partial \sigma_{ij}} \right|_H, \quad B_k = \left. \frac{\partial G}{\partial H_k} \right|_\sigma \tag{5.6}$$

其中, G 是 Gibbs 自由能函数. 将 Gibbs 自由能函数进行泰勒展开

$$\begin{aligned}
G = {} & G_0 + \frac{\partial G}{\partial \sigma_{ij}} \Delta \sigma_{ij} + \frac{\partial G}{\partial H_k} \Delta H_k + \frac{1}{2} \frac{\partial^2 G}{\partial \sigma_{ij} \partial \sigma_{kl}} \Delta \sigma_{ij} \Delta \sigma_{kl} + \frac{1}{2} \frac{\partial^2 G}{\partial \sigma_{ij} \partial H_k} \Delta \sigma_{ij} \Delta H_k \\
& + \frac{1}{2} \frac{\partial^2 G}{\partial H_l \partial H_k} \Delta H_l \Delta H_k + \frac{1}{3!} \frac{\partial^3 G}{\partial \sigma_{ij} \partial \sigma_{kl} \partial \sigma_{mn}} \Delta \sigma_{ij} \Delta \sigma_{kl} \Delta \sigma_{mn} \\
& + \frac{1}{3!} \frac{\partial^3 G}{\partial \sigma_{ij} \partial \sigma_{kl} \partial H_m} \Delta \sigma_{ij} \Delta \sigma_{kl} \Delta H_m + \frac{1}{3!} \frac{\partial^3 G}{\partial \sigma_{ij} \partial H_k \partial H_l} \Delta \sigma_{ij} \Delta H_k \Delta H_l \\
& + \frac{1}{3!} \frac{\partial^3 G}{\partial H_m \partial H_k \partial H_l} \Delta H_m \Delta H_k \Delta H_l + \cdots
\end{aligned} \tag{5.7}$$

将展开式 (5.7) 代入式 (5.6), 取相应各项即可得到本构表达式. 而重要的工作是如何合理地由实验数据确定本构方程的系数, 这需要了解磁致伸缩材料的实验.

Moffett(1991) 对稀土超磁致伸缩材料 Terfenol-D 进行了详细的实验研究, 共进行了八种不同的外加压应力作用下材料的磁致伸缩性能的实验. 实验发现: 随着外加压应力的增加, 达到同样的应变需要的外加驱动磁场增大, 材料的相对磁导率减小.

根据磁致伸缩材料的实验, 应变响应是外磁场的平方关系, 即应变对于方向相反的磁场是对称的. 本构关系中磁场变量只能以偶次方出现. 对于稀土类超磁致伸缩材料, 其晶体结构是立方 Laves 相, 是非极性晶体 (Clark, 1980). 在应力作用下发生变形后, 材料也不会发生磁化, 物理上没有奇数阶张量表示的性质 (如压磁性质). 因此, 材料本构方程中不含奇数阶张量. 取展开式 (5.7) 相应的前几项, 得到本构表达式:

$$\varepsilon_{ij} = s_{ijkl} \sigma_{kl} + m_{ijkl} H_k H_l + r_{ijklmn} \sigma_{kl} H_m H_n \tag{5.8a}$$

$$B_k = \mu_{kl} H_l + 2m_{klmn} \sigma_{mn} H_l + r_{klmnpq} \sigma_{mn} \sigma_{pq} H_l \tag{5.8b}$$

其中, s_{ijkl} 是材料的弹性柔度张量; m_{ijkl} 是材料的磁致伸缩系数张量, 其物理意义表示单位外磁场的材料的响应应变, 称为场磁致伸缩系数, 其量纲为 $\mathrm{m}^2 \cdot \mathrm{A}^{-2}$; r_{ijklmn} 是场磁弹性系数张量, 物理意义表示在外加应力作用下, 由外加磁场引起的材料磁弹偶合响应应变, 量纲为 $\mathrm{m}^4 \cdot \mathrm{A}^{-2} \cdot \mathrm{N}^{-1}$; μ_{kl} 是材料的磁导率张量, 对各向同性材料, 可认为是各向同性张量. 对于一维问题, 本构表达式为

$$\varepsilon = s\sigma + mH^2 + r\sigma H^2 \tag{5.9a}$$

$$B = \mu H + 2m\sigma H + r\sigma^2 H \tag{5.9b}$$

磁致伸缩材料的应变磁场曲线一般有三个明显的阶段, 磁场较低时, 应变响应很小; 在中等磁场时, 应变响应对外磁场很敏感, 微小的磁场增量将引起很大的应变输出; 高磁场时, 应变接近饱和. 工程实际应用时, 为了得到较大的应变输出, 材料一般被设计在中等磁场中应用. 因此, 为了能模拟实际工程应用中材料的响应, 本书根据中等磁场阶段材料的响应性质, 建立本构关系中的系数和相应实验数据的关系, 确定本构表达式中的磁致伸缩系数 m 和磁弹性系数 r.

一般三维问题的本构关系亦有两个参数张量需要由实验确定, 即磁致伸缩系数张量 m_{ijkl} 和磁弹性系数张量 r_{ijklmn}. 对于各向同性材料, 我们假定磁致伸缩系数张量是各向同性张量, 其一般表达式为

$$m_{ijkl} = \frac{\beta}{2}(\delta_{ik}\delta_{jl} + \delta_{jk}\delta_{il}) + \frac{\alpha - \beta}{3}\delta_{ij}\delta_{kl} \tag{5.10}$$

其中, δ_{ij} 是 Kronecker 符号, $\alpha = m_{1111} + 2m_{1122}$, $\beta = m_{1111} - m_{1122}$, m_{1111} 是磁场方向的应变, m_{1122} 是垂直于外磁场方向的应变, 这两个参数都可以由一维问题的实验确定. 定义磁泊松比 $q = -m_{1122}/m_{1111}$, 实验测量磁泊松比需要测量两条单轴下的应变与磁场关系曲线, 即平行于磁场方向应变与磁场关系曲线 ε-H 和垂直磁场方向应变与磁场关系曲线 ε^*-H.

如果我们根据 (5.7) 式取本构方程的一般表达式如下

$$\varepsilon_{ij} = s_{ijkl}\sigma_{kl} + m_{ijkl}H_kH_l + r_{ijklmn}\sigma_{mn}H_kH_l + \cdots \tag{5.11a}$$

$$B_k = \mu H_k + 2m_{klmn}\sigma_{mn}H_l + r_{klijmn}\sigma_{ij}\sigma_{mn}H_l + \cdots \tag{5.11b}$$

以应力和磁感应强度 $\boldsymbol{\sigma}$, $\boldsymbol{B}$ 作为自变量, 作一个 Legendre 变换, 得到本构表达式如下

$$\varepsilon_{ij} = \left.\frac{\partial G^*}{\partial \sigma_{ij}}\right|_{\boldsymbol{B}}, \quad H_k = -\left.\frac{\partial G^*}{\partial B_k}\right|_{\boldsymbol{\sigma}} \tag{5.12}$$

将弹性 Gibbs 自由能函数 G^* 泰勒展开, 取相应的几项, 对各向同性材料有

$$\varepsilon_{ij} = s_{ijkl}\sigma_{kl} + m^*_{ijkl}B_kB_l + r^*_{ijklmn}\sigma_{kl}B_mB_n + \cdots \tag{5.13a}$$

$$H_k = \frac{1}{\mu}B_k - 2m^*_{klmn}\sigma_{mn}B_l - r^*_{klijmn}\sigma_{ij}\sigma_{mn}H_l + \cdots \tag{5.13b}$$

其中, m^*_{ijkl} 表示材料内单位磁感应强度所产生的磁致伸缩应变, 称其为感应磁致伸缩系数张量; μ 是材料的磁导率; r^*_{ijklmn} 表示在外应力作用下, 由外磁场引起材料内单位磁感应强度时, 所产生的耦合磁弹性应变, 称为感应磁弹性系数. 把 (5.11b)式代入 (5.13a) 式, 得

$$\varepsilon_{ij} = s_{ijkl}\sigma_{kl} + \mu^2 m^*_{ijkl}H_kH_l + 2\mu m^*_{ijpq}(m_{pkmn} + m_{qlmn})\sigma_{mn}H_kH_l$$
$$+ \mu^2 r^*_{ijklmn}\sigma_{mn}H_kH_l + \cdots \tag{5.14}$$

将 (5.14) 式与 (5.11a) 式逐项比较得到

$$m^*_{ijkl} = \frac{1}{\mu^2}m_{ijkl} \tag{5.15}$$

$$r_{ijklmn} = \frac{2}{\mu}(m_{ijpl}m_{pkmn} + m_{ijkp}m_{plmn}) + \mu^2 r^*_{ijklmn} \tag{5.16}$$

对于各向同性材料, 我们假设场磁弹性系数与感应磁弹性系数均为六阶各向同性张量, 且互为比例张量, 引进待定系数 C, 我们得到场磁弹性系数的表达式

$$r_{ijklmn} = \frac{C}{\mu}(m_{ijpl}m_{pkmn} + m_{ijkp}m_{plmn}) \tag{5.17}$$

利用磁弹性系数的对称性, 场磁弹性系数张量可以表示成 (详见附录 A)

$$r_{ijklmn} = \frac{1}{3}\frac{C}{\mu}[(m_{ijlp}m_{pkmn} + m_{ijkp}m_{plmn}) + (m_{ijmp}m_{pnkl} + m_{ijnp}m_{pmkl})$$
$$+ (m_{klip}m_{pjmn} + m_{kljp}m_{pimn})] \tag{5.18}$$

待定系数 C 需要与一维情况下的磁弹性系数值 r 比较确定. 从上述可以看出, 如果由实验测定了一维情形下磁致伸缩系数的两个参数和磁弹性系数, 则一般三维情形的磁致伸缩系数张量与磁弹性系数张量就已确定.

5.1.2 材料参量及本构方程中系数的确定

从磁致伸缩材料的磁致应变的细观机制(钟文定, 1987) 来看, 磁致伸缩材料内部的磁畴在受到外磁场作用下, 将沿着磁场方向偏转, 同时在磁场方向产生变形. 当磁致伸缩材料受到压应力时, 磁畴将沿着与应力作用方向垂直的方向偏转; 同时磁性材料的磁晶各向异性作用将阻碍磁畴的翻转, 应力的作用需要克服磁晶各向异性, 才能使磁畴偏转. 对于不同的材料, 存在不同的使磁畴偏转的临界应力.

在以磁致伸缩材料为核心部件的传感器和致动器, 设计时都在磁致伸缩棒上施加预应力, 并且在同方向作用磁场. 因此, 磁致伸缩材料在应用时, 一般是一维

问题 (Greenough et al., 1991). Moffett 等 (1991) 对稀土超磁致伸缩材料 Terfenol-D($Tb_{0.3}Dy_{0.7}Fe_{1.93}$) 进行了详细的实验研究, 共进行了在八种不同的外加压应力作用下磁致伸缩性能的实验. 本节对稀土超磁致伸缩材料($Tb_{0.27}Dy_{0.73}Fe_{1.95}$) 进行了十种外加压应力下力磁耦合性能的研究. 压磁系数的定义是 $d = \dfrac{\partial \varepsilon}{\partial H}\Big|_{\sigma}$, 尽管从物理上磁致伸缩材料中不存在压磁性质, 但为了数学上处理方便, 仍称应变对磁场的导数为压磁系数, 为了与文献 (Moffett et al., 1991) 中的术语一致, 本节也称为压磁系数. 因此, 本节中所有关于压磁系数的概念均指代应变对磁场的导数. 分析实验数据可以看出, 压磁系数随着预加应力是逐渐减小的; 达到最大压磁系数的外磁场随着预加压应力增加而逐渐增大, 如图 5.1 所示; 当压应力大于临界应力时, 如果用一个线性函数模拟达到最大压磁系数的外磁场与预应力的关系, 可以发现实验数据与线性函数模拟值非常接近, 误差很小. 设材料参量 $\tilde{H}$ 与预应力增量 $\Delta\sigma$ 的线性函数

$$\tilde{H} = \tilde{H}_{\mathrm{cr}} + \zeta \cdot \Delta\sigma \tag{5.19}$$

其中, $\tilde{H}_{\mathrm{cr}}$ 表示作用临界压应力时达到最大压磁系数的磁场. ζ 的物理意义表示应力增量引起的达到最大压磁系数的磁场增量, 其量纲为 $\mathrm{m \cdot A \cdot N^{-1}}$, 是一个反映材料性质的材料常数. 对于一定的磁致伸缩材料, ζ 具有确定的值

$$\Delta\sigma = \sigma - \sigma_{\mathrm{cr}} \tag{5.20}$$

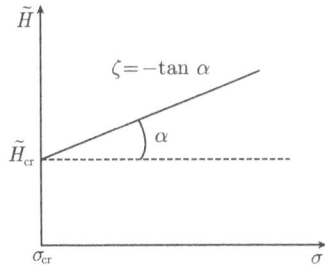

图 5.1　达到最大压磁系数的磁场 ($\tilde{H}$) 与预应力的关系

其中, σ 是预应力, σ_{cr} 是临界应力, 同样是一个材料常数. 将表达式 (5.9a) 对磁场求导, 得到压磁系数的表达式

$$d = \frac{\partial \varepsilon}{\partial H}\Big|_{\sigma} = 2(m + r\sigma)H \tag{5.21}$$

这样, 最大压磁系数可得

$$\tilde{d} = 2(m + r\sigma)\tilde{H} \tag{5.22}$$

当无外加压应力时, $\tilde{H} = \tilde{H}_0$, $\tilde{d} = \tilde{d}_0$. 其中, $\tilde{d}_0$ 和 $\tilde{H}_0$ 分别表示无预应力作用时, 最大压磁系数和达到该系数时的外磁场. 当预压应力为零时, $\sigma = 0$, 则有

$$m = \frac{\tilde{d}_0}{2\tilde{H}_0} \tag{5.23}$$

由 (5.19), (5.20) 和 (5.22) 式, 最大压磁系数可以表示为

$$\tilde{d} = \tilde{d}_{\mathrm{cr}} + a \cdot \Delta\sigma + b \cdot (\Delta\sigma)^2 \tag{5.24}$$

其中, 系数 a 和 b 反映最大压磁系数随预应力变化的关系, 由实验数据得到, 其量纲分别为 $\mathrm{m}^3 \cdot \mathrm{A}^{-1} \cdot \mathrm{N}^{-1}$, $\mathrm{m}^5 \cdot \mathrm{A}^{-1} \cdot \mathrm{N}^{-2}$. 对于有预压应力的一般情况下, 将材料参量 (5.19) 代入本构理论的压磁系数表达式 (5.21), 并代入由实验得到的表达式 (5.24), 即得到磁弹性系数的表达式

$$r = \frac{1}{\sigma}\left[\frac{\tilde{d}_{\mathrm{cr}} + a \cdot \Delta\sigma + b \cdot (\Delta\sigma)^2}{2(\tilde{H}_{\mathrm{cr}} + \zeta \cdot \Delta\sigma)} - \frac{\tilde{d}_0}{2\tilde{H}_0} \right] \tag{5.25}$$

5.1.3   理论与实验结果对比

磁性材料在受到压应力时, 材料内的磁畴偏转到垂直于应力作用方向, 这种状态能量最低. 然而, 磁畴的自发磁化方向受到磁晶各向异性制约. 应力使磁畴偏转必须克服磁晶各向异性的作用, 不同的应力作用于磁致伸缩材料, 在外磁场作用下, 磁致应变响应很不相同. 这种现象的微观机制可以由磁畴的翻转解释. 当预应力大于临界应力时, 磁致应变曲线会出现拐点, 在拐点处, 压磁系数达到最大值. 微观上的解释是由于大量磁畴在外磁场的驱动下, 克服压应力的作用沿着磁场方向翻转. 从压磁系数与磁场关系曲线来看, 当施加的压应力超过材料磁畴翻转的临界应力时, 压磁系数总是从一个很小的值, 随着外磁场的增加而缓慢地增加, 如图 5.2~ 图 5.4 所示. 利用这个特点, 可以根据磁致应变曲线和由磁致应变曲线得到的压磁系数曲线确定材料的临界应力 σ_{cr}. 这里我们分别采用本节关于稀土超磁致伸缩材料 ($\mathrm{Tb}_{0.27}\mathrm{Dy}_{0.73}\mathrm{Fe}_{1.95}$) 的力磁耦合实验数据, 和 Moffett 等 (1991) 的稀土超磁致伸缩材料 ($\mathrm{Tb}_{0.3}\mathrm{Dy}_{0.7}\mathrm{Fe}_{1.93}$) 的实验数据, 与标准平方型本构模型值进行对比.

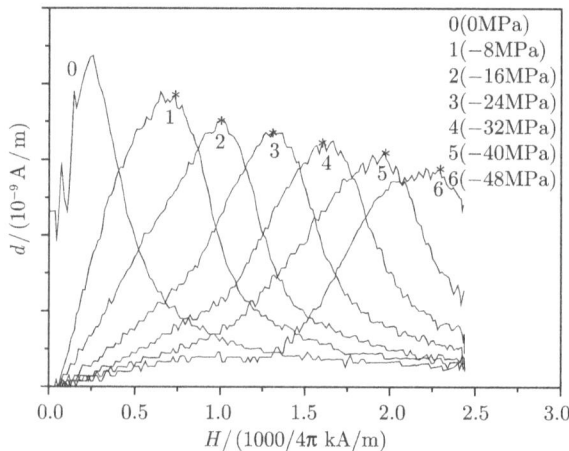

图 5.2   各种预应力作用下的压磁系数 (d) 与磁场 (H) 关系的实验曲线

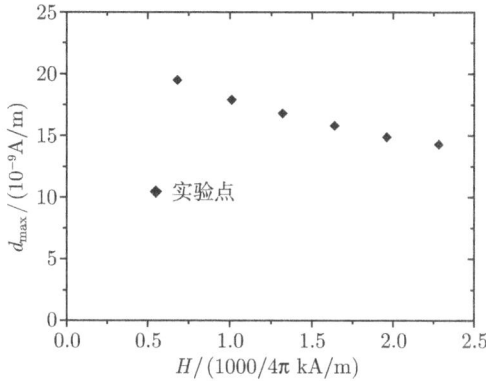

图 5.3   各种预应力作用下的最大压磁系数 $(\tilde{d})$ 的实验点

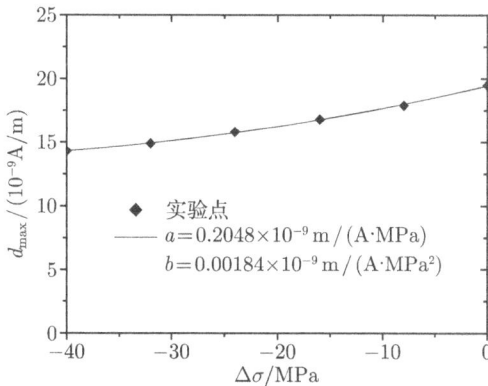

图 5.4   最大压磁系数 $(\tilde{d})$ 与预应力增量 $(\Delta\sigma)$ 的关系实验点的理论拟合

由本节的实验结果, 得到如下材料参数:

$$\sigma_{\mathrm{cr}}=-8\mathrm{MPa}, \quad \tilde{H}_{\mathrm{cr}}=54400\mathrm{A/m}, \quad \zeta=-3200\mathrm{A/(m\cdot MPa)}, \quad \tilde{d}_{\mathrm{cr}}=19.5\times10^{-9}\mathrm{m/A},$$
$$a=0.2048\times10^{-9}\mathrm{m/(A\cdot MPa)}, \quad b=0.00184\times10^{-9}\mathrm{m/(A\cdot MPa^2)} \tag{5.26}$$

由相同的确定材料系数的方法, 根据 Moffett(1991) 的实验结果, 对于稀土超磁致伸缩材料 $\mathrm{Tb_{0.3}Dy_{0.7}Fe_{1.93}}$, 得到材料参数如下

$$\sigma_{\mathrm{cr}}=-15.3\mathrm{MPa}, \quad \tilde{H}_{\mathrm{cr}}=40000\mathrm{A/m}, \quad \zeta=-2874\mathrm{A/(m\cdot MPa)}, \quad \tilde{d}_{\mathrm{cr}}=19.3\times10^{-9}\mathrm{m/A},$$
$$a=0.3542\times10^{-9}\mathrm{m/(A\cdot MPa)}, \quad b=0.00288\times10^{-9}\mathrm{m/(A\cdot MPa^2)} \tag{5.27}$$

从理论模型与实验结果对比来看, 当磁场不太大时, 理论模型能在一定程度上与实验结果吻合. 但是当磁场变大时, 材料出现饱和磁致应变, 而理论模型不能反映这个饱和趋势. 同时, 当预应力很大时, 如图 5.5 和图 5.6 所示, 理论模型与实验结果即使是低磁场阶段也相差很大, 即理论模型不能反映材料对应力的敏感性.

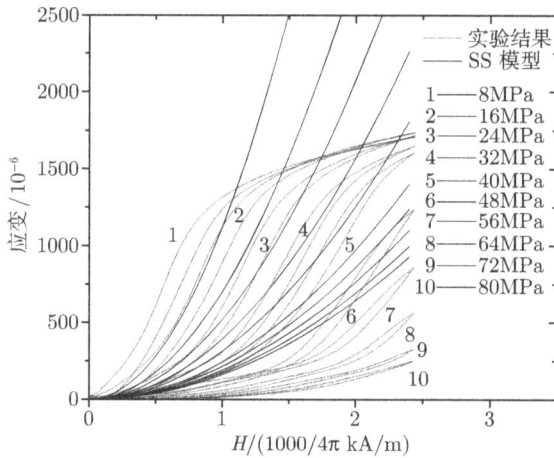

图 5.5 SS 本构模型与本节实验对比

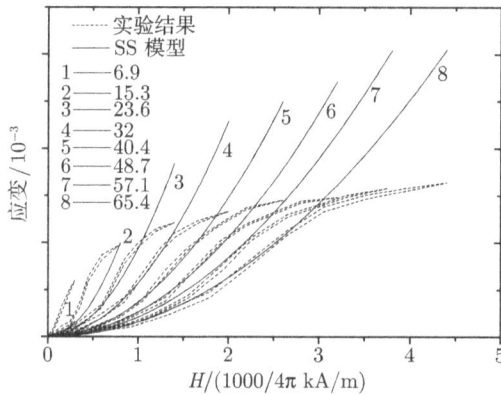

图 5.6 SS 本构模型与 Moffett 实验对比

5.2 双曲正切型本构

5.1 节所述是标准平方型本构关系, 即磁致伸缩应变与外磁场是平方型的关系. 这个模型的显著缺点是在高外磁场时, 这种本构模型得到值与实验结果有很大的误差, 不能反映材料的饱和磁致应变的性质. 本节采用包含双曲正切函数的本构模型.

5.2.1 本构方程的推导

如果取 Gibbs 自由能函数为

$$G = \frac{1}{2}\mu_{mn}H_mH_n + \frac{1}{2}s_{ijkl}\sigma_{ij}\sigma_{kl} + \frac{1}{2k^2}\tanh^2(k\,|H|)r_{ijklmn}\sigma_{ij}\sigma_{kl}\frac{H_mH_n}{|H|^2}$$

$$+ \frac{1}{k^2} \tanh^2(k\,|H|) m_{mnij} \sigma_{ij} \frac{H_m H_n}{|H|^2} \tag{5.28}$$

其中, $\tanh(x)$ 是双曲正切函数; $k = 1/\tilde{H}$, 称为松弛参数, 这个参数使双曲正切函数的自变量无量纲化. 这里, $\tilde{H}$ 是达到最大压磁系数时的磁场, 在有压应力作用下, $\tilde{H}$ 由 (5.19) 决定. 将 Gibbs 自由能函数代入 (5.6) 式得到本构表达式, 取一维情况讨论:

$$\varepsilon = s\sigma + \frac{1}{k^2} m \tanh^2(kH) + \frac{1}{k^2} r\sigma \tanh^2(kH) \tag{5.29a}$$

$$B = \mu H + \frac{2}{k} m\sigma \frac{\sinh(kH)}{\cosh^3(kH)} + \frac{1}{k} r\sigma^2 \frac{\sinh(kH)}{\cosh^3(kH)} \tag{5.29b}$$

其中, $\sinh(x)$ 是双曲正弦函数, $\cosh(x)$ 是双曲余弦函数, m 是磁致伸缩系数, r 是磁弹性系数. 将 (5.29a) 式对磁场求导得到压磁系数:

$$d = 2\frac{m + r\sigma}{k} \tanh(kH)[1 - \tanh^2(kH)] \tag{5.30}$$

最大压磁系数:

$$\tilde{d} = 2\tanh(1)[1 - \tanh^2(1)](m + r \cdot \sigma)\tilde{H} \tag{5.31}$$

对于自由磁致伸缩情况, $\sigma = 0$, $\tilde{H} = \tilde{H}_0$, $\tilde{d} = \tilde{d}_0$, 则:

$$m = \frac{1}{\tanh(1)[1 - \tanh^2(1)]} \cdot \frac{\tilde{d}_0}{2\tilde{H}_0} \tag{5.32}$$

对于有预应力的一般情形, 由 (5.31) 式求出磁弹性系数 r, 并代入式 (5.19) 和式 (5.24) 得

$$r = \frac{1}{2\tanh(1)[1 - \tanh^2(1)]} \cdot \frac{1}{\sigma} \cdot \left[\frac{\tilde{d}_{cr} + a \cdot \Delta\sigma + b \cdot (\Delta\sigma)^2}{\tilde{H}_{cr} + \zeta \cdot \Delta\sigma} - \frac{\tilde{d}_0}{2\tilde{H}_0} \right] \tag{5.33}$$

5.2.2　理论与实验结果对比

材料的基本参数已在 5.1 节中给出. 根据双曲本构模型, 计算相应的系数, 从而得到模型值并与实验值对比. 图 5.7 是本构模型与本节中的实验结果对比, 计算中采用了式 (5.26) 中的参数. 图 5.8 是本构模型与 Moffett 等 (1991) 文中的实验结果对比, 计算中采用了式 (5.27) 中的参数.

从实验结果与理论模型的对比可以看出, 在应力不太大时, 在中低磁场段, 理论模型能模拟材料的磁致应变随磁场的变化; 在高磁场段, 理论模型也能反映材料饱和磁致应变. 然而, 当预应力增大时, 理论模型不能反映材料对应力的敏感性.

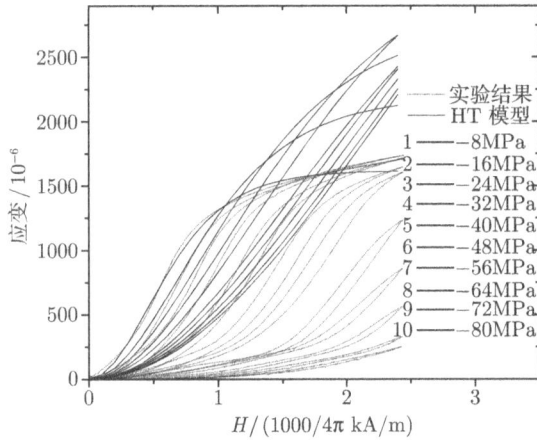

图 5.7   HT 本构模型与本节实验对比

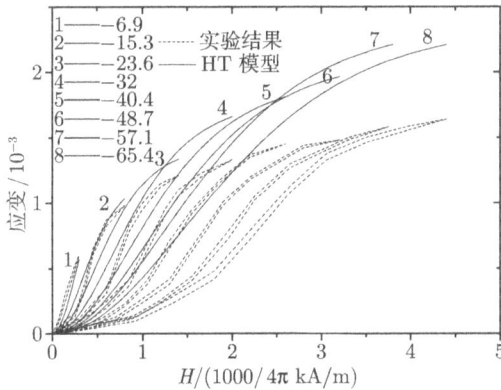

图 5.8   HT 本构模型与 Moffett 实验对比

5.3   基于畴转密度的唯象本构

由 5.1 节和 5.2 节的分析可以看出, 一般稀土超磁致伸缩材料的磁致应变有三个特点, 即在中小磁场段, 材料的磁致应变与磁场是平方型关系; 在高磁场段, 材料的磁致应变出现饱和现象; 材料的磁致应变强烈地依赖于预压应力. 因此一个好的本构模型必须能反映稀土材料的磁致应变响应的这三个特点. 而标准平方型和双曲正切型本构模型都只能反映其中的一个或两个特点, 从而不能很好地模拟材料的实验曲线. 本节基于磁致伸缩应变的微观本质 —— 磁畴翻转, 采用唯象描述的方法提出一种新的本构模型. 与实验结果对比表明, 这个本构模型能较好地反映稀土铁系超磁致材料的磁弹性响应的三个特点, 从而较好地模拟实验曲线.

5.3.1　畴转密度概念

磁性材料内具有大量的磁畴 (Wohlfarth, 1980). 当磁性材料受到外磁场作用时, 磁畴转向外磁场方向, 并使材料在磁场方向出现磁致伸缩应变. 当受到的外磁场越大时, 越多的磁畴将转向外磁场方向, 从而得到的磁致伸缩应变就越大. 在由磁致伸缩材料制成的传感器中, 工程中最为关心的是单位磁场得到的应变输出. 工程中为了得到较大单位磁场的应变输出, 一般在磁致伸缩材料中预加一个压应力和一个偏磁场. 正如前面指出的, 应力也是使磁畴翻转的驱动力. 每种磁性材料都存在一个临界应力, 当外应力大于临界应力时, 磁畴将克服材料内阻力, 沿着垂直于外应力的方向翻转. 偏磁场的选择是要求磁畴在外磁场的驱动下, 克服外应力和材料内阻力翻转达到临界状态. 如果再作用一个小磁场, 将有大量的磁畴产生翻转, 定义单位磁场的翻转磁畴数为畴转密度, 此时的畴转密度达到最大值. 稀土超磁致伸缩材料具有很强的应力敏感性. 当材料受到的应力大于临界应力时, 材料的磁致伸缩曲线会出现一个拐点. 在该拐点处, 单位磁场的应变输出达到最大值, 即畴转密度在该点最大.

5.3.2　本构方程的推导

在磁性材料的磁化过程中, 随着外磁场的增加, 畴转密度是变化的, 从而使得材料的磁致伸缩曲线的斜率出现变化. 对于具有较强应力敏感性的磁致伸缩材料 (如稀土超磁致伸缩材料), 当材料受到的外应力大于临界应力时, 材料在磁化过程中, 畴转密度符合类似概率密度函数的正态分布. 在 $H = \tilde{H}$ 时, 畴转密度达到最大值, 单位磁场产生的应变输出最大. 磁致伸缩材料的这一变形特征, 反映在宏观磁致伸缩曲线上, 可以表述为如下式

$$d = \left.\frac{\partial \varepsilon}{\partial H}\right|_{\sigma} = \tilde{d} \cdot \exp\left[-\frac{(x-1)^2}{A}\right] \tag{5.34}$$

其中, $x = \dfrac{|H|}{\tilde{H}}$; $\tilde{d}$ 是最大压磁系数; $\tilde{H}$ 是达到最大压磁系数的磁场; H 是外磁场; $A = \dfrac{\sigma_{\mathrm{cr}}}{\sigma}$, 这里, σ_{cr} 是材料中磁畴在外应力作用下翻转时的临界应力; σ 是外应力; $\exp(x)$ 是指数函数. 材料的应变由两部分组成, 即弹性应变和磁致应变. 弹性应变满足胡克定律, 磁致应变可以由压磁系数积分得到.

$$\varepsilon = s \cdot \sigma + \varepsilon^{\mathrm{H}} \tag{5.35}$$

其中, s 是材料的弹性柔度. ε^{H} 是磁致应变. 注意到外磁场为零时, 磁致应变为零.

$$\varepsilon^{\mathrm{H}} = \frac{\sqrt{\pi}}{2} \cdot \tilde{H} \cdot \tilde{d} \cdot \sqrt{\frac{\sigma_{\mathrm{cr}}}{\sigma}} \cdot \left\{ \mathrm{erf}\left[\sqrt{\frac{\sigma}{\sigma_{\mathrm{cr}}}}\left(\frac{H}{\tilde{H}} - 1\right)\right] - \mathrm{erf}\left(-\sqrt{\frac{\sigma}{\sigma_{\mathrm{cr}}}}\right) \right\} \tag{5.36}$$

其中, $\mathrm{erf}(x) = \int \exp(-x^2)\mathrm{d}x$, 称为误差函数. 由满足热力学定律得到的一维问题的一般本构关系为

$$\varepsilon = \left.\frac{\partial G}{\partial \sigma}\right|_H, \quad B = \left.\frac{\partial G}{\partial H}\right|_\sigma \tag{5.37}$$

其中, G 是 Gibbs 自由能函数. 材料的磁感应强度同样由两部分组成, 即线性磁化的磁通密度和由应力耦合产生的磁通密度.

$$B = \mu \cdot H + \int_0^\sigma \frac{2}{\sqrt{\pi}} \cdot \tilde{d} \cdot \exp\left[-\frac{\sigma}{\sigma_{\mathrm{cr}}}\left(\frac{H}{\tilde{H}} - 1\right)^2\right]\mathrm{d}\sigma \tag{5.38}$$

其中, μ 是材料的磁导率. 对于稀土铁系超磁致伸缩材料, 由上述得到以下关系

$$\tilde{H} = \tilde{H}_{\mathrm{cr}} + \zeta \cdot (\sigma - \sigma_{\mathrm{cr}}) \tag{5.39a}$$

$$\tilde{d} = \tilde{d}_{\mathrm{cr}} + a \cdot (\sigma - \sigma_{\mathrm{cr}}) + b \cdot (\sigma - \sigma_{\mathrm{cr}})^2 \tag{5.39b}$$

其中, ζ 是单位外应力引起的达到最大压磁系数的磁场, 是一个材料常数; 系数 a 和 b 根据实验得到的压磁系数曲线确定. 得到材料的本构关系为

$$\varepsilon = s \cdot \sigma + \frac{\sqrt{\pi}}{2} \cdot [\tilde{H}_{\mathrm{cr}} + \zeta \cdot (\sigma - \sigma_{\mathrm{cr}})] \cdot [\tilde{d}_{\mathrm{cr}} + a \cdot (\sigma - \sigma_{\mathrm{cr}}) + b \cdot (\sigma - \sigma_{\mathrm{cr}})^2] \cdot \sqrt{\frac{\sigma_{\mathrm{cr}}}{\sigma}}$$
$$\cdot \left\{\mathrm{erf}\left[\sqrt{\frac{\sigma}{\sigma_{\mathrm{cr}}}}\left(\frac{|H|}{\tilde{H}_{\mathrm{cr}} + \zeta \cdot (\sigma - \sigma_{\mathrm{cr}})} - 1\right)\right] - \mathrm{erf}\left(-\sqrt{\frac{\sigma}{\sigma_{\mathrm{cr}}}}\right)\right\} \tag{5.40a}$$

$$B = \mu \cdot H + \mathrm{sign}(H)$$
$$\cdot \int_0^\sigma [\tilde{d}_{\mathrm{cr}} + a \cdot (\sigma - \sigma_{\mathrm{cr}}) + b \cdot (\sigma - \sigma_{\mathrm{cr}})^2] \cdot \exp\left[\frac{\sigma}{\sigma_{\mathrm{cr}}} \cdot \left(\frac{|H|}{\tilde{H}_{\mathrm{cr}} + \zeta \cdot (\sigma - \sigma_{\mathrm{cr}})} - 1\right)^2\right]\mathrm{d}\sigma \tag{5.40b}$$

在 (5.40) 式中的本构关系中, s, μ, $\tilde{H}_{\mathrm{cr}}$, $\tilde{d}_{\mathrm{cr}}$, σ_{cr}, ζ 均为材料常数, 具有明确的物理意义, 可由相应的实验测定. 系数 a, b 根据 (5.24) 式, 由实验结果确定, 如图 5.4 所示. 因此, 本构方程中的所有系数都由相应的实验数据确定.

5.3.3　理论与实验结果对比

与 5.1 节和 5.2 节中的本构模型相比, 基于畴转密度的本构方程中并没有引进新的本构参数. 根据实验数据确定这些本构参数的方法已经在 5.1 节中给出. 因此, 采用同样的本构参数, 代入基于畴转密度的本构方程中, 得到理论模型的值, 并与实验结果对比. 图 5.9 和图 5.10 是本构模型与本节中的实验结果对比, 计算中采用了式 (5.26) 中的参数. 图 5.11 是本构模型与 Moffett 等 (1991) 文中的实验结果对比, 计算中采用了式 (5.27) 中的参数.

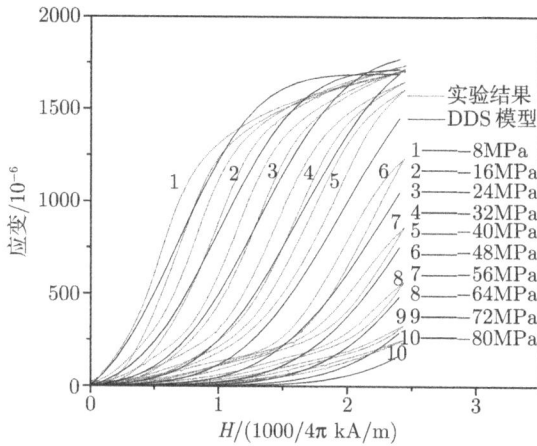

图 5.9　DDS 本构模型与本节实验对比 (应变与磁场关系)

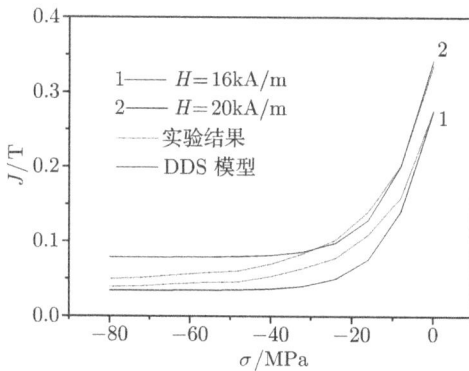

图 5.10　DDS 本构模型与本节实验对比 (应力与磁化关系)

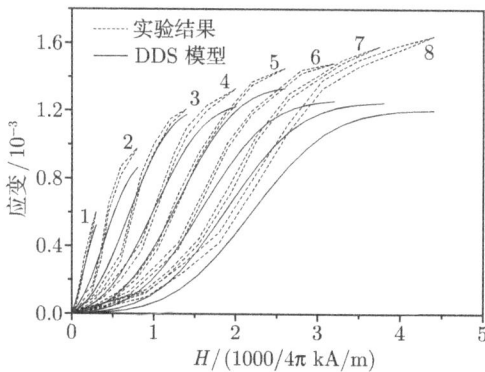

图 5.11　DDS 本构模型与 Moffett 实验对比

从对比结果来看, 基于畴转密度的本构模型, 在中低磁场时, 能反映材料的磁致应变非线性增长; 在高外磁场时, 能反映材料饱和磁致应变; 在预应力增大时, 能很好地反映材料对应力的敏感性. 因此, 从总体上来看, 基于畴转密度的本构模型能较好地模拟稀土类超磁致伸缩材料的实验结果.

5.4　基于 J2 流动理论的唯象本构模型 I

从大量实验中发现, 铁磁材料的基本特征就是, 由于能量的耗散从而使材料本构行为具有明显的非线性, 如磁滞回线和磁致伸缩回线, 材料的这种非线性行为是依赖于加载历史的. 对于率相关和加载路径相关材料, 人们已经成功地通过热力学框架, 引入内变量得到相应的本构模型 (Muskhelishvili, 1954; Maugin, 1999). 在此基础上, Maugin(1988) 和 Sabir 等 (Maugin, Sabir et al., 1987; Maugin, Sabir, 1990) 基于内变量理论, 提出了铁磁材料的唯象本构模型, 用于描述力磁耦合行为. 人们对铁电材料进行了大量的研究, 由于铁电材料与铁磁材料具有很多相似之处, 在这两类材料的研究中可以互相借鉴. Bassiouny 和 Maugin 等 (1988a; 1988b; 1989a; 1989b) 率先借用铁磁唯象理论和弹塑性理论中的剩余磁化强度与屈服面概念, 提出了铁电材料的唯象本构模型, 这一理论模型成为铁电唯象本构研究的基础. Kamlah 等 (1999; 2000; 2001a; 2001b) 在此基础上, 结合铁电材料的畴变, 通过一系列非线性函数模拟畴变产生的非线性行为, 给出了铁电材料的唯象本构模型; Cocks 和 McMeeking(1999) 在 Maugin 理论的基础上, 通过引用弹塑性理论中屈服面与硬化模量的概念, 重新构建力电耦合屈服面及硬化模量, 用于表征铁电材料中畴变引起的非线性行为. Landis 和 McMeeking 等 (Landis, McMeeking, 1999; Landis, 2002; McMeeking, Landis, 2002), Huber 等 (2001) 将 Cocks 和 McMeeking(1999) 的模型进一步推广, 使其成为真正的三维本构模型. 铁磁材料在磁场作用下的某些重要性质与经典弹塑性问题有些类似, 如材料磁化后存在剩余磁化, 这一现象与塑性理论中的塑性应变相似. 在磁场与机械载荷耦合作用下同样具有类似的现象, 如存在剩余磁化和剩余应变. 我们借鉴 Cocks 和 McMeeking(1999) 的模型, 类比于经典塑性理论中的 J2 流动理论, 将剩余磁化强度和剩余应变看做内变量, 提出铁磁材料的各向同性唯象本构模型 I. 在模型 I 的基础上, 引入剩余应变和剩余磁化相关的假设, 通过 Legendre 变换, 得到表达更加简单的唯象本构模型 II.

5.4.1　基本假设

首先引入 4 个假设 (Maugin, Sabir, 1990; Bednarek, 1999; Kamlah, Tsakmakis, 1999), 所提出的基于 J2 流动理论的唯象本构模型 I 和 II 都是以此为基础的, 以后不再赘述.

① 应变和磁化强度可以分解为两部分: 可恢复部分和不可恢复部分.

② 材料的可恢复部分响应和不可恢复部分响应之间不耦合.

③ 剩余应变和剩余磁化强度不影响材料的体积变化. 实际上, 铁磁材料会发生磁致体积变化, 数量级一般是 10^{-10}. 而一般磁致伸缩的数量级为 10^{-6}, 所以体积变化与磁致伸缩相比, 可以忽略.

④ 变形为小变形, 系统为准静态.

由假设①, 把总的应变 ε_{ij} 和总的磁化强度 M_i 分解为

$$\varepsilon_{ij} = \varepsilon_{ij}^{\mathrm{e}} + \varepsilon_{ij}^{\mathrm{r}} \tag{5.41}$$

$$M_i = M_i^{\mathrm{e}} + M_i^{\mathrm{r}} \tag{5.42}$$

其中, 上标 "e" 代表可恢复部分 (线性), "r" 代表不可恢复部分. $\varepsilon_{ij}^{\mathrm{r}}$ 是剩余应变, M_i^{r} 是剩余磁化强度, 同时, 选定这两个量作为内变量, 并定义如下:

剩余磁化强度: 由于铁磁材料的微观结构改变而引起的单位体积的磁矩强度, 这种响应是不可逆变化. 当外加磁场变为零时, 此量并不随之变为零.

剩余应变: 以磁中性为参考构型, 由于铁磁材料的微观结构改变而引起的不可逆变形.

剩余应变和剩余磁化强度是和材料的细观结构相关的, 如材料结构缺陷等. 我们知道铁磁材料的主要特征就是具有铁磁畴结构, 实际上, 畴本身就可以看做一种结构缺陷, 则畴翻转导致的非线性响应类似于弹塑性理论中位错导致的塑性变形, 故借鉴 J2 流动理论给出唯象本构理论.

5.4.2　本构方程的推导

根据式 (5.41) 和 (5.42), 材料的线性部分响应可以表示为

$$\varepsilon_{ij} - \varepsilon_{ij}^{\mathrm{r}} = C_{ijkl}\sigma_{kl} + q_{kij}H_k \tag{5.43}$$

$$B_i - B_i^{\mathrm{r}} = q_{ikj}\sigma_{kj} + \mu_{ij}H_j \tag{5.44}$$

其中,

$$B_i = \mu_0 (M_i + H_i) \tag{5.45}$$

$$B_i^{\mathrm{r}} = \mu_0 M_i^{\mathrm{r}} \tag{5.46}$$

系统的 Helmholtz 自由能 (等温过程) 可以写为 (Bassiouny, Ghaleb et al., 1988a; 1988b; Cocks, McMeeking, 1999)

$$\Psi = \Psi^{\mathrm{s}}(\varepsilon_{ij}^{\mathrm{e}}, M_i^{\mathrm{e}}) + \Psi^{\mathrm{r}}(\varepsilon_{ij}^{\mathrm{r}}, M_i^{\mathrm{r}}) \tag{5.47}$$

其中, Ψ^{s} 表示铁磁材料可恢复部分响应对应的自由能, Ψ^{r} 表示材料的不可恢复部分响应 (即剩余极化和剩余应变) 对应的自由能. 则

$$\sigma_{ij} = \frac{\partial \Psi^{s}}{\partial \varepsilon^{e}_{ij}}, \quad H_i = \frac{\partial \Psi^{s}}{\partial(\mu_0 M^{e}_i)} \tag{5.48}$$

其中, μ_0 是真空磁导率. 类似于塑性理论中背应力概念, 定义背应力 σ^{B}_{ij} 和背磁场 H^{B}_i:

$$\sigma^{B}_{ij}\left(\varepsilon^{r}_{kl}, M^{r}_k\right) = \frac{\partial \Psi^{r}}{\partial \varepsilon^{r}_{ij}}, \quad H^{B}_i\left(\varepsilon^{r}_{kl}, M^{r}_k\right) = \frac{\partial \Psi^{r}}{\partial\left(\mu_0 M^{r}_i\right)} \tag{5.49}$$

考虑系统为准静态, 将式 (5.47) 对时间求导, 并利用式 (5.48) 和式 (5.49) 得

$$\dot{\Psi} = \sigma_{ij}\dot{\varepsilon}_{ij} + \mu_0 H_i \dot{M}_i - (\sigma_{ij} - \sigma^{B}_{ij})\dot{\varepsilon}^{r}_{ij} - \mu_0(H_i - H^{B}_i)\dot{M}^{r}_i \tag{5.50}$$

则不可恢复过程的能量耗散率为

$$\dot{\Delta} = \sigma_{ij}\dot{\varepsilon}_{ij} + \mu_0 H_i \dot{M}_i - \dot{\Psi} \tag{5.51}$$

由热力学第二定律, 能量耗散率非负, 将式 (5.50) 代入式 (5.51) 得

$$(\sigma_{ij} - \sigma^{B}_{ij})\dot{\varepsilon}^{r}_{ij} + \mu_0(H_i - H^{B}_i)\dot{M}^{r}_i \geqslant 0 \tag{5.52}$$

类比于塑性理论, 引入 (H_i, σ_{ij}) 空间中的力磁耦合屈服面, 当且仅当加载点位于力磁耦合屈服面上时, 剩余极化强度和剩余应变才发生变化. 实际上在 H_i-σ_{ij} 空间中, 材料进入屈服, 即是由于材料磁畴的翻转或畴壁的位移引起的非线性响应. 可以证明, 当屈服面函数为下式时, 方程 (5.52) 成立

$$F = \sqrt{\overline{H}^2 + \alpha\overline{\sigma}^2} - H_{\mathrm{f}} = H^{e} - H_{\mathrm{f}} \tag{5.53}$$

其中, α 是材料参数, H_{f} 是材料函数, 用于表征屈服面的大小, 且

$$H^{e} = \sqrt{\overline{H}^2 + \alpha\overline{\sigma}^2} \tag{5.54a}$$

$$\overline{H}^2 = (H_i - H^{B}_i)(H_i - H^{B}_i), \quad \overline{\sigma}^2 = \frac{3}{2}(s_{ij} - s^{B}_{ij})(s_{ij} - s^{B}_{ij}) \tag{5.54b}$$

这里, s_{ij} 和 s^{B}_{ij} 分别为 σ_{ij} 和 σ^{B}_{ij} 的偏量. 则流动法则写为

$$\dot{\varepsilon}^{r}_{ij} = \lambda\frac{\partial F}{\partial \sigma_{ij}} \tag{5.55}$$

$$\mu_0 \dot{M}^{r}_i = \lambda\frac{\partial F}{\partial H_i} \tag{5.56}$$

其中, λ 是力磁耦合 (H_i, σ_{ij}) 空间中的塑性流动因子.

假设 H_{f} 为常数, 采用随动硬化, 则由一致性条件

$$\mathrm{d}F = 0 \tag{5.57}$$

利用式 (5.49), (5.55) 和 (5.56) 可以得到流动因子 λ

$$\lambda = \frac{\dfrac{\partial H^{\mathrm{e}}}{\partial H_i}(\dot{H}_i) + \dfrac{\partial H^{\mathrm{e}}}{\partial \sigma_{ij}}(\dot{\sigma}_{ij})}{\dfrac{\partial H^{\mathrm{e}}}{\partial H_k}\left[\dfrac{\partial H_k^{\mathrm{B}}}{\partial (\mu_0 M_l^{\mathrm{r}})}\dfrac{\partial H^{\mathrm{e}}}{\partial H_l} + \dfrac{\partial H_k^{\mathrm{B}}}{\partial \varepsilon_{mn}^{\mathrm{r}}}\dfrac{\partial H^{\mathrm{e}}}{\partial \sigma_{mn}}\right] + \dfrac{\partial H^{\mathrm{e}}}{\partial \sigma_{kl}}\left[\dfrac{\partial \sigma_{kl}^{\mathrm{B}}}{\partial (\mu_0 M_m^{\mathrm{r}})}\dfrac{\partial H^{\mathrm{e}}}{\partial H_m} + \dfrac{\partial \sigma_{kl}^{\mathrm{B}}}{\partial \varepsilon_{mn}^{\mathrm{r}}}\dfrac{\partial H^{\mathrm{e}}}{\partial \sigma_{mn}}\right]} \tag{5.58}$$

当且仅当加载点位于屈服面上时, ε^{r} 和 M^{r} 才会发生变化. 当 $F < 0$ 时, 即处于屈服面内时, 材料的响应是线性的, 可恢复的. 图 5.12 给出了力磁耦合屈服面的演化. 在磁中性状态时, H^{B} 和 σ^{B} 均为零. 当加载点到达屈服面后, ε^{r} 和 M^{r} 发生变化, 且剩余应变率和剩余磁化强度率依据流动法则, 沿着屈服面的外向法线方向. 由屈服函数 F 可知, 当 H_{f} 是常数 $H_{\mathrm{f}} = \mathrm{const}$, 则为随动硬化, 演化过程中, 屈服面大小不变, 中心 $(\sigma^{\mathrm{B}}, H^{\mathrm{B}})$ 却随之变化; 当 $H_{\mathrm{f}} = H_{\mathrm{f}}(H_i, \sigma_{ij})$ 时, 为混合硬化, 演化过程中, 屈服面大小和中心都发生变化.

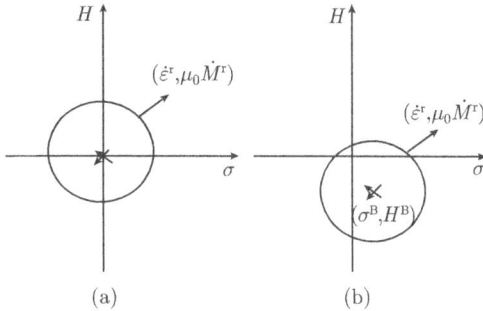

图 5.12　(a) 初始屈服面; (b) 屈服面的演化

在随动硬化条件下, 将式 (5.53) 代入 (5.55) 和 (5.56), 则剩余应变和剩余磁化强度的变化率重写为

$$\dot{\varepsilon}_{ij}^{\mathrm{r}} = \lambda \frac{3\alpha}{2H^{\mathrm{e}}}\left(s_{ij} - s_{ij}^{\mathrm{B}}\right) \tag{5.59}$$

$$\mu_0 \dot{M}_i^{\mathrm{r}} = \lambda \frac{1}{H^{\mathrm{e}}}\left(H_i - H_i^{\mathrm{B}}\right) \tag{5.60}$$

为了确定硬化模量, 需要给出不可恢复部分自由能函数 $\varPsi^{\mathrm{r}}$ 的表达式. 对于从参考状态到目前给定的状态, 假设自由能函数可以通过这样一条路径得到: 先是一系列 90° 畴翻转只产生相应剩余应变而不产生剩余磁化, 然后是一系列 180° 畴翻

转, 只产生相应的磁化强度而不再产生剩余应变 (Cocks, McMeeking, 1999). Cocks 和 McMeeking 根据上述假设得到了铁电材料不可恢复部分自由能函数 Ψ^{r} 的一维表达形式, 我们在此借用这一形式并将其推广到三维, 使其适用于铁磁材料. 由此, 自由能函数 Ψ^{r} 可以这样表示:

$$\Psi^{\mathrm{r}}(\varepsilon_{ij}^{\mathrm{r}}, M_i^{\mathrm{r}}) = \Psi_1^{\mathrm{r}}(\varepsilon_{ij}^{\mathrm{r}}) + \Psi_2^{\mathrm{r}}(\varepsilon_{ij}^{\mathrm{r}}, M_i^{\mathrm{r}}) \tag{5.61}$$

进一步考虑应变场与磁化强度之间的相互作用, 自由能函数可以表达为

$$\Psi_1^{\mathrm{r}}(\varepsilon_{ij}^{\mathrm{r}}) = \frac{1}{3}\varsigma\varepsilon_{ij}^{\mathrm{r}}\varepsilon_{ij}^{\mathrm{r}} + \mu\left(\frac{2}{3\varepsilon_0^2}\varepsilon_{ij}^{\mathrm{r}}\varepsilon_{ij}^{\mathrm{r}}\right)^{\beta} \tag{5.62}$$

$$\Psi_2^{\mathrm{r}}(\varepsilon_{ij}^{\mathrm{r}}, M_i^{\mathrm{r}}) = \frac{1}{2}\xi\mu_0^2 M_i^{\mathrm{r}} M_i^{\mathrm{r}} + \eta\left\{\frac{M_i^{\mathrm{r}} M_i^{\mathrm{r}}}{\left[\chi(\varepsilon_{ij}^{\mathrm{r}})M_0\right]^2}\right\}^{\beta} \tag{5.63}$$

$$\chi(\varepsilon_{ij}^{\mathrm{r}}) = a\left(\sqrt{\frac{2}{3}\varepsilon_{ij}^{\mathrm{r}}\varepsilon_{ij}^{\mathrm{r}}} \middle/ \varepsilon_0\right) + b \tag{5.64}$$

其中, $a, b, \varsigma, \mu, \xi, \eta$ 是材料常数; $\beta >> 1$; ε_0, M_0 是材料的饱和剩余应变和饱和剩余磁化强度. 对于式 (5.60) 的第二项, 当 $\sqrt{\frac{2}{3}\varepsilon_{ij}^{\mathrm{r}}\varepsilon_{ij}^{\mathrm{r}}}$ 试图超过 ε_0 时起到罚函数的作用, 即当 $\sqrt{\frac{2}{3}\varepsilon_{ij}^{\mathrm{r}}\varepsilon_{ij}^{\mathrm{r}}}$ 超过 ε_0 时需要很大的能量. 式 (5.61) 中的第二项与此类似. $\chi(\varepsilon_{ij}^{\mathrm{r}})$ 是 $\sqrt{\frac{2}{3}\varepsilon_{ij}^{\mathrm{r}}\varepsilon_{ij}^{\mathrm{r}}}$ 的单调函数, 这是考虑到剩余应变对剩余极化的影响, 当剩余应变增加时, 有利于磁畴方向向剩余极化方向趋近.

则背应力和背磁场可以表达为

$$\sigma_{ij}^{\mathrm{B}} = \frac{\partial \Psi^{\mathrm{r}}}{\partial \varepsilon_{ij}^{\mathrm{r}}} = \frac{\partial \Psi_1^{\mathrm{r}}}{\partial \varepsilon_{ij}^{\mathrm{r}}} + \frac{\partial \Psi_2^{\mathrm{r}}}{\partial \varepsilon_{ij}^{\mathrm{r}}} \tag{5.65}$$

$$H_i^{\mathrm{B}} = \frac{\partial \Psi^{\mathrm{r}}}{\partial(\mu_0 M_i^{\mathrm{r}})} = \frac{\partial \Psi_2^{\mathrm{r}}}{\partial(\mu_0 M_i^{\mathrm{r}})} \tag{5.66}$$

其中,

$$\frac{\partial \Psi_1^{\mathrm{r}}}{\partial \varepsilon_{ij}^{\mathrm{r}}} = \frac{2}{3}\varsigma\varepsilon_{ij}^{\mathrm{r}} + \frac{4\beta\mu}{3\varepsilon_0^2}\left(\frac{2}{3\varepsilon_0^2}\varepsilon_{kl}^{\mathrm{r}}\varepsilon_{kl}^{\mathrm{r}}\right)^{\beta-1}\varepsilon_{ij}^{\mathrm{r}} \tag{5.67}$$

$$\frac{\partial \Psi_2^{\mathrm{r}}}{\partial \varepsilon_{ij}^{\mathrm{r}}} = -\frac{4}{3}\frac{\eta\beta a}{\varepsilon_0 M_0^2}\frac{M_k^{\mathrm{r}} M_k^{\mathrm{r}}}{\sqrt{\frac{2}{3}\varepsilon_{kl}^{\mathrm{r}}\varepsilon_{kl}^{\mathrm{r}}}}\left\{\frac{M_k^{\mathrm{r}} M_k^{\mathrm{r}}}{\left[\chi(\varepsilon_{ij}^{\mathrm{r}})M_0\right]^2}\right\}^{\beta-1}\left[\chi\left(\varepsilon_{ij}^{\mathrm{r}}\right)\right]^{-3}\varepsilon_{ij}^{\mathrm{r}} \tag{5.68}$$

$$\frac{\partial \Psi_2^{\mathrm{r}}}{\partial(\mu_0 M_i^{\mathrm{r}})} = \xi\mu_0 M_i^{\mathrm{r}} + \frac{2\eta\beta}{\left[\chi\left(\varepsilon_{ij}^{\mathrm{r}}\right)\mu_0 M_0\right]^2}\left\{\frac{M_k^{\mathrm{r}} M_k^{\mathrm{r}}}{\left[\chi(\varepsilon_{ij}^{\mathrm{r}})M_0\right]^2}\right\}^{\beta-1}\mu_0 M_i^{\mathrm{r}} \tag{5.69}$$

将式 (5.63) 和 (5.64) 代入式 (5.58) 可以得到流动因子. 则引入如下两个量

$$A_{ij} = \cfrac{\cfrac{\partial H^{\mathrm{e}}}{\partial \sigma_{ij}}}{\cfrac{\partial H^{\mathrm{e}}}{\partial H_k}\left[\cfrac{\partial H_k^{\mathrm{B}}}{\partial\left(\mu_0 M_l^{\mathrm{r}}\right)}\cfrac{\partial H^{\mathrm{e}}}{\partial H_l} + \cfrac{\partial H_k^{\mathrm{B}}}{\partial \varepsilon_{mn}^{\mathrm{r}}}\cfrac{\partial H^{\mathrm{e}}}{\partial \sigma_{mn}}\right] + \cfrac{\partial H^{\mathrm{e}}}{\partial \sigma_{kl}}\left[\cfrac{\partial \sigma_{kl}^{\mathrm{B}}}{\partial\left(\mu_0 M_m^{\mathrm{r}}\right)}\cfrac{\partial H^{\mathrm{e}}}{\partial H_m} + \cfrac{\partial \sigma_{kl}^{\mathrm{B}}}{\partial \varepsilon_{mn}^{\mathrm{r}}}\cfrac{\partial H^{\mathrm{e}}}{\partial \sigma_{mn}}\right]} \tag{5.70}$$

$$R_i = \cfrac{\cfrac{\partial H^{\mathrm{e}}}{\partial H_i}}{\cfrac{\partial H^{\mathrm{e}}}{\partial H_k}\left[\cfrac{\partial H_k^{\mathrm{B}}}{\partial\left(\mu_0 M_l^{\mathrm{r}}\right)}\cfrac{\partial H^{\mathrm{e}}}{\partial H_l} + \cfrac{\partial H_k^{\mathrm{B}}}{\partial \varepsilon_{mn}^{\mathrm{r}}}\cfrac{\partial H^{\mathrm{e}}}{\partial \sigma_{mn}}\right] + \cfrac{\partial H^{\mathrm{e}}}{\partial \sigma_{kl}}\left[\cfrac{\partial \sigma_{kl}^{\mathrm{B}}}{\partial\left(\mu_0 M_m^{\mathrm{r}}\right)}\cfrac{\partial H^{\mathrm{e}}}{\partial H_m} + \cfrac{\partial \sigma_{kl}^{\mathrm{B}}}{\partial \varepsilon_{mn}^{\mathrm{r}}}\cfrac{\partial H^{\mathrm{e}}}{\partial \sigma_{mn}}\right]} \tag{5.71}$$

则率形式的本构方程可以写为

$$\dot{\varepsilon}_{ij} = \left(C_{ijkl} + \frac{\partial F}{\partial \sigma_{ij}}A_{kl}\right)\dot{\sigma}_{kl} + \left(q_{kij} + R_k\frac{\partial F}{\partial \sigma_{ij}}\right)\dot{H}_k \tag{5.72}$$

$$\dot{B}_i = \left(q_{ikl} + \frac{\partial F}{\partial H_i}A_{kl}\right)\dot{\sigma}_{kl} + \left(\mu_{ij} + \frac{\partial F}{\partial H_i}R_j\right)\dot{H}_j \tag{5.73}$$

5.4.3　一维本构模型

设材料受到轴向机械载荷 σ 和轴向外磁场 H 的作用, 则轴向应变 $\varepsilon_{11} = \varepsilon$ 及相应的剩余应变 $\varepsilon_{11}^{\mathrm{r}} = \varepsilon^{\mathrm{r}}$, 磁化强度 $M_1 = M$ 和剩余磁化强度 $M_1 = M^{\mathrm{r}}$.

模型采用随动硬化, 即设 $H_{\mathrm{f}} = H_{\mathrm{c}}$, H_{c} 为矫顽场. 则屈服函数退化为一维时为

$$F = H^{\mathrm{e}} - H_{\mathrm{c}} = 0 \tag{5.74}$$

其中,

$$H^{\mathrm{e}} = \sqrt{(H - H^{\mathrm{B}})^2 + \frac{9}{4}\alpha\left(\frac{2}{3}\sigma - \frac{\partial \Psi^{\mathrm{r}}}{\partial \varepsilon_{11}^{\mathrm{r}}}\right)^2} \tag{5.75}$$

由式 (5.59) 和 (5.60), 内变量的率为

$$\dot{\varepsilon_{11}^{\mathrm{r}}} = \lambda\frac{3\alpha}{2H^{\mathrm{e}}}\left(s_{11} - s_{11}^{\mathrm{B}}\right) \tag{5.76}$$

$$\mu_0\dot{M_1^{\mathrm{r}}} = \lambda\frac{1}{H^{\mathrm{e}}}\left(H_1 - H_1^{\mathrm{B}}\right) \tag{5.77}$$

其中,

$$s_{11} = \frac{2}{3}\sigma \tag{5.78}$$

$$s_{11}^{\mathrm{B}} = \frac{\partial \Psi^{\mathrm{r}}}{\partial \varepsilon_{11}^{\mathrm{r}}} = \frac{2}{3} \left\{ \varsigma \varepsilon^{\mathrm{r}} + \frac{2\mu\beta \left(\dfrac{\varepsilon^{\mathrm{r}}}{\varepsilon_0}\right)^{2\beta-1}}{\varepsilon_0} - 2a\beta\eta \frac{\left[\dfrac{M^{\mathrm{r}}}{\chi\left(\varepsilon^{\mathrm{r}}\right) M_0}\right]^{2\beta}}{\chi\left(\varepsilon^{\mathrm{r}}\right)\varepsilon_0} \right\} \tag{5.79}$$

$$H_1 = H, \quad H_1^{\mathrm{B}} = \frac{\partial \Psi^{\mathrm{r}}}{\partial\left(\mu_0 M_1^{\mathrm{r}}\right)} = \mu_0\xi M^{\mathrm{r}} + 2\beta\eta \frac{\left[\dfrac{M^{\mathrm{r}}}{\chi\left(\varepsilon^{\mathrm{r}}\right) M_0}\right]^{2\beta-1}}{\mu_0\chi\left(\varepsilon^{\mathrm{r}}\right) M_0} \tag{5.80}$$

令

$$\sigma^{\mathrm{B}} = \varsigma\varepsilon^{\mathrm{r}} + \frac{2\mu\beta \left(\dfrac{\varepsilon^{\mathrm{r}}}{\varepsilon_0}\right)^{2\beta-1}}{\varepsilon_0} - 2a\beta\eta \frac{\left[\dfrac{M^{\mathrm{r}}}{\chi\left(\varepsilon^{\mathrm{r}}\right) M_0}\right]^{2\beta}}{\chi\left(\varepsilon^{\mathrm{r}}\right)\varepsilon_0} \tag{5.81}$$

则式 (5.75)∼ 式 (5.77) 重写为

$$H^{\mathrm{e}} = \sqrt{(H - H^{\mathrm{B}})^2 + \alpha(\sigma - \sigma^{\mathrm{B}})^2} \tag{5.82}$$

$$\dot{\varepsilon}^{\mathrm{r}} = \dot{\varepsilon}_{11}^{\mathrm{r}} = \lambda\frac{\alpha}{H^{\mathrm{e}}}\left(\sigma - \sigma^{\mathrm{B}}\right) \tag{5.83}$$

$$\mu_0\dot{M}^{\mathrm{r}} = \mu_0\dot{M}_1^{\mathrm{r}} = \lambda\frac{1}{H^{\mathrm{e}}}\left(H - H^{\mathrm{B}}\right) \tag{5.84}$$

流动因子 λ 表示为

$$\lambda = \frac{\left[(H-H^{\mathrm{B}})\,\dot{H} + \alpha\left(\sigma-\sigma^{\mathrm{B}}\right)\dot{\sigma}\right] H^{\mathrm{e}}}{(H-H^{\mathrm{B}})^2\,\dfrac{\partial H^{\mathrm{B}}}{\partial\left(\mu_0 M^{\mathrm{r}}\right)} + \alpha^2\left(\sigma-\sigma^{\mathrm{B}}\right)^2\,\dfrac{\partial\sigma^{\mathrm{B}}}{\partial\varepsilon^{\mathrm{r}}} + \alpha\left(\sigma-\sigma^{\mathrm{B}}\right)(H-H^{\mathrm{B}})\left[\dfrac{\partial\sigma^{\mathrm{B}}}{\partial\left(\mu_0 M^{\mathrm{r}}\right)} + \dfrac{\partial H^{\mathrm{B}}}{\partial\varepsilon^{\mathrm{r}}}\right]} \tag{5.85}$$

则率形式的一维本构方程可以写为

$$\dot{\varepsilon} = \frac{1}{E}\dot{\sigma} + q_{33}\dot{H} + \dot{\varepsilon}^{\mathrm{r}} \tag{5.86}$$

$$\dot{B} = q_{33}\dot{\sigma} + \mu_{33}\dot{H} + \mu_0\dot{M}^{\mathrm{r}} \tag{5.87}$$

其中, q_{33} 和 μ_{33} 为沿着磁场方向的压磁系数和磁导率.

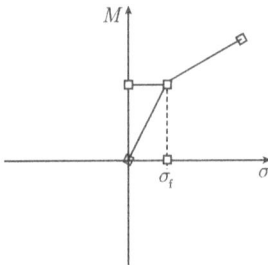

由屈服函数 (5.74) 可以知道, α 表征来自应力引起的磁畴的翻转, 可由单向拉压实验确定. σ_{f} 为当只有应力作用时候, 使材料进入屈服面 (即产生剩余磁化) 需要的应力, 如图 5.13 所示. 则此时根据屈服面方程 (5.74), 可以得到

$$\alpha = \left(\frac{H_{\mathrm{c}}}{\sigma_{\mathrm{f}}}\right)^2 \tag{5.88}$$

图 5.13　α 的物理意义

由能量函数的定义可知, ζ 和材料的弹性模量有关, ξ 与磁化率有关, μ, η 在磁化趋于饱和时候起作用, 表示不同磁畴的非线性相互作用. a, b 表示剩余应变对剩余磁化强度的影响. 可以这样选取, 当 $\varepsilon^{\mathrm{r}}=0$ 时, $\chi(\varepsilon^{\mathrm{r}})=0.5$; 当 $\varepsilon^{\mathrm{r}}=\varepsilon_0$ 时, $\chi(\varepsilon^{\mathrm{r}})=1$, 由此可以确定出 $a=b=0.5$(Cocks, McMeeking, 1999).

5.4.4　理论与实验结果对比

对于 Ni6 线性项很小可以忽略, 数值模拟时采用刚塑性假设, 即材料一开始就进入屈服且不存在线性项, 则本构方程 (5.86) 和 (5.87) 可以重写为

$$\dot{\varepsilon} = \dot{\varepsilon}^{\mathrm{r}} \tag{5.89}$$

$$\dot{M} = \dot{M}^{\mathrm{r}} \tag{5.90}$$

数值计算结果与第 3 章中 Ni6 的实验数据比较. 设沿着材料的 x_3 轴施加磁场 $H_3 = H$ 和应力 $\sigma_{33} = \sigma$, 则相应的磁化强度 $M_3 = M^{\mathrm{r}}$, 磁致伸缩 $\lambda = \varepsilon^{\mathrm{r}}$. 本小节分别进行了不同应力状态下磁滞回线和磁致伸缩曲线的模拟. 磁滞回线通常有两种描述方式: H-B 曲线或者 H-M 曲线, 本小节采用 H-M 曲线, 即磁场强度－磁化强度曲线.

在计算时使用的 Ni6 的材料常数中, 饱和剩余磁化强度 $M_0 = 0.48 \times 10^6 \mathrm{A/m}$, 顽场 $H_c = 4185 \mathrm{A/m}$, 饱和剩余应变 $\varepsilon_0 = -36.0 \times 10^{-6}$, 这三个参数分别从实验曲线测得; 在 5.4.3 小节中根据剩余磁化强度和剩余应变的关系, 确定出 $a = 0.5$, $b = 0.5$; β 起到罚函数的作用, 取 $\beta = 20$; 而 $\zeta = 150000 \mathrm{MPa}$, $\xi = 0.035 \mu \mathrm{H/m}$, 这里, $\mu = 0.01 \mathrm{MPa}$, $\eta = 5.0 \times 10^{-4} \mathrm{MPa}$, $\alpha = 3.0 \times 10^{-7} (\mathrm{Tm}^2/\mathrm{N})^2$, 这是通过对实验测得的 Ni6 在零应力状态下磁滞回线拟合得到的.

图 5.14 和图 5.15 分别是零应力状态下磁滞回线和磁致伸缩回线, 理论值与实验数据基本吻合. 图 5.16 和图 5.17 分别是 38MPa压应力状态下磁滞回线和磁致伸缩回线, 此时, 理论值与实验数据有一定差别, 但是能够反映出随着压应力增加, Ni6 的饱和磁致伸缩值减小. 图 5.18 和图 5.19 分别是 50MPa 拉应力状态下磁滞回线和磁致伸缩回线, 可以看出, 随着拉应力的增加, 饱和磁致伸缩值增加, 但是理论值与实验数据在数量上存在一定差距. 理论值和实验数据的差距和参数的选取有一定关系, 计算中用的拟合参数只是使零应力状态下磁滞回线的理论值和实验数据吻合很好, 如果通过最小二乘法拟合所有的实验曲线, 结果可能会更好.

从理论值与实验数据对比可以看出, 该模型可以反映出外加应力对材料磁性性质的影响, 随着压应力的增大, 饱和磁致伸缩值减小; 随着拉应力的增大, 饱和磁致伸缩值增大. 但是该模型对应力过于敏感, 当施加大应力时候, 导致理论值与实验数据存在数量上差别. 为了能够更好地描述材料的力磁耦合响应, 需要进一步改进

本构模型.

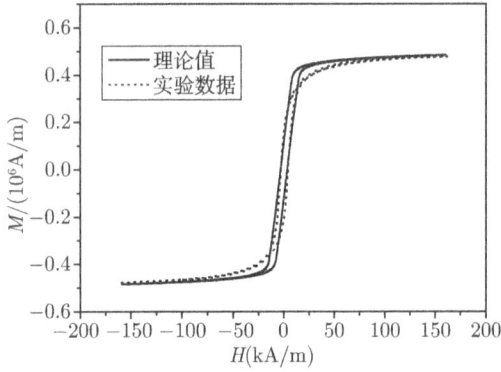

图 5.14   Ni6 在零应力状态下的磁滞回线

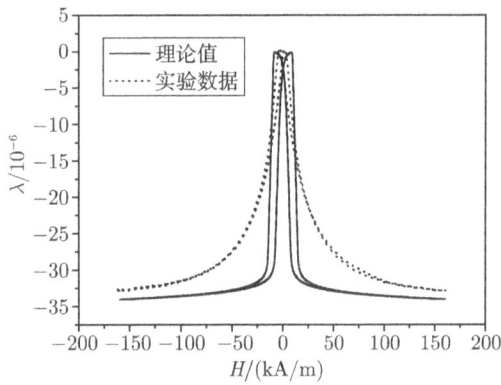

图 5.15   Ni6 在零应力状态下的磁致伸缩曲线

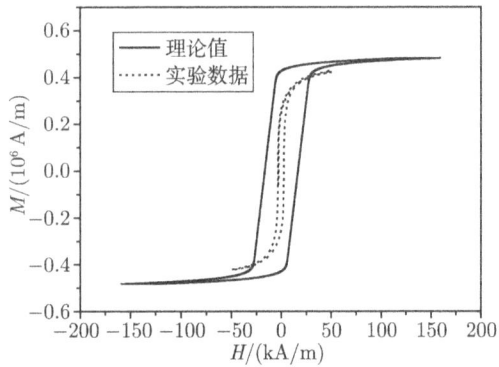

图 5.16   Ni6 在 38MPa 压应力状态下的磁滞回线

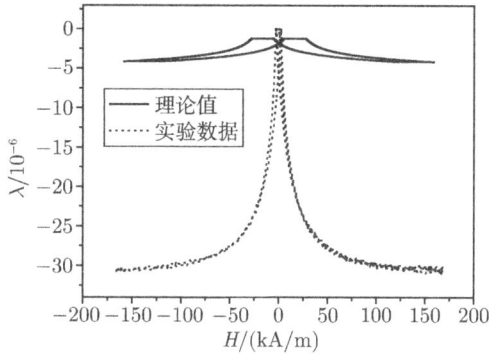

图 5.17　Ni6 在 38MPa 压应力状态下的磁致伸缩曲线

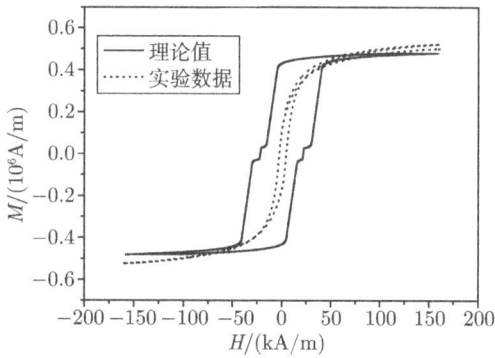

图 5.18　Ni6 在 50MPa 拉应力状态下的磁滞回线

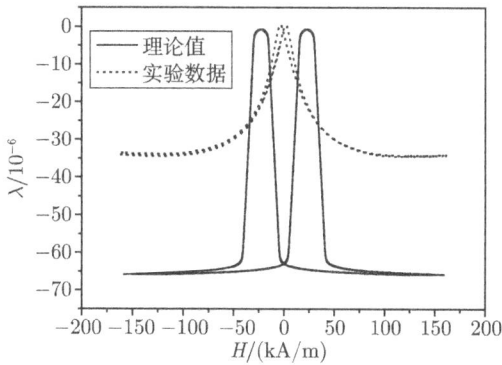

图 5.19　Ni6 在 50MPa 拉应力状态下的磁致伸缩曲线

5.5　基于 J2 流动理论的唯象本构模型 II

由于 5.4 节中的本构模型与实验数据对比存在一定的差距, 且存在参数较多的问题, 所以我们试图在这两个方面改进模型, 使之能够更好地反映材料的本构行为. 从实验中可以发现, 对于 Ni6 等一般金属软磁材料, 它们的应力—应变曲线中一般都不存在由于铁弹性引起的剩余应变. 图 5.20 给出了 Ni6 的拉压曲线, 可以看出, Ni6 并没有表现出明显的铁弹性. 当应力小于 600MPa 时, 为线弹性, 并可获得 Ni6 的杨氏模量为 197.5GPa. 进一步, 磁性材料的磁致伸缩是磁场的二次函数, 材料的压磁系数是依赖于材料的磁化强度的. 所以, 屈服函数可以只通过磁场强度的形式表达, 即只引入剩余磁化强度 M_i^r 为内变量, 而剩余应变 ε_{ij}^r 表示为 M_i^r 函数, 对于力磁耦合行为, 通过依赖于磁化强度的压磁系数得以体现, 从而使模型得以简化.

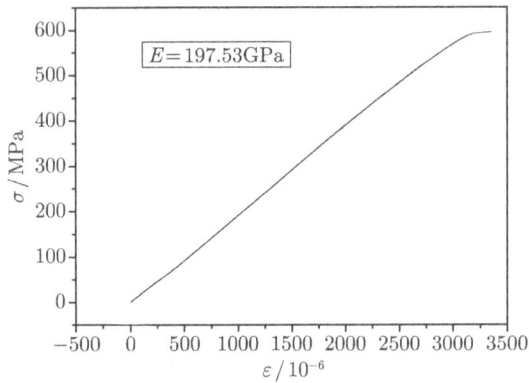

图 5.20　Ni6 的应力—应变曲线

5.5.1　基本假设

我们知道随着材料磁化强度的增大, 越来越多的畴向磁化方向翻转, 而磁致伸缩的产生是由于磁畴翻转引起的, 则可以认为剩余应变是由于剩余磁化引起的, 考虑到磁致伸缩总是磁场的二次函数, 可以假设存在以下关系 (Kamlah, Tsakmakis, 1999; McMeeking, Landis, 2002)

$$\varepsilon_{ij}^r = \frac{\varepsilon_0}{2M_0^2} \left(3M_i^r M_j^r - \delta_{ij} M_k^r M_k^r \right) \tag{5.91}$$

其中, ε_0 和 M_0 分别为材料的饱和磁致伸缩和饱和磁化强度.

对于磁性材料, 由于存在能量的耗散, 材料的响应是与加载历史相关的, 故一般来讲, 材料常数, 如磁导率、弹性模量、压磁系数等均是内变量的函数. 在此, 为了简化模型, 进一步假设在这三个材料常数中, 只有压磁系数是依赖于剩余磁化强度的, 磁导率和弹性模量依然为各向同性, 这个假设从 Ni6 的实验结果来看是合理的. 类比于 Landis, McMeeking 等 (Landis, McMeeking, 1999; Landis, 2002; McMeeking,

Landis, 2002) 关于压电的假设基础上, 这三个量分别表示如下

$$\mu_{ij} = \mu \delta_{ij} \tag{5.92}$$

$$E_{ijkl} = \frac{E}{1+\nu} \left(I_{ijkl} + \frac{\nu}{1-2\nu} \delta_{ij}\delta_{kl} \right) \tag{5.93}$$

$$q_{kij}(M_i^{\mathrm{r}}) = q_{kij}^0 + \frac{\|M_i^{\mathrm{r}}\|}{M_0} \left[q_{33}n_k n_i n_i + q_{31}n_k \alpha_{ij} + \frac{1}{2}q_{15} \left(n_i \alpha_{jk} + n_j \alpha_{ik} \right) \right] \tag{5.94}$$

其中, δ_{ij} 是二阶单位张量分量; I_{ijkl} 是四阶单位张量分量; E 是杨氏模量; ν 是泊松比; μ 是磁导率; q_{kij}^0 是线性压磁系数; $\|M_i^{\mathrm{r}}\|$ 是向量 M_i^{r} 的模; 定义为 $\|M_i^{\mathrm{r}}\| = \sqrt{M_i^{\mathrm{r}}M_i^{\mathrm{r}}}$; $n_i = \dfrac{M_i^{\mathrm{r}}}{\|M_i^{\mathrm{r}}\|}$ 是 M_i^{r} 三个分量的方向; $\alpha_{ij} = \delta_{ij} - n_i n_j$; q_{33}, q_{31} 和 q_{15} 是横观各向同性压磁张量的非零分量.

5.5.2　本构方程的推导

由于只引入剩余磁化强度为内变量, 则 Helmholtz 自由能重写为

$$\Psi = \Psi^{\mathrm{s}}(\varepsilon_{ij}, M_i - M_i^{\mathrm{r}}) + \Psi^{\mathrm{r}}(M_i^{\mathrm{r}}) \tag{5.95}$$

可恢复部分自由能 Ψ^{s} 表示为

$$\Psi^{\mathrm{s}} = \frac{1}{2} E_{ijkl} \left(\varepsilon_{ij} - \varepsilon_{ij}^{\mathrm{r}} \right) \left(\varepsilon_{kl} - \varepsilon_{kl}^{\mathrm{r}} \right) - \Gamma_{kij} \left(B_k - \mu_0 M_k^{\mathrm{r}} \right) \left(\varepsilon_{ij} - \varepsilon_{ij}^{\mathrm{r}} \right) \\ + \frac{1}{2} \gamma_{ij} \left(B_i - \mu_0 M_i^{\mathrm{r}} \right) \left(B_j - \mu_0 M_j^{\mathrm{r}} \right) \tag{5.96}$$

其中, E_{ijkl} 是弹性模量, Γ_{kij} 是压磁系数 (q_{kij} 的逆), γ_{ij} 是磁导率的逆. 则通过对 Ψ^{s} 求导可以得到应力和磁场强度

$$\sigma_{ij} = \frac{\partial \Psi^{\mathrm{s}}}{\partial \varepsilon_{ij}} = E_{ijkl} \left(\varepsilon_{kl} - \varepsilon_{kl}^{\mathrm{r}} \right) - \Gamma_{kij} \left(B_k - \mu_0 M_k^{\mathrm{r}} \right) \tag{5.97}$$

$$H_i = \frac{\partial \Psi^{\mathrm{s}}}{\partial B_i} = -\Gamma_{ikl} \left(\varepsilon_{kl} - \varepsilon_{kl}^{\mathrm{r}} \right) + \gamma_{ij} \left(B_j - \mu_0 M_j^{\mathrm{r}} \right) \tag{5.98}$$

由于只有压磁系数 Γ_{kij} 依赖于剩余磁化强度, 则将 Ψ^{s} 对内变量 M_i^{r} 求导可得

$$\frac{\partial \Psi^{\mathrm{s}}}{\partial (\mu_0 M_i^{\mathrm{r}})} = -H_i - \frac{\partial \Gamma_{lmn}}{\partial (\mu_0 M_i^{\mathrm{r}})} \left(B_l - \mu_0 M_l^{\mathrm{r}} \right) \left(\varepsilon_{mn} - \varepsilon_{mn}^{\mathrm{r}} \right) \tag{5.99}$$

由 Legendre 变换可知

$$\frac{\partial \Gamma_{lmn}}{\partial (\mu_0 M_i^{\mathrm{r}})} (B_l - \mu_0 M_l^{\mathrm{r}})(\varepsilon_{mn} - \varepsilon_{mn}^{\mathrm{r}}) = \frac{\partial q_{lmn}}{\partial (\mu_0 M_i^{\mathrm{r}})} H_l \sigma_{mn} \tag{5.100}$$

则能量耗散率重写为

$$\dot{\Delta} = \sigma_{ij}\,\dot{\varepsilon}_{ij} + \mu_0 H_i\,\dot{M}_i - \dot{\Psi} = \mu_0 \widehat{H}_i M_i^{\mathrm{r}} \tag{5.101}$$

其中,

$$\widehat{H}_i = H_i + \frac{3\varepsilon_0 \mu_0}{(\mu_0 M_0)^2} s_{ij} M_j^{\mathrm{r}} + \frac{\partial q_{lmn}}{\partial\left(\mu_0 M_i^{\mathrm{r}}\right)} H_l \sigma_{mn} - H_i^{\mathrm{B}} \tag{5.102}$$

这里, s_{ij} 是 σ_{ij} 的偏量, 背磁场 H_i^{B} 的定义仍是式 (5.9). 则屈服面方程可以写为

$$f = \left(\widehat{H}_i - H_i^{\mathrm{B}}\right)^2 - H_0^2 = 0 \tag{5.103}$$

其中, H_0 是材料函数, 与材料的演化方程有关. 流动法则写为

$$\mu_0 \dot{M}_i^{\mathrm{r}} = \lambda \frac{\partial f}{\partial \widehat{H}_i} \tag{5.104}$$

其中, λ 为流动因子, 可以由一致性条件求出.

5.5.3　一维本构模型

假设磁场和应力均沿着 x_3 轴, 分别表示为 H 和 σ, 则在 x_3 轴产生的应变和磁化强度为 ε 和 M, 相应的剩余应变和剩余磁化强度分别表示为 ε^{r} 和 M^{r}. 为了表达更简单方便, 引入 $J_0 = \mu_0 M_0$ 和 $J^{\mathrm{r}} = \mu_0 M^{\mathrm{r}}$ 这两个量, 则可将上述问题退化为一维, 屈服面函数写为

$$f = \left(H + \frac{2\varepsilon_0}{J_0^2}\sigma J^{\mathrm{r}} + \frac{q_{33}}{J_0}\sigma H - H^{\mathrm{B}}\right)^2 - H_0^2 = 0 \tag{5.105}$$

其中, H_0 是材料函数, 采用随动硬化时, $H_0 = H_{\mathrm{c}}$, H_{c} 是材料的矫顽场; 实际上材料的矫顽场是外应力的函数, 故更精确地描述材料的行为, 应采用混合硬化, 此时 $H_0 = H_{\mathrm{c}}(\sigma)$, 根据实验点可以得到. 流动法则重写为

$$\dot{J}^{\mathrm{r}} = \lambda \frac{\partial f}{\partial \widehat{H}} \tag{5.106}$$

其中,

$$\widehat{H} = H + \frac{2\varepsilon_0}{J_0^2}\sigma J^{\mathrm{r}} + \frac{q_{33}}{J_0}\sigma H - H^{\mathrm{B}} \tag{5.107}$$

则流动因子可以表示为

$$\lambda = \frac{\left(1 + \dfrac{q_{33}}{J_0}\sigma\right)\dot{H} + \left(\dfrac{2\varepsilon_0}{J_0^2}J^{\mathrm{r}} + \dfrac{q_{33}}{J_0}H\right)\dot{\sigma}}{\dfrac{\partial f}{\partial \widehat{H}}\left(\dfrac{\partial H^{\mathrm{B}}}{\partial J^{\mathrm{r}}} - \dfrac{2\varepsilon_0}{J_0^2}\sigma\right)} \tag{5.108}$$

引入自由能函数 Ψ^{r}(McMeeking, Landis, 2002)

$$\Psi^{\mathrm{r}} = -\alpha J_0^2 \left[\ln\left(1 - \frac{|J^{\mathrm{r}}|}{J_0}\right) + \frac{|J^{\mathrm{r}}|}{J_0} \right] \tag{5.109}$$

则根据背磁场的定义可得

$$H^{\mathrm{B}} = \frac{\alpha J_0 J^{\mathrm{r}}}{J_0 - J^{\mathrm{r}}} n, \quad n = \left\{ \begin{array}{ll} 1, & J^{\mathrm{r}} > 0 \\ -1, & J^{\mathrm{r}} < 0 \end{array} \right. \tag{5.110}$$

则本构方程 (5.43) 和 (5.44) 可以重写为

$$\varepsilon = \frac{\sigma}{E} + \frac{J^{\mathrm{r}}}{J_0} q_{33} H + \varepsilon^{\mathrm{r}} \tag{5.111}$$

$$B = \mu H + J^{\mathrm{r}} \tag{5.112}$$

其中, 根据式 (5.76) 剩余应变 ε^{r} 可以表示为

$$\varepsilon^{\mathrm{r}} = \varepsilon_0 \left(\frac{|J^{\mathrm{r}}|}{J_0} \right)^2 \tag{5.113}$$

根据式 (5.45), 可以求出磁化强度

$$M = \frac{B}{\mu_0} - H \tag{5.114}$$

上面给出了完整的一维本构模型, 在此模型中, 共用到弹性模量 E、磁导率 μ、压磁系数 q_{33}、饱和磁致伸缩系数 ε_0、饱和磁化强度 M_0、及 α 共 6 个材料参数, 其中只有一个可调参数 α, 其余参数都可以从实验获取, 比起 5.4 节中模型的可调参数大大减少.

5.5.4　理论与实验结果对比

针对 Ni6 的实验数据, 本小节分别进行了不同应力状态下磁滞回线和磁致伸缩曲线的模拟. 设沿着材料的 x_3 轴施加磁场 $H_3 = H$ 和应力 $\sigma_{33} = \sigma$, 则相应的磁化强度 $M_3 = M$, 磁致伸缩 $\lambda = \varepsilon_{33}$. 表 5.1 列出了 Ni6 的材料参数. 由于 Ni6 的矫顽场较小, 应力对矫顽场的影响比对磁致伸缩的影响要小, 采用混合硬化和随动硬化的差别不是很大, 为简便起见, 故在计算中采用随动硬化模型, 令 $H_0 = H_c$. 计算结果表明, 采用随动硬化已经可以很好地描述材料的力磁耦合行为. 在计算中用到的磁导率 μ 和压磁系数 q_{33} 是材料在 x_3 方向所受外力与磁场作用下, 饱和磁化以后的磁导率 $\dfrac{\partial B}{\partial H}$ 和压磁系数 $\dfrac{\partial \lambda}{\partial H}$, 可分别从磁滞回线 ($H$-$B$ 曲线) 和磁致伸缩曲线 (λ-H 曲线) 的饱和段测量得到. 弹性模量 E 由应力—应变曲线测得. 饱和磁致伸

缩 ε_0 与饱和磁化强度 M_0 分别从零应力状态下磁致伸缩曲线和磁滞回线测得. 在表 5.1 的参数中, 只有 α 是可调参数, 通过对 Ni6 在零应力状态下的磁滞回线拟合得到.

表 5.1   Ni6 的材料参数

E/GPa	$H_c/(\text{A/m})$	μ	$q_{33}/(\text{m/A})$	ε_0	$M_0/(\text{A/m})$	$\alpha/(\text{A/Tm})$
197.5	4185	μ_0	-1.8×10^{-12}	-36×10^{-6}	0.48×10^6	10.4×10^3

图 5.21 和图 5.22 分别是 Ni6 在零应力状态下的磁滞回线和磁致伸缩曲线, 理论值与实验数据基本吻合. 图 5.23 和图 5.24 是 Ni6 在 38MPa 压应力状态下的磁滞回线和磁致伸缩曲线. 图 5.25 和图 5.26 是 Ni6 在 50MPa 拉应力状态下的磁滞回线和磁致伸缩曲线. 可以看出, 在不同的应力状态下, 本模型可以很好地预测材料的力磁耦合行为.

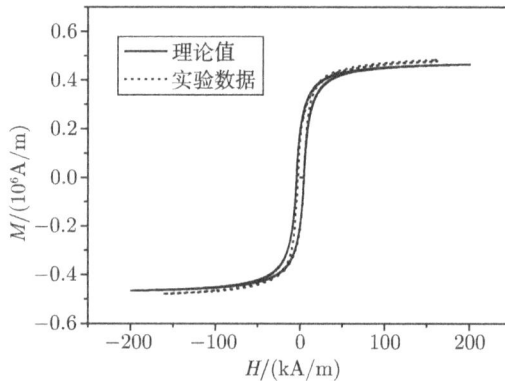

图 5.21   Ni6 在零应力状态下的磁滞回线

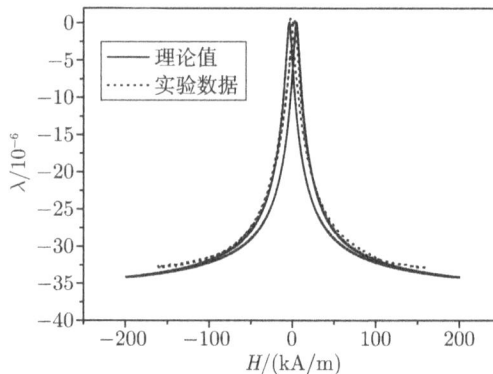

图 5.22   Ni6 在零应力状态下的磁致伸缩回线

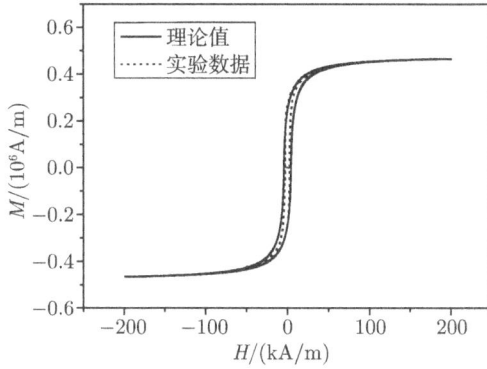

图 5.23   Ni6 在 38MPa 压应力状态下的磁滞回线

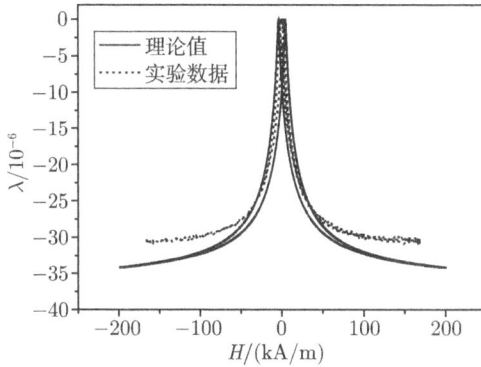

图 5.24   Ni6 在 38MPa 压应力状态下的磁致伸缩回线

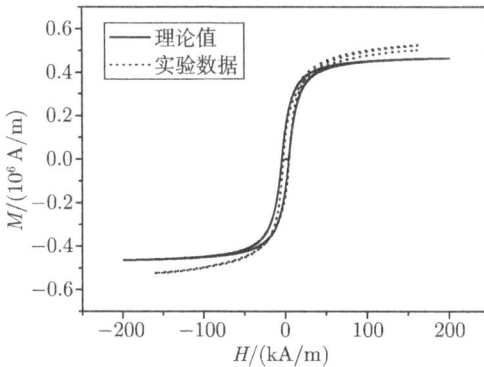

图 5.25   Ni6 在 50MPa 拉应力状态下的磁滞回线

从以上的结果可以看出, 理论计算结果比 5.4 节中的模型更符合实验数据, 尤其对于施加外应力之后, 本模型的理论值依然与实验数据基本吻合. 本模型与 5.4

节中的模型相比, 还具有一个更重要的优点, 即模型中用到的材料参数基本都是实验测量的, 只有一个拟合参数 α, 从而使该模型表达简洁, 应用方便.

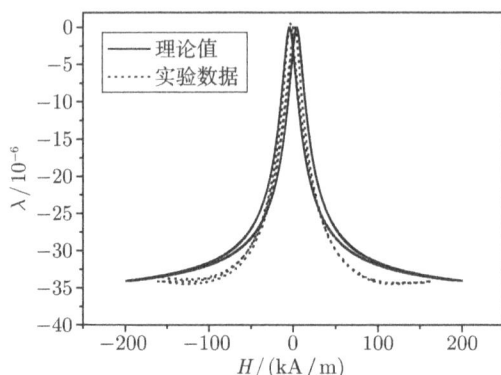

图 5.26　Ni6 在 50MPa 拉应力状态下的磁致伸缩回线

5.6　基于内变量理论的各向异性唯象本构模型

在 5.5 节中, 讨论了类比于 J2 流动理论的本构模型, 但是这一模型只适用于各向同性材料, 而对于一般铁磁材料而言, 多为各向异性, 包括弹性各向异性和磁性各向异性. 为了进一步更好地描述材料的本构行为, 在本节中提出更具一般性的本构理论模型. 铁磁材料的唯象本构同样基于热力学框架, 则经典塑性理论给了我们很多借鉴. 对于经典的弹塑性理论, 研究多晶材料的塑性行为有两种方法 (Karafillis et al., 1993): ①Taylor(1938) 的多晶塑性模型. 它可以描述材料的初始塑性行为以及后继各向异性变形的演化. 尽管这一模型的物理意义清晰, 但是这一模型在有限元的计算中耗费巨大的计算时间. ②唯象模型. 通过引入屈服面, 根据流动法则确定材料的塑性行为. 通过实验可以测得材料的屈服面, 在有限元计算中引入这一模型, 会使计算变得相对简单得多.

根据材料的性质, 可以提出不同的屈服面函数. 对于各向同性屈服面, 如 Tresca, Mises 和 Hosford(1972); 而 Hill(1950; 1979; 1990), Budiansky(1984) 和 Barlat(Barlat, 1987;Barlat, Richmond, 1987; Barlat, Lian, 1989; Barlat et al., 1991) 提出了各向异性屈服面. 在所有使用屈服面的唯象模型中, 在应力空间中的屈服面都必须是外凸的, 且材料的演化通过流动法则确定. Hill(1950) 和 Barlat(1991) 的各向异性屈服函数都是包含六个应力分量的函数. Hill 的屈服函数是二次的, 而后来从实验和理论(Bishop et al., 1951a; 1951b; Hershey, 1954) 上发现, 二次的屈服函数并不能很好地模拟 FCC 和 BCC 多晶材料. Hershey(1954) 和 Horsford(1972) 提出了非二次方的屈服函数, 可以较好地模拟多晶材料. Barlat(1991) 推广了 Horsford 模型, 使之能够适应于正交各向异性多晶材料, 但是这一模型只适合正交各向异性材料. Karafilles 和 Boyce(1993) 提出了更加一般的屈服准则, 这一模型可以包含已有的模型, 具有很大的普适性. Barlat(Barlat et al., 1997) 将 Karafilles-Boyce模型与推广的各种 Horsford 模型做了详细的比较, 给出了与 Karafilles-Boyce 模型对应的各种屈服函数的具体形式. 本节中, 从实验测量出铁磁材料的初始力磁耦合屈服面, 以 Karafilles-Boyce 模型为基础, 给出铁磁材料的一般性唯象本构模型. 进一步, 将三维模型退化为一维, 进行数值模拟, 并与实验数据对比.

5.6.1　初始力磁耦合屈服面测量

Terfenol-D 是一种典型的磁致伸缩材料, 具有明显的弹性与磁性各向异性. 图 5.27 是实验中测量的零应力状态下初始磁化曲线. 从图中可以看出, 磁化曲线从 0 点 (磁中性状态) 到 C 点基本上是直线, 过了 C 点之后出现明显非线性, 到达 D 点, 由于材料磁化饱和, 故又为线性. 类比于经典塑性理论中屈服点的定义, 把 C 点定义为力磁耦合屈服点, 即在力磁耦合作用下, 材料出现非线性行为.

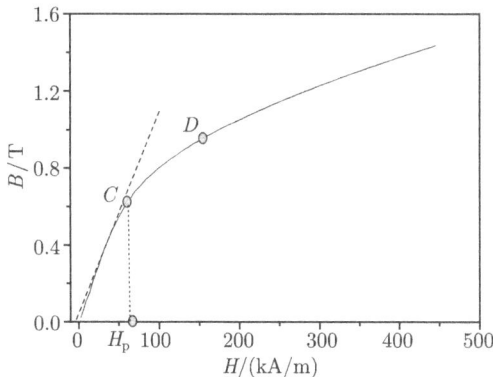

图 5.27　Terfenol-D 的初始磁化曲线

通过测量不同应力状态下的初始磁化曲线, 可以得到不同力磁耦合情况下的屈服点, 由这些屈服点可以构成 H-σ 空间中的力磁耦合屈服面. 经过无量纲化之后, Terfenol-D 的初始屈服面如图 5.28 所示. 其中, H_0 为只有磁场作用时候的屈服点对应的磁场值, σ_0 为只有应力作用时候屈服点对应的应力值. 这两个材料参数可从零应力状态下, 初始磁化曲线和压磁曲线得到, 分别为 $H_0 = 60\text{kA/m}$ 和 $\sigma_0 = 41\text{MPa}$. 从图 5.28 看出, Terfenol-D 在 H-σ 空间中的初始屈服面近似是一个圆.

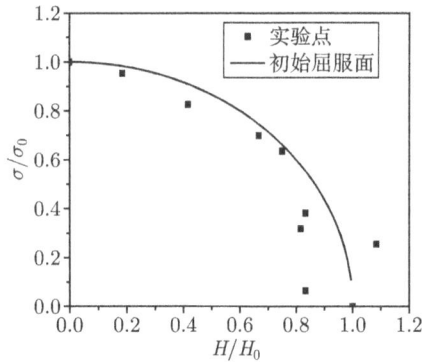

图 5.28　超磁致伸缩材料 Terfenol-D 在 H-σ 空间中的初始屈服面

5.6.2　基本方程

对于磁性材料, 磁感应强度 B_i 和磁场强度 H_i 有如下关系

$$B_i = \mu_0 \left(M_i + H_i \right) \tag{5.115}$$

其中, M_i 为磁化强度, μ_0 为真空磁导率. 通过引入磁极化强度 J_i, 则上式可以重写为

$$B_i = J_i + \mu_0 H_i \tag{5.116}$$

这里, 磁极化强度 $J_i = \mu_0 M_i$.

利用第 4 章的基本假设, 应变和磁极化可以分解为两部分: 可恢复部分 (线性) 和不可恢复部分 (非线性), 且变形依然为小变形

$$\varepsilon_{ij} = \varepsilon_{ij}^{\mathrm{e}} + \varepsilon_{ij}^{\mathrm{r}} \tag{5.117}$$

$$B_i = B_i^{\mathrm{e}} + J_i^{\mathrm{r}} \tag{5.118}$$

$$\varepsilon_{ij} = \frac{1}{2} \left(u_{i,j} + u_{j,i} \right) \tag{5.119}$$

其中, 上标 "e" 表示线性部分, 上标 "r" 表示非线性部分, u_i 是位移. 则本构方程可以写为

$$\varepsilon_{ij} - \varepsilon_{ij}^{\mathrm{r}} = C_{ijkl}\sigma_{kl} + q_{kij}H_k \tag{5.120}$$

$$B_i - J_i^{\mathrm{r}} = q_{ikl}\sigma_{kl} + \mu_{ij}H_j \tag{5.121}$$

其中, C_{ijkl} 是材料弹性常数, q_{ijk} 是压磁系数张量, μ_{ij} 是磁导率张量, $\varepsilon_{ij}^{\mathrm{r}}$ 和 J_i^{r} 分别是剩余应变和剩余磁极化强度, 在本唯象模型中作为内变量.

对于准静态问题, 平衡方程可以写为

$$\sigma_{ij,j} + f_i = 0 \tag{5.122}$$

$$B_{i,i} = 0 \tag{5.123}$$

引入磁势 ϕ

$$H_i = -\phi_{,i} \tag{5.124}$$

则边界条件为

$$\sigma_{ij} n_j = t_i^0 \qquad 在S上 \tag{5.125}$$

$$\phi = \phi^0 \qquad 在S上 \tag{5.126}$$

其中, S 是边界表面, n_i 是 S 的法向向量, t_i^0 为边界上作用力. 将方程(5.120)~(5.126)写为弱的积分形式, 可以得到有限元的基本控制方程, 从而可以求解复杂的边值问题.

5.6.3　唯象本构理论框架

根据 5.5 节的基本假设, 依然认为 Helmholtz 自由能可以分解为两部分 (Bassiouny, Ghaleb et al., 1988a; 1988b; Cocks, McMeeking, 1999)

$$\Psi = \Psi^{\mathrm{s}} \left(\varepsilon_{ij}^{\mathrm{e}}, B_i^{\mathrm{e}} \right) + \Psi^{\mathrm{r}} \left(\varepsilon_{ij}^{\mathrm{r}}, J_i^{\mathrm{r}} \right) \tag{5.127}$$

其中, Ψ^{s} 为可恢复部分自由能, Ψ^{r} 为不可恢复部分自由能. 则

$$\sigma_{ij} = \frac{\partial \Psi^{\mathrm{s}}}{\partial \varepsilon_{ij}} \tag{5.128}$$

$$H_i = \frac{\partial \Psi^{\mathrm{s}}}{\partial B_i} \tag{5.129}$$

背应力和背磁场可以表达为

$$\sigma_{ij}^{\mathrm{B}} \left(\varepsilon_{kl}^{\mathrm{r}}, J_k^{\mathrm{r}} \right) = \frac{\partial \Psi^{\mathrm{r}}}{\partial \varepsilon_{ij}^{\mathrm{r}}} \tag{5.130}$$

$$H_i^{\mathrm{B}} \left(\varepsilon_{kl}^{\mathrm{r}}, J_k^{\mathrm{r}} \right) = \frac{\partial \Psi^{\mathrm{r}}}{\partial J_i^{\mathrm{r}}} \tag{5.131}$$

满足热力学第二定律的力磁耦合屈服面可以表示为

$$f \left(\sigma_{ij}, H_i, \varepsilon_{ij}^{\mathrm{r}}, J_i^{\mathrm{r}} \right) = 0 \tag{5.132}$$

则根据流动法则

$$\dot{\varepsilon}_{ij}^{\mathrm{r}} = \lambda \frac{\partial f}{\partial \sigma_{ij}} \tag{5.133}$$

$$\dot{J}_i^{\mathrm{r}} = \lambda \frac{\partial f}{\partial H_i} \tag{5.134}$$

其中, λ 为流动因子. 根据一致性条件

$$\mathrm{d}f = 0 \tag{5.135}$$

可以得到塑性流动因子 λ

$$\lambda = \frac{\dfrac{\partial f}{\partial \sigma_{ij}}\dot{\sigma}_{ij} + \dfrac{\partial f}{\partial H_i}\dot{H}_i}{\dfrac{\partial f}{\partial \sigma_{ij}}\left(\dfrac{\partial \sigma_{ij}^{\mathrm{B}}}{\partial \varepsilon_{kl}^{\mathrm{r}}}\dfrac{\partial f}{\partial \sigma_{kl}} + \dfrac{\partial \sigma_{ij}^{\mathrm{B}}}{\partial J_k^{\mathrm{r}}}\dfrac{\partial f}{\partial H_k}\right) + \dfrac{\partial f}{\partial H_i}\left(\dfrac{\partial H_i^{\mathrm{B}}}{\partial \varepsilon_{kl}^{\mathrm{r}}}\dfrac{\partial f}{\partial \sigma_{kl}} + \dfrac{\partial H_i^{\mathrm{B}}}{\partial J_k^{\mathrm{r}}}\dfrac{\partial f}{\partial H_k}\right)} \tag{5.136}$$

根据方程 (5.120) 和 (5.121), 增量形式的本构方程可以写为

$$\dot{\varepsilon}_{ij} = C_{ijkl}\dot{\sigma}_{kl} + q_{kij}\dot{H}_k + \dot{\varepsilon}_{ij}^{\mathrm{r}} \tag{5.137}$$

$$\dot{B}_i = q_{ikl}\dot{\sigma}_{kl} + \mu_{ij}\dot{H}_j + \dot{J}_i^{\mathrm{r}} \tag{5.138}$$

1. 各向同性力磁耦合屈服面

类比于 Karafillis-Boyce(1993) 各向异性塑性理论, 得到具有一般形式的各向同性力磁耦合屈服函数

$$f\left(S_i^0, H_i^0\right) = (1-c)\,\phi_1\left(S_i^0, H_i^0\right) + c\phi_2\left(S_i^0, H_i^0\right) - 2Y^{2k} = 0 \tag{5.139}$$

其中, Y 是等效屈服磁场 (或等效屈服应力), 是材料参数; k 为大于零的整数; c 为材料参数, 满足 $0 < c < 1$; 且

$$\begin{aligned} \phi_1\left(S_i^0, H_i^0\right) &= \left(S_1^0 - S_2^0\right)^{2k} + \left(S_2^0 - S_3^0\right)^{2k} + \left(S_3^0 - S_1^0\right)^{2k} + \left(H_1^0 - H_2^0\right)^{2k} \\ &\quad + \left(H_2^0 - H_3^0\right)^{2k} + \left(H_3^0 - H_1^0\right)^{2k} \end{aligned} \tag{5.140}$$

$$\begin{aligned} \phi_2\left(S_i^0, H_i^0\right) &= \frac{3^{2k}}{2^{2k-1}+1}\left[\left(S_1^0\right)^{2k} + \left(S_2^0\right)^{2k} + \left(S_3^0\right)^{2k} + \left(H_1^0\right)^{2k} + \left(H_2^0\right)^{2k} \right. \\ &\quad \left. + \left(H_3^0\right)^{2k}\right] \end{aligned} \tag{5.141}$$

其中, S_i^0 和 H_i^0 分别是无量纲化的偏应力主值和无量纲化的磁场强度

$$S_i^0 = S_i/\sigma_0 \tag{5.142}$$

$$H_i^0 = H_i/H_0 \tag{5.143}$$

这里, S_i 是应力偏量 S_{ij} 的主值, H_i 是磁场强度, σ_0 和 H_0 分别是屈服应力和屈服磁场.

2. 各向异性力磁耦合屈服面

对于各向异性材料, 运用 "等效各向同性塑性 (IPE, isotropic plasticity equivalent) 转换" 方法, 将各向异性材料中的真实应力状态, 转换到对应于方程 (5.139) 描述的各向同性材料中相应的应力状态. 引入等效各向同性塑性应力转换张量 L_{ijkl}^{S} 和磁场转换张量 L_{ij}^{H}:

$$\tilde{S}_{ij} = L_{ijkl}^{\mathrm{S}}\sigma_{kl}, \quad \tilde{H}_i = L_{ij}^{\mathrm{H}}H_j \tag{5.144}$$

其中, $\tilde{S}_{ij}$ 和 $\tilde{H}_i$ 是等效各向同性塑性 (IPE) 应力张量和磁场向量, σ_{ij} 和 H_i 是作用于各向异性材料的真实应力, 转换张量 L_{ijkl}^{S} 和 L_{ij}^{H} 具有下列性质

$$L_{ijkl}^{\mathrm{S}} = L_{jikl}^{\mathrm{S}} = L_{jilk}^{\mathrm{S}}, \quad L_{ijkl}^{\mathrm{S}} = L_{klij}^{\mathrm{S}}, \quad L_{ijkk}^{\mathrm{S}} = 0 \tag{5.145}$$

$$L_{ij}^{\mathrm{H}} = L_{ji}^{\mathrm{H}}, \quad L_{ij}^{\mathrm{H}} = 0, \quad \text{当} i \neq j \tag{5.146}$$

则将 $\tilde{S}_{ij}$ 和 $\tilde{H}_i$ 替代方程 (5.139) 中应力偏量 S_{ij} 和磁场向量 H_i, 即得到各向异性材料的屈服函数, 可以表示为

$$f\left(\tilde{S}_i^0, \tilde{H}_i^0\right) = (1-c)\,\phi_1\left(\tilde{S}_i^0, \tilde{H}_i^0\right) + c\phi_2\left(\tilde{S}_i^0, \tilde{H}_i^0\right) - 2Y^{2k} \tag{5.147}$$

相应的方程 (5.142) 和 (5.143) 中屈服应力 σ_0 和屈服磁场 H_0 分别用平均屈服应力和平均屈服磁场强度, 它们定义如下

$$\sigma_0 = \frac{1}{3}\left(\sigma_{\mathrm{c}1} + \sigma_{\mathrm{c}2} + \sigma_{\mathrm{c}3}\right) \tag{5.148}$$

$$H_0 = \frac{1}{3}\left(H_{\mathrm{c}1} + H_{\mathrm{c}2} + H_{\mathrm{c}3}\right) \tag{5.149}$$

其中, $\sigma_{\mathrm{c}i}$ 和 $H_{\mathrm{c}i}$ 分别是 (x_1, x_2, x_3) 三个方向上的屈服应力和屈服磁场强度.

当采用随动硬化或混合硬化时, 由于背应力和背磁场的存在, 根据 IPE 方法, 可将方程 (5.144) 写为

$$\tilde{S}_{ij} = L_{ijkl}^{\mathrm{S}}\left(\sigma_{kl} - \sigma_{kl}^{\mathrm{B}}\right), \quad \tilde{H}_i = L_{ij}^{\mathrm{H}}\left(H_j - H_j^{\mathrm{B}}\right) \tag{5.150}$$

将式 (5.150) 代入式 (5.147) 可以得到随动或混合硬化时的屈服函数.

以上给出了一般形式的各向异性多晶铁磁材料的唯象本构模型, 针对不同的材料, 根据实验中测量的屈服面和材料参数, 即可得到完整的本构模型, 并可将得到的本构模型用于有限元计算.

5.6.4 定向多晶 Terfenol-D 的唯象本构模型

1. 本构方程

Terfenol-D 是典型的超磁致伸缩材料, 具有很强的力磁耦合效应, 且表现出明显的弹性和磁性各向异性. 在 5.6.1 小节中, 已经从实验上测得初始力磁耦合屈服面及相关材料参数, 在此基础上提出具体的三维本构模型.

由于初始屈服面是一个圆, 则屈服面函数中的指数 $k = 1$, 无量纲化后 $Y = 1$. 同时, 由于 Terfenol-D 是立方相结构, 则屈服面方程 (5.139) 中 $c = 0$, 只通过 ϕ_1 即可描述立方相材料的各向异性屈服面 (Barlat et al., 1997); 同时测得 $\sigma_0 = 40.1\mathrm{MPa}$, $H_0 = 60\mathrm{kA/m}$. 则屈服函数可以重写为

$$f\left(\tilde{S}_i^0, \tilde{H}_i^0\right) = \phi_1\left(\tilde{S}_i^0, \tilde{H}_i^0\right) - Y^2$$

$$= \left(\tilde{S}_1^0 - \tilde{S}_2^0\right)^2 + \left(\tilde{S}_2^0 - \tilde{S}_3^0\right)^2 + \left(\tilde{S}_3^0 - \tilde{S}_1^0\right)^2$$

$$+ \left(\tilde{H}_1^0 - \tilde{H}_2^0\right)^2 + \left(\tilde{H}_2^0 - \tilde{H}_3^0\right)^2 + \left(\tilde{H}_3^0 - \tilde{H}_1^0\right)^2 - 2 = 0 \qquad (5.151)$$

引入背应力和背磁场, 则等效应力偏量 $\tilde{S}_{ij}$ 和等效磁场强度 $\tilde{H}_i$ 的定义如式 (5.150), 即

$$\tilde{S}_{ij} = L_{ijkl}^{\mathrm{S}}\left(\sigma_{kl} - \sigma_{kl}^{\mathrm{B}}\right), \quad \tilde{H}_i = L_{ij}^{\mathrm{H}}\left(H_j - H_j^{\mathrm{B}}\right) \qquad (5.152)$$

其中 (Barlat et al., 1997),

$$\left[L_{ijkl}^{\mathrm{S}}\right] = \begin{bmatrix} (c_2 + c_3)/3 & -c_3/3 & -c_2/3 & 0 & 0 & 0 \\ -c_3/3 & (c_3 + c_1)/3 & -c_1/3 & 0 & 0 & 0 \\ -c_2/3 & -c_1/3 & (c_1 + c_2)/3 & 0 & 0 & 0 \\ 0 & 0 & 0 & c_4 & 0 & 0 \\ 0 & 0 & 0 & 0 & c_5 & 0 \\ 0 & 0 & 0 & 0 & 0 & c_6 \end{bmatrix} \qquad (5.153\mathrm{a})$$

$$\left[L_{ij}^{\mathrm{H}}\right] = \begin{bmatrix} \beta & 0 & 0 \\ 0 & \beta & 0 \\ 0 & 0 & \beta \end{bmatrix} \qquad (5.153\mathrm{b})$$

这里, $c_1, c_2, c_3, c_4, c_5, c_6, \beta$ 为实数. 则流动因子 λ 可以重写为

$$\lambda = \frac{\dfrac{\partial f}{\partial \tilde{S}_i^0}\dfrac{\partial \tilde{S}_i^0}{\partial \tilde{S}_{kl}}\dfrac{\partial \tilde{S}_{kl}}{\partial \sigma_{mn}}\dot{\sigma}_{mn} + \dfrac{\partial f}{\partial \tilde{H}_i^0}\dfrac{\partial \tilde{H}_i^0}{\partial H_j}\dot{H}_j}{\dfrac{\partial f}{\partial \tilde{S}_i^0}\dfrac{\partial \tilde{S}_i^0}{\partial \tilde{S}_{kl}}\dfrac{\partial \tilde{S}_{kl}}{\partial \sigma_{mn}}\left(\dfrac{\partial \sigma_{mn}^{\mathrm{B}}}{\partial \varepsilon_{pq}^{\mathrm{r}}}\dfrac{\partial f}{\partial \sigma_{pq}} + \dfrac{\partial \sigma_{mn}^{\mathrm{B}}}{\partial J_q^{\mathrm{r}}}\dfrac{\partial f}{\partial H_q}\right) + \dfrac{\partial f}{\partial \tilde{H}_i^0}\dfrac{\partial \tilde{H}_i^0}{\partial H_j}\left(\dfrac{\partial H_j^{\mathrm{B}}}{\partial \varepsilon_{pq}^{\mathrm{r}}}\dfrac{\partial f}{\partial \sigma_{pq}} + \dfrac{\partial H_j^{\mathrm{B}}}{\partial J_q^{\mathrm{r}}}\dfrac{\partial f}{\partial H_q}\right)}$$

$$(5.154)$$

为了计算偏应力张量的主值对偏应力的导数, 可以通过如下步骤: 首先, 偏应力主值可以表示为偏应力张量不变量的函数

$$\tilde{S}_i^0 = \frac{1}{\sigma_0} J_2 f_i \left(J_3 / J_2 \right), \quad i = 1, 2, 3 \tag{5.155}$$

其中,

$$J_2 = \left(\frac{2}{3} \tilde{S}_{ij} \tilde{S}_{ij} \right)^{\frac{1}{2}} \tag{5.156}$$

$$J_3 = \left(\frac{4}{3} \tilde{S}_{ij} \tilde{S}_{jk} \tilde{S}_{ki} \right)^{\frac{1}{3}} \tag{5.157}$$

$$f_1 = \cos \left(\frac{\theta}{3} \right) \tag{5.158}$$

$$f_2 = -\frac{1}{2} \cos \left(\frac{\theta}{3} \right) + \frac{\sqrt{3}}{2} \sin \left(\frac{\theta}{3} \right) \tag{5.159}$$

$$f_3 = -\frac{1}{2} \cos \left(\frac{\theta}{3} \right) - \frac{\sqrt{3}}{2} \sin \left(\frac{\theta}{3} \right) \tag{5.160}$$

$$\theta = \arccos \left[\left(\frac{J_3}{J_2} \right)^3 \right] \tag{5.161}$$

则

$$\frac{\partial \tilde{S}_i^0}{\partial \tilde{S}_{kl}} = \frac{1}{\sigma_0} \left[\frac{2}{3} \left(f_i - \frac{J_3}{J_2} f_i' \right) \frac{\tilde{S}_{kl}}{J_2} + \frac{4}{3} \frac{f_i'}{J_3^2} \left(\tilde{S}_{km} \tilde{S}_{ml} - \frac{1}{2} J_2^2 \delta_{kl} \right) \right] \tag{5.162}$$

$$f_i' = \frac{\mathrm{d} f_i}{\mathrm{d} \left(\dfrac{J_3}{J_2} \right)} \tag{5.163}$$

$$\frac{\partial \tilde{S}_{ij}}{\partial \sigma_{mn}} = L_{ijmn}^{\mathrm{S}} \tag{5.164}$$

$$\frac{\partial \tilde{H}_i}{\partial H_j} = L_{ij}^{\mathrm{H}} \tag{5.165}$$

$$\frac{\partial f}{\partial \sigma_{ij}} = \frac{\partial f}{\partial \tilde{S}_t^0} \frac{\partial \tilde{S}_t^0}{\partial \tilde{S}_{kl}} \frac{\partial \tilde{S}_{kl}}{\partial \sigma_{ij}} \tag{5.166}$$

将式 (5.162), (5.164)~(5.166) 代入式 (5.154) 即可求得流动因子. 引入如下两个量

$$A_{rs} = \cfrac{\cfrac{\partial f}{\partial \tilde{S}_i^0} \cfrac{\partial \tilde{S}_i^0}{\partial \tilde{S}_{kl}} \cfrac{\partial \tilde{S}_{kl}}{\partial \sigma_{rs}}}{\cfrac{\partial f}{\partial \tilde{S}_i^0} \cfrac{\partial \tilde{S}_i^0}{\partial \tilde{S}_{kl}} \cfrac{\partial \tilde{S}_{kl}}{\partial \sigma_{mn}} \left(\cfrac{\partial \sigma_{mn}^{\mathrm{B}}}{\partial \varepsilon_{pq}^{\mathrm{r}}} \cfrac{\partial f}{\partial \sigma_{pq}} + \cfrac{\partial \sigma_{mn}^{\mathrm{B}}}{\partial J_q^{\mathrm{r}}} \cfrac{\partial f}{\partial H_q} \right) + \cfrac{\partial f}{\partial \tilde{H}_i^0} \cfrac{\partial \tilde{H}_i^0}{\partial H_j} \left(\cfrac{\partial H_j^{\mathrm{B}}}{\partial \varepsilon_{pq}^{\mathrm{r}}} \cfrac{\partial f}{\partial \sigma_{pq}} + \cfrac{\partial H_j^{\mathrm{B}}}{\partial J_q^{\mathrm{r}}} \cfrac{\partial f}{\partial H_q} \right)} \tag{5.167}$$

$$R_r = \cfrac{\cfrac{\partial f}{\partial \tilde{H}_i^0} \cfrac{\partial \tilde{H}_i^0}{\partial H_r}}{\cfrac{\partial f}{\partial \tilde{S}_i^0} \cfrac{\partial \tilde{S}_i^0}{\partial \tilde{S}_{kl}} \cfrac{\partial \tilde{S}_{kl}}{\partial \sigma_{mn}} \left(\cfrac{\partial \sigma_{mn}^{\mathrm{B}}}{\partial \varepsilon_{pq}^{\mathrm{r}}} \cfrac{\partial f}{\partial \sigma_{pq}} + \cfrac{\partial \sigma_{mn}^{\mathrm{B}}}{\partial J_q^{\mathrm{r}}} \cfrac{\partial f}{\partial H_q} \right) + \cfrac{\partial f}{\partial \tilde{H}_i^0} \cfrac{\partial \tilde{H}_i^0}{\partial H_j} \left(\cfrac{\partial H_j^{\mathrm{B}}}{\partial \varepsilon_{pq}^{\mathrm{r}}} \cfrac{\partial f}{\partial \sigma_{pq}} + \cfrac{\partial H_j^{\mathrm{B}}}{\partial J_q^{\mathrm{r}}} \cfrac{\partial f}{\partial H_q} \right)} \tag{5.168}$$

则本构方程 (5.137) 和 (5.138) 可以重写为

$$\dot{\varepsilon}_{ij} = \left(C_{ijkl} + \frac{\partial f}{\partial \sigma_{ij}} A_{kl} \right) \dot{\sigma}_{kl} + \left(q_{kij} + R_k \frac{\partial f}{\partial \sigma_{ij}} \right) \dot{H}_k \tag{5.169}$$

$$\dot{B}_i = \left(q_{ikl} + \frac{\partial f}{\partial H_i} A_{kl} \right) \dot{\sigma}_{kl} + \left(\mu_{ij} + \frac{\partial f}{\partial H_i} R_j \right) \dot{H}_j \tag{5.170}$$

背应力和背磁场由 Helmholtz 自由能函数中不可恢复部分 Ψ^{r} 决定. Ψ^{r} 可以分解为三部分, 表示为 (Landis, 2002)

$$\Psi^{\mathrm{r}} = \Psi^{\varepsilon}(I^{\mathrm{r}}) + \Psi^J(J^{\mathrm{r}}) + \Psi^{\pi}(\pi^{\mathrm{r}}) \tag{5.171}$$

其中, I^{r}, $|J^{\mathrm{r}}|$, n_i 和 π^{r} 定义为

$$I^{\mathrm{r}} = \left(\frac{2}{3} \varepsilon_{ij}^{\mathrm{r}} \varepsilon_{ij}^{\mathrm{r}} \right)^2 \tag{5.172}$$

$$|J^{\mathrm{r}}| = \sqrt{J_i^{\mathrm{r}} J_i^{\mathrm{r}}} \tag{5.173}$$

$$n_i = \frac{J_i^{\mathrm{r}}}{|J^{\mathrm{r}}|} \tag{5.174}$$

$$\pi^{\mathrm{r}} = |J^{\mathrm{r}}| - \frac{J_0}{\chi \varepsilon_0} \varepsilon_{ij}^{\mathrm{r}} n_i n_j + \frac{2}{\chi} J_0 \tag{5.175}$$

这里, I^{r} 是 $\varepsilon_{ij}^{\mathrm{r}}$ 第二不变量的函数, $|J^{\mathrm{r}}|$ 是剩余磁极化的模量, n_i 表示 J_i^{r} 的方向, π^{r} 是力磁耦合变量, χ 是表征力磁耦合的材料参数, ε_0 和 J_0 是材料的饱和磁致伸缩应变和饱和磁极化强度. Ψ^{r} 有很多种形式, 但是有一个重要的特征, 就是能够反映应变和磁极化的饱和. 基于这一特点, Landis(2002) 提出了适用于铁电材料的 Helmholtz 自由能形式. 此处, 类比于 Landis 铁电模型中的自由能函数, Ψ^{r} 分解为三个部分:

(1) 只和应变相关的自由能 Ψ^{ε}

$$\Psi^{\varepsilon}(I^{\mathrm{r}}) = \int \frac{2^{n_{\mathrm{t}}} T_0^{\sigma} \varepsilon_0^{(n_{\mathrm{t}} + n_{\mathrm{c}})} I^{\mathrm{r}}}{(\varepsilon_0 + I^{\mathrm{r}})^{n_{\mathrm{c}}} (2\varepsilon_0 - I^{\mathrm{r}})^{n_{\mathrm{t}}}} \mathrm{d}I^{\mathrm{r}} \tag{5.176}$$

其中, T_0^{σ} 是铁磁材料发生畴变 (进入屈服) 时候的弹性硬化模量, n_{c} 是压缩硬化指数, n_{t} 是拉伸硬化指数, 引入 n_{c} 和 n_{t} 是为了更好地模拟拉压不对称的各向异性

材料.

(2) 只和磁极化强度相关的自由能 Ψ^J(Landis, 2002)

$$\Psi^J\left(\left|J^{\mathrm{r}}\right|\right) = \frac{T_0^{\mathrm{h}} J_0^2}{(n_{\mathrm{h}}-1)(n_{\mathrm{h}}-2)}\left(1-\frac{|J^{\mathrm{r}}|}{J_0}\right)^{2-n_{\mathrm{h}}} - \frac{T_0^{\mathrm{h}} J_0}{n_{\mathrm{h}}-1}\left|J^{\mathrm{r}}\right| \tag{5.177}$$

其中, T_0^{h} 是铁磁材料发生畴变 (进入屈服) 时候的磁性硬化模量, n_{h} 是磁硬化指数.

(3) 与磁极化强度和应变相关的耦合自由能 Ψ^π(Landis, 2002)

$$\Psi^\pi\left(\pi^{\mathrm{r}}\right) = \frac{4J_0^2 T_0^\pi}{\chi^2(n_\pi+1)(n_\pi+2)}\left(\frac{\chi\pi^{\mathrm{r}}}{2J_0}-1\right)^{n_\pi+2} \tag{5.178}$$

其中, T_0^π 是力磁耦合变量 π^{r} 的硬化模量, n_π 是力磁耦合变量 π^{r} 的硬化指数. 根据式 (5.171)~(5.178), 背应力和背磁场分别表示为

$$\sigma_{ij}^{\mathrm{B}} = \frac{\partial \Psi^{\mathrm{r}}}{\partial \varepsilon_{ij}^{\mathrm{r}}} = \frac{\partial \Psi^\varepsilon}{\partial I^{\mathrm{r}}}\frac{\partial I^{\mathrm{r}}}{\partial \varepsilon_{ij}^{\mathrm{r}}} + \frac{\partial \Psi^\pi}{\partial \pi^{\mathrm{r}}}\frac{\partial \pi^{\mathrm{r}}}{\partial \varepsilon_{ij}^{\mathrm{r}}} \tag{5.179}$$

$$H_i^{\mathrm{B}} = \frac{\partial \Psi^{\mathrm{r}}}{\partial J_i^{\mathrm{r}}} = \frac{\partial \Psi^J}{\partial |J^{\mathrm{r}}|}\frac{\partial |J^{\mathrm{r}}|}{\partial J_i^{\mathrm{r}}} + \frac{\partial \Psi^\pi}{\partial \pi^{\mathrm{r}}}\frac{\partial \pi^{\mathrm{r}}}{\partial J_i^{\mathrm{r}}} \tag{5.180}$$

其中,

$$\frac{\partial \Psi^\varepsilon}{\partial I^{\mathrm{r}}} = \frac{2^{n_{\mathrm{t}}} T_0^\sigma \varepsilon_0^{(n_{\mathrm{t}}+n_{\mathrm{c}})} I^{\mathrm{r}}}{(\varepsilon_0+I^{\mathrm{r}})^{n_{\mathrm{c}}}(2\varepsilon_0-I^{\mathrm{r}})^{n_{\mathrm{t}}}} \tag{5.181}$$

$$\frac{\partial \Psi^\pi}{\partial \pi^{\mathrm{r}}} = \frac{2J_0 T_0^\pi}{\chi(n_\pi+1)}\left(\frac{\chi\pi^{\mathrm{r}}}{2J_0}-1\right)^{n_\pi+1} \tag{5.182}$$

$$\frac{\partial \Psi^J}{\partial |J^{\mathrm{r}}|} = \frac{T_0^{\mathrm{h}} J_0}{n_{\mathrm{h}}-1}\left[\left(1-\frac{|J^{\mathrm{r}}|}{J_0}\right)^{1-n_{\mathrm{h}}}-1\right] \tag{5.183}$$

将式 (5.181)~(5.183) 代入式 (5.179) 和 (5.180)可以得到材料的硬化模量, 从而根据流动法则得到完整的本构关系. 这是一个真正的三维本构模型, 并可用于有限元计算. 为了进一步检测模型, 将三维模型退化为一维, 进行数值计算并与实验数据比较.

2. 一维本构方程

设沿着材料的 x_3 轴方向施加应力和磁场, 应力为 σ, 磁场强度为 H, 相应在 x_3 方向产生应变 $\varepsilon_{33} = \varepsilon$和磁感应强度 $B_3 = B$, 此时, 以 x_3 方向的剩余应变 $\varepsilon_{33}^{\mathrm{r}} = \varepsilon^{\mathrm{r}}$ 和剩余磁极化强度 $J_3^{\mathrm{r}} = J^{\mathrm{r}}$ 为内变量. 则一维各向同性屈服面函数可以表示为

$$f = 2\left(\frac{\sigma}{\sigma_0}\right)^2 + 2\left(\frac{H}{H_0}\right)^2 - 2 = 0 \tag{5.184}$$

将各向同性屈服函数通过 IPE 映射为各向异性屈服函数, 其中, 弹性依然为各向同性, 磁性为各向异性, 则转换张量式 (5.153) 中

$$c_1 = -2, \quad c_2 = c_3 = 1 \tag{5.185}$$

利用式 (5.152), 对于 Terfenol-D 的一维各向异性屈服函数表示为

$$f = 2\left(\frac{\sigma}{\sigma_0} - \frac{\sigma^{\mathrm{B}}}{\sigma_0}\right)^2 + 2\beta^2\left(\frac{H}{H_0} - \frac{H^{\mathrm{B}}}{H_0}\right)^2 - 2 = 0 \tag{5.186}$$

相应地, 流动法则重写为

$$\dot{\varepsilon}^{\mathrm{r}} = \lambda\frac{\partial f}{\partial \sigma}, \quad \dot{J}^{\mathrm{r}} = \lambda\frac{\partial f}{\partial H} \tag{5.187}$$

流动因子重写为

$$\lambda = \frac{\dfrac{\partial f}{\partial \sigma}\dot{\sigma} + \dfrac{\partial f}{\partial H}\dot{H}}{\dfrac{\partial f}{\partial \sigma}\left(\dfrac{\partial \sigma^{\mathrm{B}}}{\partial \varepsilon^{\mathrm{r}}}\dfrac{\partial f}{\partial \sigma} + \dfrac{\partial \sigma^{\mathrm{B}}}{\partial J^{\mathrm{r}}}\dfrac{\partial f}{\partial H}\right) + \dfrac{\partial f}{\partial H}\left(\dfrac{\partial H^{\mathrm{B}}}{\partial \varepsilon^{\mathrm{r}}}\dfrac{\partial f}{\partial \sigma} + \dfrac{\partial H^{\mathrm{B}}}{\partial J^{\mathrm{r}}}\dfrac{\partial f}{\partial H}\right)} \tag{5.188}$$

则根据一维形式的 Helmholtz 自由能 Ψ^{r}, 背应力和背磁场可以表示为

$$\sigma^{\mathrm{B}} = \frac{2^{n_{\mathrm{t}}}T_0^{\sigma}\varepsilon_0^{(n_{\mathrm{c}}+n_{\mathrm{t}})}\varepsilon^{\mathrm{r}}}{(\varepsilon_0 + \varepsilon^{\mathrm{r}})^{n_{\mathrm{c}}}(2\varepsilon_0 - \varepsilon^{\mathrm{r}})^{n_{\mathrm{t}}}} - \frac{2J_0^2 T_0^{\pi}}{\varepsilon_0\chi^2(n_{\pi}+1)}\left(\frac{\chi\pi^{\mathrm{r}}}{2J_0} - 1\right)^{n_{\pi}+1} \tag{5.189a}$$

$$H^{\mathrm{B}} = \frac{T_0^{\mathrm{h}}J_0}{n_{\mathrm{h}} - 1}\left[\left(1 - \frac{|J^{\mathrm{r}}|}{J_0}\right)^{1-n_{\mathrm{h}}} - 1\right] + \frac{\chi}{2J_0}\frac{4J_0^2 T_0^{\pi}}{\chi^2(m^{\pi}+1)}\left(\frac{\chi\pi^{\mathrm{r}}}{2J_0} - 1\right)^{n_{\pi}+1} \tag{5.189b}$$

其中,

$$\pi^{\mathrm{r}} = |J^{\mathrm{r}}| - \frac{J_0}{\chi\varepsilon_0}\varepsilon^{\mathrm{r}} + \frac{2}{\chi}J_0 \tag{5.190}$$

这里, $|J^{\mathrm{r}}|$ 是 J^{r} 的绝对值. 则率形式的一维本构方程可以写为

$$\dot{\varepsilon} = \frac{1}{E}\dot{\sigma} + q_{33}\dot{H} + \dot{\varepsilon}^{\mathrm{r}} \tag{5.191}$$

$$\dot{B} = q_{33}\dot{\sigma} + \mu_{33}\dot{H} + \dot{J}^{\mathrm{r}} \tag{5.192}$$

进一步, 由于 Terfenol-D 是一种超磁致伸缩材料, 材料的响应中非线性部分远远超过线性部分, 故可以忽略掉压磁项. 则方程 (5.191) 和 (5.192) 重写为

$$\dot{\varepsilon} = \frac{1}{E}\dot{\sigma} + \dot{\varepsilon}^{\mathrm{r}} \tag{5.193}$$

$$\dot{B} = \mu_{33}\dot{H} + \dot{J}^{\mathrm{r}} \tag{5.194}$$

根据上面的一维本构方程即可得到材料在力磁耦合作用下的响应.

3. 理论与实验结果对比

在这里, 将理论计算结果与我们自己的实验数据进行比较. Terfenol-D 的材料参数及计算中使用的参数如表 5.2 所示. 设沿着材料的 x_3 轴施加磁场 $H_3 = H$ 和应力 $\sigma_{33} = \sigma$, 则相应的磁感应强度 $B_3 = B$, 磁致伸缩 $\lambda = \varepsilon_{33}$. 磁滞回线可以用 H-B 曲线或 H-M 曲线表示, 本处采用 H-B 曲线表示, 即磁场强度 — 磁感应强度曲线.

表 5.2 中, 杨氏模量、磁导率、屈服应力 σ_0、屈服磁场强度 H_0、饱和磁致伸缩 ε_0、饱和磁极化强度 J_0, 均是通过第 3 章中的实验测量得到. $\beta, n_c, n_t, n_h, n_\pi, \chi, T_0^\pi,$ T_0^h, T_0^σ, 这几个参数是通过拟合零磁场下应力—应变曲线和零应力状态下磁滞回线得到.

表 5.2　Terfenol-D 的材料参数

材料参数	数　值
杨氏模量/GPa	51.9
磁导率 $\mu_{33}(\approx \mu_0)$/(H/m)	1.361466×10^{-6}
屈服应力 σ_0/MPa	41.0
屈服磁场强度 H_0/(kA/m)	60.0
饱和磁致伸缩应变 ε_0	1000×10^{-6}
饱和磁极化强度 J_0/T	1.0
β	1.1
n_c	0.8
n_t	4
n_h	1.1
n_π	20
χ	2
$T_0^\pi = 1.0 \times 10^{12} H_0/J_0$/(A/Tm)	60.0×10^{15}
$T_0^h = 0.25 H_0/J_0$/(A/Tm)	15.0×10^3
$T_0^\sigma = 300\sigma_0$/GPa	12.0

对于磁致伸缩, 均是按照相对磁致伸缩定义, 即当前的变形是相对与不加磁场时的变形. 当测量某一应力状态下的磁致伸缩时, 要去掉应力引起的那部分变形.

图 5.29 显示了 Terfenol-D 的应力—应变曲线, 图中实线是理论计算结果, 虚线是实验点. 可以看出, 在加载过程中, 理论计算值在应变达到 $600\mu\varepsilon$ 时, 全部磁畴翻转完成, 材料重新表现为线性; 而对于实验数据, 直到应变达到 $900\mu\varepsilon$ 时, 这一现象才发生, 滞后于理论预测, 这是由于真实材料具有一定的率相关性, 而理论模型本身是率无关的. 在卸载过程中, 实验数据表明会有部分磁畴重新翻转, 出现非线性, 这是由于真实材料的内部存在缺陷或应力集中, 而在模型中并没有考虑这些. 尽管在卸载过程中有点差异, 但是理论预测的剩余应变与实验测量却是相同的.

图 5.30 和图 5.31分别是零应力状态下的磁滞回线和磁致伸缩回线, 理论值和实验数据基本重合, 并在图 5.31 中很好地反映了磁致伸缩的饱和趋势. 图 5.32 和图 5.33 分别是 3MPa 压应力状态下的磁滞回线和磁致伸缩回线, 可以看出磁滞回线的宽度较零应力状态下变宽一点, 这是符合实验现象的. 从图 5.33 中可以得到理论预测的饱和磁致伸达到 1500με, 与实验测量基本一致. 图 5.34 和图 5.35 分别是 10MPa 压应力状态下的磁滞回线和磁致伸缩回线, 磁滞回线和磁致伸缩回线的宽度进一步增加, 同时, 磁滞回线出现 "扭曲"(distortion) 现象.

从图 5.29~图 5.35, 理论模型成功地预测出不同压应力状态的磁滞回线和磁致伸缩回线, 且随着压应力的增加, 饱和磁致伸缩也增加, 并在压应力达到一定数值时出现 "扭曲" 现象. 理论值与实验数据基本吻合.

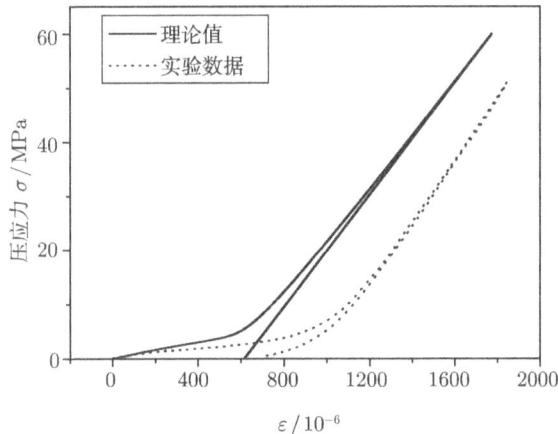

图 5.29   Terfenol-D 的应力—应变曲线

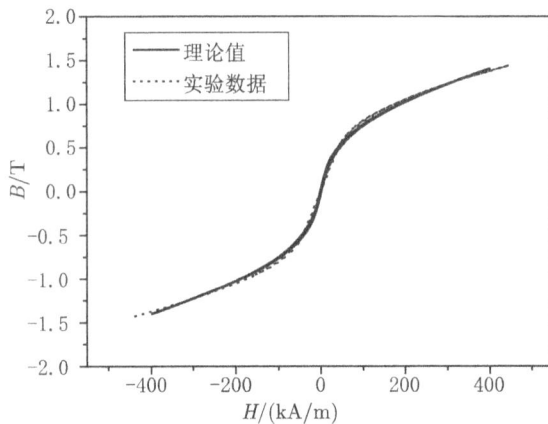

图 5.30   Terfenol-D 在零应力状态下的磁滞回线 (H-B 曲线)

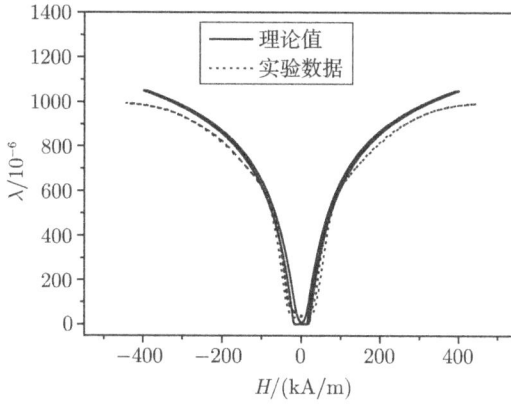

图 5.31　Terfenol-D 在零应力状态下的磁致伸缩回线

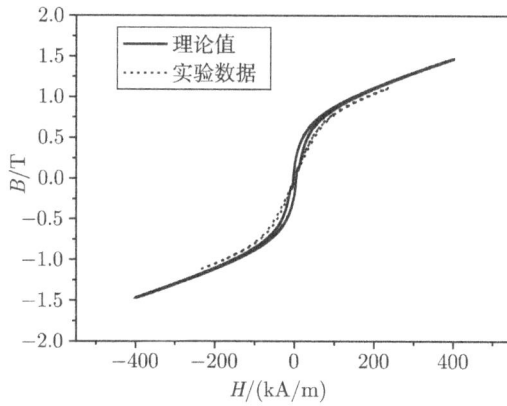

图 5.32　Terfenol-D 在 3MPa 压应力状态下的磁滞回线 (H-B 曲线)

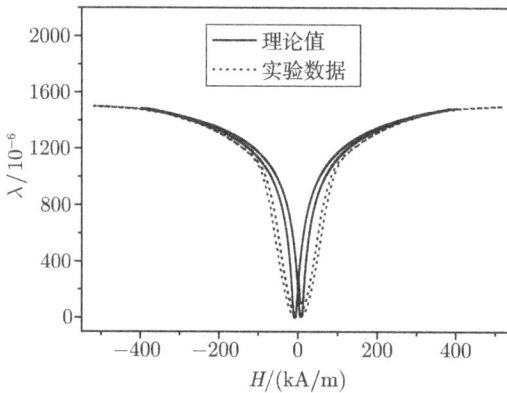

图 5.33　Terfenol-D 在 3MPa 压应力状态下的磁致伸缩回线

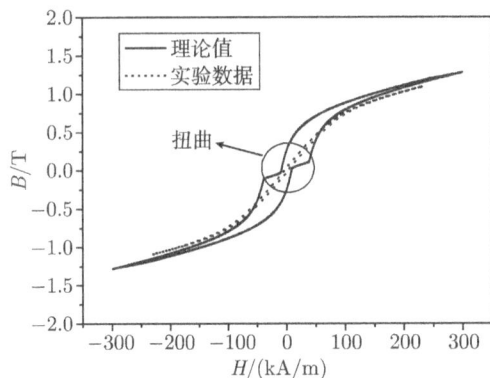

图 5.34   Terfenol-D 在 10MPa 压应力状态下的磁滞回线 (H-B 曲线)

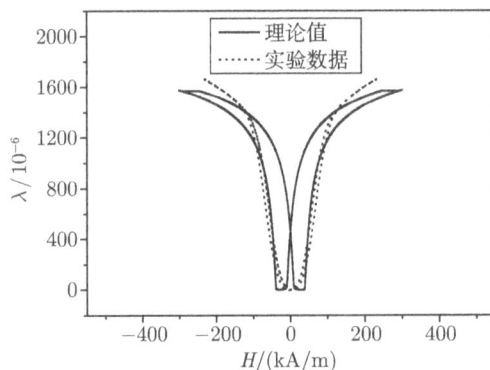

图 5.35   Terfenol-D 在 10MPa 压应力状态下的磁致伸缩回线.

5.7   本 章 小 结

本章首先基于热力学框架, 建立了不考虑滞后效应的标准平方型 (SS)、双曲正切型 (HT) 和基于畴转密度 (DDS) 的非线性唯象本构模型. 引进了一个材料参量, 用于描述材料达到最大压磁系数的磁场与材料所受到的预应力之间的关系; 三个本构模型中采用的是同一套本构参数, 这些参数均可由相应的实验数据确定. 通过与本章的和 Moffett 等 (1991) 文中的实验结果对比表明: 标准平方型 (SS) 在中低磁场段时, 理论模型能在一定程度上与实验结果吻合. 但是, 当磁场变得很强时, 材料出现饱和磁致应变, 而理论模型不能反映这个饱和趋势. 双曲正切型 (HT) 在应力不太大时的中低磁场段, 理论模型能模拟材料的磁致应变随磁场的变化; 在高磁场段, 理论模型也能反映材料饱和磁致应变. 然而, 当预应力增大时, 理论模型不能反映材料对应力的敏感性. 基于畴转密度的本构模型 (DDS) 能反映稀土超磁致伸缩材料的磁致应变响应的上述这几个特点, 因而能较好地模拟实验结果.

　　然后, 类比于经典弹塑性理论中的 J2 流动理论, 我们分别提出了两个各向同性唯象本构模型. 5.4 节中的唯象本构模型 I 以剩余应变和剩余磁化强度作为内变量, 通过给定的 Helmholtz 自由能函数确定材料的演化方程, 从而得到本构关系, 该模型可以很好地模拟零应力状态下的磁滞回线和磁致伸缩曲线, 但是当施加大应力之后, 会与实验数据存在一定差距; 且模型 I 存在较多的拟合参数, 这在实际使用中带来很多不便. 5.5 节中的唯象本构模型 II 只以剩余磁化强度作为内变量, 通过 Legendre 变换, 使屈服面中的力磁耦合效应通过压磁系数给出, 并进一步假设剩余磁化强度和剩余应变之间的关系, 得到仅包含一个拟合参数的本构模型. 在不同的力磁耦合作用下, 该模型理论计算值与实验数据基本吻合.

　　最后, 本章研究了适用于一般铁磁材料的三维本构模型. 类比于塑性理论中的 Karafilles-Boyce 模型, 以剩余应变和剩余磁极化强度为内变量, 我们得到一般形式的唯象本构理论. 这是一个真正的三维本构模型, 可用于有限元计算. 通过实验, 测得定向多晶 Terfenol-D 在空间中的初始屈服面. 进一步, 根据实验得到的材料参数和初始屈服面, 我们推导出适用于超磁致伸缩材料的三维本构模型. 理论计算成功地预测了超磁致伸缩材料中的力磁耦合行为, 不仅反映出饱和磁致伸缩随着外应力的增加而增加, 而且当外加应力达到一定数值时, 磁滞回线出现 "扭曲" 现象. 理论值与实验数据基本吻合, 证明了本模型的有效性.

第6章　磁致伸缩材料的畴变本构模型

第 5 章介绍了磁致伸缩材料的唯象本构模型, 很好地描述了磁致伸缩材料的多场耦合力学行为, 但是唯象模型不能反映磁化过程的物理机制, 不能很好地解释不同择优取向磁致伸缩材料的多场耦合性能的差异. 众所周知, 磁化强度和磁致伸缩起源于磁畴旋转和畴壁运动机制. 本章内容是介绍基于畴变机制的本构理论, 包括磁畴旋转本构模型和磁畴翻转本构模型.

6.1　磁致伸缩的物理机制

铁磁体在外磁场中磁化过程中, 其形状及体积均发生变化, 这个现象被称为磁致伸缩效应. 它是焦耳在 1842 年发现的, 故亦称焦耳效应. 磁致伸缩有三种表现: 沿着外磁场方向材料形状大小的相对变化, 称为纵向磁致伸缩; 垂直于外磁场方向形状大小的相对变化, 称为横向磁致伸缩; 铁磁体体积大小在磁化过程中的相对变化, 称为体积磁致伸缩. 纵向和横向磁致伸缩又统称为线磁致伸缩. 体积磁致伸缩分为两类, 一类是由温度诱发引起的, 称之为自发体磁致伸缩; 另外一类是由磁场诱发引起的, 称之为强迫体磁致伸缩. 强迫体积磁致伸缩一般只有在铁磁体技术磁化达到饱和以后的顺磁过程中才能明显表现出来. 本章除特别声明外, 线磁致伸缩也简称为磁致伸缩. 铁磁体的磁致伸缩是由于原子或离子的自旋与轨道的耦合作用产生的. 根据热力学平衡原理, 稳定的磁状态与铁磁体内总自由能极小状态对应, 磁致伸缩正是由于自旋与轨道耦合能和物质的弹性能平衡而产生的.

铁磁性物质的基本特征是物质内部存在有自发磁化和磁畴结构. 自发磁化是指在居里点温度以下时, 即使不加外磁场, 铁磁性物质内部也存在磁化的现象. 自发磁化是磁有序物质内部的某种相互作用, 克服了热运动的无序效应, 使原子磁矩有序排列, 从而在铁磁体内形成了大量的磁畴, 同时产生了自发磁致伸缩, 它实质是自发磁化平衡分布满足能量最小原理的必然结果. 铁磁体在磁化过程中产生磁致伸缩的过程, 如图 6.1 所示. 当外磁场为零时, 铁磁体处于退磁化状态, 此时各个自发磁化的磁畴在铁磁体内是随机分布的, 与自发磁化对应的自发应变在各个方向上也是随机分布的, 因此铁磁体不显示宏观效应. 当铁磁体在外磁场作用下磁化时, 各个磁畴的取向基本平行于外磁场方向, 所以铁磁体在外磁场方向表现出伸长 (正磁致伸缩) 或者缩短 (负磁致伸缩), 而在垂直于磁场方向表现出缩短或者伸长. 当磁场增大到一定强度时, 磁畴完全平行于磁场方向, 达到饱和磁致伸缩状态. 一般情况下, 磁化过程分为 180° 畴壁运动和非 180° 磁畴转动, 而磁致伸缩主要发生在非 180° 畴壁转动阶段.

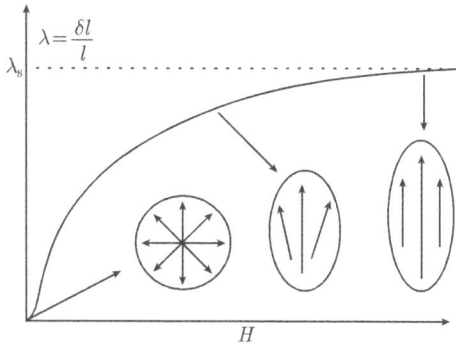

图 6.1　磁致伸缩过程示意图

6.2　各向异性磁畴旋转模型

立方 Laves 相合金 Terfenol-D 是一种超磁致伸缩材料, 它具有很高的磁致伸缩性能和较低的磁晶各向异性能, 可以在较低的磁场作用下 (小于 240kA/m) 得到较高的磁致伸缩性能 (10^{-3}), 在传感器、致动器和振动系统中得到了非常广泛的应用 (Clark, 1980; 蒋志红等, 1991; Zhu et al., 1997; 龙毅, 1997; Jiles, 2003). 因此, 本节内容以超磁致伸缩材料为研究对象. 磁化强度和磁致伸缩起源于磁畴旋转和畴壁运动机制. 宏观的磁致伸缩材料由很多微小畴变体组成, 每个畴变体内部具有统一的磁化方向. 当磁畴方向发生改变时, 也会改变材料的宏观磁化状态和磁致伸缩性能. 在外界耦合场的作用下, 畴变体的总自由能会发生改变, 促使畴变体向能量较低的方向旋转. 某一方向上的总自由能越低, 该方向的畴变体的分布概率就越大, 就会表现出宏观的磁化强度和磁致伸缩. 由于磁晶各向异性能的存在, 各个方向上的畴变体具有不同的能量. 对于立方 Laves 相的 Terfenol-D 合金, 8 个 ⟨111⟩ 易轴方向的各向异性能较低. 在初始退磁化状态, Terfenol-D 合金的磁畴随机分布于 8 个 ⟨111⟩ 易轴方向, 因此, 其磁化强度和磁致伸缩为零; 随着磁场的增加, 磁畴将由远离磁场的易轴方向跳变到与磁场近的易轴方向, 这个过程引起磁致伸缩和磁化强度迅速增加, 表现出 "跳变" 现象 (Clark et al., 1988; Armstrong, 1997); 随着磁场的进一步增加, 磁畴由与磁场近的易轴向磁场方向旋转, 最终达到饱和状态.

为了描述磁畴旋转机制, Jiles 等 (1994) 基于 Stoner-Wahlfarth 模型, 提出了三维各向异性磁畴旋转模型. 它是根据系统自由能最小原理, 确定磁畴的状态, 从而得到宏观的磁化强度和磁致伸缩性能. 它将磁畴旋转的机制简化为 8 个 ⟨111⟩ 易轴方向磁畴旋转, 但单一磁畴的跳变过程使得磁化曲线和磁致伸缩表现为非连续的折线过程. Armstrong(1997a; 1997b; 2002) 在此基础上引入了能量概率分布参数, 确定各个方向磁畴的体积分数, 从而得到光滑连续的磁化强度和磁致伸缩曲线. 为了更好地描述力磁耦合场作用下的非线性行为, Park 等 (2002) 在 8 个 〈111〉 易轴方向基础上, 考虑磁场方向的磁畴作为第 9 类磁畴, 使简化更为合理. 但以磁畴旋转机制为基础, 定量描述超磁致伸缩材料在力磁耦合场作用下复杂非线性行为, 依然是具有挑战性的课题.

6.2.1 磁畴旋转本构模型的推导

为了简化, 我们只考虑易轴方向的磁畴旋转. 如图 6.2 所示, 对于 [110] 方向的 Terfenol-D 定向多晶合金, 其磁畴旋转方向为中心平面和上下对称的两个圆锥面. 这些空间分布取向决定了整体坐标和磁畴局部坐标的关系, 从而通过畴变体在各方向的分布概率, 计算出宏观的磁化强度和应变.

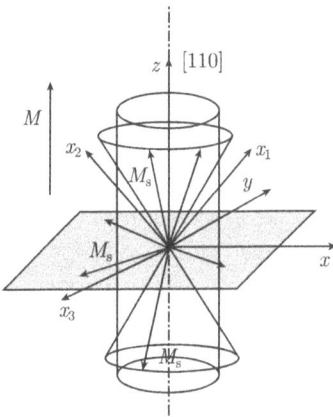

图 6.2 [110]定向多晶示意图

各向异性磁畴旋转模型理想化地认为超磁致伸缩材料是由一系列不考虑相互作用的单一磁畴颗粒构成, 这些理想化的单一磁畴具有 Stoner-Wohlfarth 性质. 其总自由能可以表示为

$$E_{\text{t}} = E_{\text{K}} + E_{\text{H}} + E_\sigma + E_{\text{d}} + E_{\text{el}} + E_{\text{me}} \tag{6.1}$$

其中, E_{K} 是磁晶各向异性能, 它是磁化强度矢量在铁磁体中取不同方向时, 随方向而改变的能量; E_{H} 代表外磁场能; E_σ 代表与磁致伸缩有关的磁应力能; E_{d} 代表退磁场能; E_{el} 代表与磁致伸缩有关的弹性能; E_{me} 代表与晶体变形和自发磁化强度方向有关的磁弹能. 它们可以分别表示为

$$E_{\text{K}} = K_1(\alpha_1^2\alpha_2^2 + \alpha_2^2\alpha_3^2 + \alpha_3^2\alpha_1^2) + K_2\alpha_1^2\alpha_2^2\alpha_3^2 \tag{6.2}$$

这里, K_1, K_2 代表磁晶各向异性常数; $\alpha_i(i = 1, 2, 3)$ 表示磁化强度矢量与晶轴 [100], [010], [001] 的方向余弦, 一般仅考虑第一项.

$$E_{\text{H}} = -\mu_0 H M_{\text{s}}(\alpha_1\beta_1 + \alpha_2\beta_2 + \alpha_3\beta_3) \tag{6.3}$$

其中, μ_0 是真空磁导率, H 是外加磁场, M_{s} 是单一磁畴的饱和磁化强度, $\beta_i(i = 1, 2, 3)$ 是磁化强度矢量与晶轴的方向夹角余弦.

$$E_\sigma = -\frac{3}{2}\lambda_{100}(\alpha_1^2\sigma_{11} + \alpha_2^2\sigma_{22} + \alpha_3^2\sigma_{33})$$
$$-3\lambda_{111}(\alpha_1\alpha_2\sigma_{12} + \alpha_2\alpha_3\sigma_{23} + \alpha_1\alpha_3\sigma_{13}) \tag{6.4}$$

其中, λ_{100} 和 λ_{111} 分别是 [100] 和 [111] 方向的饱和磁致伸缩; σ_{ij} 代表外应力, 在单轴应力作用时可以表示为

$$E_\sigma = -\frac{3}{2}\sigma_0\lambda_{100}(\alpha_1^2\gamma_1^2 + \alpha_2^2\gamma_2^2 + \alpha_3^2\gamma_3^2)$$
$$-3\sigma_0\lambda_{111}(\alpha_1\alpha_2\gamma_1\gamma_2 + \alpha_2\alpha_3\gamma_2\gamma_3 + \alpha_1\alpha_3\gamma_1\gamma_3) \tag{6.5}$$

这里, σ_0 代表单轴外应力场, $\gamma_i(i=1,2,3)$ 代表应力与晶轴的夹角余弦.

$$E_{\mathrm{H}} = -\mu_0 H_{\mathrm{d}} M_{\mathrm{s}} \cos\vartheta \tag{6.6}$$

其中, ϑ 代表退磁场和磁化强度矢量之间的夹角, H_{d} 代表退磁场.

$$E_{\mathrm{el}} = \frac{1}{2}C_{11}(\varepsilon_{11}^2 + \varepsilon_{22}^2 + \varepsilon_{33}^2) + C_{12}(\varepsilon_{11}\varepsilon_{22} + \varepsilon_{22}\varepsilon_{33} + \varepsilon_{33}\varepsilon_{11})$$
$$+ \frac{1}{2}C_{44}(\varepsilon_{12}^2 + \varepsilon_{23}^2 + \varepsilon_{13}^2) \tag{6.7}$$

其中, C_{11}, C_{12}, C_{44} 代表弹性常数, $\varepsilon_{ii} = 3\lambda_{100}(\alpha_i^2 - 1/3)/2$, $\varepsilon_{ij} = 3\lambda_{111}\alpha_i\alpha_j$.

$$E_{\mathrm{me}} = -\frac{3}{2}\lambda_{100}\sum_i \varepsilon_{ii}\left(\alpha_i - \frac{1}{3}\right) - 3C_{44}\lambda_{111}\sum_{i\neq j}\varepsilon_{ij}\alpha_i\alpha_j \tag{6.8}$$

其中, 磁弹能、弹性能和磁晶各向异性能可以合并化简为简单的形式 (宛德福等, 1987; Zhao et al., 1999).

$$E_{\mathrm{K}'} = E_{\mathrm{K}} + E_{\mathrm{el}} + E_{\mathrm{me}} = K'(\alpha_1^2\alpha_2^2 + \alpha_2^2\alpha_3^2 + \alpha_3^2\alpha_1^2) \tag{6.9}$$

其中,

$$K' = K_1 + \Delta K_1 = K_1 + \frac{B_1^2}{C_{11} - C_{12}} - \frac{B_2^2}{2C_{44}} + \cdots, \quad B_1 = -\frac{3}{2}\lambda_{100}(C_{11} - C_{12}), \quad B_2 = -3C_{44}\lambda_{111}.$$

因此, 总能量可以化简为

$$E_{\mathrm{t}} = E_{\mathrm{K}'} + E_{\mathrm{H}} + E_\sigma + E_{\mathrm{d}} \tag{6.10}$$

根据 Armstrong(1997a; 1997b; 2002) 的概率分布假设, 可以得到磁畴在各个方向上概率分布为

$$P_{\mathrm{M}} = C\exp[-(E_{\mathrm{K}} + E_{\mathrm{H}} + E_\sigma)/\omega] \tag{6.11}$$

其中, C 是在一定磁场和应力状态下计算得到的归一化因子, ω 是能量分布参数. 在一个无限小的空间内 (θ, φ), 其磁畴体积分数为

$$\mathrm{d}n = C\exp[-(E_{\mathrm{K}} + E_{\mathrm{H}} + E_\sigma)/\omega]\sin\theta\mathrm{d}\theta\mathrm{d}\varphi \tag{6.12}$$

这样就可以得到磁致伸缩的表达式

$$\lambda = \iint \left[\frac{3}{2}\lambda_{100}(\alpha_1^2\overline{\beta}_1^2 + \alpha_2^2\overline{\beta}_2^2 + \alpha_3^2\overline{\beta}_3^2) + 3\lambda_{111}(\alpha_1\alpha_2\overline{\beta}_1\overline{\beta}_2 + \alpha_2\alpha_3\overline{\beta}_2\overline{\beta}_3 + \alpha_3\alpha_1\overline{\beta}_3\overline{\beta}_1) \right] dn \tag{6.13}$$

其中, $\overline{\beta}_i(i = 1, 2, 3)$ 是测量方向与晶轴方向的夹角余弦, 磁化强度的表达式为

$$M = \iint M_s(\alpha_1\overline{\beta}_1 + \alpha_2\overline{\beta}_2 + \alpha_3\overline{\beta}_3)dn \tag{6.14}$$

因此, 磁致伸缩和磁化强度的变化量为

$$\Delta\lambda = \lambda_f - \lambda_0 \tag{6.15}$$

$$\Delta M = M_f - M_0 \tag{6.16}$$

其中, λ_0, M_0 是初始状态的磁致伸缩和磁化强度; λ_f, M_f 是最终状态的磁致伸缩和磁化强度.

对于 [110] 定向的多晶 Terfenol-D, 在单轴力磁耦合场作用下, 其磁场和应力方向均为试件轴向, 即 [110] 方向. 并且忽略各个单晶结构之间作用, 分别计算其对磁致伸缩和磁化强度的贡献, 然后代数相加, 即得到宏观的磁致伸缩和磁化强度. 表 6.1 列出了理论计算用到的实验参数, 其中 $K_1, \lambda_{100}, \lambda_{111}$ 为单晶 Terfenol-D 中测量的实验参数, M_s 为本实验中测量的实验参数.

表 6.1   理论计算采用的实验参数

材料参数	数值
K_1	-60000J/m^3
λ_{111}	1640×10^{-6}
λ_{100}	90×10^{-6}
M_s	760kA/m

6.2.2   非滞后各向异性磁畴旋转模型

能量分布参数 ω 描述了磁畴转向能量最小方向的集中程度. 图 6.3 和图 6.4 分别为 ω 取 5000J/m^3 和 20000J/m^3 的计算结果. 可以看出, ω 较小时, 磁化曲线和磁致伸缩曲线呈现明显的阶跃性; 随着 ω 的增大, 曲线趋于平缓, 更加接近实验结果. 因此, ω 的大小直接决定了计算结果的准确性.

通过计算我们发现采用不同能量分布参数将得到不同的磁致伸缩曲线, 由于对称性, 我们只取磁场为正时的磁致伸缩性能和磁化强度, 以便更好地与实验结果对比. 如图 6.5(a) 和 (b) 所示. 在高应力区域, 当能量分布参数较小时, 磁致伸缩在达到矫顽场时瞬间增加到饱和值; 而当能量分布参数较大时, 磁致伸缩曲线为光滑过渡的连续曲线, 与实验现象较为吻合. 另外, 通过与实验结果对比发现, 恒定的能量分布参数无法定量描述不同预应力作用下磁致伸缩曲线, 如图 6.6 所示. 因此, 我们假设能量分布参数为预应力的函数.

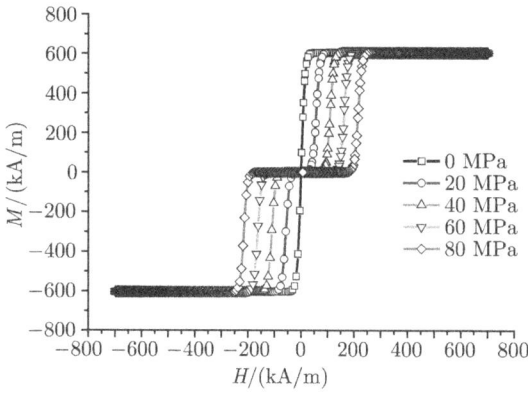

(a)

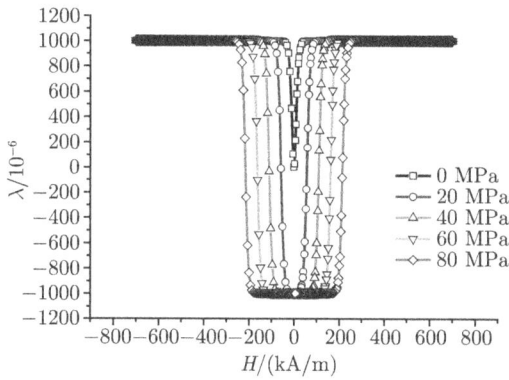

(b)

图 6.3　$\omega = 5000\text{J/m}^3$ 时的计算结果

(a) 磁化曲线; (b) 磁致伸缩曲线

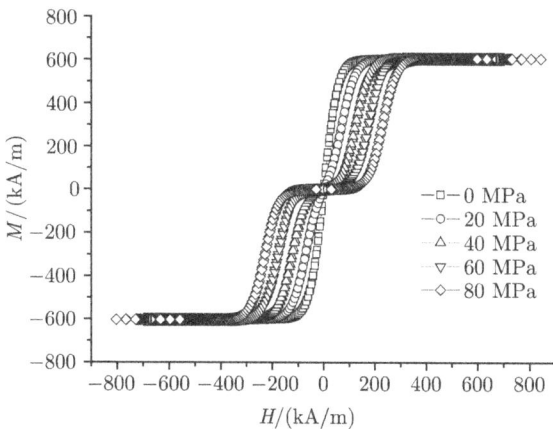

(a)

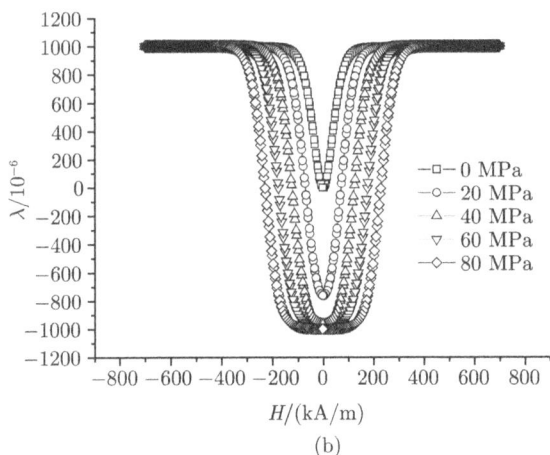

(b)

图 6.4　$\omega = 20000\mathrm{J/m^3}$ 时的计算结果

(a) 磁化曲线; (b) 磁致伸缩曲线

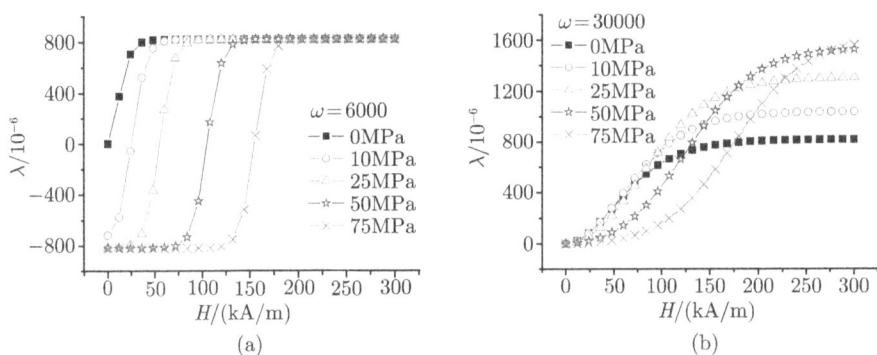

(a)　　　　　　　　　　　　　　　　(b)

图 6.5　(a) $\omega = 6000\mathrm{J/m^3}$; (b) $\omega = 30000\mathrm{J/m^3}$ 时的磁致伸缩理论结果

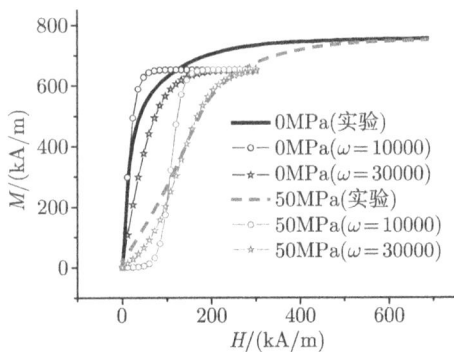

图 6.6　理论预测和实验结果对比

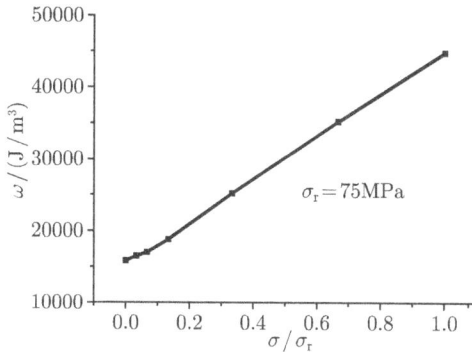

图 6.7　能量分布参数与预应力的关系

为了得到能量分布参数与预应力的关系, 我们在不同预应力作用下, 采用不同的能量分布参数使理论预测的磁化强度与实验结果误差最小. 因此, 得到了能量分布参数与预应力的关系, 如图 6.7 所示. 它们之间存在线性关系

$$\omega(\sigma) = A + B\sigma/\sigma_{\mathrm{r}} \tag{6.17}$$

其中, A=15000J/m^3, B=30000J/m^3 为拟合系数, $\sigma_{\mathrm{r}} = 75$MPa为无量纲参考应力. 理论预测的磁化强度和磁致伸缩曲线与实验结果对比, 如图 6.8 和图 6.9 所示. 可以看出其矫顽场和幅值均随着预应力的增加而增加, 理论预测的结果与实验结果吻合得比较好, 各向异性磁畴旋转理论很好地描述了磁化强度和磁致伸缩在力磁耦合场作用下的非线性行为.

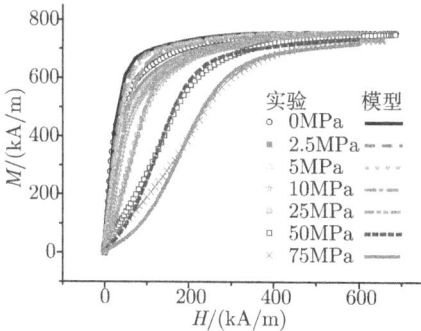

图 6.8　理论预测的磁化强度与实验结果对比

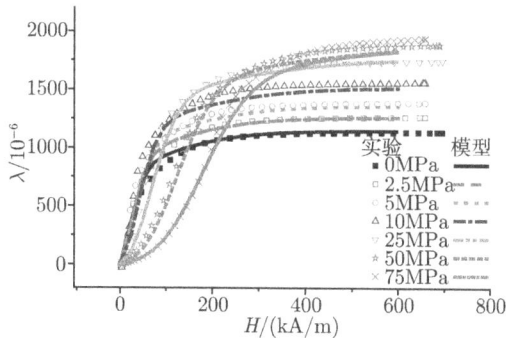

图 6.9　理论预测的磁致伸缩与实验结果对比

6.2.3　滞后各向异性磁畴旋转模型

磁致伸缩材料的磁滞回线和磁致伸缩曲线均存在明显的滞后现象, 这是由于不可逆的畴壁移动和畴转过程引起的, 其中, 不可逆的畴壁移动与应力和杂质的起伏分布有关, 不可逆的畴转过程与磁晶各向异性有关. 这样在某一外场值可以得到不同的输出量, 因此, 限制了它在精密仪器中的应用. 这需要我们发展一个理论模型,

定量地预测这种滞后现象, 扩展它的应用范围. 超磁致伸缩材料表现出来的滞后现象, 说明它的输出量与力磁耦合场的加卸载路径或者加卸载历史有着密切的关系, 即使在相同的磁场和应力场条件下, 它的磁化状态也不一定相同, 所以出现了多种输出结果. 并且 Armstrong(2003)在它们的磁滞模型中假设磁滞损耗与磁化强度的改变成正比. 在这些基础上, 我们假设:

A. 能量分布参数与磁化状态有关, 即它是磁化状态的函数.

B. 磁化强度和磁致伸缩的改变均与磁畴体积分数的改变有关. 因此, 我们选择磁畴体积分数 n_i 作为磁化状态函数.

综合 A 和 B, 我们得到

$$\omega_i = \omega_0(\sigma) - n_i \omega_n \qquad (6.18)$$

由于 [111] 方向的磁畴向 [110]方向旋转是可逆过程, 因此在磁滞损耗中不考虑这种磁畴旋转过程. 因此 n_i 代表 8 种 $\langle 111 \rangle$ 易轴方向的磁畴体积分数, ω_n/ω_0 与磁滞损耗相关, 如图 6.10(a) 和 (b) 所示.

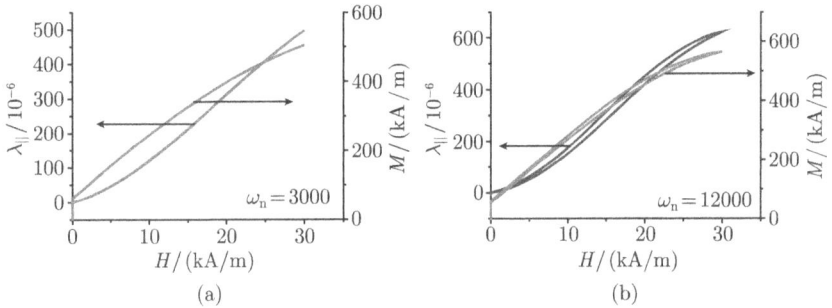

图 6.10   (a) $\omega_n = 3000\text{J/m}^3$; (b) $\omega_n = 12000\text{J/m}^3$ 时的磁致伸缩和磁滞回线

各向异性磁畴旋转模型, 物理意义明确, 表述简单. 图 6.11~ 图 6.16 是不同预应力下, 从磁致伸缩和磁滞回线理论预测和实验结果的对比情况, 可以看出在理论预测和实验结果吻合得很好.

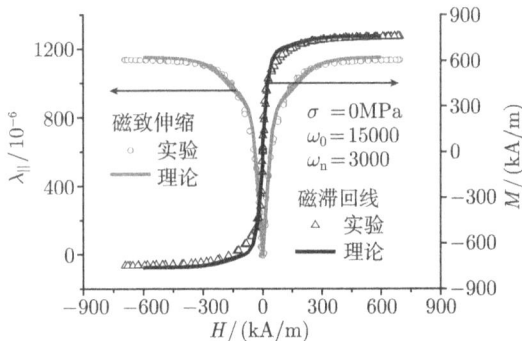

图 6.11 $\sigma = 0\text{MPa}$ 时磁致伸缩和磁滞回线的理论预测和实验结果对比

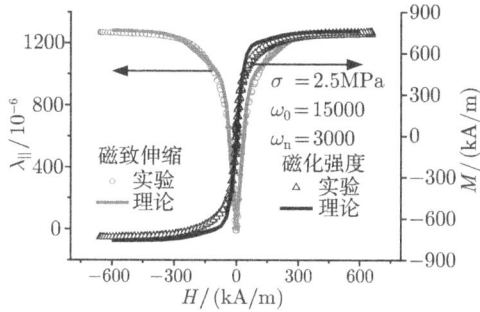

图 6.12　$\sigma = 2.5\text{MPa}$ 时磁致伸缩和磁滞回线的理论预测和实验结果对比

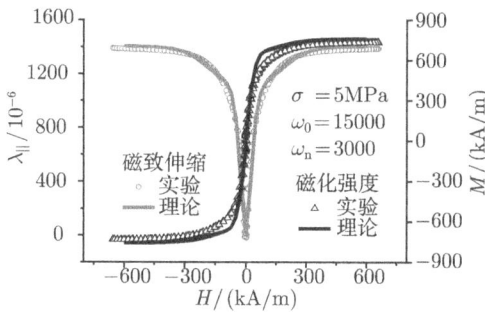

图 6.13　$\sigma = 5\text{MPa}$ 时磁致伸缩和磁滞回线的理论预测和实验结果对比

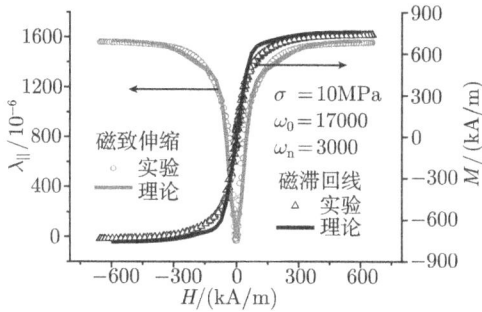

图 6.14　$\sigma = 10\text{MPa}$ 时磁致伸缩和磁滞回线的理论预测和实验结果对比

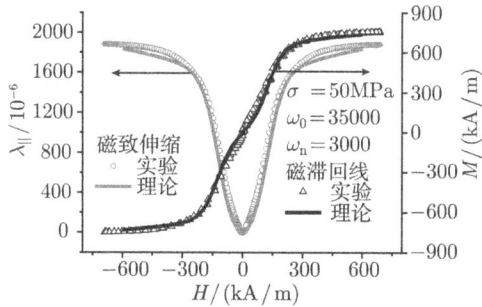

图 6.15　$\sigma = 50\text{MPa}$ 时磁致伸缩和磁滞回线的理论预测和实验结果对比

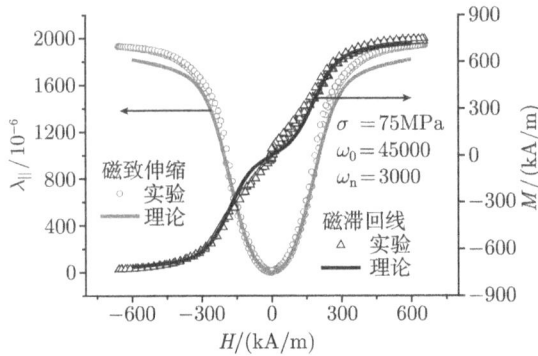

图 6.16 $\sigma = 75\mathrm{MPa}$ 时磁致伸缩和磁滞回线的理论预测和实验结果对比

6.2.4   基于磁畴旋转机制的力磁热耦合本构模型

从实验结果可以看出, 以 Terfenol-D 为代表的超磁致伸缩材料在静磁场、应力场和温度场的共同作用下表现出了明显的耦合响应, 特别是温度的增加改变会显著降低 Terfenol-D 的磁致伸缩性能和磁性能, 制约了材料的使用范围和精度. 如何建立一个简单有效的模型来预测材料在磁场、应力场和温度场同时作用下的响应具有重要的实际意义.

众所周知, 铁磁性物质有一个磁性转变温度 —— 居里温度, 以 T_c 表示. 在 T_c 温度以上, 铁磁性消失, 呈现顺磁性, 服从居里—外斯定律. 在 T_c 以下, 表现出铁磁性, 随着温度的升高, 饱和磁化强度逐渐降低; 达到 T_c 时, 铁磁性消失; 当温度 $T \ll T_\mathrm{c}$ 时, 铁磁性的低温磁化强度服从布洛赫的 $T^{3/2}$ 定律. 根据铁磁性理论, 可以给出磁化强度随着温度变化的规律为

$$M_\mathrm{s}(T) = M_\mathrm{s}\left(1 - \frac{T}{T_\mathrm{c}}\right)^{1/2} \bigg/ \left(1 - \frac{T_\mathrm{r}}{T_\mathrm{c}}\right)^{1/2} \tag{6.19}$$

T_r 是与 M_s 对应的参考温度.

磁晶各向异性能与温度的依赖关系, 至今尚未认清它的物理起源, 它可以从能量表面与温度的依赖关系反映出来, 立方各向异性随着温度的增加下降很快, 要比磁化强度的下降快得多

$$K_1(T)/K_1(0) = (105/m^2 + 45/m + 1) - (105/m^3 + 10/m)\cot(m) \tag{6.20}$$

其中, $m = M(T)/M_\mathrm{s}$, 为无量纲化的磁化强度.

同样, 与磁晶各向异性常数类似, 磁致伸缩随着温度的增加下降很快, 也比磁化强度的下降快得多. 我们可以从实验结果获得磁致伸缩随着温度的变化规律, 发现在温度测试范围内, 磁致伸缩随着温度增加呈线性的降低, 如图 6.17 所示. 因此, 假设 $\lambda_{111}(T)$ 和 $\lambda_{100}(T)$ 均随温度线性变化.

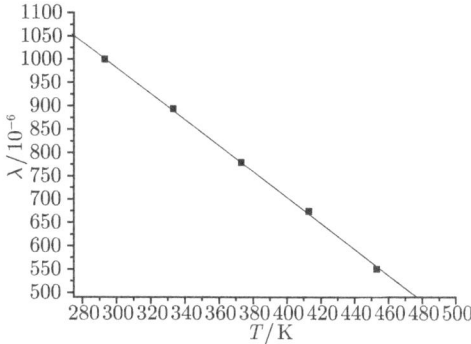

图 6.17 饱和磁致伸缩和温度的关系

与 6.2.2 小节类似, 假设能量分布参数 ω 与外界应力场 σ 和温度场 T 相关, 即 $\omega = \omega(\sigma, T)$. 通过与实验对比, 分别采用自由状态的能量分布参数 ω_0, 参考应力 $\sigma_0 = 75\text{MPa}$ 和居里温度对 ω, σ 和 T 进行无量纲化处理, 可以假设 $\omega(\sigma, T)$ 的表达式为

$$\frac{\omega(\sigma, T)}{\omega_0} = 1 + k\frac{\sigma}{\sigma_0}\frac{T_c}{T} \tag{6.21}$$

其中, ω_0 和 k 为两个待定参数, 它们可以由室温下的简单磁化实验来确定. 我们采用室温下应力自由状态的饱和磁致伸缩对 ω 进行拟合, $\omega_0 = 11000\text{J/m}^3$, $k = 6.44 \times 10^8$.

我们采用该模型计算了室温条件下的磁化曲线和磁致伸缩曲线. 计算结果与实验结果的比较, 如图 6.18 和图 6.19 所示. 可以看出, 计算结果与实验结果吻合较好. 同时, 该模型可以比较准确地模拟出室温下磁化曲线和磁致伸缩曲线的重要特征, 包括低磁场下应力对磁化过程的阻碍作用, 应力对饱和磁致伸缩的增强等.

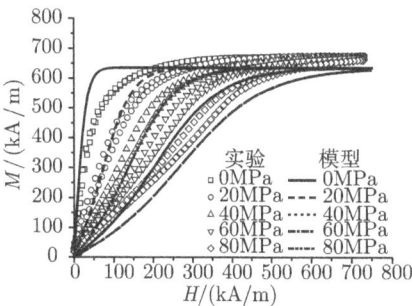

图 6.18 室温下的磁化曲线

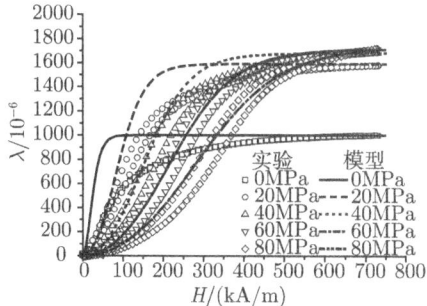

图 6.19 室温下的磁致伸缩曲线

我们使用相同的参数进一步计算了温度为 $180°C$ 条件下的磁化曲线和磁致伸缩曲线. 计算结果和实验结果的比较, 如图 6.20 所示. 可以看出, 计算结果与实验结果仍然吻合较好, 说明该模型可以有效地利用室温下的拟合参数, 模拟出高温条件下的磁化曲线和磁致伸缩曲线. 在图 6.21 和图 6.22 中, 我们分别模拟了预应力

为 0MPa 和 80MPa 两种情况下, 磁化曲线和磁致伸缩曲线随温度增加的变化规律.
计算结果有效地模拟出了磁化过程随温度增加逐渐减弱的现象.

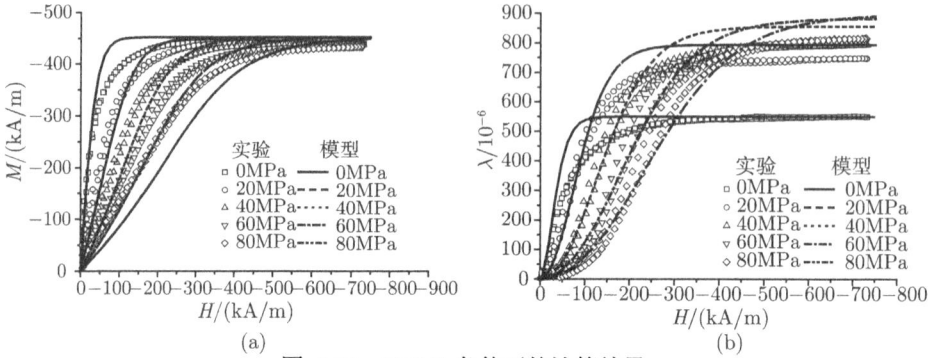

图 6.20   180°C 条件下的计算结果
(a) 磁化曲线; (b) 磁致伸缩曲线

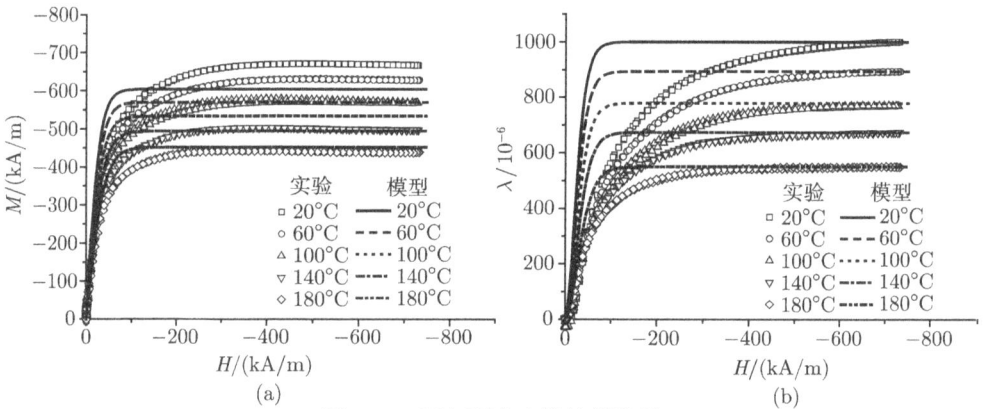

图 6.21   不加预应力的计算结果
(a) 磁化曲线; (b) 磁致伸缩曲线

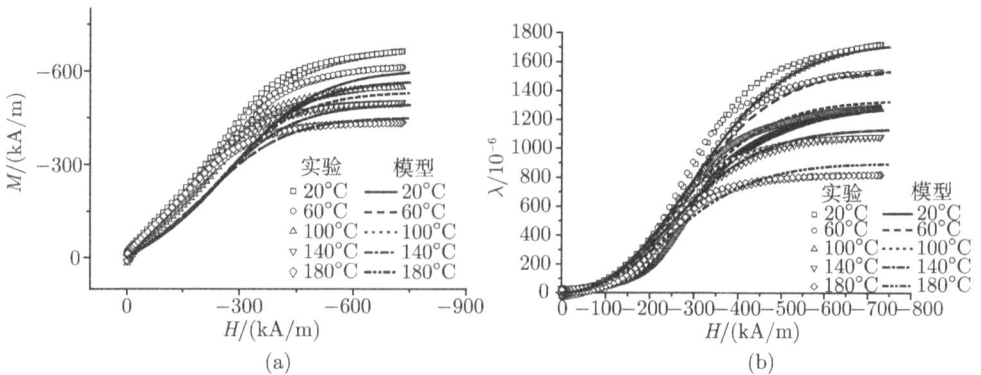

图 6.22   预应力 80MPa 的计算结果
(a) 磁化曲线; (b) 磁致伸缩曲线

6.3　磁畴翻转模型

从微观角度来讲, 磁致伸缩是由于原子的交换作用力引起的; 从最小能量角度, 铁磁材料的磁化状态发生变化时, 其自身要发生相应的变形, 这样才能满足系统的能量保持在最低, 从而使系统维持稳定状态. $Tb_{1-x}Dy_xFe_2$(又称 Terfenol-D) 是立方 Laves 相的 RFe_2(R 为稀土金属, R = Sm, Tb, $\cdots$) 合金, 它是一种超磁致伸缩材料, 磁致伸缩可达到 10^{-3} 量级. 对于 RFe_2 合金, 它的磁致伸缩是由 R^{3+} 离子的大的 4f 电荷密度各向异性引起的 (Clark, 1980). 由于较高的居里温度和很大的 4f 电子云的各向异性, 导致了在室温时大的立方磁晶各向异性以及超磁致伸缩.

从技术磁化角度, 磁致伸缩是由于磁畴的翻转引起的. Terfenol-D 的易磁化轴是 [111] 方向, 在退磁化状态 (初始磁中性状态) 下, 基于能量最小原理, 磁畴分布于 [111] 各个方向, 则畴壁的方向相应为 $0°$, $71°$, 和 $109°$. 当施加外磁畴时候, 磁畴向最靠近外磁场方向旋转, 从而产生磁致伸缩. Verhoeven 等 (1989) 研究了 [112] 方向生长的 TbDyFe 单晶, 在实验中发现, 当沿着晶体生长方向 ([112] 方向) 施加压应力时, 磁畴将向垂直于 [112] 方向的 [11$\bar{1}$] 方向旋转; 此时在 [112] 方向施加磁场, 则磁畴向最靠近 [112] 方向的易磁化轴 [111] 方向旋转, 从而在生长方向上产生一个正的磁致伸缩应变. 同时, Verhoeven 等 (1989) 发现在 [112] 方向生长的单晶中, 发现对于 Tb 在合金中的比例为 0.316 的材料会发生 "跳变" 现象. 如图 6.23(a) 所示, 材料从原点, 随着磁场的增加磁致伸缩迅速增大, 达到 A 点后逐渐饱和, 这一过程称为 "跳变"(burst or jump effect). Verhoeven 认为磁致伸缩的 "跳变" 是由于大量磁畴突然从 [11$\bar{1}$] 旋转到 [111] 导致的. 磁致伸缩在低场作用下的迅速增加, 对制动器、传感器等方面的应用很重要, Verhoven 等 (1989) 通过热磁处理方法, 可以使没有这一现象的样品的磁畴尽量分布在与 [112] 方向垂直的 $\langle 111 \rangle$ 方向, 从而使材料的磁致伸缩性能得以较大的提高. Jiles 等 (1995) 在对两种不同化学比例的 Terfenol-D 实验中, 不仅出现了 "跳变" 现象, 而且当外加应力达到一定数值时, 在与之对应的磁滞回线中出现了 "扭曲" 现象, 如图 6.23(b) 所示. 在低场时候, 磁感应强度并非光滑增加, 而是出现波折, 这种现象称为 "扭曲"(distortion). 这种 "扭曲" 现象同样是由于磁畴的 $90°$ 旋转. Mei 等 (1998) 分别研究了 [112], [110] 和 [111] 三种方向定向生长的 TbDyFe 单晶的磁致伸缩, 三种不同定向生长的单晶都出现了 "跳变" 现象. Wang 等 (2000) 等对 $\langle 111 \rangle$ 定向的 TbDyFe 单晶分别研究了 $\langle 111 \rangle, \langle 112 \rangle, \langle 110 \rangle$ 方向的磁致伸缩, 他们将材料的磁化和磁致伸缩过程分为三部分: ①磁场小于 $10kA/m$ 时的低场作用下, 同时存在 $180°$, $71°$ 和 $109°$ 的磁畴翻转, 此时 $180°$ 磁畴翻转占优势, 磁致伸缩增加较慢, 但是磁化强度增加较快; ②磁场 $>10kA/m$ 时的中等强度场作用下, 大量磁畴发生 $71°$ 和 $109°$ 翻转, 导致 "跳变"

现象; ③磁场在 50kA/m~640kA/m 之间, 磁畴继续缓慢发生 71° 和 109° 翻转, 导致了 "跳变" 后的磁致伸缩缓慢增长.

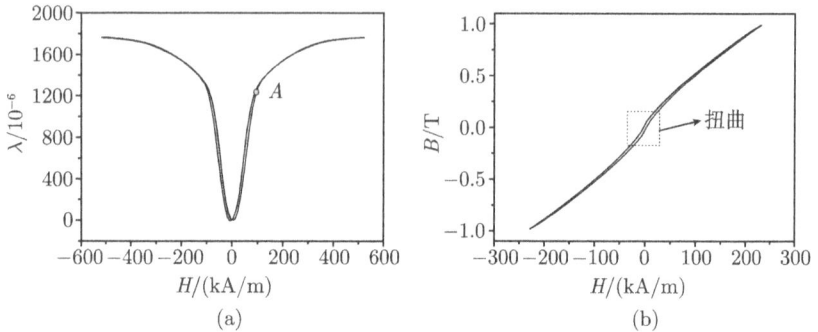

图 6.23 (a) 磁致伸缩; (b) 磁滞回线 (H-B 回线)

从以上实验现象和分析可以看出:

对于生长方向为易磁化方向的单晶([111] 定向的单晶), 在磁场作用下, 大量磁畴从初始状态经过旋转 71° 或者 109° 到 [111], 产生大的磁致伸缩并伴随着 "跳变" 现象.

对于生长方向为 [112] 的单晶, 在磁场作用下, 大量磁畴从 [11$\bar{1}$] 旋转 90° 到 [112] 方向, 产生大的磁致伸缩, 并伴随 "跳变" 现象和磁滞回线中的 "扭曲" 现象. 生长方向为 [110] 方向的单晶与生长方向为 [112] 方向的单晶类似.

以上两点说明, 在超磁致伸缩材料 Terfenol-D 中, 总是 90° 翻转或者近似 90° (71° 和 109°) 磁畴翻转占主导地位.

6.3.1 基本假设与磁畴的类型

从前面的讨论可以看出, 磁畴的旋转导致了超磁致伸缩的产生以及相应磁化强度的改变. Jiles 等 (1994) 指出, 这些旋转是不连续的, 也即只有系统能量到一定阈值时, 磁畴才会发生旋转. 根据这一特性, 结合铁电材料中的畴变模型, 我们提出了基于磁畴旋转机制的磁畴翻转模型.

根据实验和磁畴旋转理论, 磁致伸缩材料中的磁畴翻转有以下两个特点:

① 非连续翻转. 例如从 [11$\bar{1}$] 到 [112], 从系统能量可以看出, 只有当能量到达一定阈值时候才发生翻转. 非 180° 翻转在磁畴的翻转中占优势. 〈111〉 定向生长单晶中主要是 71° 或者 109° 翻转, 〈112〉 定向生长的单晶则发生 90° 翻转.

② 应力诱发 90° 翻转.

于是在这些基础上, 我们做一些简化, 提出磁畴翻转模型. 根据上述两个特点, 我们做出以下基本假设:

① 本畴变模型只考虑 90°, 180° 畴翻转, 且每一次畴只发生 90° 翻转, 180° 翻转可以看做两次 90° 翻转. 实际上, 其畴翻转应该是 70.9°, 109.1° 以及 180°, 用

90°, 180° 畴变代替影响不大. 在铁电畴变模型中也是采用这一假设, 如 PLZT 是四方相的三角晶系材料, 但是我们依然可以认为它只发生 90°, 180° 畴变.

② 假定每个磁畴的应力场和磁场均等于外加应力场和磁场.

为了描述磁畴的分布, 引入两个坐标系: 局部固定坐标系和整体坐标系. 局部坐标系与磁畴相对应, 每一个磁畴都有自己的固定局部坐标系. 固定局部坐标系一旦选定, 它不会随着磁畴的翻转而发生变化, 则它与整体坐标的转化关系也就不随磁畴的翻转而发生变化. 磁畴的局部坐标系根据易磁化轴的方向选取, 如果易磁化方向是 [100] 方向, 可以直接选取晶胞的 3 个主轴; 如果易磁化方向是 [111] 方向, 可以选取以材料易磁化轴为 x_3 轴, 辅以另两个垂直轴构成右手坐标系. 局部坐标系和整体坐标系可以通过 3 个 Euler 角表示, 如图 6.24 所示.

退磁化状态 (磁中性) 下, 根据能量最小原理, 磁畴随机分布在各个方向, 使材料的宏观磁化强度和磁致伸缩为零. 取局部坐标系的 x_3 轴为晶胞的自发磁化强度方向 ([111] 方向), 尽管对于 Terfenol-D 来讲, 它的自发磁化强度方向为 [111], 但根据上面提到的基本假设①, 我们这样选取局部坐标. 首先以 [111] 为 x_3 轴, 在垂直于 x_3 轴的平面上分别选取最靠近 $[11\bar{1}]$ 和 $[\bar{1}1\bar{1}]$ 的两条垂直直线作为 x_1 和 x_2, 如图 6.25 所示.

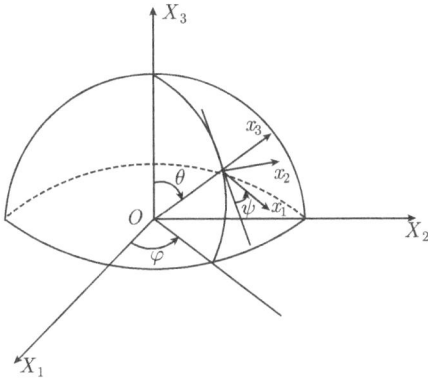

图 6.24　局部坐标与整体坐标　　　　图 6.25　坐标选取示意图

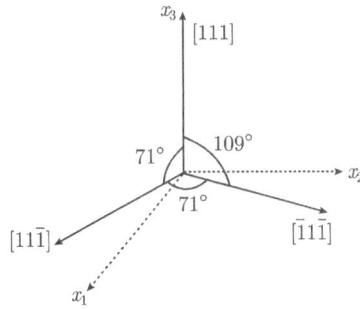

以 X_I 和 $\bar{e}_I$ 表示整体坐标系的坐标轴和基矢量, 以 x_i 和 e_i 表示局部坐标系中的坐标轴和基矢量, 则局部坐标关系和整体坐标关系可以通过 3 个 Euler 角表示

$$x_i = R_{iJ}X_J \tag{6.22}$$

其中,

$$[R_{iJ}] = \begin{bmatrix} \cos\theta\cos\varphi\cos\psi - \sin\varphi\sin\psi & \cos\theta\sin\varphi\cos\psi + \cos\varphi\sin\psi & -\sin\theta\cos\psi \\ -\cos\theta\cos\varphi\sin\psi - \sin\varphi\cos\psi & -\cos\theta\sin\varphi\sin\psi + \cos\varphi\cos\psi & \sin\theta\sin\psi \\ \sin\theta\cos\varphi & \sin\theta\sin\varphi & \cos\theta \end{bmatrix}$$

$$\tag{6.23}$$

每一个畴都可以用局部坐标来代表, 以取向分布函数 $f = f(\theta, \varphi, \psi)$ 来描述局部坐标系的取向分布情况. 由于在初始磁中性状态, 磁畴是均匀分布的, 故 f 在 3 个 Euler 角 θ, φ 和 ψ 上为常数, 根据分布函数的规一化条件

$$\int_0^\pi \int_0^{2\pi} \int_0^{2\pi} f \sin\theta \mathrm{d}\psi \mathrm{d}\varphi \mathrm{d}\theta = 1 \tag{6.24}$$

可得到 $f = \dfrac{1}{8\pi^2}$. 对于任何一个物理量 x, 其体平均 $\langle x \rangle_V$ 都可以通过分布取向函数表示为

$$\langle x \rangle_V = \frac{1}{V} \int_V x \mathrm{d}V = \frac{1}{8\pi^2} \int_0^\pi \int_0^{2\pi} \int_0^{2\pi} x(\theta, \varphi, \psi) \sin\theta \mathrm{d}\psi \mathrm{d}\varphi \mathrm{d}\theta \tag{6.25}$$

通过引入固定局部坐标系和取向分布函数, 可以得到畴的基本参数在整体坐标中的表示. 更重要的是, 定义了局部坐标之后, 磁畴可以根据自发磁极化方向与固定局部坐标的关系, 将其分为 6 种畴.

在不同的坐标系中进行畴的基本参数表达需要进行坐标转换. 建立一个随体的局部坐标系 (x_1', x_2', x_3'), 基矢量表示为 (e_1', e_2', e_3'), 该坐标系固定于畴上, 选取的方法仍如图 6.25 所示, 但是, 此时的局部坐标是随着畴的翻转而发生变化的, 这与前面引入的固定局部坐标不同.

畴的弹性柔度张量 $\boldsymbol{C}$, 压磁系数张量 $\boldsymbol{q}$, 磁导率张量 $\boldsymbol{\mu}$, 可以表示为

$$\boldsymbol{C} = C_{ijkl} e_i' e_j' e_k' e_l', \quad \boldsymbol{q} = q_{ijk} e_i' e_j' e_k', \quad \boldsymbol{\mu} = \mu_{ij} e_i' e_j' \tag{6.26}$$

其中, 压磁系数是将 $\mathrm{d}\lambda/\mathrm{d}H$ 推广至张量表达形式.

对于畴的 6 种形式, 随体局部坐标和固定整体坐标之间的转换关系表示为

$$x_i = T_{ij}^S x_j'^S \tag{6.27}$$

其中, T_{ij}^S 是坐标转换矩阵, S 表示磁畴类型. 则 T_{ij}^S 分布表示为

$$[T_{ij}^1] = \begin{bmatrix} 1 & 0 & 0 \\ 0 & 1 & 0 \\ 0 & 0 & 1 \end{bmatrix}, \quad [T_{ij}^2] = \begin{bmatrix} 1 & 0 & 0 \\ 0 & -1 & 0 \\ 0 & 0 & -1 \end{bmatrix}, \quad [T_{ij}^3] = \begin{bmatrix} 1 & 0 & 0 \\ 0 & 0 & 1 \\ 0 & -1 & 0 \end{bmatrix}$$

$$[T_{ij}^4] = \begin{bmatrix} -1 & 0 & 0 \\ 0 & 0 & -1 \\ 0 & -1 & 0 \end{bmatrix}, \quad [T_{ij}^5] = \begin{bmatrix} 0 & 0 & 1 \\ 0 & 1 & 0 \\ -1 & 0 & 0 \end{bmatrix}, \quad [T_{ij}^6] = \begin{bmatrix} 0 & 0 & -1 \\ 0 & -1 & 0 \\ -1 & 0 & 0 \end{bmatrix}$$

$$\tag{6.28}$$

通过 3 个 Euler 角, 可以确定固定局部坐标系和整体坐标系的转换关系, 则 6 种畴在整体坐标中的参数可以写为

$$C(\theta, \varphi, \psi, S) = C_{ijkl}^S e_i(\theta, \varphi, \psi) e_j(\theta, \varphi, \psi) e_k(\theta, \varphi, \psi) e_l(\theta, \varphi, \psi) \quad (6.29\mathrm{a})$$

$$q(\theta, \varphi, \psi, S) = q_{ijk}^S e_i(\theta, \varphi, \psi) e_j(\theta, \varphi, \psi) e_k(\theta, \varphi, \psi) \quad (6.29\mathrm{b})$$

$$\mu(\theta, \varphi, \psi, S) = \mu_{ij}^S e_i(\theta, \varphi, \psi) e_j(\theta, \varphi, \psi) \quad (6.29\mathrm{c})$$

根据坐标转换关系, 有

$$C_{ijkl}^S = T_{im}^S T_{jn}^S T_{kr}^S T_{ls}^S C_{mnrs}, \quad q_{ijk}^S = T_{im}^S T_{jn}^S T_{kr}^S q_{mnr}, \quad \mu_{ij}^S = T_{im}^S T_{jn}^S \mu_{mn} \quad (6.30)$$

根据以上的转换关系, 我们可以得到各个参数在整体坐标中的表达形式.

6.3.2　磁畴翻转能量准则

不考虑磁晶各向异性能、交换能、磁弹性能, Gibbs 自由能可以表示为 (Carman et al., 1995)

$$G = -\int_0^\sigma \varepsilon : \mathrm{d}\sigma - \int_0^H \boldsymbol{B} \cdot \mathrm{d}\boldsymbol{H} \quad (6.31)$$

单畴的线性本构关系可以表示为

$$\varepsilon_{ij}(\theta, \varphi, \psi; \sigma_{ij}, H_i, S) = \varepsilon_{ij}^*(\theta, \varphi, \psi; S) + C_{ijkl}(\theta, \varphi, \psi; S)\sigma_{kl} + q_{kij}(\theta, \varphi, \psi; S)H_k$$
$$B_i(\theta, \varphi, \psi; \sigma_{ij}, H_i, S) = B_i^*(\theta, \varphi, \psi; S) + q_{ijk}(\theta, \varphi, \psi; S)\sigma_{jk} + \mu_{ij}(\theta, \varphi, \psi; S)H_j$$
$$(6.32)$$

其中, ε_{ij}^* 和 B_i^* 是畴的本征应变和本征磁感应强度, C_{ijkl} 是弹性柔度张量, q_{ijk} 是压磁系数张量, μ_{ij} 是磁导率张量, σ_{ij} 是畴受到的应力, H_j 是畴受到的磁场. 注意, 在铁磁材料中, 存在着退磁场的问题, 即在开磁场中, 在材料内部存在一个与外加磁场方向相反的一个磁场, 它会部分抵消外磁场, 则材料实际受到的磁场将是这两个磁场的叠加:

$$H_i = H_i^{\mathrm{e}} - H_i^{\mathrm{N}} \quad (6.33)$$

这里, H_i^{e} 是外加磁场, H_i^{N} 是退磁场. 退磁场 H_i^{N} 可由退磁因子 N 和磁化强度 M_i 决定, 即

$$H_i^{\mathrm{N}} = -NM_i \quad (6.34)$$

其中, 退磁因子 N 只是材料几何形状的函数, 可由理论结合实验确定.

将式本构关系 (6.32) 代入式 Gibbs 自由能表达式 (6.31) 可得单畴的自由能

$$G = -\left(\varepsilon_{ij}^*\sigma_{ij} + B_i^*H_i + \frac{1}{2}\sigma_{ij}C_{ijkl}\sigma_{kl} + \frac{1}{2}H_i\mu_{ij}H_j + H_iq_{ikl}\sigma_{kl}\right) \quad (6.35)$$

由于采用了基本假设②, 即每个畴所受到的磁场和应力场均等于外加磁场和应力场, 并没有考虑畴之间的相互作用. 忽略了畴之间的相互作用, 使本模型表达简单, 计算方便, 从计算结果和实验数据比较来看, 并没有引起很大的误差.

根据能量最低原理, 当畴处于较低的能量时候系统才稳定, 故通过自由能的变化反映出畴的翻转. 在前面讨论的磁畴旋转模型中, 也是基于此, 根据自由能最小原理, 确定出磁畴旋转的角度. 在本模型中, 磁畴的翻转就是相当于磁畴旋转模型中的不连续旋转, 且翻转发生的是 90° 变化, 而不像在磁畴旋转模型中发生 71° 或 109° 或其他角度的旋转. 这使得模型得以简化.

从式 (6.35) 中可以发现, Gibbs 自由能与局部坐标的 Euler 角, 外载荷以及磁畴的类型 S 相关. 一旦确定了局部坐标的 Euler 角和磁畴类型 S, 就确定了系统中磁畴的分布. 对于任何一个磁畴, 由 Gibbs 自由能状态改变引起的翻转就由磁畴类型 S 的变化确定. 只有两种状态自由能的差超过某个阈值, 磁畴才可能发生翻转, 这个阈值定义为磁畴翻转阻力, 两个状态自由能的差定义为磁畴翻转的驱动力.

从 6.2 节的分析可以看出, 在磁致伸缩材料 (Terfenol-D) 中, 根据材料的晶格结构及材料的磁致伸缩原理, 可以认为磁畴只发生 90° 翻转. 对于 180° 翻转, 即畴的磁化方向的反转, 可以理解为由两次 90° 畴变产生 (但不需要连续两次的 90° 畴变). 由图 6.26(a) 可以看出, Terfenol-D 材料的矫顽场 H_c 很小, 通常只有几个 Oe. 在矫顽场处, 材料的磁化方向出现反转, 认为畴在这一点发生 180° 翻转. 根据 Wang 等 (2000) 的研究, 在低磁场的时候 (矫顽场处在这一范围内), ⟨111⟩ 定向生长的单晶中可能同时存在 180°, 71° 和 109° 翻转, 对比图 6.26(a) 与 (b) 在矫顽场附近的响应, 可以发现磁化方向出现反转, 但此时磁致伸缩只有很平缓的变化. 我们知道, 单纯的 180° 翻转是不会引起晶格的畸变, 不会产生变形, 而在磁致伸缩曲线中出现的平缓变化可以看做由于两次 90° 翻转导致的. 所以从这一点进一步确定材料中 90° 畴变起主导作用. 由于在材料中只发生 90° 翻转, 则材料的翻转中只需要定义 90° 翻转的驱动力

$$F_{90}\left(\theta, \varphi, \psi, \sigma_{ij}^i, H_j^i\right) = \max \left\{ G\left(\theta, \phi, \varphi; \sigma_{ij}^t, H_j^t, S_t\right) - G\left(\theta, \phi, \varphi; \sigma_{ij}^i, H_j^i, S_i\right) \right\} \quad (6.36)$$

其中, (θ, ϕ, φ) 为畴在整体坐标中的 Euler 角, 指标"t"表示当前状态变量, 指标"i"表示可能发生的 90° 畴变的状态; S_t 为当前畴的类型, S_i 为畴可能发生 90° 畴变的类型. 在三维空间坐标中, 相对于当前状态发生 90° 翻转, 只可能有 4 个方向. 假设畴的初始磁化方向沿着 x_3 轴, 则其发生 90° 翻转的方向只能是分别沿着 x_1 和 x_2 轴的 4 个方向, 如图 6.27 所示, 图中实线表示畴的初始磁化方向, 虚线表示可能发生 90° 翻转的 4 个方向.

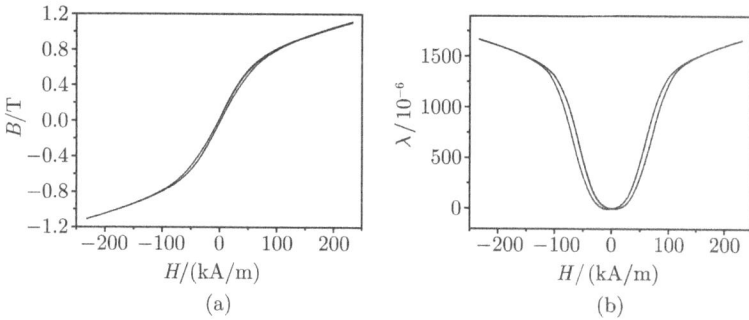

图 6.26　磁致伸缩材料的磁滞回线和磁致伸缩曲线

(a) 磁滞回线; (b) 磁致伸缩回线

式 (6.36) 的物理意义, 就是在 4 个可能的 $90°$ 翻转中寻找 Gibbs 自由能最小的状态, 则畴的 $90°$ 翻转驱动力就是这两个状态的自由能差. 定义畴的翻转阻力为 W_{90}, 则畴翻转的能量准则可以表示如下:

① $F_{90}\left(\theta, \varphi, \psi, \sigma_{ij}^{\mathrm{i}}, H_j^{\mathrm{i}}\right) \geqslant W_{90}$, 则 $S_{\mathrm{t}} = S_{\mathrm{i}}$. 即如果畴的能量超过 $90°$ 畴变阈值, 则发生畴变, 且当前畴的类型变为畴变后的类型.

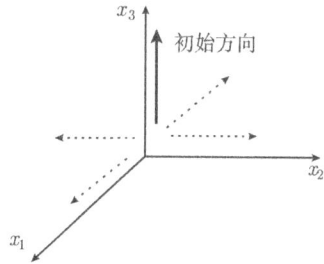

图 6.27　磁畴 $90°$ 翻转示意图

② $F_{90}\left(\theta, \varphi, \psi, \sigma_{ij}^{\mathrm{i}}, H_j^{\mathrm{i}}\right) < W_{90}$, 则 $S_{\mathrm{t}} = S_{\mathrm{t}}$. 即如果畴的能量不超过 $90°$ 畴变阈值, 则不发生畴变, 畴的类型不变.

6.3.3　材料参数的确定

材料微观参数的获取非常重要, 在本模型中, 微观参数可以直接通过实验的方法获取. 对于 Terfenol-D, 目前的技术已经可以按照需要生长任意方向定向的单晶, 并可对这些单晶进行复杂的力磁耦合实验, 从而获得材料的微观参数. 以 [111] 定向生长的单晶为例, 假设单晶为一单畴, 以 x_3 轴为自发磁化方向 (即易磁化方向), 按照图 6.25 所示选取坐标.

我们知道, 在 Terfenol 单晶中, 用以表示磁致伸缩的重要参数分别是 λ_{111} 和 λ_{100} 这两个磁致伸缩系数. 这两个参数分别表示磁场沿着 [111] 和 [100] 方向时候, 单晶体在这两个方向上发生的变形. 在磁畴旋转理论中, 认为磁致伸缩就是由于磁场和晶轴间夹角的变化引起的, 其幅值仅仅由 λ_{111} 和 λ_{100} 决定, 也即材料已经在 [111] 和 [100] 方向发生特定变形 λ_{111} 和 λ_{100}, 而系统的形变即可通过这两个量以及外场的夹角就可以确定了系统的磁致伸缩. 实际上, 从这个方面来看, λ_{111} 和 λ_{100} 便可认为是本征应变.

综上所述, 本征应变在图 6.25 所示的坐标中可以表示为

$$\varepsilon_{33}^* = \lambda_{111}, \quad \varepsilon_{11}^* = \varepsilon_{22}^* = -\lambda_{100} \tag{6.37}$$

同理, 本征磁感应强度可以表示为

$$B_i^* = \mu_0 M_i^s \tag{6.38}$$

其中, λ_{111} 和 λ_{100} 为单晶的磁致伸缩常数, M_i^s 为饱和磁化强度. 以上各量均可从实验直接获取.

同样, 磁导率 μ_{ij}、弹性模量 C_{ijkl} 和压磁系数 $q_{ijk}(\mathrm{d}\lambda/\mathrm{d}H$ 的推广) 均可以通过单晶的实验获得. 注意, 在本模型中, 压磁系数 q_{ijk} 的物理意义不同于铁电材料中的压电系数, 更主要是由于数学上的需要而引入. 在实验中, $\mathrm{d}\lambda/\mathrm{d}H$ 是重要的参数, 并可以获知, 则压磁系数 q_{ijk} 就是它的推广.

为了确定 90° 翻转阻力, 需要知道翻转前后的状态. 图 6.28 表示了发生 90° 翻转的两个状态, 初始状态时, 材料沿着应力方向的变形是 λ_{100}, 发生 90° 翻转之后, 这一方向的变形是 λ_{111}, 根据这样的变形, 可以分别写出两种状态的 Gibbs 自由能. 注意, 发生 90° 翻转可以仅仅由应力引起. 根据实验中测得的应力—应变曲线, 我们可以得到矫顽应力, 从而确定了 90° 翻转阻力

$$W_{90} = (\lambda_{111} - \lambda_{100})\,\sigma_\mathrm{c} + \frac{1}{2}\,(C_{1111} - C_{3333})\,\sigma_\mathrm{c}^2 \tag{6.39}$$

其中, λ_{111} 和 λ_{100} 为单晶的磁致伸缩常数, σ_c 为矫顽应力, C_{1111} 和 C_{3333} 为弹性常数.

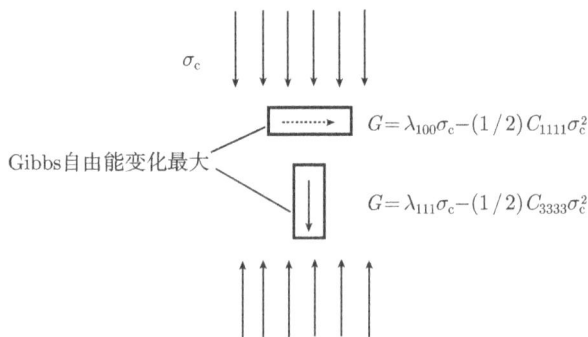

图 6.28 翻转阻力 W_{90} 的确定

6.3.4 宏观本构关系

材料的宏观应变和宏观磁感应强度是所有磁畴的应变和磁感应强度的平均. 由于磁畴初始状态下均匀分布, 则在固定局部坐标下, 尽管畴发生翻转, 但是畴占用

的空间依然为均匀分布, 则可以写为

$$\bar{\varepsilon}_{ij} = \frac{1}{V}\int_V \varepsilon_{ij}\mathrm{d}V = \frac{1}{8\pi^2}\int_0^\pi\int_0^{2\pi}\int_0^{2\pi}\varepsilon_{ij}\left(\theta,\varphi,\psi\right)\sin\theta\mathrm{d}\psi\mathrm{d}\varphi\mathrm{d}\theta \tag{6.40a}$$

$$\bar{B}_i = \frac{1}{V}\int_V B_i\mathrm{d}V = \frac{1}{8\pi^2}\int_0^\pi\int_0^{2\pi}\int_0^{2\pi}B_i\left(\theta,\varphi,\psi\right)\sin\theta\mathrm{d}\psi\mathrm{d}\varphi\mathrm{d}\theta \tag{6.40b}$$

将单畴的线性本构方程 (6.32) 代入上式, 可以得到宏观本构关系

$$\bar{\varepsilon}_{ij} = \bar{\varepsilon}_{ij}^* + \bar{C}_{ijkl}\sigma_{kl} + \bar{q}_{kij}H_k \tag{6.41a}$$

$$\bar{B}_i = \bar{B}_i^* + \bar{q}_{ikl}\sigma_{kl} + \bar{\mu}_{ij}H_j \tag{6.41b}$$

其中,

$$\bar{\varepsilon}_{ij}^* = \frac{1}{8\pi^2}\int_0^\pi\int_0^{2\pi}\int_0^{2\pi}\varepsilon_{ij}^*\left(\theta,\varphi,\psi\right)\sin\theta\mathrm{d}\psi\mathrm{d}\varphi\mathrm{d}\theta \tag{6.42a}$$

$$\bar{B}_i^* = \frac{1}{8\pi^2}\int_0^\pi\int_0^{2\pi}\int_0^{2\pi}B_i^*\left(\theta,\varphi,\psi\right)\sin\theta\mathrm{d}\psi\mathrm{d}\varphi\mathrm{d}\theta \tag{6.42b}$$

$$\bar{C}_{ijkl} = \frac{1}{8\pi^2}\int_0^\pi\int_0^{2\pi}\int_0^{2\pi}C_{ijkl}\left(\theta,\varphi,\psi\right)\sin\theta\mathrm{d}\psi\mathrm{d}\varphi\mathrm{d}\theta \tag{6.42c}$$

$$\bar{q}_{ijk} = \frac{1}{8\pi^2}\int_0^\pi\int_0^{2\pi}\int_0^{2\pi}q_{ijk}\left(\theta,\varphi,\psi\right)\sin\theta\mathrm{d}\psi\mathrm{d}\varphi\mathrm{d}\theta \tag{6.42d}$$

$$\bar{\mu} = \frac{1}{8\pi^2}\int_0^\pi\int_0^{2\pi}\int_0^{2\pi}\mu_{ij}\left(\theta,\varphi,\psi\right)\sin\theta\mathrm{d}\psi\mathrm{d}\varphi\mathrm{d}\theta \tag{6.42e}$$

6.3.5　理论与实验结果对比

在 4.2 节中已经指出, 由于对于磁致伸缩材料 Terfenol 而言, 人们更注重对其相对变化量的研究, 故在下列的计算中, 均取磁致伸缩的相对变化量. 本节中的实验数据是我们自己的实验结果. 设沿着材料的 x_3 轴施加磁场 $H_3 = H$ 和应力 $\sigma_{33} = \sigma$, 则相应的磁感应强度 $B_3 = B$, 磁致伸缩 $\lambda = \varepsilon_{33}$. 表 6.2 列出计算中用到的实验参数.

表 6.2　[110]方向定向生长的 Terfenol-D 多晶的材料常数

材料参数	数值
杨氏模量/GPa	59.1
泊松比	0.1
真空磁导率 μ_0/(H/m)	$4\pi\times10^{-7}$
压磁系数 q_{333}/(m/A)	1.8×10^{-9}
压磁系数 q_{311}/(m/A)	-0.9×10^{-9}
压磁系数 q_{113}/(m/A)	1.95×10^{-9}

材料参数	数值
矫顽应力 σ_c/MPa	2.0
磁致伸缩系数 λ_{111}	1700×10^{-6}
磁致伸缩系数 λ_{100}	100×10^{-6}
磁导率 μ/(H/m)	2.26911×10^{-6}
饱和磁感应强度 B^*/T	0.9
退磁因子 N	0.09

图 6.29 显示了计算得到的应力—应变曲线和实验的比较, 从图中可以看出, 计算结果的应力矫顽场、剩余应变和弹性模量与实验基本一致, 但是实验中 90° 翻转区要更长一些, 而且在外加应力卸载过程中, 出现明显的弯曲, 而非计算结果显示的直线. 这是由于在卸载过程中, 会有部分畴会重新翻转到原来的状态导致的.

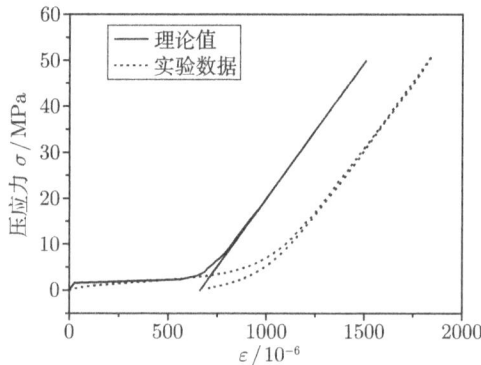

图 6.29　Terfenol-D 的应力—应变曲线

图 6.30(a) 和 (b) 分别显示了零应力状态下, 磁致回线和磁致伸缩曲线的理论结果和实验结果的比较, 磁滞回线的计算结果基本吻合实验, 但是磁致伸缩的曲线中出现交叉点要高于实验结果. 这是由于真实的材料中, 畴的翻转并非只有 90°, 实际上可能是 71° 或 109°, 正是由于本模型做了只有 90° 翻转的简化导致了这一现象. 图 6.31(a) 和 (b) 分别显示了 10MPa 应力状态下, 磁致回线和磁致伸缩曲线的理论结果和实验结果的比较. 在理论计算中, 磁滞回线出现了 "扭曲"(distortion) 现象, 这和 Jiles, Clark 等的实验现象是吻合的. 在此应力状态下, 磁致伸缩曲线较好地符合实验数据. 图 6.32(a) 和 (b) 分别显示了 20MPa 应力状态下, 磁致回线和磁致伸缩曲线的理论结果和实验结果的比较. 同样在磁滞回线曲线中, 理论计算结果中出现了 "扭曲" 现象. 理论结果中出现的 "扭曲" 现象再次验证了这是由于畴的 90° 翻转引起的这一结论.

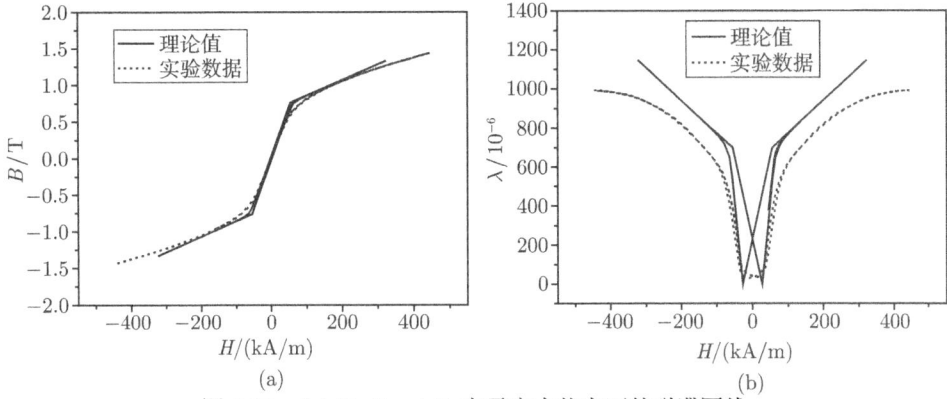

图 6.30　(a) Terfenol-D 在零应力状态下的磁滞回线;
(b) Terfenol-D 在零应力状态下的磁致伸缩曲线

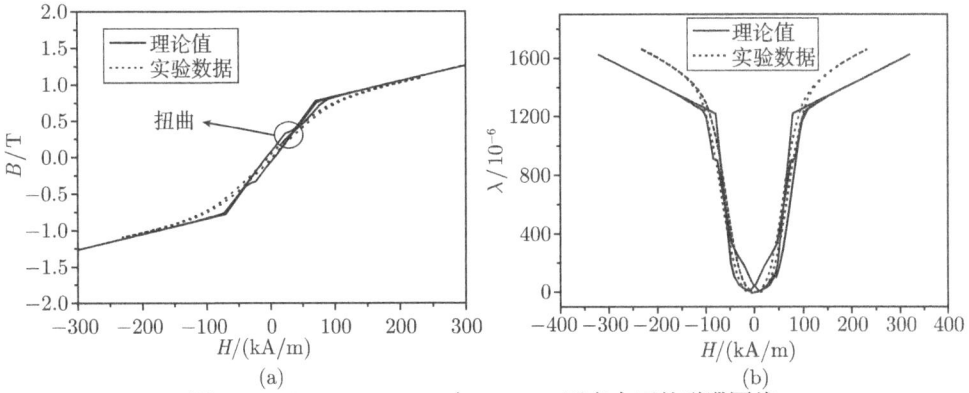

图 6.31　(a) Terfenol-D 在 10MPa 压应力下的磁滞回线;
(b) Terfenol-D 在 10MPa 压应力状态下的磁致伸缩曲线

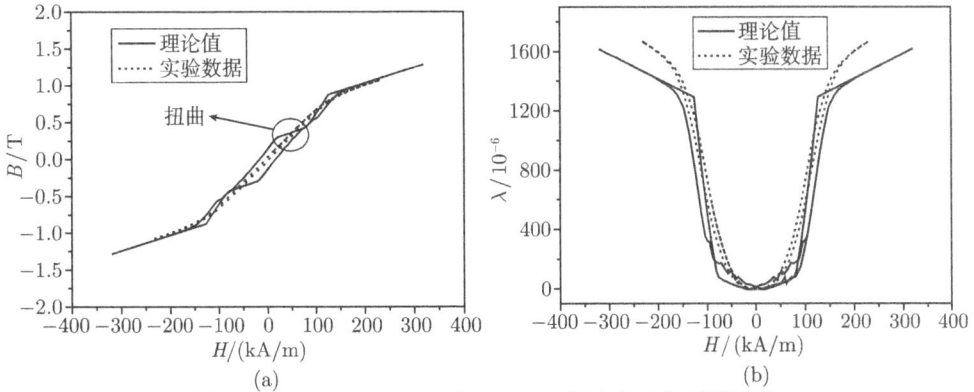

图 6.32　(a) Terfenol-D 在 20MPa 压应力下的磁滞回线;
(b) Terfenol-D 在 20MPa 压应力状态下的磁致伸缩曲线

6.4 本 章 小 结

首先, 本章提出了各向异性磁畴旋转模型, 它的物理意义明确, 表述简单. 在实验的基础上, 我们提出了能量分布参数为预应力的线性函数, 修改后的唯象各向异性磁畴旋转模型, 很好地预测了超磁致伸缩材料在力磁热耦合场下的非滞后的非线性行为, 理论预测与实验结果吻合很好; 并且假设能量分布参数为磁化状态的函数, 引入了耗散参数, 描述了磁滞回线和磁致伸缩曲线, 很好地预测了超磁致伸缩材料的磁滞现象, 理论预测与实验结果吻合得很好.

然后, 本章提出的磁畴翻转模型表达简单, 物理意义清晰, 计算结果能够较好地符合实验数据. 尤其在磁滞回线中, 能够预测出 "扭曲" 现象, 这一实验中发现的现象在本模型中得到证实, 从而进一步说明本模型中基本假设①, 即畴只发生 90° 翻转是正确的. 结合了 Presiach 模型和 Stoner-Wohlfarth 模型的特点, 微观参数均可以直接通过实验测取, 表达简单. 可以准确预测磁滞回线, 以及磁滞回线加应力之后产生的扭曲, 比较准确预测出一定应力范围内的磁致伸缩回线.

第 7 章　磁致伸缩材料的磁弹性耦合断裂力学

磁性材料在工程中的广泛应用引起了人们对磁性材料在磁场中安全问题的关心. 一方面涉及磁性材料的磁弹性屈曲问题, Moon 等 (1968) 对处于均匀外加横向静磁场中的梁式板的磁弹性屈曲, 进行了实验研究和理论分析. Panovko 等 (1965) 首先对处于磁场中梁的静力稳定性进行了研究. Pao 等 (1973) 提出了一类软铁磁材料的本构关系, 并得到线性化的理论, 应用这一线性化的理论研究了板的磁弹性屈曲的问题. 另一方面主要涉及磁性材料的磁弹性断裂问题, 这个问题最先由 Shindo 进行了理论研究. Shindo(1977) 利用 Pao 等 (1973) 的线性化磁弹性模型, 采用积分变换的方法求解了在均匀外磁场作用下, 平面无限大各向同性软铁磁材料中含一个中心穿透裂纹的问题. 后来 Shindo 等 (1978; 1980; 1988) 用同样的方法分析了均匀外磁场作用下, 无限大软铁磁介质中含一个三维币状裂纹问题、平面共线裂纹问题、软铁磁介质中线性裂纹的动态和冲击响应问题等. Ang(1989) 推导了各向异性软铁磁材料的磁弹性格式, 并运用于裂纹问题. Sabir 和 Maugin(1996) 基于理性力学的磁弹性理论, 引入和推导了软铁磁介质中裂纹的能量释放率和路径无关积分. Bagdasarian 等 (2000) 基于 Pao 的线性化理论, 研究了一个半无穷平面软铁磁材料内含一个穿透裂纹在均匀磁场作用下, 边界约束条件对裂纹应力强度因子的影响. 本章内容包括磁致伸缩材料的磁弹性耦合断裂, 含裂纹磁致伸缩材料的线性磁化模型, 小范围理想饱和磁化断裂模型.

7.1　磁致伸缩材料的磁弹性耦合断裂

在研究软磁材料的裂纹问题时, 一般忽略磁致伸缩效应. 这主要是针对磁致伸缩效应很小的软铁磁材料, 如应用于核反应堆的铁磁钢. 如今稀土超磁致伸缩材料已经被开发出来, 并得到了广泛的应用. 这类材料的一个显著特点是磁致应变巨大. 研究这类材料的磁弹性变形与断裂对于工程设计与实际应用具有重要意义 (Clark, 1980; Greenough et al., 1991). 磁致伸缩材料的实验结果表明 (Karapetoff, 1911; 邹继斌, 刘宝廷等, 1998): ① 处于一定大小的磁场中的材料, 当作用在材料的应力发生变化时, 如果变形足够小, 材料内的磁场不会改变. 而材料内的磁化强度则会有明显改变, 改变的程度依赖于材料对应力的敏感性以及应力的大小. 材料的磁化强度依赖于磁场和应力. 事实上, 在有关恒磁场作用下的应力磁化实验正是利用了这个特点而进行的. ② 在较小磁场作用下, 材料的磁致应变是依赖于材料的磁化强度的二次方. 在材料磁化饱和后, 继续加大磁场, 材料的磁致应变不再增加. 从实验可知, 磁致伸缩变形是材料的非线性效应, 磁致伸缩材料的一般本构关系可以表示为 (忽略高次应力项)(Wan, Fang et al., 2003a; 2003b)

$$\varepsilon_{ij} = s_{ijkl}\sigma_{kl} + m_{ijkl}^{\mathrm{B}}B_k B_l \tag{7.1a}$$

$$B_k = \mu H_k + 2m_{klmn}^{\mathrm{H}}\sigma_{mn}H_l \tag{7.1b}$$

其中, s_{ijkl} 和 m_{ijkl}^{B} 分别是弹性柔度和感应磁致伸缩系数张量, m_{ijkl}^{H} 是材料的场磁致伸缩系数张量. m_{ijkl}^{B} 和 m_{ijkl}^{H} 都是描述材料的磁致伸缩性能的材料参数, 是互不独立的. ε_{ij} 和 σ_{ij} 分别是应变和应力张量, B_k 和 H_k 分别是磁感应强度和磁场强度矢量. μ 是材料的磁导率. 从 (7.1a) 式可以看出, 材料内应变包括弹性应变和磁致应变, 磁致应变与材料内的磁感应强度是二次方关系. 方程 (7.1b) 可以表示成材料的磁化强度的形式

$$\mu_0 J_k = \mu_0 \chi H_k + m_{klmn}^{\mathrm{H}}\sigma_{mn}H_l \tag{7.2}$$

其中, $\mu_0 J_k = B_k - \mu_0 H_k$, J_k 称为磁化强度, μ_0 是真空磁导率, χ 是材料的磁化率. 因此, 材料的磁化包括线性磁化和应力引起的磁化两部分. 由于材料的磁化强度依赖于材料内的应力场, 磁化强度又通过磁致伸缩变形影响应力—应变场, 因此, 材料的弹性场和磁化强度场是相互耦合的. 在求解磁致伸缩材料的裂纹问题时, 运用这种非线性耦合本构关系, 采用解析的办法求解一般三维问题是很困难的, 有时甚至是不可能的.

磁致伸缩问题与电致伸缩问题在数学描述方面具有相似之处. 在电致伸缩问题中, 为了理论分析电致伸缩材料的裂纹问题, 通常忽略应力对电极化的影响 (Knops, 1963; Smith et al., 1966; McMeeking, 1989; Yang et al., 1994). 在理论分析磁致伸缩材料的裂纹问题时 (Wan, Fang et al., 2003a; 2003b), 采取了相似的简化, 即忽略应力对磁化强度的影响, 认为 $B_k = \mu H_k$, 从而有

$$\varepsilon_{ij} = s_{ijkl}\sigma_{kl} + m_{ijkl}^{\mathrm{H}}H_k H_l \tag{7.3}$$

然而, 这种忽略对于应力敏感性较强的磁致伸缩材料 (如稀土超磁致伸缩材料) 是没有实验支持的. 这种忽略对于含裂纹时材料的变形与断裂的影响有多大还需要分析. 为了研究耦合磁弹情况下的裂纹尖端场, 分析考虑应力对材料磁化强度场的影响时, 对裂纹尖端场及断裂参数的影响, 从而为磁致伸缩材料的磁弹分析的简化方法提供依据, 本节求解裂纹问题中较简单的一种情形, 即反平面剪切问题.

7.1.1 基本方程及问题的描述

研究含一个中心穿透裂纹的平面无限大磁致伸缩材料薄板, 在无穷远处作用面内磁场 H^∞ 和离面切应力 σ_{32}^∞, 裂纹长 $2a$, 如图 7.1 所示. 在小变形情况下, 应变是位移梯度的对称部分.

$$\varepsilon_{ij} = \frac{1}{2}(u_{i,j} + u_{j,i}) \tag{7.4}$$

其中, $\boldsymbol{u}_i$ 为位移矢量. 无体力的平衡方程为

$$\sigma_{ij,j} = 0 \tag{7.5}$$

考虑磁弹耦合的本构关系, 即考虑应力对材料的磁化强度的影响. 将 (7.1b) 式代入 (7.1a) 式, 忽略高次应力, 可以得到相应的磁弹耦合的应力—应变关系 (Wan, Fang et al., 2003a; 2003b):

$$\varepsilon_{ij} = s_{ijkl}\sigma_{kl} + m_{ijkl}^{\mathrm{H}} H_k H_l + r_{ijklmn}\sigma_{mn} H_k H_l \tag{7.6}$$

其中, s_{ijkl} 是弹性柔度张量, m_{ijkl}^{H} 是材料的场磁致伸缩系数张量, r_{ijklmn} 是场磁弹耦合张量. 对于各向同性材料, 这 3 个张量均为各向同性张量. 其一般表达式分别为 (Wan, Fang et al., 2003a; 2003b)

$$s_{ijkl} = \left(\frac{1}{9K} - \frac{1}{6G}\right)\delta_{ij}\delta_{kl} + \frac{1}{4G}(\delta_{ik}\delta_{jl} + \delta_{il}\delta_{jk}) \tag{7.7a}$$

$$m_{ijkl}^{\mathrm{H}} = m_{12}\delta_{ij}\delta_{kl} + \frac{1}{2}(m_{11} - m_{12})(\delta_{ik}\delta_{jl} + \delta_{il}\delta_{jk}) \tag{7.7b}$$

$$r_{ijklmn} = \frac{1}{6}\frac{r^{\mathrm{H}}}{(m_{11})^2}[(m_{ijlp}^{\mathrm{H}}m_{pkmn}^{\mathrm{H}} + m_{ijkp}^{\mathrm{H}}m_{plmn}^{\mathrm{H}}) + (m_{ijmp}^{\mathrm{H}}m_{pnkl}^{\mathrm{H}} + m_{ijnp}^{\mathrm{H}}m_{pmkl}^{\mathrm{H}})$$
$$+ (m_{klip}^{\mathrm{H}}m_{pjmn}^{\mathrm{H}} + m_{kljp}^{\mathrm{H}}m_{pimn}^{\mathrm{H}})] \tag{7.7c}$$

这里, K 是材料的体积模量, G 是材料的剪切模量. m_{11} 是单位外磁场所产生的在磁场方向的磁致伸缩应变, m_{12} 是单位外磁场引起的在垂直于外磁场方向的应变. r^{H} 表示在一维实验中 (应力与磁场的方向一致), 由单位应力作用下, 由单位磁场产生的在磁场方向上的应变. 这 3 个参数都可由一维实验得到. δ_{ij} 是 Kronecker 符号.

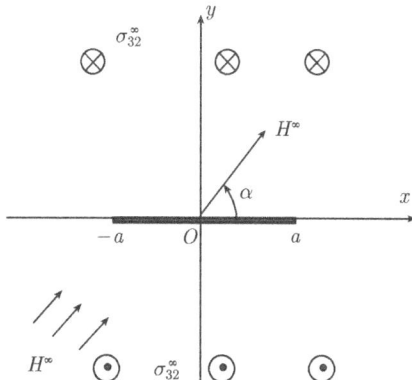

图 7.1　含一个中心裂纹的无限大软磁材料平面薄板

根据实验 (Karapetoff, 1911; 邹继斌, 刘宝廷等, 1998), 如图 7.2(a) 所示, 一块均质材料夹持在磁场的两个磁极头之间. 材料在磁场的作用下磁化, 对于均质材料而言, 可以发现材料所处的磁场是均匀的, 由于磁场切向方向连续, 因此, 材料内的磁场也是均匀的. 在小变形的范围内, 即使施加外应力, 如果同时测量材料的磁化强度, 可以发现一般材料的磁化强度会随外应力的变化而变化, 而磁场几乎不变. 因此, 在小变形范围内, 应力对材料内磁场的分布没有影响. 本节根据这个实验结果假定, 材料内磁场的分布仅依赖于材料本身的构型, 而与材料内的应力无关. 在小变形情况下, 不区分变形前后的构型, 因此, 材料内磁场的分布仅决定于材料变形前的构型. 在远场仅作用面内磁场 H^∞ 时, 材料内必无离面方向的磁场分量, 即 $H_3 = 0$, 仅有面内磁场分量 H_1 和 H_2. 将本构关系 (7.6) 式整理成矩阵的形式得到

$$
\begin{pmatrix} \varepsilon_{11} \\ \varepsilon_{22} \\ \varepsilon_{33} \\ 2\varepsilon_{12} \\ 2\varepsilon_{23} \\ 2\varepsilon_{13} \end{pmatrix} = \begin{bmatrix} S_1 + T_1 & S_2 + T_3 & S_2 + T_7 & 2T_8 & 0 & 0 \\ S_2 + T_3 & S_1 + T_2 & S_2 + T_9 & 2T_8 & 0 & 0 \\ S_2 + T_7 & S_2 + T_9 & S_1 + T_3 & 2T_{10} & 0 & 0 \\ 2T_8 & 2T_8 & 2T_{10} & \dfrac{1}{G} + 4T_4 & 0 & 0 \\ 0 & 0 & 0 & 0 & \dfrac{1}{G} + 4T_5 & 4T_{11} \\ 0 & 0 & 0 & 0 & 4T_{11} & \dfrac{1}{G} + 4T_6 \end{bmatrix}
$$

$$
\cdot \begin{pmatrix} \sigma_{11} \\ \sigma_{22} \\ \sigma_{33} \\ \sigma_{12} \\ \sigma_{23} \\ \sigma_{13} \end{pmatrix} + \begin{pmatrix} \varepsilon_{11}^{\mathrm{H}} \\ \varepsilon_{22}^{\mathrm{H}} \\ \varepsilon_{33}^{\mathrm{H}} \\ 2\varepsilon_{12}^{\mathrm{H}} \\ 2\varepsilon_{23}^{\mathrm{H}} \\ 2\varepsilon_{13}^{\mathrm{H}} \end{pmatrix} \tag{7.8}
$$

其中, 各个系数 S_1, S_2, $T_1 \sim T_{11}$ 以及 $\varepsilon_{11}^{\mathrm{H}} \sim \varepsilon_{33}^{\mathrm{H}}$ 见附录 B. 从本构关系的矩阵表达式 (7.8) 可以看出, 离面变形与面内应力是解耦的.

当材料是电介质 (无自由电荷和自由电流) 时, 且研究的问题是准静态时, 磁场强度 H 和磁感应强度 B 满足如下方程

$$
\nabla \times H = 0, \quad \nabla \cdot B = 0 \tag{7.9a,b}
$$

即在界面两侧磁场强度的切向分量连续, 磁感应强度的法向分量连续, 这与电场强度和电位移分布具有相似的规律. 然而, 在裂纹问题的理论模型中, 边界条件的提法对于电场和磁场是不同的. 这是因为: ① 从物理本质来看, 到目前为止, 还没有发现和点电荷相类似的所谓磁荷 (即磁单极). ② 任何介质都有且仅有一定的导磁能力, 这与电场不同. 对于电导体, 可以认为其介电常数为无穷, 而对于绝缘体

而言, 其介电常数为零. 我们知道真空或空气也是一种磁介质. 裂纹内介质即是真空, 其导磁率为 μ_0. 因此, 在裂纹边界面的磁场边界条件不能提出类似于电绝缘边界条件的所谓磁绝缘边界条件. 对于磁场在含闭合裂纹的材料内的分布, 可以由如图 7.2(b) 所示的实验作一个说明. 这个实验表示的是当一块均质材料在断裂后, 将材料复原放入磁极头之间, 测量周围的磁场以及材料的磁化强度. 实验表明, 如果材料周围的磁场是均匀的, 根据磁场切向连续和磁路的特点可以知道, 材料内磁场仍是均匀的. 因此, 均质材料内的闭合裂纹对于材料内磁场是透明的, 不会影响磁场的分布. 事实上, 在磁路设计通常为了引导磁路, 以及实验中消除试件的退磁场等情形时, 都通常利用这一点, 采用叠加上一块大导磁率的材料的办法来引导磁路 (Karapetoff, 1911; 邹继斌, 刘宝廷等, 1998).

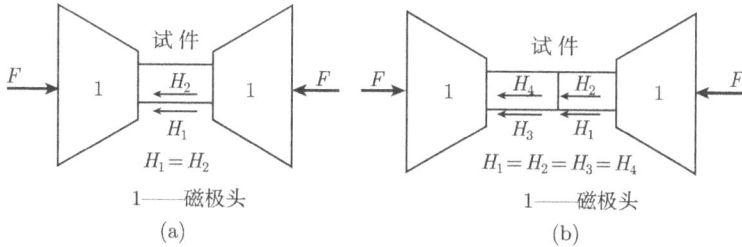

图 7.2　材料磁化实验
(a) 均质材料; (b) 均质材料断裂后复原

对于本节研究的理论模型, 由于平面介质内仅有离面切应力, 变形后裂纹面对于面内磁场而言仍然保持闭合, 因此, 面内磁场在材料内的分布不受裂纹的影响, 是均匀的, 磁场的方向与大小都等于远场作用的磁场.

$$H_1 = H_1^\infty, \quad H_2 = H_2^\infty \tag{7.10a,b}$$

显然, 这个分布是满足磁场的控制方程 (7.9a) 的. 将 (7.10a,b) 代入本构关系 (7.8) 式, 表明磁致应变 ε^{H}(方程 (7.8) 右边的第二项) 在整个平面内是一个均匀的常应变. 如果在远场没有作用面内应力, 则整个平面的面内应力为零, 即 $\sigma_{11} = \sigma_{22} = \sigma_{12} = 0$. 同时, 对于平面薄板, 显然有 $\sigma_{33} = 0$. 因此, 当远场仅作用离面切应力 σ_{32}^∞ 时, 则在材料内仅有离面切应力. 如果应力已求得, 则材料内磁感应强度的分布可以由式 (7.1b) 计算得到. 可以验证, $\boldsymbol{\nabla} \cdot \boldsymbol{B} = 0$, 即磁感应强度满足控制方程 (7.9b).

位移的基本未知量是 u_3, 应力的未知量是 σ_{13} 和 σ_{23}, 应变的基本未知量是 ε_{13} 和 ε_{23}. 满足的基本方程和相应的边界条件为

$$\frac{\partial \sigma_{13}}{\partial x} + \frac{\partial \sigma_{23}}{\partial y} = 0 \tag{7.11a}$$

$$\varepsilon_{13} = \frac{1}{2}\frac{\partial u_3}{\partial x}, \quad \varepsilon_{23} = \frac{1}{2}\frac{\partial u_3}{\partial y} \tag{7.11b,c}$$

$$\varepsilon_{13} = \frac{1}{2G_1}\sigma_{13} + \frac{1}{S}\sigma_{23}, \quad \varepsilon_{23} = \frac{1}{2G_2}\sigma_{23} + \frac{1}{S}\sigma_{13} \tag{7.11d,e}$$

其中,

$$\frac{1}{2G_1} = \frac{1}{2G} + 2T_6, \quad \frac{1}{2G_2} = \frac{1}{2G} + 2T_5, \quad \frac{1}{S} = 2T_{11} \tag{7.12a,b,c}$$

应力边界条件为

$$\sigma_{13}|_{\infty} = 0, \quad \sigma_{23}|_{\infty} = \sigma_{23}^{\infty}, \quad \sigma_{23}|_{|x|<a,y=0} = 0 \tag{7.13a,b,c}$$

7.1.2 问题的求解

引入应力函数

$$\sigma_{13} = \frac{\partial \phi}{\partial y}, \quad \sigma_{23} = -\frac{\partial \phi}{\partial x} \tag{7.14a,b}$$

代入 (7.11d,e), 并代入应变协调方程 $\dfrac{\partial \varepsilon_{13}}{\partial y} = \dfrac{\partial \varepsilon_{23}}{\partial x}$ 得

$$\frac{1}{2G_1}\frac{\partial^2 \phi}{\partial y^2} + \frac{1}{2G_2}\frac{\partial^2 \phi}{\partial x^2} - \frac{2}{S}\frac{\partial^2 \phi}{\partial x \partial y} = 0 \tag{7.15}$$

采用 Stroh(1958) 方法求解. 设方程 (7.15) 有下面形式的解,

$$\phi(x,y) = f(z) \tag{7.16}$$

其中, $z = x + p \cdot y$, p 为待定常数. 将 (7.16) 式代入 (7.15) 式得

$$\left(\frac{1}{2G_1}p^2 - \frac{2}{S}p + \frac{1}{2G_2} \right)\frac{\partial^2 f(z)}{\partial z^2} = 0 \tag{7.17}$$

由方程 (7.17) 的系数为 0

$$\frac{1}{2G_1}p^2 - \frac{2}{S}p + \frac{1}{2G_2} = 0 \tag{7.18}$$

确定待定常数 p

$$p_{1,2} = G_1 \left(\frac{2}{S} \pm \lambda \cdot i \right) \tag{7.19}$$

这里, $i = \sqrt{-1}$

$$\lambda = \sqrt{\frac{1}{G_1 G_2} - \frac{4}{S^2}} \tag{7.20}$$

为实数. 显然, p_1 与 p_2 互为共轭. 则应力函数具有下面形式的解

$$\phi = 2\mathrm{Re}[f(z)] \tag{7.21}$$

其中, $z = x + p \cdot y$

$$p = G_1 \left(\frac{2}{S} + \lambda \cdot \mathrm{i} \right) \tag{7.22}$$

引入变换

$$z = \frac{1}{2} \cdot a \cdot (\xi + \xi^{-1}) \tag{7.23a}$$

则有

$$\xi = \frac{1}{a} \cdot (z + \sqrt{z^2 - a^2}) \tag{7.23b}$$

$$\xi^{-1} = \frac{1}{a} \cdot (z - \sqrt{z^2 - a^2}) \tag{7.23c}$$

将 z 平面的裂纹的外域, 变换到 ξ 平面的单位圆的外域, 则任一弧段 $\overline{AB}$ 上的合力为

$$t = \int_{AB} (\sigma_{13} n_1 + \sigma_{23} n_2) \mathrm{d}s \tag{7.24}$$

其中, $n_1 = -\dfrac{\mathrm{d}y}{\mathrm{d}s}$, $n_2 = \dfrac{\mathrm{d}x}{\mathrm{d}s}$ 为外法线方向余弦. 代入应力函数表示的应力分量 (7.14a,b) 式, 则有

$$t = -\phi|_{AB} \tag{7.25}$$

取函数

$$f(z) = A_1 \cdot z + A_2 \cdot \xi^{-1} \tag{7.26}$$

其中, 第一项表示无裂纹时的解, 第二项表示裂纹产生的扰动解. 将 (7.26) 式代入 (7.21), 再代入 (7.14a,b) 式得到应力

$$\sigma_{31} = 2\mathrm{Re}\left[\left(A_1 - \frac{1}{\xi\sqrt{z^2 - a^2}} A_2 \right) \cdot p \right] \tag{7.27a}$$

$$\sigma_{32} = -2\mathrm{Re}\left(A_1 - \frac{1}{\xi\sqrt{z^2 - a^2}} A_2 \right) \tag{7.27b}$$

其中, Re( ) 表示取实部. 待定系数 A_1, A_2 由裂纹面和远场边界条件确定得

$$A_1 = -\frac{1}{2}\left(1 + \frac{2}{S \cdot \lambda} \cdot \mathrm{i} \right) \cdot \sigma_{32}^{\infty}, \quad A_2 = \frac{1}{2} \cdot a \cdot \sigma_{32}^{\infty} \tag{7.28a,b}$$

这里, S 和 λ 分别如 (7.12c) 和 (7.20) 式所示. 将 (7.28a,b) 和 (7.23c) 代入 (7.27) 式得到应力表达式

$$\sigma_{31} = -2 \cdot \sigma_{32}^{\infty} \cdot \mathrm{Re}\left[\left(\mathrm{i} \cdot \frac{1}{S \cdot \lambda} + \frac{1}{2}\frac{z}{\sqrt{z^2 - a^2}} \right) \cdot p \right] \tag{7.29a}$$

$$\sigma_{32} = 2 \cdot \sigma_{32}^{\infty} \cdot \mathrm{Re}\left(\mathrm{i} \cdot \frac{1}{S \cdot \lambda} + \frac{1}{2}\frac{z}{\sqrt{z^2 - a^2}} \right) \tag{7.29b}$$

7.1.3　裂纹尖端场

为了求得裂纹尖端场, 将坐标系原点平移至裂纹尖端 ($x_1 O_1 y_1$ 坐标系), 如图 7.3 所示. 在 $x_1 O_1 y_1$ 坐标系中, 采用极坐标则有

$$z = a + r \cdot \cos\theta + p \cdot r \cdot \sin\theta \tag{7.30}$$

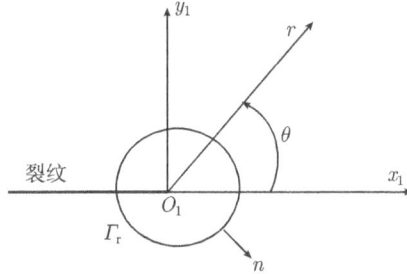

图 7.3　裂纹尖端区域

其中, r, θ 分别是裂纹尖端坐标系的极径和幅角, 如图 7.3. 考查裂纹尖端场, 将 (7.30) 代入应力式 (7.29a,b), 当 $r \to 0$ 时, 裂纹尖端应力场为

$$\sigma_{31} = \frac{\sigma_{32}^{\infty} \sqrt{a}}{2\sqrt{r}} \cdot \frac{a}{l} \cdot \frac{-\sin\theta_0 \cdot A(\theta) + \cos\theta_0 \cdot B(\theta)}{C(\theta)} \tag{7.31a}$$

$$\sigma_{32} = \frac{\sigma_{32}^{\infty} \sqrt{a}}{2\sqrt{r}} \cdot \frac{A(\theta)}{C(\theta)} \tag{7.31b}$$

其中,

$$A(\theta) = \left[C(\theta) + \cos\theta + \frac{a}{l} \cdot \sin\theta_0 \cdot \sin\theta \right]^{1/2} \tag{7.32a}$$

$$B(\theta) = - \left[C(\theta) - \cos\theta - \frac{a}{l} \cdot \sin\theta_0 \cdot \sin\theta \right]^{1/2} \tag{7.32b}$$

$$C(\theta) = \left(\cos^2\theta + \frac{a^2}{l^2} \cdot \sin^2\theta + \frac{a}{l} \cdot \sin\theta_0 \cdot \sin 2\theta \right)^{1/2} \tag{7.32c}$$

$$l = a\sqrt{\frac{G_2}{G_1}}, \quad \theta_0 = \arctan\left(\frac{2}{S \cdot \lambda} \right) \tag{7.32d,e}$$

由以上应力表达式可以看出, 考虑应力对磁化强度影响后得到的裂纹尖端应力场, 与经典的 III 型问题的裂纹尖端场的分布并不相同. 在裂纹延长线上 ($\theta = 0$), 仍然有应力 σ_{31} 存在. 由式 (7.11d,e) 得到裂纹尖端的应变场, 积分后得到裂纹尖端的位移场如下

$$u_3 = \sigma_{32}^{\infty} \sqrt{ar} \left[\frac{1}{2G_1} \cdot \cos\theta \cdot \frac{a}{l} \cdot \frac{-\sin\theta_0 \cdot A(\theta) + \cos\theta_0 \cdot B(\theta)}{C(\theta)} + \frac{1}{2G_2} \cdot \sin\theta \cdot \frac{A(\theta)}{C(\theta)} \right.$$

$$\left. - \frac{1}{4G_1} \cdot \frac{a}{l} \cdot \int \sin\theta \cdot \frac{-\sin\theta_0 \cdot A(\theta) + \cos\theta_0 \cdot B(\theta)}{C(\theta)} \mathrm{d}\theta + \frac{1}{4G_2} \cdot \int \cos\theta \cdot \frac{A(\theta)}{C(\theta)} \mathrm{d}\theta \right] \tag{7.33}$$

在公式 (7.31)~(7.33) 中, 如果令磁场为零或者令磁弹性耦合系数为零, 容易验证上述公式退化到经典的 III 型裂纹尖端的应力与位移公式.

7.1.4　能量释放率

Sabir 和 Maugin(1996) 等研究了软磁材料磁弹性裂纹的能量释放率与路径无关积分. 他们采用能量分析的方法, 在有限变形的框架内, 考察系统在各个时刻的能量变化. 得到能量变化率为

$$g(t) = \lim_{r \to 0} \boldsymbol{v} \cdot \int_{\Gamma_\mathrm{r}} \boldsymbol{n} \cdot [W\boldsymbol{I} - \boldsymbol{T} \cdot (\nabla \boldsymbol{u}) + \boldsymbol{B}\boldsymbol{H}] \, \mathrm{d}s \tag{7.34}$$

其中, $\boldsymbol{v}$ 是裂纹运动的速度, W 是磁焓, $\boldsymbol{I}$ 是二阶单位张量, $\boldsymbol{T}$ 是磁弹性应力张量, $\boldsymbol{u}$ 是位移矢量, ∇ 是梯度算子, $\boldsymbol{H}$ 和 $\boldsymbol{B}$ 分别是磁场和磁通密度, $\boldsymbol{n}$ 是单位法线矢量. Γ_r 表示起点和终点在裂纹下自由面和上自由面包围裂纹尖端的路径. 对于本章所研究的问题, 裂纹扩展速度为 $\boldsymbol{v} = v_1 \boldsymbol{e}_1 = \dfrac{\mathrm{d}a}{\mathrm{d}t} \boldsymbol{e}_1$, 这里, $\boldsymbol{e}_1$ 表示 x 方向的单位矢量. 因此, 对于小变形问题中, 直线裂纹自相似扩展的情形, 能量变化率为

$$g_\mathrm{m} = \lim_{r \to 0} \int_{\Gamma_\mathrm{r}} (W n_1 - n_i T_{ij} u_{i,1} + n_k B_k H_1) \, \mathrm{d}s \tag{7.35}$$

其中, $g_\mathrm{m} = \dfrac{g(t)\mathrm{d}t}{\Delta a}$, 由于 $\Delta g = g(t)\mathrm{d}t$ 表示由于裂纹扩展 $\mathrm{d}a$ 引起磁弹性系统的能量改变, $g_\mathrm{m} = \dfrac{g(t)\mathrm{d}t}{\Delta a}$ 就是能量释放率. 对于不计磁力作用的情况, 磁弹性应力 T_{ij} 退化成应力张量 σ_{ij}. 并且, 对于一般裂纹尖端场均为 $r^{-1/2}$ 奇异性的情况下, (7.35) 式右端的积分是与路径无关的, Sabir 和 Maugin(1996) 将该与路径无关的积分定义为在磁弹性情况下 J 积分

$$J = \int_\Gamma \left(W \cdot n_1 - \frac{\partial u_i}{\partial x} \cdot \sigma_{ij} \cdot n_j + B_k \cdot n_k \cdot H_1 \right) \mathrm{d}s \tag{7.36}$$

类似于电弹性问题的路径无关积分的研究 (Pak et al., 1986a; 1986b; Dascalu et al., 1994), 这个路径无关积分的定义是 Rice(1968) 定义的经典 J 积分在磁弹性问题中的推广. 对于裂纹问题, 取积分路线围绕裂纹尖端, 得到的是裂纹直线扩展的能量释放率. 将裂纹尖端场代入 (7.35) 得到能量释放率

$$g_\mathrm{m} = \frac{(\sigma_{32}^\infty)^2 \cdot a}{4G_2} \cdot \cos^2\theta_0 \cdot \int_{-\pi}^{\pi} \frac{\mathrm{d}\theta}{C(\theta)^2} \tag{7.37}$$

其中, $C(\theta)$ 和 θ_0 分别如 (7.32c) 和 (7.32e) 所示. 为了与经典的 III 型裂纹问题的能量释放率 g 比较, 计算下面的相对变化

$$\delta = \frac{g_{\mathrm{m}} - g}{g} \tag{7.38}$$

其中, $g = \dfrac{(\sigma_{32}^{\infty})^2 \cdot \pi \cdot a}{2G}$ 是无磁场时 III 型裂纹问题的能量释放率. 代入 (7.38) 式得到相对变化为

$$\delta = -1 + \frac{G}{G_2} \cdot \cos^2 \theta_0 \cdot \frac{1}{2\pi} \cdot \int_{-\pi}^{\pi} \frac{\mathrm{d}\theta}{C(\theta)^2} \tag{7.39}$$

远场磁场可以表示为 (如图 7.1)

$$H_1^{\infty} = H^{\infty} \cos \alpha, \quad H_2^{\infty} = H^{\infty} \sin \alpha \tag{7.40a,b}$$

其中, α 是远场磁场与裂纹面方向 (x 方向) 的夹角. 注意到 (7.12a,b,c) 和附录 B 中 B-1~B-18 式以及式 (7.18) 和 (7.32), 可知 δ 是远场磁场强度 H^{∞} 和方向角 α 的函数. 图 7.4 给出的是对于稀土超磁致伸缩材料, 相对能量释放率 δ 与远场磁场 H^{∞} 和方向角 α 的变化曲线. 其中的参数如下 (Wan, Fang et al., 2003a; 2003b)

$$r^{\mathrm{H}} = 0.22 \times 10^{-20}\mathrm{m}^2/(\mathrm{A}^2 \cdot \mathrm{Pa}), \quad G = 11.5 \times 10^9 \mathrm{Pa}, \quad q = \nu = 0.3$$

从图 7.4(a), (b) 可以看出, 相对能量释放率随远场磁场的方向角并没有明显变化, 而随远场磁场强度的增大则有显著的增加. 对于稀土超磁致伸缩材料, 即使远场磁场增大到材料的饱和磁场 H_{s}, 相对能量释放率仅为 1.43%. 从这一角度来看, 考虑应力对磁化强度的影响, 对裂纹的断裂并没有太大影响. 因此, 在对含裂纹的磁致伸缩材料的磁弹性分析时, 一般可以将应力对磁化强度的影响忽略, 即认为磁场通过磁致伸缩变形影响材料内裂纹附近的磁弹应力分布是主要的, 而应力对材料磁化场的反作用是次要的.

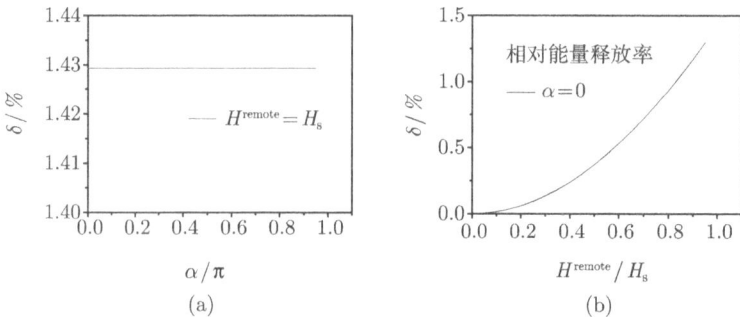

图 7.4　能量释放率随远场磁场方向角 (a) 及远场磁场强度 (b) 的关系

7.1.5　应变能密度因子

材料断裂的直接原因是材料内的机械应力作用. 采用 Sih(1991) 提出的应变能密度因子 S 的准则, 计算在耦合情况下应变能密度因子与经典 III 型裂纹问题的应变能密度因子的相对增量.

$$S^{\mathrm{m}} = r \cdot W^{\mathrm{e}} \tag{7.41}$$

其中, S^{m} 表示磁弹下的应变能密度因子, $W^{\mathrm{e}} = \dfrac{1}{2}\sigma_{ij}\varepsilon_{ij}$ 是应变能密度. 代入耦合的本构关系 (7.11d,e) 和应力场 (7.31a,b), 得到应变能密度因子为

$$S^{\mathrm{m}} = \frac{(\sigma_{32}^{\infty})^2 a}{4G_2} \cdot \frac{\cos^2 \theta_0}{\sqrt{A}} \tag{7.42}$$

其中, θ_0, G_2 和 A 分别见公式 (7.32e), (7.12b) 和 (7.32a). 根据应变能密度准则, 裂纹向应变能密度最小的方向扩展. 为此我们讨论一种简单的情况, 即外磁场与裂纹方向平行, 即 $H_2 = 0$. 由公式得到 $\theta_0 = 0$, $A = \cos^2 \theta + \dfrac{a^2}{l^2}\sin^2 \theta$, 其中, l 由公式 (7.32d) 给出. 由 $\dfrac{\mathrm{d}S^{\mathrm{m}}}{\mathrm{d}\theta} = 0$, 得到 $\theta = 0$, 即裂纹将沿着延长线方向扩展 (裂纹直线扩展). 我们讨论裂纹自相似扩展时的应变能密度因子, 与经典 III 型裂纹扩展时的应变能密度因子的相对变化 δ_{S}

$$\delta_{\mathrm{S}} = \frac{S_{\min}^{\mathrm{m}} - S}{S} \tag{7.43}$$

其中, $S = \dfrac{(\sigma_{32}^{\infty})^2 a}{4G}$ 表示经典 III 型裂纹问题的应变能密度因子, $S_{\min}^{\mathrm{m}} = \dfrac{(\sigma_{32}^{\infty})^2 a}{4G_2}$ 表示最小应变能密度因子, 即裂纹直线扩展时的应变能密度因子. 对于稀土铁系超磁致伸缩材料, 采用 7.1.5 小节中同样的材料参数, 计算应变能密度因子的相对变化 δ_{S} 与磁场大小关系, 如图 7.5 所示. 在外磁场达到材料的饱和磁场时, 应变能密度

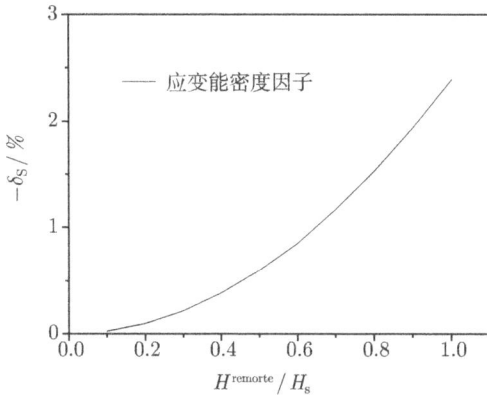

图 7.5　应变能密度因子随远场强度的关系

因子的相对变化为 -2.39%. 因此, 从这个断裂参数来看, 考虑磁弹耦合项对断裂参数的相对变化仍然是很小的.

在对含裂纹的磁致伸缩材料的磁弹分析中, 可以不考虑应力场对磁化强度场的影响, 从而大大简化这一分析过程. 然而, 根据一般软磁理论 (Brown, 1966; Moon, 1984; Knoepfel, 2000; Watanabe et al., 2002), 磁弹作用还包括磁力作用. 因此, 研究一般软磁材料的磁弹耦合断裂时, 应力对材料磁化强度的影响可以忽略不计, 而进一步可能需要考虑的是磁力作用.

7.1.6　小结

磁致伸缩材料的磁弹性问题分析包括两个相互耦合的方面, 一个是磁场通过磁致伸缩变形影响材料的弹性场分布; 另一个方面是应力场反过来影响材料内的磁化场的分布. 这两个方面是相互耦合的, 一般情况下的理论求解是难以实现的. 本节通过求解含一个穿透裂纹的无限大磁致伸缩材料平面板, 在远场作用一个面内磁场和一个 III 型的离面切应力的问题, 得到了裂纹尖端的弹性场, 及裂纹直线扩展的能量释放率和应变能密度因子, 并与经典的 III 型裂纹对比,

① 考虑应力对磁化强度场的影响后, 材料内的应力场和磁感应强度场是耦合的. 材料内平行于裂纹面和垂直于裂纹面的切应力和切应变是耦合的. 在本节求解的无穷大板的反平面剪切问题中, 远场的 σ_{32}^{∞} 引起裂纹延长线上 σ_{31} 的切应力场.

② 对于应力敏感性较强的磁致伸缩材料, 如稀土超磁致伸缩材料, 当材料受到的磁场在材料的饱和场范围内时, 由于应力对磁化强度场的影响而引起的裂纹尖端能量释放率的增量是很小的, 可以忽略不计. 这与研究电致伸缩问题中的力电耦合的一般结论是一致的.

③ 在对含裂纹的磁致伸缩材料的磁弹分析中, 可以不考虑应力场对磁化强度场的影响. 从而大大简化这一分析过程. 然而, 根据一般软磁理论, 磁弹作用还包括磁力作用. 因此, 研究一般软磁材料的磁弹耦合断裂时, 应力对磁化强度的影响可以忽略不计, 而进一步可能需要考虑的是磁力作用.

7.2　含裂纹磁致伸缩材料的线性磁化模型

通常, 裂纹尖端应力场是由软磁材料的磁致伸缩性质和磁力性质共同控制的. 磁致伸缩性质对裂纹尖端应力场的影响是否可以忽略呢? 或者在什么材料的磁致伸缩性质对裂纹尖端场的影响可以忽略? 本节运用 Brown(1966) 的磁力分析模型和 Pao(1973) 的多畴软磁材料的线性化磁弹性模型, 考察线性软铁磁材料的磁力边界条件. 采用 Knops 等 (Knops, 1963; Smith, Warren, 1966; McMeeking, 1989) 发展的复变函数方法, 将磁致伸缩和磁力分布都考虑进来, 得到了平面应变问题裂纹尖

端的应力场. 结果表明, 材料的感应磁致伸缩系数 (Wan, Fang et al., 2003a; 2003b) 是磁致伸缩材料的关键参数. 软磁材料一般可以分为两类, 即大感应磁致伸缩系数材料和小感应磁致伸缩系数材料. 外磁场对这两类材料的表观断裂韧性具有不同的影响.

7.2.1 软磁材料中椭圆夹杂附近磁感应强度的分布

我们知道, 磁场强度矢量 $\boldsymbol{H}$ 在两种不同介质的界面上法向分量有突变, 而磁感应强度矢量法向则是连续的. 从物理上来说, 磁感应强度表示磁力线密度. 在同一种介质中, 如果通过磁力线的面积变小, 则磁感应强度增大, 如裂尖附近.

如果一个矢量函数无旋无源, 则这个函数可以用复势表示. $\boldsymbol{B}$ 是磁感应强度矢量, 在任何介质中均无源, $\nabla \cdot \boldsymbol{B} = 0$, 其中, ∇ 是梯度算子. 如果我们假设材料是线性各向同性的, 即 $\boldsymbol{B} = \mu \boldsymbol{H}$, 其中, $\boldsymbol{H}$ 是磁场强度矢量, μ 是材料的磁导率. 则当介质内无传导电流, 且外磁场是准静态的, 根据麦克斯韦关于一般电磁场的方程, 磁场强度矢量满足

$$\nabla \times \boldsymbol{H} = \boldsymbol{0} \tag{7.44a}$$

$$\nabla \cdot \boldsymbol{H} = \boldsymbol{0} \tag{7.44b}$$

所以, 磁场强度矢量是无旋无源的, 必存在势函数 ϕ 使得 $\boldsymbol{H} = -\nabla \phi$ 和力函数 ψ, 使得 ϕ 和 ψ 满足 Cauchy-Riemann 条件: $\dfrac{\partial \phi}{\partial x} = \dfrac{\partial \psi}{\partial y}$, $\dfrac{\partial \phi}{\partial y} = -\dfrac{\partial \psi}{\partial x}$. 引进解析的复势函数 $w(z) = \phi(x,y) + \mathrm{i}\psi(x,y)$, 则有

$$H = H_x + \mathrm{i}H_y = -\overline{w'(z)} \tag{7.45}$$

其中, $(\cdot)'$ 表示对复变量 z 的导数, $\mathrm{i} = \sqrt{-1}$, 横杠表示复共轭.

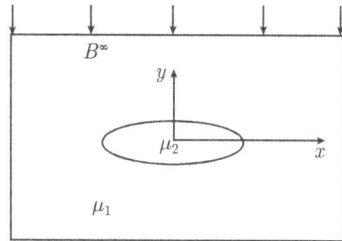

图 7.6 含椭圆夹杂无限大软磁性介质中磁场分布

图 7.6 是含椭圆夹杂无限大软磁性介质中磁场分布问题的示意图. 求解磁场强度在椭圆夹杂附近的分布数学上转化为求解 Laplace 方程问题. 问题的控制方程和边界条件是

$$\nabla^2 \phi = 0 \tag{7.46}$$

$$\mu_1 \frac{\partial \phi_1}{\partial \rho} = \mu_2 \frac{\partial \phi_2}{\partial \rho}, \quad \frac{\partial \phi_1}{\partial \varphi} = \frac{\partial \phi_2}{\partial \varphi}, \quad \rho = 1 \tag{7.47a}$$

$$\phi_1(\rho, \varphi) = -R\rho(H_x^\infty \cos \varphi + H_y^\infty \sin \varphi), \quad \rho \to \infty \tag{7.47b}$$

$$\phi_2(\rho, \varphi)\text{有限}, \quad \rho = \sqrt{m} \tag{7.47c}$$

$$\phi_1(\rho, \varphi) = \phi_2(\rho, \varphi) = -R\left[H_x^\infty\left(\rho + \frac{m}{\rho}\right)\cos\varphi + H_y^\infty\left(\rho - \frac{m}{\rho}\right)\sin\varphi\right], \quad \mu_1 = \mu_2 \tag{7.47d}$$

其中, ϕ_1 和 ϕ_2 分别是铁磁介质基体和椭圆夹杂中的磁场强度的势函数, $H^\infty = H_x^\infty + iH_y^\infty$ 表示无穷远处的磁场强度, μ_1 和 μ_2 分别是基体和夹杂的磁导率, R 和 m 是反映椭圆夹杂几何形状的参数

$$R = \frac{a+b}{2} \tag{7.48a}$$

$$m = \frac{a-b}{a+b} \tag{7.48b}$$

这里, a 和 b 分别是椭圆的长短轴. ρ 和 φ 表示极坐标的极径和辐角. 根据以上边界条件求解方程得到势函数 ϕ_1 和 ϕ_2, 并由 Cauchy-Riemann 条件求得相应的力函数 ψ_1 和 ψ_2. 由 (7.45) 式可以得到基体和夹杂内磁场强度分布. 若同时代入线性各向同性磁本构关系 $\boldsymbol{B} = \mu\boldsymbol{H}$, 得到相应的磁感应强度. 由于 $B^\infty = B_x^\infty + iB_y^\infty$, 并注意到 $B^\infty = \mu_1 H^\infty$, 磁感应强度可以由 $B = -\overline{w'(z)}$ 和变换 $z = R\left(\varsigma + m\dfrac{1}{\varsigma}\right)$ 计算得到. 在夹杂和基体中相应的函数复势函数 $w(\varsigma)$ 分别为

$$w(\varsigma)|_{\sqrt{m}<|\varsigma|<1} = -R\Gamma\left(\varsigma + m\frac{1}{\varsigma}\right) \tag{7.49a}$$

$$w(\varsigma)|_{1<|\varsigma|} = -R\overline{B^\infty}\varsigma + R\Pi\frac{1}{\varsigma} \tag{7.49b}$$

其中,

$$\varsigma = \rho(\cos\varphi + i\sin\varphi) \tag{7.50a}$$

$$\Gamma = \frac{2\mu_2[(\mu_1 + \mu_2)\overline{B^\infty} - m(\mu_1 - \mu_2)B^\infty]}{[\mu_1(1+m) + \mu_2(1-m)][\mu_2(1+m) + \mu_1(1-m)]} \tag{7.50b}$$

$$\Pi = \frac{(\mu_2^2 - \mu_1^2)(1-m^2)B^\infty - 4m\mu_1\mu_2\overline{B^\infty}}{[\mu_1(1+m) + \mu_2(1-m)][\mu_2(1+m) + \mu_1(1-m)]} \tag{7.50c}$$

7.2.2 磁体力和磁面力

磁性材料在磁场中会发生磁化现象. 磁场对磁化了的介质的作用, 不仅表现在磁致伸缩现象, 而且还会对磁介质施加力的作用 (Brown, 1966; Pao, 1978). 一种理论将磁场对磁介质的作用力分为磁体力和磁面力 (Brown, 1966). 软铁磁材料单位体积受到的磁体力为

$$\boldsymbol{f}_\mathrm{m} = \mu_0 \boldsymbol{M} \cdot (\boldsymbol{\nabla} H) \tag{7.51}$$

其中, μ_0 是真空磁导率, $\boldsymbol{\nabla}$ 是梯度算子, $\boldsymbol{H}$ 是磁场强度矢量, $\boldsymbol{M}$ 是磁化强度矢量. 磁面力和机械面力可以合成为一个面力矢量 $\boldsymbol{t}^{(n)}$, 引进磁弹性应力张量 $\boldsymbol{t}$

$$\boldsymbol{t} \cdot \boldsymbol{n} = \boldsymbol{t}^{(n)} \tag{7.52}$$

这里, $\boldsymbol{n}$ 是作用面的外法线方向单位矢量. 则磁静力问题的平衡方程为

$$\mu_0 \int_V \boldsymbol{M} \cdot (\nabla \boldsymbol{H}) \mathrm{d}V + \oint_S \boldsymbol{n} \cdot \boldsymbol{t} \mathrm{d}S = 0 \tag{7.53}$$

平衡方程的局部形式为

$$t_{ij,i} + \mu_0 M_i H_{j,i} = 0 \tag{7.54}$$

Pao 等 (1973) 研究了一类多畴软铁磁材料的一般大变形的磁弹性问题. 通过将磁性量分成刚体状态的量、和与变形耦合的修正量, 并假设修正量远小于刚体状态的量, 导出了小变形情况下线性化的表达形式

$$t_{ij} = \mu_0 \frac{1}{\chi} M_i M_j + \sigma_{ij} \tag{7.55}$$

其中, t_{ij} 是磁弹性应力, χ 是磁化率, M_i 是刚体状态磁化矢量分量, σ_{ij} 是与弹性变形有关的应力, 称为 Cauchy 应力张量. 弹性变形包括机械弹性应变和磁致伸缩应变两部分. 这里 Cauchy 应力与应变的一般表示形式为 (本书第 3 章)

$$\varepsilon_{ij} = s_{ijkl} \sigma_{kl} + m_{ijkl} B_k B_l \tag{7.56}$$

其中, ε_{ij} 是应变张量, s_{ijkl} 是弹性柔度张量, m_{ijkl} 称为感应磁致伸缩系数张量. 将 (7.55) 式代入 (7.54) 式, 并应用安培定律 $H_{i,j} = H_{j,i}$ 和线性磁化关系 $B_i = \mu_0 \mu_r H_i$, 得到由 Cauchy 应力表示的平衡方程

$$\sigma_{ij,i} + \delta (B_k B_k)_{,j} = 0 \tag{7.57}$$

其中,

$$\delta = \frac{\chi}{\mu_0 (1 + \chi)^2} \tag{7.58}$$

整体平衡方程为

$$\delta \int_V \nabla (\boldsymbol{B} \cdot \boldsymbol{B}) \mathrm{d}V + \oint_S \boldsymbol{n} \cdot \boldsymbol{\sigma} \mathrm{d}S = 0 \tag{7.59}$$

对于两种磁介质的界面附近, 由于磁场的跳变引起面磁化, 在介质的交界面上存在磁面力. 因此, 对于含有界面的整体平衡方程为

$$\delta \int_V \nabla (\boldsymbol{B} \cdot \boldsymbol{B}) \mathrm{d}V + \oint_S \boldsymbol{n} \cdot \boldsymbol{\sigma} \mathrm{d}S + \int_\Sigma \eta \mathrm{d}S = 0 \tag{7.60}$$

其中, η 是磁面力密度, Σ 是两种介质的界面. 为了研究磁面力密度, 考察图 7.7 所示的介质的平衡. 远场作用均匀的磁场, 由于介质 2 的存在, 使得 V_2 附近磁场分布不均匀. 界面 S 两侧有磁场的跳变. 则有如下的整体平衡方程

$$\delta_{\mathrm{I}} \int_{V_1} \nabla(\boldsymbol{B} \cdot \boldsymbol{B}) \mathrm{d}V + \delta_{\mathrm{II}} \int_{V_2} \nabla(\boldsymbol{B} \cdot \boldsymbol{B}) \mathrm{d}V + \oint_S \eta \mathrm{d}S_1 = 0 \tag{7.61}$$

将体积分化成面积分, 并注意远场磁场均匀则有

$$\delta_{\mathrm{I}} \int_{V_1} \nabla(\boldsymbol{B} \cdot \boldsymbol{B}) \mathrm{d}V = \delta_{\mathrm{I}} \oint_S (\boldsymbol{B} \cdot \boldsymbol{B})_{\mathrm{I}} \boldsymbol{n} \mathrm{d}S \tag{7.62}$$

$$\delta_{\mathrm{II}} \int_{V_2} \nabla(\boldsymbol{B} \cdot \boldsymbol{B}) \mathrm{d}V = -\delta_{\mathrm{II}} \oint_S (\boldsymbol{B} \cdot \boldsymbol{B})_{\mathrm{II}} \boldsymbol{n} \mathrm{d}S \tag{7.63}$$

则 (7.18) 式成为

$$\oint_S \eta \boldsymbol{n} \mathrm{d}S = \oint_S [\delta_{\mathrm{II}}(\boldsymbol{B} \cdot \boldsymbol{B})_{\mathrm{II}} - \delta_{\mathrm{I}}(\boldsymbol{B} \cdot \boldsymbol{B})_{\mathrm{I}}] \boldsymbol{n} \mathrm{d}S \tag{7.64}$$

一种简单的方法就取磁面力密度

$$\eta = \delta_{\mathrm{II}}(\boldsymbol{B} \cdot \boldsymbol{B})_{\mathrm{II}} - \delta_{\mathrm{I}}(\boldsymbol{B} \cdot \boldsymbol{B})_{\mathrm{I}} \tag{7.65}$$

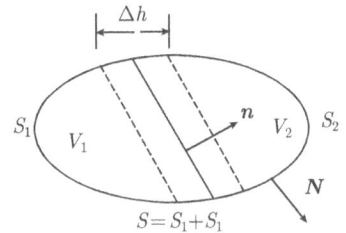

考察图 7.8 所示的两种磁介质边界的任意微元的平衡. 平衡方程为

$$\oint_S \boldsymbol{N} \cdot \sigma \mathrm{d}S + \delta_{\mathrm{I}} \int_{V_1} \nabla(\boldsymbol{B} \cdot \boldsymbol{B})_{\mathrm{I}} \mathrm{d}V + \delta_{\mathrm{II}} \int_{V_2} \nabla(\boldsymbol{B} \cdot \boldsymbol{B})_{\mathrm{II}} \mathrm{d}V + \int_\Sigma \eta \boldsymbol{n} \mathrm{d}S = 0 \tag{7.66}$$

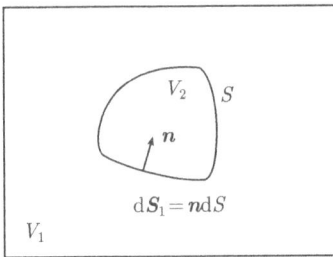

图 7.7　磁面力密度图　　　　　图 7.8　两种介质边界的任意微元

当上式应用于图 7.8 中的微元域 Δh 范围时, 当微元体趋近于一个面 ($\Delta h \to 0$) 时, 得到面力连续条件

$$\boldsymbol{n} \cdot (\sigma_{\mathrm{I}} - \sigma_{\mathrm{II}}) = \eta \boldsymbol{n} \tag{7.67}$$

若介质 2 是空气, 应力恒为零, $\sigma_{\mathrm{II}} = 0$. 且由于空气的磁化率 $\chi_{\mathrm{II}} = 0$, 则 $\delta_{\mathrm{II}} = 0$. 应力边界条件为

$$\boldsymbol{n} \cdot \sigma_{\mathrm{I}} = -\delta_{\mathrm{I}}(\boldsymbol{B} \cdot \boldsymbol{B})_{\mathrm{I}} \boldsymbol{n} \tag{7.68}$$

显然, 对于非磁性材料或者材料处于无磁状态, 上述边界条件退化成弹性力学中常见的边界面力连续条件.

7.2.3　问题的复势表示及问题的解

在 Pao 等 (1973) 的线性化磁弹性理论中, 忽略常规体力, 假设磁性量的修正部分远小于刚体状态的量, 导出了两种磁弹性理论. 对于小变形情况, 忽略应力对磁场分布的影响, 这两种磁弹性模型可以退化成相同的形式. 对于边界机械面力自由的平面应变问题, 采用各向同性磁致伸缩本构关系, 得到基本方程和边界条件如下

$$\sigma_{\gamma\alpha,\gamma} + \delta_{\mathrm{I}} \cdot (B_\gamma B_\gamma)_{,\alpha} = 0 \tag{7.69a}$$

$$\varepsilon_{\alpha\beta} = \frac{1+\nu}{E}(\sigma_{\alpha\beta} - \nu\sigma_{\gamma\gamma}\delta_{\alpha\beta}) + (m_{11} - m_{21})B_\alpha B_\beta + (1+\nu)m_{21}B_\gamma B_\gamma \delta_{\alpha\beta} \tag{7.69b}$$

$$\varepsilon_{\alpha\beta} = \frac{1}{2}(u_{\alpha,\beta} + u_{\beta,\alpha}) \tag{7.69c}$$

边界条件为

$$n_\beta \sigma_{\alpha\beta} = n_\alpha[\delta_{\mathrm{II}}(B_\gamma B_\gamma)_{\mathrm{II}} - \delta_{\mathrm{I}}(B_\gamma B_\gamma)_{\mathrm{I}}] \tag{7.69d}$$

其中,

$$\delta_\alpha = \frac{\chi_\alpha}{\mu_0(1+\chi_\alpha)^2} \quad (\alpha = \mathrm{I}, \mathrm{II}) \tag{7.70}$$

这里, χ_{I} 和 χ_{II} 分别边界两侧介质的磁化率, μ_0 是真空磁导率. E 是杨氏模量, ν 是泊松比. m_{11} 是一维情况下, 外磁场方向的材料内单位磁感应强度引起的应变, m_{21} 是外磁场方向材料内单位磁感应强度引起的在垂直于外磁场方向的应变. 下标 I 和 II 分别表示边界两侧的介质. $()_{,\alpha}$ 表示对坐标 x_α 求导. 构造应力函数 Φ, 则应力通过应力函数表示为

$$\sigma_{\alpha\beta} = \left[\nabla^2\Phi - \delta_{\mathrm{I}}w'(z)\overline{w'(z)}\right]\delta_{\alpha\beta} - \frac{\partial^2\Phi}{\partial x_\alpha \partial x_\beta} \tag{7.71}$$

其中, $\delta_{\alpha\beta}$ 是 Kronecker 符号, x_α 是坐标分量, $()'$ 算子表示对复变量 z 求导. 由应变协调方程得到应力函数满足

$$\nabla^4\Phi = \frac{E'\delta_{\mathrm{I}}}{2(\lambda+G)}\nabla^2[w'(z)\overline{w'(z)}] - 8Sw''(z)\overline{w''(z)} \tag{7.72}$$

其中,

$$S = \frac{1-(1+2\nu)q}{4}E'm_{11} \tag{7.73a}$$

$$E' = \frac{E}{1-\nu^2} \tag{7.73b}$$

$$q = -\frac{m_{21}}{m_{11}} \tag{7.73c}$$

λ 是 Lame 常数, $\lambda = \dfrac{E\nu}{(1+\nu)(1-2\nu)}$, ν 是泊松比, G 是剪切模量, $G = \dfrac{E}{2(1+\nu)}$.

为了数学上简便, 取

$$\kappa = S - \frac{E'\delta_{\mathrm{I}}}{4(\lambda + G)} \tag{7.74a}$$

即有

$$\kappa = S - \frac{\delta_{\mathrm{I}}}{4\left[\dfrac{\nu(1-\nu)}{1-2\nu} + \dfrac{1-\nu}{2}\right]} \tag{7.74b}$$

则应力函数满足

$$\nabla^4 \Phi = -8\kappa w''(z)\overline{w''(z)} \tag{7.75}$$

边界条件的复势表示为

$$\int_{z_0}^{z}(t_1 + \mathrm{i}\cdot t_2)\mathrm{d}S = -\mathrm{i}\cdot\left[\delta_{\mathrm{II}}\cdot(\overline{B}B)_{\mathrm{II}} - \delta_{\mathrm{I}}\cdot(\overline{B}B)_{\mathrm{I}}\right]_{z_0}^{z} \tag{7.76}$$

其中, 下标 I 和 II 分别表示边界两侧的介质. i 是虚数单位. 对于图 7.6 所示的无限大磁介质含一个椭圆孔洞的问题, 如果远场外载仅有磁场, 计算得到椭圆内的磁感应强度 B_{II} 为常数. 面力边界条件为

$$\int_{z_0}^{z}(t_1 + \mathrm{i}\cdot t_2)\mathrm{d}S = -\mathrm{i}\cdot\left[\delta_{\mathrm{II}}\cdot\overline{\varGamma}\cdot\varGamma\cdot z - \delta_{\mathrm{I}}\cdot\overline{w'(z)}\cdot w(z)\right]_{z_0}^{z} \tag{7.77}$$

在保角变换 $z = R\left(\varsigma + m\dfrac{1}{\varsigma}\right)$ 作用下, $w(z)$ 函数由 (7.49) 式给出, $\varGamma$ 的表达式见 (7.50) 式. 由于 $w(z)$ 和 z 在像平面 (ς 平面) 内是单值解析函数, 则必有

$$\oint(t_1 + \mathrm{i}\cdot t_2)\mathrm{d}S \equiv 0 \tag{7.78}$$

即椭圆空洞边界面力合力为零, 面力自成平衡.

由 (7.75) 式得到应力函数的表达式, 相应得到应力、面力及位移的表达式

$$\sigma_{11} + \sigma_{22} = 4\left[\varOmega'(z) + \overline{\varOmega'(z)} - \frac{\beta}{2}w'(z)\overline{w'(z)}\right] \tag{7.79a}$$

$$\sigma_{22} - \sigma_{11} + 2\mathrm{i}\sigma_{12} = 4\left[\overline{z}\varOmega''(z) + \varPsi'(z) - \frac{\kappa}{2}w''(z)\overline{w(z)}\right] \tag{7.79b}$$

$$T_1 + \mathrm{i}T_2 = -2\mathrm{i}\left[\varOmega(z) + z\overline{\varOmega'(z)} + \overline{\varPsi(z)} - \frac{\beta}{2}w(z)\overline{w'(z)}\right]_{z_0}^{z} \tag{7.79c}$$

$$G(u_1 + \mathrm{i}u_2) = (3 - 4\nu)\varOmega(z) - z\overline{\varOmega(z)} - \overline{\varPsi(z)} + \frac{\kappa}{2}w(z)\overline{w'(z)}$$

$$- \frac{G(m_{11} - m_{21})}{2}\int\overline{[w'(z)]^2}\mathrm{d}z \tag{7.79d}$$

其中, u_1 和 u_2 分别是 x, y 方向的位移, G 为剪切模量, $\beta = \kappa + \delta$, $\Omega(z)$ 和 $\Psi(z)$ 是 Muskhelishivili 复势函数, 由边界条件 (7.34) 决定. 椭圆空洞问题的复势函数

$$\Omega(\varsigma) = \frac{\beta}{4}B^\infty\overline{B^\infty}R\varsigma + R\left(\frac{\beta}{4}mB^\infty\overline{B^\infty} + C\right)\frac{1}{\varsigma} \tag{7.80a}$$

$$\Psi(\varsigma) = R\left[\frac{b_1}{\varsigma(\varsigma^2 - m)} + \frac{b_2 \cdot \varsigma}{\varsigma^2 - m} + \frac{b_3}{\varsigma}\right] \tag{7.80b}$$

这里, b_1, b_2, b_3, C 均为复常数, 式中 $\beta = \kappa + \delta_{\mathrm{I}}$, B^∞ 是远场磁感应强度. δ_{I} 和 δ_{II} 分别是反映介质和孔洞的磁化率的参数.

$$C = -\frac{\kappa}{2}\Pi B^\infty + m \cdot \left(\frac{\delta_{\mathrm{II}}}{2}\Gamma\overline{\Gamma} - \frac{\beta}{2}B^\infty\overline{B^\infty}\right) \tag{7.81a}$$

$$b_1 = m \cdot \left(\frac{\delta_{\mathrm{II}}}{2}\Gamma\overline{\Gamma} - \frac{\beta}{2}B^\infty\overline{B^\infty}\right) \tag{7.81b}$$

$$b_2 = -m \cdot \frac{\kappa}{2} \cdot (\overline{\Pi B^\infty} + \Pi B^\infty) + m^2\left(\frac{\delta_{\mathrm{II}}}{2}\Gamma\overline{\Gamma} - \frac{\beta}{2}B^\infty\overline{B^\infty}\right) + \frac{\kappa}{2}(B^\infty\overline{B^\infty} - \Pi\overline{\Pi}) \tag{7.81c}$$

$$b_3 = \frac{\delta_{\mathrm{II}}}{2}\Gamma\overline{\Gamma} - \frac{\beta}{2}B^\infty\overline{B^\infty} \tag{7.81d}$$

7.2.4　细长椭圆裂纹尖端应力场

由复势函数表示的应力公式 (7.79a,b), 我们可以计算软磁材料在椭圆空洞附近的应力分布. 考察当椭圆趋于裂纹时的情况如图 7.9 所示. a, b 分别是细长椭圆长轴和短轴的半长. 外磁场垂直于长轴, 即 $B^\infty = \mathrm{i}B_y^\infty$. 当椭圆孔趋于裂纹时, 可以将 Π 和 Γ 作进一步的整理

$$\Pi = \Delta_1\overline{B^\infty}, \quad \Gamma = \Delta_2\overline{B^\infty} \tag{7.82}$$

其中, $\Delta_1 = \dfrac{\tau - 1}{\tau + 1}$, $\Delta_2 = \dfrac{1}{\tau + 1}$, $\tau = \dfrac{b\mu_1}{a\mu_2}$ 是一个反映细长椭圆裂纹形状和材料性质的无

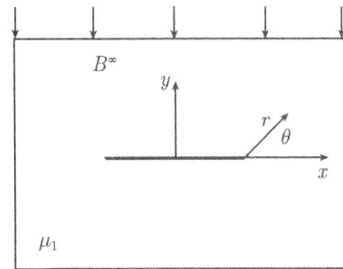

图 7.9　类裂纹缺陷问题

量纲参数. 研究当椭圆孔趋于裂纹时, 裂纹尖端的应力场. 设 $z = a + re^{\mathrm{i}\theta}$, 当 $b \to 0$ 时, 得到细长椭圆裂纹尖端应力场

$$\sigma_{11} = \frac{a}{\sqrt{2ar + b^2}} \cdot \left[\left(-2C - \frac{1 - \Delta_1^2}{2} \cdot \beta \cdot B^\infty\overline{B^\infty} + \frac{1}{4}C_1\right)\cos\frac{\theta}{2} - \frac{1}{4}C_1\cos\frac{5}{2}\theta\right]$$

$$- \frac{a^2}{2ar + b^2} \cdot \frac{(1 + \Delta_1)^2}{4}B^\infty\overline{B^\infty} \cdot (\beta + \kappa\cos 2\theta) \tag{7.83a}$$

$$\sigma_{22} = \frac{a}{\sqrt{2ar+b^2}} \cdot \left[-\left(2C + \frac{1-\Delta_1^2}{2} \cdot \beta \cdot B^\infty \overline{B^\infty} + \frac{1}{4}C_1 \right) \cos\frac{\theta}{2} + \frac{1}{4}C_1 \cos\frac{5}{2}\theta \right]$$
$$- \frac{a^2}{2ar+b^2} \cdot \frac{(1+\Delta_1)^2}{4} B^\infty \overline{B^\infty} \cdot (\kappa\cos 2\theta - \beta) \qquad (7.83\mathrm{b})$$

$$\sigma_{12} = \frac{a}{\sqrt{2ar+b^2}} \cdot \left(\frac{1}{4}C_1 \sin\frac{\theta}{2} - \frac{1}{4}C_1 \sin\frac{5}{2}\theta \right) - \frac{a^2}{2ar+b^2} \cdot \frac{(1+\Delta_1)^2}{4} B^\infty \overline{B^\infty} \cdot \kappa\sin 2\theta$$
$$(7.83\mathrm{c})$$

其中,

$$C_1 = 2\left(C + \frac{1-\Delta_1^2}{4} \cdot \kappa \cdot B^\infty \overline{B^\infty} \right) \qquad (7.83\mathrm{d})$$

在裂纹面延长线上的环向应力一般是导致裂纹扩展的主要应力, 因而是最关心的应力. 图 7.10~ 图 7.13 给出了表 7.1 中所列举的 4 种材料的细长椭圆裂纹延长线上的环向应力分布.

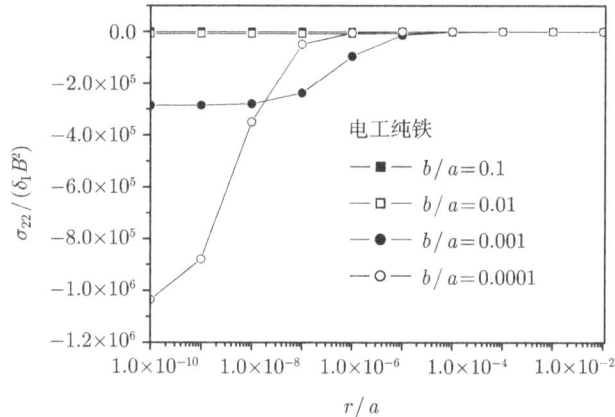

图 7.10   电工纯铁细长椭圆裂纹尖端延长线上环向应力分布

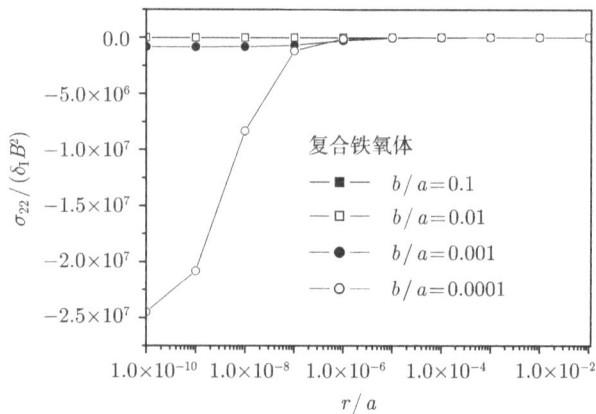

图 7.11   复合铁氧体细长椭圆裂纹尖端延长线上环向应力分布

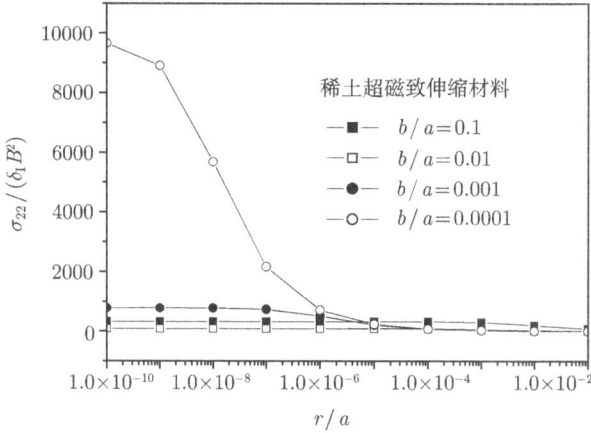

图 7.12   稀土铁系超磁致伸缩材料细长椭圆裂纹尖端延长线上环向应力分布

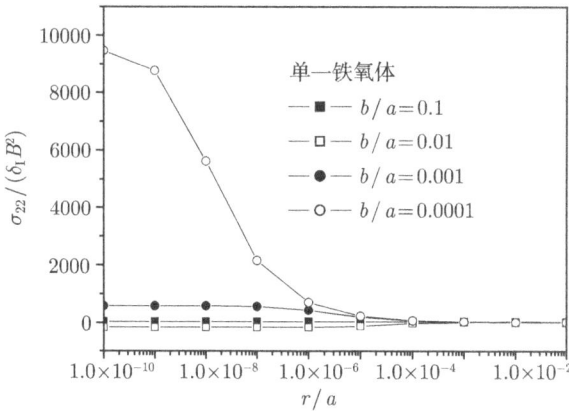

图 7.13   简单铁氧体细长椭圆裂纹尖端延长线上环向应力分布

7.2.5   结果讨论

① 当 $b = 0$ 时, 所研究的问题是数学裂纹问题, $\Delta_1 = -1$, $\Delta_2 = 1$. 磁场在材料内的分布不受裂纹的影响, 等于远场的均布磁场. 裂纹尖端奇异应力场分布与经典的 Griffith 裂纹尖端的应力场分布相同. 应力场为

$$\sigma_{11} = K \cdot \sqrt{\frac{a}{2r}} \cdot \left(\frac{3}{4} \cos \frac{\theta}{2} + \frac{1}{4} \cos \frac{5}{2}\theta \right) \tag{7.84a}$$

$$\sigma_{22} = K \cdot \sqrt{\frac{a}{2r}} \cdot \left(\frac{5}{4} \cos \frac{\theta}{2} - \frac{1}{4} \cos \frac{5}{2}\theta \right) \tag{7.84b}$$

$$\sigma_{12} = K \cdot \sqrt{\frac{a}{2r}} \cdot \left(\frac{1}{4} \sin \frac{5\theta}{2} - \frac{1}{4} \sin \frac{1}{2}\theta \right) \tag{7.84c}$$

其中, $K = (\delta_{\mathrm{I}} - \delta_{\mathrm{II}})B^\infty \overline{B^\infty}$. 中心裂纹 I 型应力强度因子可以表示为

$$K_{\mathrm{I}} = (\delta_{\mathrm{I}} - \delta_{\mathrm{II}}) \cdot B^\infty \overline{B^\infty} \cdot \sqrt{\pi a} \tag{7.85}$$

显然, 应力强度因子中不包含材料磁致伸缩效应的贡献, 磁场对材料施加的磁力作用使得材料的表观韧性减小. 这与 Shindo(1977) 结论一致.

② 由于材料内磁场的分布是对裂纹几何形态敏感的, 因此, 我们研究在软磁性材料含有一般类裂纹情况, 即讨论 $b \neq 0$, $b \to 0$ 的细长椭圆裂纹情形. 从图 7.10~图 7.13 中的环向应力分布图来看, 稀土超磁致伸缩材料和简单铁氧体的环向应力, 与电工纯铁和复合铁氧体材料的应力分布不同. 为了分析磁场对各种含细长椭圆裂纹的软磁材料的应力场的影响, 同时为了数学公式简便, 我们考察 $a \gg r \geqslant b$ 区域的裂纹延长线上的环向应力. 这个区域, 由于 $b \ll a$, 因此 $b^2 \ll 2ar$. 将 (7.81a) 代入 (7.83b) 各式中, 并注意到 (7.82) 式, 则环向应力 (7.83b) 式简化成为

$$\sigma_{22} = \left[(1+\Delta_1)\kappa + \delta_{\mathrm{I}} - \delta_{\mathrm{II}} \cdot \Delta_2^2 - \frac{\beta}{2}(1-\Delta_1^2)\right] \cdot \overline{B^\infty} B^\infty \cdot \sqrt{\frac{a}{2r}} - \delta_{\mathrm{I}} \cdot \frac{(1+\Delta_1)^2}{4} \cdot \overline{B^\infty} B^\infty \cdot \frac{a}{2r} \tag{7.86}$$

即环向应力由两项组成, 即 $r^{-1/2}$ 项和 r^{-1} 项. 环向应力是这两项的叠加, 如图 7.14 所示.

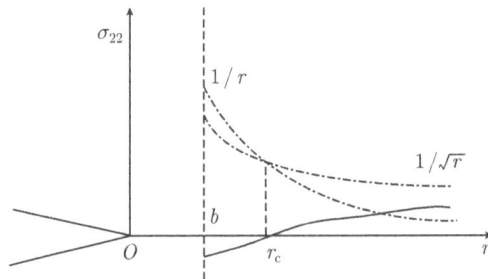

图 7.14　细长椭圆裂纹延长线上环向应力

令 $\sigma_{22} = 0$, 得到特征长度, 如图 7.14 所示

$$r_{\mathrm{c}} = \frac{a}{2} \cdot \frac{(1+\Delta_1)^4}{16} \cdot \left[\frac{\delta_{\mathrm{I}}}{(1+\Delta_1)\kappa + \delta_{\mathrm{I}} - \delta_{\mathrm{II}} \cdot \Delta_2^2 - \frac{\beta}{2}(1-\Delta_1^2)}\right]^2 \tag{7.87}$$

在 $r \geqslant r_{\mathrm{c}}$ 区域, $r^{-1/2}$ 项占优, 应力场由 $r^{-1/2}$ 控制; 在 $r_{\mathrm{c}} > r \geqslant b$ 区域, r^{-1} 项占优, 应力场由 r^{-1} 控制. 特征长度 r_{c}, 不仅与材料常数有关, 还与细长椭圆裂纹几何有关. 研究特征长度 r_{c} 与细长椭圆短轴 b 的比值 r_{c}/b. 取裂纹内介质是空气, $\delta_{\mathrm{II}} = 0$, $\mu_2/\mu_1 = 1/\mu_{\mathrm{r}}$, μ_{r} 是材料的相对磁导率. 为讨论简便, 整理表达式并取

$$f(x) = \frac{r_{\mathrm{c}}}{b} = \frac{x^3}{2(\xi \cdot x^2 + 1/\mu_{\mathrm{r}}^2)^2} \tag{7.88}$$

其中, $x = \dfrac{b}{a}$, $\xi = 1 + 2\dfrac{\kappa}{\delta_{\mathrm{I}}}$ 是仅与材料常数有关的无量纲参数. 对于表 7.1 中的材料, 计算得到 (7.45) 式相对于细长椭圆裂纹几何的变化关系, 如图 7.15 和图 7.16 所示.

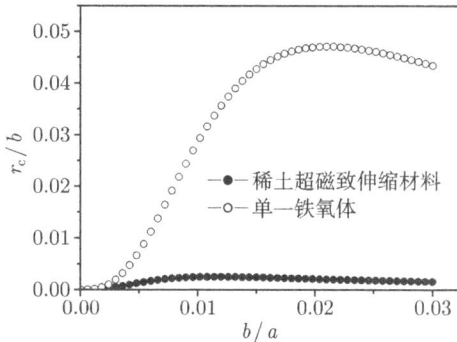

图 7.15　大感应磁致伸缩系数材料 r_{c}/b 与 b/a 的变化关系

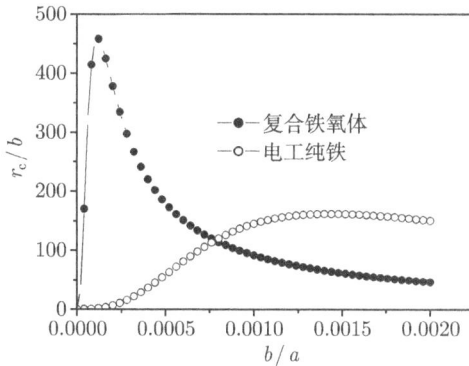

图 7.16　小感应磁致伸缩系数材料 r_{c}/b 与 b/a 的变化关系

可以证明函数式 (7.88) 中的 $f(x)$ 在 $x \geqslant 0$ 区域内仅有一个极值点 $\bar{x}$

$$\bar{x} = \frac{1}{\mu_{\mathrm{r}}}\sqrt{\frac{3}{\xi}} \tag{7.89}$$

且该极值点是最大值. 函数的最大值为

$$f(\bar{x}) = \frac{3\sqrt{3}}{32} \cdot \frac{\mu_{\mathrm{r}}}{\xi\sqrt{\xi}} \tag{7.90}$$

③ 磁性材料可以按照 $f(\bar{x})$ 与 1 的大小比较划分成两类, 分别称为大感应磁致伸缩系数材料和小感应磁致伸缩系数材料. 磁场对这两种材料所含的细长椭圆裂纹尖端应力场具有不同的影响.

$$f(\bar{x}) \leqslant 1, \quad 大感应磁致伸缩系数 \tag{7.91a}$$

$$f(\bar{x}) > 1, \qquad \text{小感应磁致伸缩系数} \tag{7.91b}$$

对于大感应磁致伸缩系数材料, 如图 7.17 所示, $r_c \leqslant b$, 裂纹延长线上的环向应力一般分布如图 7.12 和图 7.13 所示. 控制类裂纹缺陷尖端的远场应力是 $r^{-1/2}$ 项, 裂纹延长线上的环形域 $(a \gg r \geqslant b)$ 中的环向应力 σ_{22} 可简化为

$$\sigma_{22} = \sqrt{\frac{a}{2r}} \cdot \left[\frac{\delta_{\mathrm{I}}}{2}(1 + \Delta_1^2) + \frac{\kappa}{2}(1 + \Delta_1)^2 - \delta_{\mathrm{II}} \cdot \Delta_2^2\right] \cdot B^\infty \overline{B^\infty} \tag{7.92}$$

I 型应力强度因子为

$$K_{\mathrm{I}} = \left[\frac{\delta_{\mathrm{I}}}{2}(1 + \Delta_1^2) + \frac{\kappa}{2}(1 + \Delta_1)^2 - \delta_{\mathrm{II}} \cdot \Delta_2^2\right] \cdot B^\infty \overline{B^\infty} \cdot \sqrt{\pi a} \tag{7.93}$$

因此, 这种情况下的应力强度因子由磁致伸缩和磁力特性共同确定. 磁致伸缩效应 (包含在参数 κ 中) 不可忽略.

对于小感应磁致伸缩系数材料, 如图 7.18 所示, 其裂纹延长线上的环向应力一般分布如图 7.10 和图 7.11 所示. 细长椭圆裂纹尖端的远场应力由 r^{-1} 项控制, 磁场对材料的表观断裂韧性的影响为增韧. 当 $0 \leqslant x \leqslant x^*(x^*$ 如图 7.18 所示), $0 \leqslant f(x) \leqslant 1$, 细长椭圆裂纹尖端的远场应力由 $r^{-1/2}$ 项控制. 对于小感应磁致伸缩系数材料, x^* 都非常小, 如表 7.1 所示, 当 $0 \leqslant x \leqslant x^*$, 即细长椭圆非常接近数学裂纹时, 有 $(1 + \Delta_1)\kappa \approx 0$, 公式 (7.93) 可以写出

$$K_{\mathrm{I}} = \delta_{\mathrm{I}} \cdot B^\infty \overline{B^\infty} \cdot \sqrt{\pi a} \tag{7.94}$$

因此, 对于小感应磁致伸缩系数材料, 磁场对含裂纹的材料的表观断裂韧性的影响可以由式 (7.94) 计算. 显然式中没有材料的磁致伸缩特性参数, 即在考虑磁场对含裂纹的小感应磁致伸缩系数材料的影响时, 可以忽略磁致伸缩特性. 这与 Shindo (1977) 在讨论一般软铁磁钢的结论是一致的.

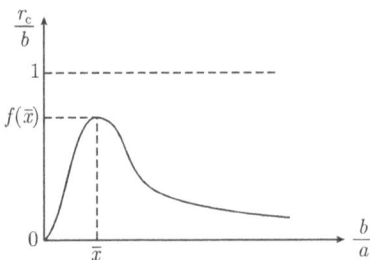

图 7.17　大感应磁致伸缩系数材料　　　　图 7.18　小感应磁致伸缩系数材料

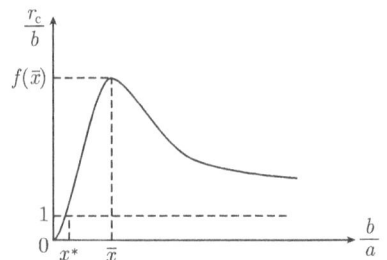

④ 研究 4 种具体的材料, 如表 7.1 所示, 给出各种材料相应的 $\bar{x}, f(\bar{x})$. 对于小感应磁致伸缩系数材料, 给出相应的 x^*. 这 4 种材料是: 稀土超磁致伸缩材料 (如

Te-Dy-Fe 系列)、电工纯铁、复合铁氧体陶瓷 (锰锌铁氧体) 和单一铁氧体陶瓷 (赤铁矿). 有关材料常数 $\nu = 0.3$, $q = 0.3$, 其他材料常数见文献 (Tebble et al., 1969).

表 7.1　材料常数及特征值

材料	杨氏模量 /GPa	场磁致伸缩系数 /(m²/A²)	感应磁致伸缩系数 m_{11}/T^{-2}	磁导率 μ_0	$\overline{x}/10^{-2}$	$f(\overline{x})$	x^* /10^{-4}
†1	30	2.0×10^{-13}	5.65×10^{-4}	100	1.17	0.0025	
2	200	1.7×10^{-14}	8.14×10^{-9}	1150	0.144	161.8	1.057
3	126	9.7×10^{-15}	4.0×10^{-9}	10000	0.0114	458.9	0.0588
4	126	9.7×10^{-16}	1.56×10^{-5}	20	2.11	0.0471	

†1——稀土超磁致伸缩材料; 2——电工铁纯; 3——复合铁氧体陶瓷; 4——单一铁氧体.

7.2.6　小结

本节运用线性磁化关系, 基于 Brown(1966) 的磁力分布理论和 Pao 等 (1973) 的多畴软磁材料的线性化小变形磁弹性理论, 考察了边界磁面力连续条件. 基于复变函数理论框架, 推导了无限大磁致伸缩材料中含一个椭圆夹杂附近的磁场分布, 并应用各向同性磁致伸缩本构关系获得了椭圆孔洞附近的应力场分布, 求解了仅有垂直于裂纹面的外磁场作用下裂纹尖端的应力场. 结果表明:

(1) 软铁磁材料中, 若认为材料内的裂纹是数学裂纹, $b = 0$, 裂纹尖端应力场具有 $r^{-1/2}$ 奇异性, 应力的分布和经典的 Griffith 裂纹相同. 中心裂纹的应力强度因子为

$$K_{\mathrm{I}} = \delta_{\mathrm{I}} \cdot \overline{B^{\infty}} B^{\infty} \cdot \sqrt{\pi a}$$

外磁场对材料的表观断裂韧性的影响是减韧的, 可以不计材料磁致伸缩效应对应力场的影响. 这些结论是与 Shindo(1977) 一致的.

(2) 由于材料内磁场的分布是对裂纹几何敏感的, 因此, 我们研究在软磁性材料含有一般类裂纹情况, 即讨论 $b \neq 0$, $b \to 0$ 的细长椭圆裂纹情形. 外磁场对不同的磁性材料表观断裂韧性的影响并不相同. 可以按如下判据将磁性材料划分成大感应磁致伸缩系数材料和小感应磁致伸缩系数材料

$$f(\overline{x}) = \frac{3\sqrt{3}}{32} \cdot \frac{\mu_{\mathrm{r}}}{\xi\sqrt{\xi}}$$

其中, $\xi = 1 + 2\dfrac{\kappa}{\delta_{\mathrm{I}}}$, μ_{r} 是材料的相对磁导率.

$$f(\overline{x}) \leqslant 1, \quad \text{大感应磁致伸缩系数}$$
$$f(\overline{x}) > 1, \quad \text{小感应磁致伸缩系数}$$

(3) 对于大感应磁致伸缩系数材料 (如稀土超磁致伸缩材料), 中心裂纹 I 型应力强度因子为

$$K_{\mathrm{I}} = \left[\frac{\delta_{\mathrm{I}}}{2}(1 + \Delta_1^2) + \frac{\kappa}{2}(1 + \Delta_1)^2 - \delta_{\mathrm{II}} \cdot \Delta_2^2 \right] \cdot B^{\infty}\overline{B^{\infty}} \cdot \sqrt{\pi a}$$

若裂纹内介质是空气, $\delta_{\mathrm{II}} \equiv 0$, 应力强度因子为

$$K_{\mathrm{I}} = \left[\frac{\delta_{\mathrm{I}}}{2}(1 + \Delta_1^2) + \frac{\kappa}{2}(1 + \Delta_1)^2 \right] \cdot B^\infty \overline{B^\infty} \cdot \sqrt{\pi a}$$

(4) 对于小感应磁致伸缩系数材料 (如电工纯铁和软铁磁钢等), 细长椭圆裂纹尖端场依赖于细长椭圆的几何形态. 可由下列判据考虑磁场对材料韧性的影响: 当 $0 \leqslant x \leqslant x^*$ 时, 椭圆裂纹可以看成数学裂纹, 采用数学裂纹的应力强度因子公式计算应力强度因子; 当 $x > x^*$ 时, 椭圆裂纹尖端场是 r^{-1} 控制, 磁场的作用表现为增韧. 因此, 工程设计中可以不考虑磁场的作用.

7.3　小范围理想饱和磁化断裂模型

磁致伸缩是材料的非线性性质. 在初始阶段, 材料的磁致伸缩应变与材料受到的磁场的平方成比例关系; 在高磁场阶段, 材料的磁致伸缩应变出现饱和现象 (Clark, 1980; Moffett et al., 1991; Carman et al., 1995). 在含类裂纹缺陷的软磁材料中, 由于缺陷尖端的集中作用, 材料在高外磁场作用下, 类裂纹缺陷尖端的材料磁化必然出现饱和现象. 因此, 在采用线性磁化关系分析的基础上, 进一步采用小范围理想饱和磁化模型, 研究细长椭圆裂纹尖端的应力分布. 类裂纹缺陷尖端应力场的求解采用经典的复势函数方法 (Muskhelishvili, 1954). 假设磁化饱和区的形状为圆形, 利用饱和区与线性磁化边界圆上的位移和面力协调条件, 分别求得饱和区与非饱和区的附加应力分布. 这种方法曾在文 (Hao et al., 1996) 中被用来求解电致伸缩材料中, 电极附近出现极化饱和时的应力分布. 然而, 对于细长椭圆裂纹问题, 由于随着细长椭圆裂纹厚度的变化, 细长椭圆顶端的几何集中性质是变化的. 相应地, 细长椭圆裂纹尖端饱和区的大小和位置也是变化的. 同时, 求解类裂纹尖端饱和区的应力还必须考虑裂纹面边界的影响.

7.3.1　磁化饱和区的大小和位置

由线性磁化关系的类裂纹问题求解得到的裂纹尖端磁场分布

$$H_1 = -\frac{K_{\mathrm{H}}}{\sqrt{2\pi r}} \sin \frac{\theta}{2}, \quad H_2 = \frac{K_{\mathrm{H}}}{\sqrt{2\pi r}} \cos \frac{\theta}{2} \qquad (7.95\mathrm{a,b})$$

其中, H_1 和 H_2 分别是磁场强度矢量在直角坐标系中的分量, 它们的方向分别沿着坐标 x 和 y; K_{H} 为磁场强度因子; r 和 θ 是原点在裂纹尖端的极坐标. 磁场强度的大小为

$$H = \sqrt{(H_1)^2 + (H_2)^2} \qquad (7.96)$$

这里采用理想饱和磁化模型, 如图 7.19 所示, 即认为材料受到的磁场小于饱和磁场时, 材料的磁化强度与磁场是线性关系; 而当外磁场达到饱和磁场时, 材料就立即达到磁化饱和, 即使磁场增大, 材料的磁化强度也不增加.

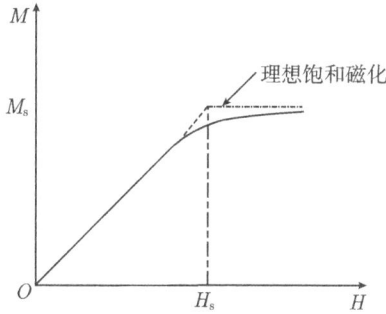

图 7.19　理想饱和磁化模型

设 H_s 为材料磁化饱和的磁场强度, 是一个材料常数. 则由 $H = H_s$ 得到特征长度

$$r_s = \frac{1}{2\pi} \cdot \left(\frac{K_H}{H_s}\right)^2 \tag{7.97}$$

由于材料内的磁力线不可能中断, 当裂纹尖端出现磁化饱和区域时, 裂纹延长线上饱和区的长度可由下式计算:

$$l_0 = \frac{1}{M_s} \int_0^{r_s} \mu_1 H \mathrm{d}r \tag{7.98}$$

其中, 材料的饱和磁化强度 $M_s = \mu_1 H_s$, μ_1 是材料的磁导率, r 是裂纹延长线上的点到裂纹尖端的距离. 计算后得到裂纹延长线上饱和区的长度为

$$l_0 = 2r_s \tag{7.99}$$

下面来计算饱和区的位置. 对于细长椭圆裂纹, 由于细长椭圆的短轴 $b \neq 0$, 在椭圆顶点磁场应有限. 在这里由线性磁化关系得到的细长椭圆长轴延长线上的磁场分布 (Wan, Fang et al., 2003a; 2003b)

$$H = \frac{1}{2} \frac{a(1 + \Delta_1)}{\sqrt{2ar + b^2}} \cdot H^\infty \tag{7.100}$$

其中, r 是细长椭圆长轴延长线上的点与细长椭圆顶点的距离, H^∞ 是远场磁场.

$$\Delta_1 = \frac{\dfrac{b}{a} \cdot \dfrac{\mu_1}{\mu_2} - 1}{\dfrac{b}{a} \cdot \dfrac{\mu_1}{\mu_2} + 1} \tag{7.101}$$

其中, μ_1 和 μ_2 分别是材料和细长椭圆裂纹内介质的磁导率, b 和 a 分别是细长椭圆的短半轴和长半轴. 磁场强度因子

$$K_{\mathrm{H}} = \frac{1}{2}(1 + \Delta_1) \cdot \sqrt{\pi a} \cdot H^\infty \tag{7.102}$$

则 (7.100) 式成为

$$H = K_{\mathrm{H}} \cdot \sqrt{\frac{a}{\pi}} \cdot \frac{1}{\sqrt{2ar + b^2}} \tag{7.103}$$

由 (7.98) 式计算得到的细长椭圆顶端的饱和区在长轴延长线上的长度 l, 如图 7.20 所示为

$$l = \sqrt{(2r_{\mathrm{s}})^2 + \frac{2r_{\mathrm{s}}}{a}b^2} - \sqrt{\frac{2r_{\mathrm{s}}}{a}} \cdot b \tag{7.104}$$

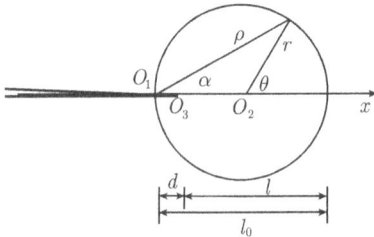

由于饱和区长度为 l_0, 在细长椭圆裂纹尖端前方有长度为 l 的饱和区, 则在裂纹尖端后方的饱和区长度为 $d = l_0 - l$, 如图 7.20 所示,

$$d = 2r_{\mathrm{s}} + \sqrt{\frac{2r_{\mathrm{s}}}{a}} \cdot b - \sqrt{(2r_{\mathrm{s}})^2 + \frac{2r_{\mathrm{s}}}{a}b^2} \tag{7.105}$$

图 7.20   饱和区的大小和位置

随着细长椭圆趋于裂纹, 细长椭圆顶端的几何集中效应越来越明显. 同时, 软铁磁材料的磁导率一般都较大, 对于裂纹内介质是真空或空气时, $\mu_1 \gg \mu_2$. 在工程中一般关心的是在较大磁场作用下, 含细长椭圆裂纹的软铁磁介质的断裂问题, 也即有下式,

$$\frac{H^\infty / H_{\mathrm{s}}}{b/a + \mu_2/\mu_1} \gg 1 \tag{7.106}$$

注意到 (7.97) 和 (7.102) 式, (7.106) 式也可以表示成

$$\frac{b}{\sqrt{2ar_{\mathrm{s}}}} \ll 1 \tag{7.107}$$

由此可以简化 (7.104) 和 (7.105) 式为

$$d = b\sqrt{\frac{2r_{\mathrm{s}}}{a}} \tag{7.108}$$

$$l = 2r_{\mathrm{s}} - b\sqrt{\frac{2r_{\mathrm{s}}}{a}} \tag{7.109}$$

因此, 对于细长椭圆裂纹 $(b \to 0, b \neq 0)$, 有 $d \ll l$. 当且仅当 $b = 0$ 时, $d = l = 2r_{\mathrm{s}} = 0$, 即饱和区变成裂纹尖端顶点.

7.3.2　磁化饱和区的磁性场分布

由线性磁化关系求得极坐标系下的裂纹尖端磁场分布 (Wan, Fang et al., 2003a; 2003b),

$$H_{\mathrm{r}} = \frac{K_{\mathrm{H}}}{\sqrt{2\pi r}} \sin \frac{\theta}{2}, \quad H_{\theta} = \frac{K_{\mathrm{H}}}{\sqrt{2\pi r}} \cos \frac{\theta}{2} \tag{7.110a,b}$$

其中, r, θ 分别是原点在 O_2 的坐标系中的极坐标, 如图 7.20 所示. 对应的磁场强度的势函数为

$$\Phi = -K_{\mathrm{H}} \sqrt{\frac{2r}{\pi}} \sin \frac{\theta}{2} \tag{7.111}$$

在饱和区边界上, $r = r_{\mathrm{s}}$, $\theta = 2\alpha$, 磁场势函数为

$$\Phi = -K_{\mathrm{H}} \sqrt{\frac{2r_{\mathrm{s}}}{\pi}} \sin \alpha \tag{7.112}$$

由原点在 O_1 坐标系中的磁场与磁场势函数的关系

$$H_{\rho} = -\frac{\partial \Phi}{\partial \rho}, \quad H_{\alpha} = -\frac{1}{\rho} \cdot \frac{\partial \Phi}{\partial \alpha} \tag{7.113a,b}$$

其中, ρ, α 分别是 O_1 坐标系中的极坐标, 如图 7.20 所示. 饱和区中磁场强度为

$$H_{\rho} = 0, \quad H_{\alpha} = \frac{K_{\mathrm{H}}}{\rho} \cdot \sqrt{\frac{2r_{\mathrm{s}}}{\pi}} \cdot \cos \alpha \tag{7.114a,b}$$

饱和区的磁化强度分布与磁场的方向一致, 大小等于材料的饱和磁化强度 M_{s}

$$M_{\rho} = 0, \quad M_{\alpha} = M_{\mathrm{s}} \tag{7.115a,b}$$

由以上饱和区的磁场和磁化强度分布函数的推导可以看出, 磁场势函数在饱和区边界上连续, 磁场在边界两侧无跳变, 根据 Brown(1966) 磁力理论, 边界面上无面磁化, 没有磁面力. 图 7.21 给出了饱和区磁场和磁化强度在裂尖的分布, 图 7.22 是饱和区磁场和磁化强度随 r/r_{s} 的分布.

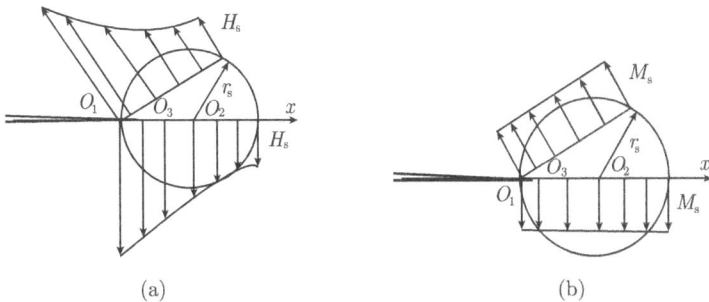

(a)　　　　　　　　　　　　　　(b)

图 7.21　饱和区磁场和磁化强度的分布

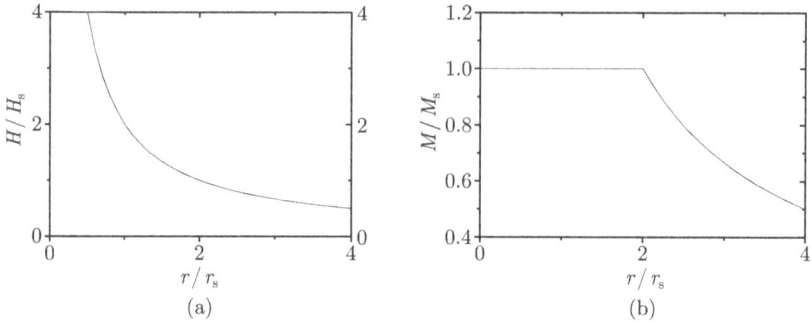

图 7.22　饱和区磁场和磁化强度的分布

7.3.3　应力场的叠加法

由于在饱和区中, 材料处于完全磁化饱和状态, 不计饱和区的磁体力. 利用饱和区与非饱和区边界圆上的面力和位移连续条件 (Hao, Gong et al., 1996), 采用复势函数 (Muskhelishvili, 1954) 的方法, 求解饱和区的附加应力. 在复势函数方法中, 弹性体的位移、应力可以用两个解析复函数 $\phi(z)$ 和 $\psi(z)$ 表示. 其中, $z = r e^{i\theta}$, $i = \sqrt{-1}$, 应力、位移和面力的表示式为

$$\frac{\sigma_{22} + \sigma_{11}}{2} = \phi'(z) + \overline{\phi'(z)} \tag{7.116a}$$

$$\frac{\sigma_{22} - \sigma_{11}}{2} + i \cdot \sigma_{12} = \bar{z} \cdot \phi''(z) + \psi'(z) \tag{7.116b}$$

$$2G \cdot (u_1 + i \cdot u_2) = (3 - 4\nu) \cdot \phi(z) - z \cdot \overline{\phi'(z)} - \overline{\psi(z)} \tag{7.116c}$$

$$F_1 + i \cdot F_2 = -i \cdot [\phi(z) + z \cdot \overline{\phi'(z)} + \overline{\psi(z)}] \tag{7.116d}$$

其中, ()′ 表示对复变量 z 的导数, $\overline{()}$ 表示复共轭. 在线性磁化问题中考虑裂纹尖端出现磁化饱和问题时, 由于饱和区的磁致应变达到完全饱和, 与线性磁化区的应变必然不协调. 如果将饱和区的饱和磁致应变看成本征应变, 由于该应变必然与线性区的应变不协调, 问题的求解成为平面线弹性的应变协调问题, 可以采用叠加法进行.

叠加法的求解步骤如图 7.23 所示. 所要求解问题是裂纹尖端出现小范围磁化饱和的区域时 (阴影区表示磁化饱和区), 裂纹尖端的应力, 即图 7.23(A) 所示的问题. 我们采用叠加法求解, 求解的步骤如下. 首先对于一个线性磁化的裂纹 (没有出现磁化饱和区的情况), 这个应力场已由第 5 章求得, 如图 7.23(1) 所示. 在材料受载发生变形以后, 在细长椭圆裂纹内粘上一块同样的材料. 显然, 由于是变形以后再粘上的材料, 因此, 细长椭圆裂纹内的材料不受力, 如图 7.23(2) 所示. 这里我们采用虚线表示不受力的材料. 把裂纹尖端小范围磁化饱和区切割出来, 如图 7.23(3a)

所示, 让它自由地发生饱和磁化应变, 如图 7.23(3b) 所示, 而饱和区对域外的线性区的作用, 用相应的面力代替. 在磁化饱和区自由地发生饱和应变后, 再将该区域嵌入图 7.23(3a) 中的空洞内. 由于应变失配, 则必然使原来无应力的区域 (细长椭圆裂纹内材料) 出现应力. 如图 7.23(4) 所示, 由于出现应力, 因此虚线消失. 沿着上面粘上的材料面, 把细长椭圆裂纹面切开, 并用相应的面力代替里面材料对外面材料的作用, 使得切开后外面的应力场不变, 如图 7.23(5a) 所示. 再取一个具有同样裂纹构型的材料, 在这个材料上没有外载作用, 裂纹尖端也没有磁化饱和区, 如图 7.23(5b) 所示. 在这个裂纹面上作用一个和图 7.23(5a) 中面力大小相等, 而方向相反的面力, 求解出这个材料中的应力场. 将这个场与图 7.23(5a) 中的应力场叠加后, 得到的便是图 7.23(A) 中的情况, 也就是我们要求解的应力场.

因此, 按照这个叠加法, 我们要求解的问题有: ① 将图 7.23(3b) 中所示的发生自由饱和磁化应变后的材料, 嵌入图 7.23(3a) 中所示的空洞内, 求解嵌入后的应力场. 这个过程利用边界面上的位移与面力连续条件. ② 求出嵌入后在细长椭圆裂纹面上的面力, 并取相反的面力作用在无外载无磁化饱和区的同样构型的细长椭圆面上, 并求出材料内的应力. 这个过程可以利用经典的弹性力学中关于椭圆孔内受分布载荷的线弹性问题求解方法进行. ③ 将上面两个过程得到的应力场叠加就是我们要求解问题的解.

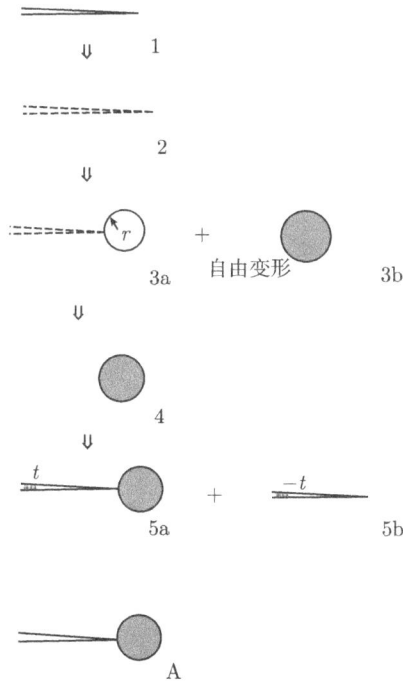

图 7.23　叠加法的求解步骤

7.3.4 应力场的求解

1. 位移及面力连续条件

这里我们按照叠加法的步骤, 求解第一步. 由线性磁化求得的细长椭圆裂纹尖端位移场和应力场, 我们可以得到如下边界圆上, 线性磁化区的位移和面力表达式 (Wan, Fang et al., 2003a; 2003b)

$$2G(u_1 + \mathrm{i} \cdot u_2) = \sqrt{2ar_\mathrm{s}} \left(p_1 \cdot \mathrm{e}^{\frac{\theta}{2}\mathrm{i}} + p_2 \cdot \mathrm{e}^{-\frac{\theta}{2}\mathrm{i}} + p_3 \cdot \mathrm{e}^{\frac{3\theta}{2}\mathrm{i}} \right) + p_4 \cdot \mathrm{e}^{\theta\mathrm{i}} + p_5 \cdot \theta \cdot \mathrm{i} \tag{7.117a}$$

$$F_1 + \mathrm{i}F_2 = -\mathrm{i} \left[\sqrt{2ar_\mathrm{s}} \left(q_1 \cdot \mathrm{e}^{\frac{\theta}{2}\mathrm{i}} + q_2 \cdot \mathrm{e}^{-\frac{\theta}{2}\mathrm{i}} + q_3 \cdot \mathrm{e}^{\frac{3\theta}{2}\mathrm{i}} \right) + q_4 \cdot \mathrm{e}^{\theta\mathrm{i}} + q_5 \right] \tag{7.117b}$$

其中, 系数 $p_1 \sim p_5$ 以及 $q_1 \sim q_5$ 见附录 C, 各个常数的定义与物理意义见第 5 章和论文 (Wan, Fang et al., 2003a; 2003b). 由于研究的是小范围磁化饱和问题, 在磁化饱和区内材料处于完全磁化饱和状态, 忽略由于磁化不均匀而引起的磁体力. 根据磁致伸缩材料的本构关系, 磁化饱和区的材料在磁场作用下发生的自由磁致伸缩应变为

$$\varepsilon_\rho = (1 + \nu) \cdot m_{21} \cdot M_\mathrm{s}^2, \quad \varepsilon_\alpha = (m_{11} + \nu \cdot m_{21}) \cdot M_\mathrm{s}^2, \quad \varepsilon_{\rho\alpha} = 0 \tag{7.118a,b,c}$$

由极坐标中的小变形几何关系

$$\varepsilon_\rho = \frac{\partial u_\rho}{\partial \rho}, \quad \varepsilon_\alpha = \frac{1}{\rho} \cdot \frac{\partial u_\alpha}{\partial \alpha} + \frac{u_\rho}{\rho}, \quad \varepsilon_{\rho\alpha} = \frac{1}{2} \left(\frac{1}{\rho} \cdot \frac{\partial u_\rho}{\partial \alpha} + \frac{\partial u_\alpha}{\partial \rho} - \frac{u_\alpha}{\rho} \right) \tag{7.119a,b,c}$$

将 (7.118a,b,c) 分别代入 (7.119a,b,c), 并对极坐标 ρ 和 α 积分, 注意到约束刚体位移, 可以得到极坐标中的位移表达式. 利用直角坐标和极坐标的变换关系

$$u_1 + u_2 \cdot \mathrm{i} = \mathrm{e}^{\alpha \cdot \mathrm{i}} (u_\rho + u_\alpha \cdot \mathrm{i}) \tag{7.120}$$

其中, $\mathrm{i} = \sqrt{-1}$, u_1 和 u_2 为直角坐标系中的位移. 并注意到在饱和区边界上有 $\alpha = \dfrac{\theta}{2}$, 如图 7.20a 所示, 则在 O_2 坐标系中饱和区边界圆上的位移为

$$2G(u_1 + \mathrm{i} \cdot u_2) = G \cdot r_\mathrm{s} \cdot (1 + \mathrm{e}^{\theta \cdot \mathrm{i}}) \cdot [2\varepsilon_\rho + (\varepsilon_\alpha - \varepsilon_\rho) \cdot \theta \cdot \mathrm{i}] \tag{7.121}$$

这里, G 是材料的剪切模量. 设 ϕ_1, ψ_1 和 ϕ_2, ψ_2 分别表示饱和区与线性磁化区中附加应力的复势函数, 则在边界圆上位移连续条件和面力连续条件分别为

$$(3 - 4\nu)\phi_1 - t \cdot \overline{\phi_1'} - \overline{\psi_1} + Gr_\mathrm{s}(1 + \mathrm{e}^{\theta\mathrm{i}})[2\varepsilon_\rho + (\varepsilon_\alpha - \varepsilon_\rho)\theta \cdot \mathrm{i}]$$
$$= (3 - 4\nu)\phi_2 - t \cdot \overline{\phi_2'} - \overline{\psi_2} + \sqrt{2ar_\mathrm{s}} \cdot \left(p_1\mathrm{e}^{\frac{\theta}{2}\mathrm{i}} + p_2\mathrm{e}^{-\frac{\theta}{2}\mathrm{i}} + p_3\mathrm{e}^{\frac{3\theta}{2}\mathrm{i}} \right) + p_4\mathrm{e}^{\theta\mathrm{i}} + p_5\theta \cdot \mathrm{i}$$
$$\tag{7.122a}$$

$$\phi_1 + t \cdot \overline{\phi_1'} + \overline{\psi_1} = \phi_2 + t \cdot \overline{\phi_2'} + \overline{\psi_2} + \sqrt{2ar_\mathrm{s}} \left(q_1\mathrm{e}^{\frac{\theta}{2}\mathrm{i}} + q_2\mathrm{e}^{-\frac{\theta}{2}\mathrm{i}} + q_3\mathrm{e}^{\frac{3\theta}{2}\mathrm{i}} \right)$$
$$+ q_4\mathrm{e}^{\theta\mathrm{i}} + q_5 \tag{7.122b}$$

其中, $t = r_{\mathrm{s}} e^{\theta \mathrm{i}}$ 是边界圆上的点. 从 (7.122a,b) 式可以求出复势函数在边界圆两侧的跳变条件

$$\phi_1 - \phi_2 = D_1 \cdot \theta \cdot \mathrm{i} + D_2 \cdot e^{\theta \mathrm{i}} + D_3 \cdot \theta \cdot \mathrm{i} \cdot e^{\theta \mathrm{i}} + D_4 \cdot e^{\frac{\theta}{2}\mathrm{i}} + D_5 \cdot e^{-\frac{\theta}{2}\mathrm{i}} + D_6 \cdot e^{\frac{3\theta}{2}\mathrm{i}} + D_7 \quad (7.123a)$$

$$\psi_1 - \psi_2 = A_1 \cdot \theta \cdot \mathrm{i} + A_2 \cdot e^{-\frac{\theta}{2}\mathrm{i}} + A_3 \cdot e^{-\frac{3\theta}{2}\mathrm{i}} + A_4 \cdot e^{-\frac{5\theta}{2}\mathrm{i}} + A_5 \cdot e^{\frac{\theta}{2}\mathrm{i}} + A_6 \cdot e^{-\theta \mathrm{i}}$$
$$+ A_7 \cdot e^{-2\theta \mathrm{i}} + A_8 \cdot \theta \cdot \mathrm{i} \cdot e^{-\theta \mathrm{i}} + A_9 \quad (7.123b)$$

式中的系数 $D_1 \sim D_7$ 以及 $A_1 \sim A_9$ 见附录 D. 根据复势函数的跳变条件 (7.123a,b) 式, 得到边界圆上复势函数的表达式, 并相应地将该复势函数式推广到饱和区域与线性磁化区域. 从跳变条件分离复势, 需满足以下条件 (Hao, Gong et al., 1996): ① 位移和面力在边界上连续. ② 由于磁场在点 $z = -r_{\mathrm{s}}$ 奇异, 复势函数 ϕ_1, ψ_1 在该点具有奇异性. 因此, 除了在点 $z = -r_{\mathrm{s}}$ 以外, ϕ_1, ψ_1 在饱和区域处处解析; ϕ_2, ψ_2 在线性磁化区域处处解析. ③ 无限远处, 材料处于无应力状态, ϕ_2, ψ_2 在无限远处为零. 在 O_2 坐标系中满足以上条件的复势函数为

$$\phi_1(z) = D_1 \ln \frac{z+r_{\mathrm{s}}}{r_{\mathrm{s}}} + D_2 \frac{z}{r_{\mathrm{s}}} + D_3 \cdot \frac{z}{r_{\mathrm{s}}} \cdot \ln \frac{z+r_{\mathrm{s}}}{r_{\mathrm{s}}} + D_4 \sqrt{\frac{z}{r_{\mathrm{s}}}} + D_6 \cdot \frac{z}{r_{\mathrm{s}}} \cdot \sqrt{\frac{z}{r_{\mathrm{s}}}} + D_7 - D_3 \quad (7.124a)$$

$$\phi_2(z) = -D_1 \ln \frac{z}{z+r_{\mathrm{s}}} - D_3 \cdot \left(1 + \frac{z}{r_{\mathrm{s}}} \cdot \ln \frac{z}{z+r_{\mathrm{s}}}\right) - D_5 \sqrt{\frac{r_{\mathrm{s}}}{z}} \quad (7.124b)$$

$$\psi_1(z) = A_1 \ln \frac{z+r_{\mathrm{s}}}{r_{\mathrm{s}}} + A_5 \cdot \sqrt{\frac{z}{r_{\mathrm{s}}}} + A_9 \quad (7.124c)$$

$$\psi_2(z) = -A_1 \ln \frac{z}{z+r_{\mathrm{s}}} - \left[A_2 \sqrt{\frac{r_{\mathrm{s}}}{z}} + A_3 \frac{r_{\mathrm{s}}}{z} \cdot \sqrt{\frac{r_{\mathrm{s}}}{z}} + A_4 \left(\frac{r_{\mathrm{s}}}{z}\right)^2 \cdot \sqrt{\frac{r_{\mathrm{s}}}{z}}\right]$$
$$- A_6 \frac{r_{\mathrm{s}}}{z} - A_7 \left(\frac{r_{\mathrm{s}}}{z}\right)^2 - A_8 \frac{r_{\mathrm{s}}}{z} \ln \frac{z}{r_{\mathrm{s}}} \quad (7.124d)$$

根据以上复势函数计算饱和区与线性磁化区的附加应力. 研究细长椭圆裂纹顶端 O_3 附近的应力分布, $z = -r_{\mathrm{s}} + d + \omega \cdot e^{\gamma \mathrm{i}}$, 其中, ω 和 γ 分别是 O_3 坐标系中的极径和幅角, 如图 7.20 所示. 当 $\omega \to 0$ 时, 细长椭圆顶端附近应力为

$$\frac{\sigma_{22} + \sigma_{11}}{2} = 2 \cdot \mathrm{Re}\left[\frac{D_1}{d + \omega \cdot e^{\gamma \mathrm{i}}} + \frac{D_3}{r_{\mathrm{s}}} \cdot \left(\frac{d - r_{\mathrm{s}}}{d + \omega \cdot e^{\gamma \mathrm{i}}} + \ln \frac{d + \omega \cdot e^{\gamma \mathrm{i}}}{r_{\mathrm{s}}}\right)\right] \quad (7.125a)$$

$$\frac{\sigma_{22} - \sigma_{11}}{2} + \mathrm{i} \cdot \sigma_{12} = (d - r_{\mathrm{s}}) \cdot \left[\frac{D_3 - D_1}{(d + \omega \cdot e^{\gamma \mathrm{i}})^2} + \frac{D_3}{r_{\mathrm{s}}} \cdot \frac{1}{d + \omega \cdot e^{\gamma \mathrm{i}}}\right] + \frac{A_1}{d + \omega \cdot e^{\gamma \mathrm{i}}} \quad (7.125b)$$

研究细长椭圆裂纹延长线上的应力, $\gamma = 0$, 环向应力为

$$\sigma_{22}^{(1)} = \frac{A_1 + 2D_1 - 3D_3}{d + \omega} + 3\frac{D_3}{r_{\mathrm{s}}} \cdot \frac{d}{d + \omega} + \frac{(r_{\mathrm{s}} - d) \cdot (D_1 - D_3)}{(d + \omega)^2} + 2\frac{D_3}{r_{\mathrm{s}}} \cdot \ln \frac{d + \omega}{r_{\mathrm{s}}} \quad (7.126)$$

2. 细长椭圆边界对应力场的影响

现在来求解第二步. 由复势函数 (7.124a~d) 式可以求得饱和区的应力, 同时也可以求得线性磁化区的附加应力. 当考虑裂纹尖端的磁化饱和区时, 由复势函数 (7.124c,d) 得到的线性磁化区的附加应力, 使得线性磁化区的应力必然不满足细长椭圆裂纹边界条件. 因此, 采用叠加法消除这个裂纹面上的附加面力. 由于研究的是小范围磁化饱和问题, 饱和区相对于细长椭圆的长轴来说足够小, 因此假设细长椭圆两个顶端的饱和区互不影响. 由于磁化饱和区而导致的细长椭圆裂纹边界上附加面力, 可以通过附加应力场计算. 当细长椭圆趋于裂纹时, 细长椭圆边界上的附加面力分布可以由磁场奇点 O_1 点附近的应力场计算得到. 如果在细长椭圆边界上加上一个相反的面力分布, 便可消除细长椭圆边界上由于出现磁饱和区而引起的附加面力, 叠加以后的应力场必满足所有的边界条件, 也就是问题的真正解.

由复势函数 (7.124a~d) 式计算磁场奇点 O_1 附近的应力场, 可以验证, 无论采用饱和区的附加应力函数 ϕ_1 和 ψ_1 计算, 还是采用线性磁化区的复势函数 ϕ_2 和 ψ_2, 得到的应力场是相同的. 将 ϕ_1 和 ψ_1 代入应力表达式 (7.116a,b), 研究磁场奇点 O_1 附近的应力场时, 即取 $z = -r_s + \rho \cdot e^{\alpha i}$, 其中, ρ 和 α 分别是 O_1 坐标系中的极径和幅角. 当 $\rho \to 0$ 时, 应力场为

$$(\sigma_{11})_1 = -\frac{r_s(D_1 - D_3)}{\rho^2} \cos 2\alpha \qquad (7.127a)$$

$$(\sigma_{22})_1 = \frac{r_s(D_1 - D_3)}{\rho^2} \cos 2\alpha \qquad (7.127b)$$

$$(\sigma_{12})_1 = -\frac{r_s(D_1 - D_3)}{\rho^2} \sin 2\alpha \qquad (7.127c)$$

这里, $(\sigma_{\alpha\beta})_1$ 表示 O_1 坐标系中的应力分量. 如图 7.20 所示 O_1 坐标系和 O 坐标系之间的坐标变换为

$$x = x_1 + c, \quad y = y_1 \qquad (7.128)$$

其中, x 和 y 为 O 坐标系中的直角坐标, x_1 和 y_1 为 O_1 坐标系中的直角坐标. 在 O 坐标系中应力 (7.127a~c) 式可以表示为

$$\sigma_{11} = -r_s(D_1 - D_3) \cdot \frac{(x-c)^2 - y^2}{[(x-c)^2 + y^2]^2} \qquad (7.129a)$$

$$\sigma_{22} = r_s(D_1 - D_3) \cdot \frac{(x-c)^2 - y^2}{[(x-c)^2 + y^2]^2} \qquad (7.129b)$$

$$\sigma_{12} = -r_s(D_1 - D_3) \cdot \frac{2(x-c) \cdot y}{[(x-c)^2 + y^2]^2} \qquad (7.129c)$$

细长椭圆内面 (法线向内的一侧) 上的面力分布为

$$X = -(n_x)_1 \cdot (\sigma_{11})_1 - (n_y)_1 \cdot (\sigma_{12})_1 \tag{7.130a}$$

$$Y = -(n_x)_1 \cdot (\sigma_{12})_1 - (n_y)_1 \cdot (\sigma_{22})_1 \tag{7.130b}$$

其中, X 和 Y 分别是椭圆面上的面力分量, $(n_\alpha)_1$ 表示 O_1 坐标系中椭圆的外法线的方向余弦. 有了面力分布表达式, 求椭圆空洞附近的应力分布可采用经典的复势函数法 (Muskhelishvili, 1954). 为了利用现成的计算步骤, 将上述的 O_1 坐标系中面力分布表达式 (7.130a,b) 转换到 O 坐标系中, 如图 7.20 所示. 在细长椭圆内面上需加上的面力与面力 (7.130a,b) 式大小相等, 方向相反. 因此, 在 O 坐标系中椭圆孔洞内, 作用在孔洞边界的面力分布为

$$X = n_x \cdot \sigma_{11} + n_y \cdot \sigma_{12} \tag{7.131a}$$

$$Y = n_x \cdot \sigma_{12} + n_y \cdot \sigma_{22} \tag{7.131b}$$

这里, n_α 表示 O 坐标系中椭圆面外法线的方向余弦. $\sigma_{\alpha\beta}$ 表示 O 坐标系中的应力分量. 在复势方法 (Muskhelishvili, 1954) 中, 面力可以表示为

$$f = \int (X + \mathrm{i} \cdot Y) \cdot \mathrm{d}s \tag{7.132}$$

利用方向余弦

$$n_x = \mathrm{d}y/\mathrm{d}s, \quad n_y = -\mathrm{d}x/\mathrm{d}s \tag{7.133a,b}$$

其中, $\mathrm{d}s$ 为弧长微分. 面力可以表示为

$$f = \int [\sigma_{11}\mathrm{d}y - \sigma_{12}\mathrm{d}x + \mathrm{i} \cdot (\sigma_{12}\mathrm{d}y - \sigma_{22}\mathrm{d}x)] \tag{7.134}$$

在 O 坐标系中面力为

$$f = r_{\mathrm{s}}(D_1 - D_3) \int \frac{[(x-c)^2 - y^2] \cdot (-\mathrm{i} \cdot \mathrm{d}x - \mathrm{d}y) + [2(x-c) \cdot y] \cdot (\mathrm{d}x - \mathrm{i} \cdot \mathrm{d}y)}{[(x-c)^2 + y^2]^2} \tag{7.135}$$

利用 $x = \dfrac{1}{2}(z + \bar{z})$, $y = \dfrac{1}{2\mathrm{i}}(z - \bar{z})$, 积分后得到面力为

$$f = \mathrm{i} \cdot \left[\frac{r_{\mathrm{s}}(D_1 - D_3)}{\bar{z} - c} - C_0 \right] \tag{7.136}$$

这里, C_0 是常数, 与积分的起始点有关. 可以看出 (7.136) 式是一个单值解析函数, 表示沿着椭圆边界积分一周后, 面力的合力为零, 面力自成平衡. 对于远场不受力, 椭圆孔内作用自成平衡分布面力的无限大平面弹性问题, 可以应用标准的复势函数方法 (Muskhelishvili, 1954) 求解. 取变换函数

$$z = w(\zeta) \tag{7.137}$$

其中, z 和 ζ 分别是物理平面和像平面的复变量.

$$w(\zeta) = R \cdot (\zeta + m \cdot \zeta^{-1}) \tag{7.138}$$

这里, $R = \dfrac{a+b}{2}$, $m = \dfrac{a-b}{a+b}$, $z = x + \mathrm{i} \cdot y$, $\zeta = \xi + \mathrm{i} \cdot \eta$. 该变换函数将物理平面 z 上的椭圆孔外域变换到像平面 ζ 上的单位圆外域. 在像平面 ζ 上, 得到复势函数

$$\phi(\zeta) = 0 \tag{7.139a}$$

$$\psi(\zeta) = \frac{-r_{\mathrm{s}}(D_1 - D_3)}{R(\alpha_1 - \alpha_2)} \cdot \left(\frac{\alpha_1}{\alpha_1 - \zeta} - \frac{\alpha_2}{\alpha_2 - \zeta} \right) \tag{7.139b}$$

其中,

$$\alpha_1 = \frac{a - d + \mathrm{i} \cdot \sqrt{2ad - b^2 - d^2}}{a + b} \tag{7.140a}$$

$$\alpha_2 = \frac{a - d - \mathrm{i} \cdot \sqrt{2ad - b^2 - d^2}}{a + b} \tag{7.140b}$$

这里, $\mathrm{i} = \sqrt{-1}$. 代入复势函数表示的线弹性问题的应力表达式 (7.116a,b), 得到应力为

$$\sigma_{22} + \sigma_{11} = 0 \tag{7.141a}$$

$$\sigma_{22} - \sigma_{11} + 2\mathrm{i} \cdot \sigma_{12} = -\frac{2r_{\mathrm{s}}(D_1 - D_3)}{R^2} \cdot \frac{\zeta^2}{[\alpha_1\alpha_2 - (\alpha_1 + \alpha_2) \cdot \zeta + \zeta^2]^2} \tag{7.141b}$$

研究最为关心的细长椭圆顶端附近的应力. 将像平面的应力表达式 (7.141a,b) 转换到物理平面, 在 (7.141a,b) 中代入下式

$$\zeta = \frac{z + \sqrt{z^2 - a^2 + b^2}}{a + b} \tag{7.142}$$

当细长椭圆趋于裂纹时, 考察裂纹延长线上的应力, 设 $z = a + \omega$, 如图 7.20 所示. 当 $\omega \to 0$, 在物理平面上得到环向应力为

$$\sigma_{22}^{(2)} = -r_{\mathrm{s}}(D_1 - D_3)/(d + \omega)^2 \tag{7.143}$$

7.3.5　理论与实验结果对比

我们要求解的问题的结果是前面求解的第一步和第二步的结果的叠加. 在细长椭圆裂纹尖端延长线上的环向应力由 (7.126) 和 (7.143) 式叠加组成, $\sigma_{22} = \sigma_{22}^{(1)} + \sigma_{22}^{(2)}$. 环向应力为

$$\sigma_{22} = \frac{A_1 + D_3}{d + \omega} + 3\frac{D_3}{r_{\mathrm{s}}} \cdot \frac{d}{d + \omega} - \frac{d \cdot D_3}{(d + \omega)^2} + 2\frac{D_3}{r_{\mathrm{s}}} \cdot \ln \frac{d + \omega}{r_{\mathrm{s}}} \tag{7.144}$$

其中, d, D_3 和 A_1 分别见式 (7.108) 和附录 D 中 (D-3) 和 (D-8) 式. ω 是细长椭圆裂纹尖端延长线上的点与裂纹尖端的距离, 如图 7.20 所示. 一般认为细长椭圆裂纹内介质是空气或真空, $\dfrac{\mu_2}{\mu_1} = \dfrac{1}{\mu_r}$. 这里, μ_r 是材料的相对磁导率. 对于 $b \neq 0, b \to 0$ 的细长椭圆裂纹, 磁场在裂纹尖端的分布由于裂纹的集中作用, 使得磁场的分布有集中现象. 裂尖前方的小范围磁化饱和区由 (7.109) 式计算. 在磁化饱和区内, 研究细长椭圆裂纹延长线上的环向应力, 下面针对两种具体的材料电工纯铁, 复合铁氧体给出裂纹延长线上的环向应力分布图.

(1) 在图 7.24 中, 表示的是当软铁磁钢和复合铁氧体所含裂纹内的介质是空气或真空时, 细长椭圆裂纹延长线上的环向应力分布. 其中, $h_1 = H^\infty/H_s$, $h_2 = \mu_2/\mu_1$, $h_3 = b/a$. 由图中可以看出, 环向应力在磁化饱和区与线性磁化区的交界处有跳变. 在磁化饱和区内环向应力为压应力, 而在线性区中, 环向应力为拉应力.

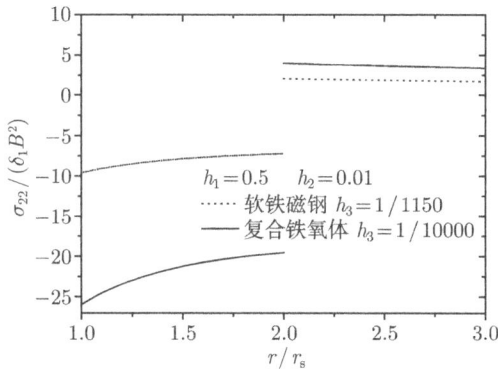

图 7.24　裂纹内介质为真空 ($\mu_2 = \mu_0$) 时, 细长椭圆裂纹尖端延长线环向应力分布

(2) 研究细长椭圆裂纹顶点的应力随细长椭圆几何形状变化的关系. 在 (7.144) 式中取 $\omega = 0$ 得到细长椭圆裂纹顶点的环向应力

$$\sigma_{22} = \frac{A_1}{d} + \frac{D_3}{r_s} \left(3 - 2 \ln \frac{r_s}{d} \right) \tag{7.145}$$

其中, r_s, d, D_3 和 A_1 的表达式分别见式 (7.97), (7.98) 和附录 D 中 (D-3) 和 (D-8) 式. $\mu_2 = \mu_0$, 这里 μ_0 是真空磁导率. 如果细长椭圆退化成为裂纹, 即 $b = 0$, 由式 (7.101) 得 $\Delta_1 = -1$, 由式 (7.109) 计算得到 $l = 0$, 饱和区退化成裂纹尖端. 在图 7.25 中, 表示的是当细长椭圆裂纹 ($b \neq 0, b \to 0$) 内的介质是空气或真空时, 尖端和裂纹延长线上的环向应力随细长椭圆裂纹几何的变化关系. 其中, $h_1 = H^\infty/H_s$, $h_2 = \mu_2/\mu_1$, $h_3 = b/a$. 从图中可以看出, 即使当细长椭圆裂纹趋于数学裂纹时, 裂纹尖端的环向应力仍是有限值.

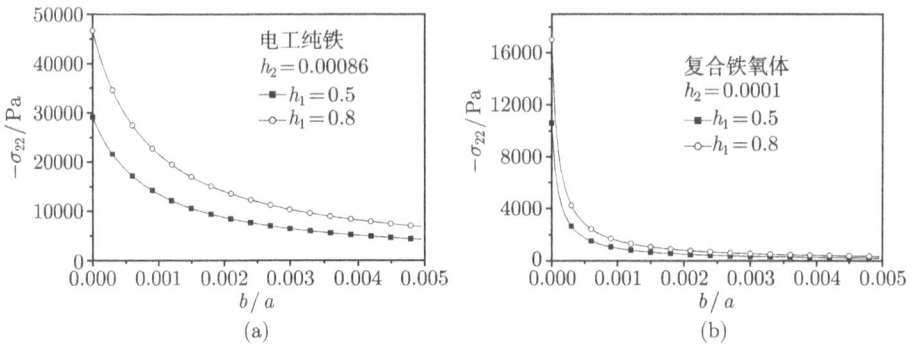

图 7.25 裂纹内介质磁导率 $\mu_2 = \mu_0$, 细长椭圆裂纹顶点的环向应力

(a) 电工纯铁; (b) 复合铁氧体

(3) 文献 (Clatterbuck et al., 2000) 中用实验的方法研究了外磁场对 Incoloy 908 软铁磁钢的断裂韧性的影响. 实验结果表明, 如果计入实验误差, 外磁场对含裂纹的软铁磁钢的断裂韧性几乎没有实验可测到的影响. Incoloy 908 软铁磁钢的屈服极限 1191MPa, 强度极限是 1454MPa. 由本节的理论计算结果, 如图 7.25(a) 所示, 当 $h_1 = 0.5$ 和 $h_1 = 0.8$ 时, 细长椭圆裂纹顶点的应力分别只有 0.03MPa 和 0.05MPa, 因此, 实验不能测得磁场对软铁磁钢的断裂韧性有什么影响.

表 7.2 是根据公式 (7.145) 计算得到的锰锌铁氧体的细长椭圆裂纹顶端的环向应力值. 根据第 2 章中关于磁场下的锰锌铁氧体的三点弯断裂实验, 根据梁的弯曲理论, 由断裂载荷计算锰锌铁氧体断裂时的名义最大应力为 34MPa. 因此, 由磁场引起的应力显然远远小于材料断裂的名义应力, 即磁场对材料的断裂载荷没有明显影响.

表 7.2 细长椭圆裂纹顶端的环向应力

细长椭圆裂纹几何 b/a	细长椭圆裂纹顶端的环向应力 σ_{22}/MPa		
	$\mu_r = 2000$	$\mu_r = 5000$	$\mu_r = 10000$
0	-0.459	-0.318	-0.175
0.1	-19.2×10^{-5}	-69.85×10^{-5}	-252.7×10^{-5}

下面讨论磁绝缘模型. 通常在已有的文献中, 特别是在铁电材料的断裂问题中 (Gao et al., 1997; Beom, 1999; Fang et al., 2000), 裂纹边界条件经常采用电绝缘边界条件. 然而, 在铁磁材料的裂纹问题中, 是否也可以采用磁绝缘边界条件呢? 由理论模型得到的细长椭圆裂纹尖端延长线上的环向应力 (7.144) 式, 当认为裂纹是磁绝缘时, 即 $\mu_2 \equiv 0$, 由式 (7.101) 得 $\Delta_1 = 1$. 研究细长椭圆趋于裂纹时 $(b = 0)$ 裂纹延长线上的环向应力

$$\sigma_{22} = \frac{A_1 + D_3}{\omega} + 2\frac{D_3}{r_s} \cdot \ln \frac{\omega}{r_s} \tag{7.146}$$

其中, ω 是裂纹延长线上的点与裂纹尖端的距离, 如图 7.20 所示. 因此, 这种情形的裂纹延长线上的环向应力具有 ω^{-1} 的奇异性. 根据中心裂纹的应力强度因子的定义 (杨卫, 1995), $K = \lim\limits_{\omega \to 0} \sqrt{2\pi\omega} \cdot \sigma_{22}$, 得到应力强度因子为

$$K = \lim_{\omega \to 0} \frac{\sqrt{2\pi} \cdot (A_1 + D_3)}{\sqrt{\omega}} \tag{7.147}$$

即裂纹的应力强度因子是无穷大, 这显然与实验的结果不相符合. 因此, 磁绝缘模型过分放大磁场对材料裂纹尖端应力场的影响, 是与实验不符合的. 事实上, 任何真空都不是磁绝缘的 (Knoepfel, 2000; Watanabe, Motokawa, 2002), 当材料内细长椭圆缺陷趋于数学裂纹时, 材料是磁导通的.

7.3.6　小结

本节采用小范围理想饱和磁化模型, 假设细长椭圆裂纹尖端的磁饱和区域为圆形区域, 求解了饱和区域的磁场分布和应力场分布. 分析细长椭圆裂纹尖端延长线上的应力场, 得到如下结论:

① 细长椭圆裂纹内介质一般认为是空气或真空, 裂纹延长线和裂纹尖端的应力都是有限值.

② 对于电工纯铁 (或软铁磁钢) 和锰锌铁氧体等软磁材料, 由于外磁场与材料的磁弹作用引起的细长椭圆裂纹尖端附近的应力, 远远小于材料的屈服强度和断裂应力. 外磁场的作用对材料的断裂载荷没有什么影响. 如果不考虑磁致疲劳的因素, 一般实验很难定量测出外磁场对这类软铁磁材料的断裂韧性的影响.

③ 细长椭圆裂纹内即使是真空, 一般也不能认为裂纹是磁绝缘的, 即不能认为 $\mu_2 = 0$. 理论计算表明, 磁绝缘模型过分放大磁场对材料的磁弹性作用, 而这与实验结果是不相符的.

第8章　软磁材料的磁弹性耦合断裂力学

本章首先对磁力耦合场的裂纹问题进行深入分析, 从不同磁弹性理论模型结果和各向异性两个点上分析了线性平面裂纹问题, 然后从磁弹性非线性理论出发, 通过非线性分析含中心裂纹铁磁板平面问题, 不仅可有效反映出变形前后裂纹面影响, 而且可反映线性本构影响而得到合理的磁场对断裂影响曲线. 并通过区分变形前后裂纹面, 分析了磁力耦合裂纹问题裂面应力边界条件和磁场连续性条件的表达.

8.1　线性模型分析软磁裂纹问题

8.1.1　软磁线性磁弹性理论

Pao 和 Yeh(1973) 基于 Brown(1966) 的理论和小变形假设, 建立了一个线性化模型. 在变形引起的磁场扰动相对于原来的强磁场很小时, 认为磁场的各描述量可以看做是由刚体下的磁场和变形引起的磁化导致的附加磁场简单叠加而得, 即

$$H_i = \overline{H}_i + h_i, \quad M_i = \overline{M}_i + m_i \tag{8.1}$$

H_i, M_i 分别为磁场强度和磁化强度. 磁感应强度为 $B_i = \mu_0(H_i + M_i)$. (8.1) 式中用带上横线的大写字母表示前一部分, 用小写字母表示后一部分. 在 $|\overline{M}_k u_{i,k}| \ll |m_i|$ 的情况下, 平衡方程和电磁基本方程如下 (Brown, 1966):

$$
\begin{aligned}
& t_{ki,k} + \mu_0(\overline{M}_k \overline{H}_{i,k} + M_k h_{i,k} + m_k \overline{H}_{i,k}) = 0 \\
& e_{ijk}\{t_{jk} + \mu_0(\overline{M}_j \overline{H}_k + \overline{M}_j h_k + m_j \overline{H}_k)\} = 0 \\
& e_{ijk}\overline{H}_{k,j} = 0 \\
& \overline{B}_{j,j} = 0
\end{aligned}
\tag{8.2}
$$

其中, t_{ij} 为磁弹性应力描述铁磁体中微元体受到周围外部物质的源于弹性和磁场效应的面力, e_{ijk} 是置换张量.

边界条件为

$$
\begin{aligned}
& e_{ijk}n_j \left[\left[\overline{H}_i\right]\right] = 0 \\
& n_i \left[\left[\overline{B}_i\right]\right] = 0 \\
& e_{ijk}\left(n_j[[h_k]] - n_p u_{p,j}\left[\left[\overline{H}_i\right]\right]\right) = 0
\end{aligned}
\tag{8.3}
$$

$$n_i \left[\left[\, b_i \right]\right] - n_p u_{p,i} \left[\left[\, \overline{B}_i \right]\right] = 0$$

$$n_i \left[\left[\, t_{ij} + t_{ij}^{\mathrm{M}} \right]\right] = 0$$

其中, n_i 表示边界面的方向, $[[\,]]$ 表示边界两侧的量之差. $\boldsymbol{t}^{\mathrm{M}}$ 为磁体的麦克斯韦应力张量. (8.3) 的第五个等式可以表示成

$$n_i[[\sigma_{ij}]] = -\mu_0 n_i[[(\chi_{ik} + \delta_{ik})(\overline{H}_k \overline{H}_j + \overline{H}_k h_j + h_k \overline{H}_j)$$
$$+ \chi_{jk}(\overline{H}_i \overline{H}_k + \overline{H}_i h_k + h_i \overline{H}_k) - \delta_{ij}(\overline{H}_k \overline{H}_k + \overline{H}_k h_k)/2]]$$

本构关系为

$$\begin{aligned}
t_{ij} &= \mu_0 \overline{H}_i \overline{M}_j + C_{ijkl} u_{k,l} + \mu_0 \left(\overline{H}_i m_j + \overline{M}_j h_i\right) \\
\overline{M}_i &= \chi_{ij} \overline{H}_j \\
m_i &= \chi_{ij} h_j
\end{aligned} \tag{8.4}$$

其中, u_i 表示位移, C_{ijkl} 为弹性刚度矩阵, χ_{ij} 为材料的磁化系数.

对各向同性问题本构关系方程中 (8.4) 的简化为

$$\begin{aligned}
t_{ik} &= \sigma_{ik} + \frac{\mu_0 S_2}{\chi} \left[\overline{M}_i \overline{M}_k + \left(\overline{M}_i m_k + \overline{M}_k m_i\right)\right] \\
\overline{M}_i &= \chi \overline{H}_i \\
m_i &= \chi h_i
\end{aligned} \tag{8.5}$$

其中, σ_{ij} 通过 Lame 方程确定,

$$\sigma_{ik} = \lambda \delta_{ik} u_{j,j} + G \left(u_{i,k} + u_{k,i}\right) \tag{8.6}$$

式中, λ 和 G 是材料的 Lame 常数.

各向同性基本方程 (8.2) 可以写成 (Pao, Yeh, 1973):

$$\begin{aligned}
& t_{ki,k} + \mu_0 S_1 \left(\overline{M}_k \overline{H}_{i,k} + \overline{M}_k h_{i,k} + m_k \overline{H}_{i,k}\right) = 0 \\
& e_{ijk} \overline{H}_{k,j} = 0 \\
& \overline{H}_{i,i} = 0 \\
& e_{ijk} h_{k,j} = 0 \\
& b_{i,i} = 0
\end{aligned} \tag{8.7}$$

(8.5) 式和 (8.7) 式中, S_1, S_2 为由模型决定的参数, 对 Pao 和 Yeh 的模型及 Brown 的模型, $S_1 = S_2 = 1$.

边界条件可表示为

$$e_{ijk} n_j \left[\left[\, \overline{H}_k \right]\right] = 0$$

$$n_i \left[\left[\, \overline{B}_i \right]\right] = 0$$

$$e_{ijk}\left(n_j\left[\!\left[\,h_k\,\right]\!\right] - n_p u_{p,j}\left[\!\left[\,\overline{H}_k\,\right]\!\right]\right) = 0$$

$$n_i\left[\!\left[\,b_i\,\right]\!\right] - n_p u_{p,i}\left[\!\left[\,\overline{B}_i\,\right]\!\right] = 0 \tag{8.8}$$

$$n_i\left[\!\left[\,\sigma_{ij}\,\right]\!\right] = -\mu_0 n_i\left[\!\left[\,\overline{M}_i\overline{M}_j/\chi\,\right]\!\right] - \mu_0 n_i\left[\!\left[\,\overline{H}_j m_i + \overline{H}_i m_j\,\right]\!\right]$$
$$+ \mu_0 n_j\left[\!\left[\,\overline{M}_n^2\,\right]\!\right]/2 + \mu_0 n_j\left[\!\left[\,\overline{M}_n m_n\,\right]\!\right]$$

由于磁现象物理本质的复杂性, 人们需要建立各种理论模型来描述磁场力的分布. 目前, 文献中常见的理论模型有 Pao 和 Yeh 的模型 (Pao, Yeh, 1973; Moon, 1984)、Maugin 和 Eringen 的模型 (Maugin, 1988; Eringen et al., 1990)、周和郑 (1999) 的模型等. 不同模型给出的磁体积力形式、应力连续条件和应力形式存在差异, 见表 8.1.

表 8.1   几种磁力理论模型

模型	磁体力	磁面力
Pao 和 Yeh 的模型	$\boldsymbol{f}^{\mathrm{em}} = \mu_0 \boldsymbol{M} \cdot \nabla \boldsymbol{H}$	$\boldsymbol{t}^{\mathrm{M}} = \boldsymbol{B} \otimes \boldsymbol{H} - (\mu_0 \boldsymbol{H} \cdot \boldsymbol{H})\,\boldsymbol{I}/2$
Maugin 和 Eringen 的模型	$\boldsymbol{f}^{\mathrm{em}} = \nabla \boldsymbol{B} \cdot \boldsymbol{M}$	$\boldsymbol{t}^{\mathrm{M}} = \boldsymbol{B} \otimes \boldsymbol{H} - (\mu_0^{-1}\boldsymbol{B}^2 - 2\boldsymbol{B} \cdot \boldsymbol{M})\boldsymbol{I}/2$
周和郑的模型	$\boldsymbol{f}^{\mathrm{em}} = \nabla \boldsymbol{B} \cdot \boldsymbol{M}$	$\boldsymbol{X} = \mu_0\chi(\chi+2)(H_\tau^+)^2\boldsymbol{n}/2$

其中, $\boldsymbol{M}, \varepsilon$ 分别为磁化强度和应变; $\boldsymbol{X}$ 表示物体表面所受的源于磁场效应的面力, $\boldsymbol{n}$ 表示法向单位矢量; $\mu_0, \chi, \boldsymbol{C}$ 分别为真空磁导率及材料的磁化系数和刚度矩阵.

采用类似的方法, 对 Eringen 和 Maugin 的模型可得到与式 (8.5)~(8.7) 形式相同的结果, 只是边界磁力形式得到的结果与边界条件 (8.8) 式的最后一式不同, 且参数 $S_1 = (\chi+1), S_2 = -(\chi+1)$. 而对周和郑的模型 $S_1 = (\chi+1), S_2 = 0$.

8.1.2 各向异性裂纹解

对于如图 8.1 所示的含穿透裂纹无限大软铁磁体, 设该裂纹体处于面内磁场中, 取裂纹方向为 x 方向, 铁磁体内远离裂纹处的磁感应强度为 $\mu_0\mu_{\mathrm{r}}H_1^*, B_2^*$.

由 (8.3), (8.5) 式中关于 $\overline{H}_1$ 和 $\overline{B}_2$ 的方程可得

$$\overline{H}_1 = H_1^0 = H_1^\infty$$

$$\overline{H}_2 = H_2^0 = \frac{B_2^\infty - \chi_{12}H_1^\infty}{1 + \chi_{22}} \tag{8.9}$$

引入调和函数, 变形导致的附加磁场可表示成

$$h_x = \frac{\partial \xi(x,y)}{\partial x}$$

$$h_y = \frac{\partial \xi(x,y)}{\partial y} \tag{8.10}$$

则平衡方程 (8.2) 可表示成

$$(\delta_{ij} + \chi_{ij})\frac{\partial^2 \xi}{\partial x_i \partial x_j} = 0$$

$$\frac{\partial \sigma_{xx}}{\partial x} + \frac{\partial \sigma_{xy}}{\partial y} + \frac{\partial(-V_1)}{\partial x} = 0 \tag{8.11}$$

$$\frac{\partial \sigma_{xy}}{\partial x} + \frac{\partial \sigma_{yy}}{\partial y} + \frac{\partial(-V_2)}{\partial y} = 0$$

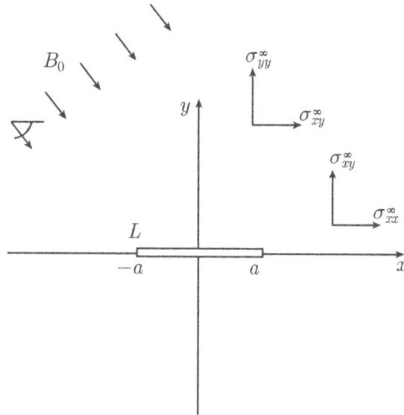

图 8.1　含中心裂纹的无限大铁磁体

其中,

$$V_1 = -\mu_0 \left\{ \left[\left(2\chi_{11} - \frac{\chi_{11} - \chi_{22}}{1 + \chi_{22}} \right) H_1^0 \right. \right.$$
$$\left. \left. - \frac{(\chi_{11} - \chi_{22})\chi_{12}}{1 + \chi_{22}} H_2^0 \right] \frac{\partial \xi}{\partial x} + (\chi_{11} + \chi_{22}) H_2^0 \frac{\partial \xi}{\partial y} \right\}$$

$$\tag{8.12}$$

$$V_2 = -\mu_0 \left\{ \left[\left(2\chi_{22} - \frac{\chi_{22} - \chi_{11}}{1 + \chi_{22}} \right) H_2^0 \right. \right.$$
$$\left. \left. - \frac{(\chi_{22} - \chi_{11})\chi_{12}}{1 + \chi_{11}} H_1^0 \right] \frac{\partial \xi}{\partial y} + (\chi_{11} + \chi_{22}) H_1^0 \frac{\partial \xi}{\partial x} \right\}$$

平衡方程 (8.11) 化为

$$\frac{\partial \sigma_{xx}}{\partial x} + \frac{\partial \sigma_{xy}}{\partial y} + \frac{\partial(-V_1)}{\partial x} = 0$$

$$\frac{\partial \sigma_{xy}}{\partial x} + \frac{\partial \sigma_{yy}}{\partial y} + \frac{\partial(-V_2)}{\partial y} = 0 \tag{8.13}$$

其中, $\sigma_{ij} = C_{ijkl}u_{k,l}$, 上述方程的解可表示应力函数 Φ 的表达. 应力函数满足平面相容方程. 则问题的应力函数相容方程和标量磁势的调和方程, 可以表示成

$$L_1 \xi = 0$$
$$L_2 U + L_3 \xi = 0 \tag{8.14}$$

其中,

$$L_1 = (1 + \chi_{11})\frac{\partial^2}{\partial x^2} + (1 + \chi_{22})\frac{\partial^2}{\partial y^2}$$

$$L_2 = s_{11}\frac{\partial^4}{\partial y^4} + (2s_{12} + s_{66})\frac{\partial^4}{\partial y^2 \partial x^2} + s_{22}\frac{\partial^4}{\partial x^4} \tag{8.15}$$

$$L_3 = S_1\frac{\partial^3}{\partial y^3} + S_2\frac{\partial^3}{\partial x \partial y^2} + S_3\frac{\partial^3}{\partial x^2 \partial y} + S_4\frac{\partial^3}{\partial x^3}$$

且

$$\begin{aligned}
S_1 = &- \mu_0 s_{11}(\chi_{11} + \chi_{22})H_2^0 \\
&- \mu_0 s_{12}\left(2\chi_{22} - \frac{\chi_{22} - \chi_{11}}{1 + \chi_{22}}\right)H_2^0 - \mu_0\frac{(\chi_{22} - \chi_{11})\chi_{12}}{1 + \chi_{11}}H_1^0 \\
S_2 = &- \mu_0 s_{11}\left[\left(2\chi_{11} - \frac{\chi_{11} - \chi_{22}}{1 + \chi_{22}}\right)H_1^0\right. \\
&\left. - \frac{(\chi_{11} - \chi_{22})\chi_{12}}{1 + \chi_{22}}H_2^0\right] - \mu_0 s_{12}(\chi_{11} + \chi_{22})H_1^0 \\
S_3 = &- \mu_0 s_{21}(\chi_{11} + \chi_{22})H_2^0 \\
&- \mu_0 s_{22}\left(2\chi_{22} - \frac{\chi_{22} - \chi_{11}}{1 + \chi_{22}}\right)H_2^0 - \mu_0\frac{(\chi_{22} - \chi_{11})\chi_{12}}{1 + \chi_{11}}H_1^0 \\
S_4 = &- \mu_0 s_{21}\left[\left(2\chi_{11} - \frac{\chi_{11} - \chi_{22}}{1 + \chi_{22}}\right)H_1^0\right. \\
&\left. - \frac{(\chi_{11} - \chi_{22})\chi_{12}}{1 + \chi_{22}}H_2^0\right] - \mu_0 s_{22}(\chi_{11} + \chi_{22})H_1^0
\end{aligned} \tag{8.16}$$

采用列赫尼茨基解法, 取

$$U = 2\mathrm{Re}\sum_{k=1}^{3} U_k(z_k)$$

$$\xi(z) = 2\mathrm{Re}\sum_{k=1}^{3} \lambda_k U_k(z_k) \tag{8.17}$$

其中, $z_k = x + r_k y$, r_k 是上式的特征根.

$$\begin{aligned}
&r_1 = \mathrm{i} \\
&r_2^2 = \left[-(2s_{12} + s_{66}) + \mathrm{i}\sqrt{4s_{11}s_{22} - (2s_{12} + s_{66})^2}\right]/2s_{11} \\
&r_3^2 = \left[-(2s_{12} + s_{66}) + \mathrm{i}\sqrt{4s_{11}s_{22} - (2s_{12} + s_{66})^2}\right]/2s_{11} \\
&r_4 = \bar{r}_1, \quad r_5 = \bar{r}_2, \quad r_6 = \bar{r}_3
\end{aligned} \tag{8.18}$$

且

$$\lambda_k = -\left[s_{11}r_k^4 + (2s_{12} + s_{66})r_k^2 + s_{22}\right]/(S_1 r_k^3 + S_2 r_k^2 + S_3 r_k + S_4) \tag{8.19}$$

应力张量 σ_{ij}、位移和磁场强度的复势表达为

$$
\begin{aligned}
\sigma_{xx} &= 2\mathrm{Re}\sum_{k=1}^{3} r_k^2 \psi_k'(z_k) \\
\sigma_{yy} &= 2\mathrm{Re}\sum_{k=1}^{3} \psi_k'(z_k) \\
\sigma_{xy} &= -2\mathrm{Re}\sum_{k=1}^{3} r_k \psi_k'(z_k) \\
h_x &= 2\mathrm{Re}\sum_{k=1}^{3} \lambda_k r_k \psi_k(z_k) \\
h_y &= 2\mathrm{Re}\,\psi_k(z_k)
\end{aligned}
\tag{8.20}
$$

把 (8.20) 代入连续性条件 (8.3) 得到边界条件, 裂纹面边界条件可表示为

$$
\begin{aligned}
&\sum_{k=1}^{3}\lambda_k r_k \psi_k(z_k) + \sum_{k=1}^{3}\overline{\lambda}_k \overline{r}_k \overline{\psi}_k(\overline{z}_k) - h_x^* = \chi H_{20}\frac{\partial u_y}{\partial x} \\
&\sum_{k=1}^{3}\lambda_k \psi_k(z_k) + \sum_{k=1}^{3}\overline{\lambda}_k \overline{\psi}_k(\overline{z}_k) - \frac{h_y^*}{u_{\mathrm r}} = \frac{\partial u_y}{\partial x}H_{10}\left(1 - \frac{1}{u_{\mathrm r}}\right) \\
&\sum_{k=1}^{3}r_k \psi_k'(z_k) + \sum_{k=1}^{3}\overline{r}_k \overline{\psi}_k'(\overline{z}_k) = \gamma_{01} - \mu_0\chi H_{10}\frac{\partial \xi}{\partial y} - \mu_0\chi H_{20}\frac{\partial \xi}{\partial x} \\
&\sum_{k=1}^{3}\psi_k'(z_k) + \sum_{k=1}^{3}\overline{\psi}_k'(\overline{z}_k) = \gamma_{02} + \mu_0\chi(\chi - 2)H_{20}h_y
\end{aligned}
\tag{8.21}
$$

其中, z_k 在裂纹面上. $\gamma_{01} = -\mu_0\chi H_{10}H_{20}$, $\gamma_{20} = \mu_0 H_{20}\chi(\chi - 2)/2$ 为两个常数. 方程 (8.19) 可化为一组 Riemann-Hilbert 问题. 而问题的远场条件为

$$
\begin{aligned}
t_{xx} &= t_{xx}^{\infty} \\
t_{xy} &= t_{xy}^{\infty} \\
t_{yy} &= t_{yy}^{\infty} \\
h_x^{\infty} &= h_y^{\infty} = 0
\end{aligned}
\tag{8.22}
$$

把通解 (8.20) 代入上式可以确定复势函数的远场值. 采用经典的解法可以得到耦合场如下的解 (Muskhelishvili, 1954; Sosa et al., 1996)

$$
\begin{aligned}
t_{ij} &= \sigma_{ij} + \mu_0 H_i^0 M_j^0 + \mu_0\chi_{jk}(H_i^0 h_k + H_k^0 h_i) \\
h_x &= 2\mathrm{Re}\left(Q_{1i}^{-1}\{(c_{0i} + c_i z)X(z) + \gamma_{01}\left[1 - zX(z)\right]\}\right) \\
h_y &= 2\mathrm{Re}\left(p_1 Q_{ki}^{-1}\{(c_{0i} + c_i z)X(z) + \gamma_{02}\left[1 - zX(z)\right]\}\right)
\end{aligned}
\tag{8.23}
$$

其中,

$$\sigma_{xx} = 2\mathrm{Re} \sum_{k=1}^{3} \lambda_k^2 p_k^2 Q_{ki}^{-1}[(c_{0i} + c_i z)X(z)]$$

$$\sigma_{yy} = 2\mathrm{Re} \sum_{k=1}^{3} Q_{ki}^{-1}[(c_{0i} + c_i z)X(z)] \qquad (8.24)$$

$$\sigma_{xy} = -2\mathrm{Re} \sum_{k=1}^{3} \lambda_k p_k Q_{ki}^{-1}[(c_{0i} + c_i z)X(z)]$$

其中, 参数 $c_{0i}, i = 1, 2, 3$ 由裂面位移单值条件和安培环路定律决定. Q_{ij} 为方程 (8.21)Riemann-Hilbert 方程时函数的系数矩阵. 参数 c_i 由式 (8.24) 和式 (8.22) 确定.

8.1.3 各向同性裂纹解

对各向同性问题, 通过把平衡方程化为有势力形式, 可以把控制方程写成双调和方程和调和方程. 按照 Muskhelishvili 理论, 由应力张量 σ_{ij}、位移和磁场强度的复势表达为 (Liang et al., 2000)

$$\sigma_{xx} + \sigma_{yy} = 2\left[\varphi'(z) + \overline{\varphi'(z)} + \overline{c_3}\omega'(z) + c_3\overline{\omega'(z)}\right]$$

$$\sigma_{yy} - \sigma_{xx} + 2\mathrm{i}\sigma_{xy} = 2\left[(\overline{z} - z)\varphi''(z) - \varphi'(z) + \Omega'(z)\right]$$

$$2G(u_x + \mathrm{i}u_y) = \kappa\varphi(z) - (z - \overline{z})\overline{\varphi'(z)} - \overline{\Omega(z)} + \beta\overline{c_3}\omega(z) \qquad (8.25)$$

$$h_x - \mathrm{i}h_y = \omega'(z)$$

其中, $z = x + \mathrm{i}y, \varphi(z), \omega(z), \Omega(z)$ 为解析函数, 复变量和函数上横线表示共扼. 常数 $\kappa = (3 - 4\nu_1)/(1 + \nu_1), \beta = 2(1 - 2\nu_1)$ 由材料常数决定. 式中, 参数

$$c_3 = -\mu_0\chi S_3\left[H_1^* + \chi B_2^*/(\chi + 1)\right] \qquad (8.26)$$

对 Pao 和 Yeh 的模型, $S_3 = 1$; 对 Eringen 和 Maugin 的模型, $S_3 = 0$; 对周和郑的模型 $S_3 = (\chi + 1)/2$.

对如图 8.1 所示的无限大平面磁力耦合场问题, 设裂纹长度为 $2a$, 远场应力条件可表示为

$$\sigma_{xx}^{\infty} + \sigma_{yy}^{\infty} = 4B$$

$$-(\sigma_1^{\infty} - \sigma_2^{\infty})\,\mathrm{e}^{-2\mathrm{i}\iota}/2 = 2B' \qquad (8.27)$$

其中, $\sigma_1^{\infty}, \sigma_2^{\infty}, \iota$ 分别是远场两个主应力和第一主应力与 x 轴方向夹角. 取 $\varphi(z),$ $\omega(z), \Omega(z)$ 分别为 D(除 L 以外的 z 平面) 上的单值解析函数, 应用 (8.18) 式的复势表达. 由 (8.3) 式和表 8.1 中的边界磁力公式得到裂纹面条件, 再把 (8.18) 式代入裂纹面条件, 得

$$\kappa\varphi'(t)^+ - \kappa\overline{\varphi'}(t)^- + \Omega'(t)^+ - \overline{\Omega'}(t)^- + C_7\omega'(t)^+ + C_8\overline{\omega'}(t)^-$$

$$= c_5\left(h_x^0 - \mathrm{i}h_y^0\right), \quad z = t + \mathrm{i}0^+ \tag{8.28}$$

$$\varphi'(t)^+ + \overline{\Omega'}(t)^- + C_9\omega'(t)^+ + C_{10}\overline{\omega'}(t)^- = \gamma$$

$$\kappa\varphi'(t)^- - \kappa\overline{\varphi'}(t)^+ + \Omega'(t)^- - \overline{\Omega'}(t)^+ + C_7\omega'(t)^- + C_8\overline{\omega'}(t)^+$$

$$= c_5\left(h_x^0 - \mathrm{i}h_y^0\right), \quad z = t + \mathrm{i}0^- \tag{8.29}$$

$$\varphi'(t)^- + \overline{\Omega'}(t)^+ + C_9\omega'(t)^- + C_{10}\overline{\omega'}(t)^+ = \gamma$$

其中, 参数 $c_5, c_7, c_8, c_9, c_{10}$ 由材料常数 G, ν, μ 和远场磁场确定. 对 Pao 和 Yeh 的模型

$$c_5 = -4\mu_0 G/\overline{c_3}$$
$$c_7 = \beta\overline{c_3} + c_5(\chi + 2)/2$$
$$c_8 = -\beta c_3 - c_5\chi/2 \tag{8.30}$$
$$c_9 = \left[C_1 + \mathrm{i}C_2\left(\chi + 1\right)\right]/2$$
$$c_{10} = \left[3C_1 - \mathrm{i}C_2\left(\chi - 1\right)\right]/2$$

对 Eringen 和 Maugin 的模型

$$c_5 = \frac{4G}{(\overline{H}_1 - \mathrm{i}\overline{H}_2)\chi}$$
$$c_7 = \frac{2(2 + \chi)G}{(\overline{H}_1 - \mathrm{i}\overline{H}_2)\chi}$$
$$c_8 = -\frac{2G}{\overline{H}_1 - \mathrm{i}\overline{H}_2} \tag{8.31}$$
$$c_9 = -\mu_0(\chi^2 - 1)\mathrm{i}\overline{H}_2/4$$
$$c_{10} = \mu_0(\chi^2 - 1)(2\overline{H}_1 + \overline{H}_2)/4$$

对周和郑的模型,

$$c_5 = 4G[\chi(\overline{H}_1 - \mathrm{i}\overline{H}_2)]$$
$$c_7 = -\mu_0\beta\mu_r\chi(\overline{H}_1 + \mathrm{i}\overline{H}_2)/2 + 2(2 + \chi)G/[\chi(\overline{H}_1 - \mathrm{i}\overline{H}_2)]$$
$$c_8 = -\mu_0\beta\mu_r\chi(\overline{H}_1 - \mathrm{i}\overline{H}_2)/2 - 2G/(\overline{H}_1 - \mathrm{i}\overline{H}_2) \tag{8.32}$$
$$c_9 = \mu_0\chi[\overline{H}_1(\chi + 4) + 2\mathrm{i}\overline{H}_2]/2$$
$$c_{10} = \mu_0\chi[\overline{H}_1(\chi + 4) - 2\mathrm{i}\overline{H}_2]/2$$

通过求解 Riemann-Hilbert 问题得到复势函数的解 (Muskhelishvili, 1953).

在裂纹尖端应力奇异, 裂尖附近应力场可由 $z = a + re^{i\theta}$, $r \to 0$ 得到, 其结果可表示为

$$
\begin{aligned}
t_{ij} = \frac{1}{\sqrt{2\pi r}} [& K_1^S f_{ij}^S(\theta) \\
& + K_1^C f_{ij}^C(\theta) + K_2^S g_{ij}^S(\theta) + K_2^C g_{ij}^C(\theta)]
\end{aligned} \tag{8.33}
$$

Pao 和 Yeh 的模型应力强度因子为

$$
\begin{aligned}
& K_1^S = \sigma_{yy}^\infty \sqrt{\pi a} \\
& K_2^S = \sigma_{xy}^\infty \sqrt{\pi a} \\
& K_1^C + iK_2^C = 4\sqrt{\pi a}(1+\kappa)(\sigma_{yy}^\infty - \gamma) \\
& \qquad\qquad \cdot (\cos\alpha + i\sin\alpha)(\cos\alpha - i\mu_r \sin\alpha)/((3+\kappa-2\beta)\sin^2\alpha \\
& \qquad\qquad + \mu_r\{4G\mu_0 B_0^{-2} - [\mu_r(\kappa+1) - 2(\beta+1)]\cos^2\alpha\})
\end{aligned} \tag{8.34}
$$

其中, 角度函数

$$
f_{11}^S(\theta) = \cos\frac{\theta}{2}\left(1 - \sin\frac{\theta}{2}\sin\frac{3\theta}{2}\right), \quad f_{12}^S(\theta) = \cos\frac{\theta}{2}\sin\frac{\theta}{2}\cos\frac{3\theta}{2}
$$

$$
f_{22}^S(\theta) = \cos\frac{\theta}{2}\left(2 + \cos\frac{\theta}{2}\cos\frac{3\theta}{2}\right), \quad f_{ij}^C(\theta) = \cos\frac{\theta}{2}
$$

$$
g_{11}^S(\theta) = -\sin\frac{\theta}{2}\left(1 - \cos\frac{\theta}{2}\cos\frac{3\theta}{2}\right), \quad g_{12}^S(\theta) = \cos\frac{\theta}{2}\left(1 - \sin\frac{\theta}{2}\sin\frac{3\theta}{2}\right)
$$

$$
g_{22}^S(\theta) = \sin\frac{\theta}{2}\cos\frac{\theta}{2}\cos\frac{3\theta}{2}, \quad g_{ij}^C(\theta) = -\sin\frac{\theta}{2}
$$

对材料常数为 $G = 78\mathrm{MPa}$, $\nu = 0.3$, $\chi = 500$ 的软铁磁材料, 计算了磁场和裂纹垂直情况下裂尖应力强度因子. $\sigma_{yy} = 1\mathrm{MPa}$, $\sigma_{xy} = \sigma_{xx} = 0$, $b_y = 0.2\mathrm{T}$, $b_x = 0$ 时的裂尖应力强度因子, 随磁场变化曲线见图 8.2, 在磁场接近一个特定值时变得非常强烈. 从式 (8.32) 中可以看到, 当分母为 0 时, 对应耦合应力强度因子出现奇异. Shindo 认为这个情况对应的磁场为一个临界磁场.

Pao 和 Yeh 的模型的结果为 $\boldsymbol{B}_{cr} = B_1\mathbf{i} + B_2\mathbf{j}$ 满足方程

$$
(1+\chi)\left[-1+\kappa-2\beta+\chi(1+\kappa)\right]B_2^2 - (3+\kappa-2\beta)B_1^2 = 4G\mu_0(\chi+1)^2/\chi^2
$$

Eringen 和 Maugin 的模型, 由 (8.29) 式可得

$$
2B_1^2 + (1+\kappa)(1+\chi)B_2^2 = 8G\mu_0(\chi+1)^2/[\chi(\chi-1)]
$$

对周和郑的模型, 由 (8.30) 式得

$$2(1+\kappa-\beta)(1+\chi)B_2^2-(\kappa+1-2\beta)B_1^2=8G\mu_0(\chi+1)^2/\chi^2$$

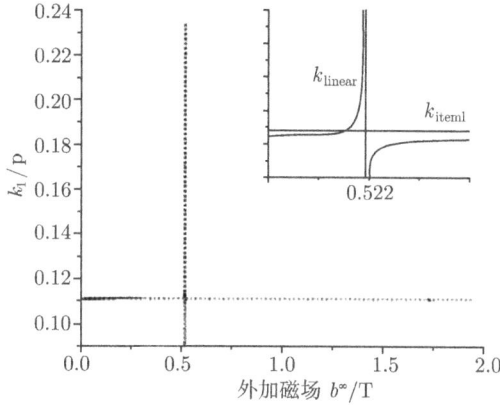

图 8.2　线形模型裂尖应力强度因子随磁场变化情况

可见尽管这几种磁弹性模型在铁磁板在横向磁场下的屈曲问题中得到相近的结果, 但不同磁弹性模型在断裂问题分析中得到不同的结果.

8.2　软磁体平面中心裂纹的非线性分析

8.2.1　基本理论

软铁磁材料的磁化系数大, 磁迟滞效应小, 一般认为其磁滞效应可以忽略, 磁化关系可看做线性的. 通常材料磁致伸缩效应非常小, 不计磁致伸缩效应, 磁化方程为 (近角聪信等, 1975)

$$m_i=\chi h_i \tag{8.35}$$

其中, h_i, m_i 分别为磁场强度和磁化强度, χ 为磁化系数.

对铁磁变形体, 由电动力学和连续介质理论, 其基本方程有反映 Biot-Savart 定律、安培定律和动量及动量矩守衡的 Cauchy 定律的四个方程构成, 基于 Brown 的磁弹性应力模型, 准静态的平衡方程可以表示成 (Moon, 1984):

$$b_{i,i}=0, \quad e_{ijk}h_{j,k}=0$$
$$t_{ij,i}+\mu_0 m_k h_{i,k}=0, \quad e_{ijk}t_{jk}+\mu_0 e_{ijk}m_j h_k=0 \tag{8.36}$$

其中, b_i 为磁感应强度, $\mu_0=4\pi\times10^{-7}\mathrm{N/A}^2$ 为真空中磁导率, e_{ijk} 为置换张量.

在不同磁介质界面上, 连续性条件为

$$n_i[[t_{ij}+t_{ij}^{\mathrm{M}}]]=0, \quad n_i[[b_i]]=0, \quad e_{ijk}n_j[[h_k]]=0 \tag{8.37}$$

其中, n_i 表示界面的法线方向, $[[\ ]]$ 表示物理量在通过界面的跳变, t_{ij}^{M} 为麦克斯韦应力 $t_{ij}^{\mathrm{M}} = b_i h_j - \mu_0 h_k h_k \delta_{ij}/2$.

用物质坐标 X_I 作自变量来描写物体的变形和运动时, 即 Lagrange 方法, 着眼于物质微元的运动和变形. 运动规律可用下列方程描写

$$x_i = (X_I, t) \quad i = 1, 2, 3, \quad I = 1, 2, 3 \tag{8.38}$$

用空间坐标 x_i 作自变量来描写物体的变形和运动, 即 Euler 法, 着眼于空间点上物体的运动情况, 运动规律可描写方程 $X_I = X_I(x_i, t)$. 质点由初始构型 X_I 点到现时构型中的 x_i 点的位移可表示成

$$u_i = x_i - \delta_{iI} X_I + d_i \quad \text{或} \quad U_I = \delta_{Ii} x_i - X_I + D_I \tag{8.39}$$

这里, d_k 表示两个坐标的原点距离.

假设变形为小变形, 即

$$|x_{i,K}| \ll 1 \tag{8.40}$$

由连续介质理论, 对软铁磁材料的本构关系 (Pao, Yeh, 1973; Verma et al., 1984):

$$t_{ij} = \sigma_{ij} + \mu_0 m_j h_i, \quad \sigma_{ij} = \lambda u_{k,k} \delta_{ij} + G(u_{i,j} + u_{j,i}), \quad m_i = \chi h_i \tag{8.41}$$

上式使得平衡方程中力偶矩平衡自动满足. 可以看到应力与变形、磁场和磁化相关.

8.2.2 磁弹性平面问题的复势解

设机械载荷为面内载荷, 磁场为平面磁场, 当厚度方向的边缘效应可以不考虑时, 问题可看做平面问题. 基于小变形假设, 并以 $\sigma_{ij} = C_{ijkl} \varepsilon_{kl}$ 为一个基本变量, 把式 (8.41) 代入式 (8.36), 可以把问题的平衡方程写成

$$\frac{\partial \sigma_{xx}}{\partial x} + \frac{\partial \sigma_{xy}}{\partial y} - (-\mu_0 \chi) \left(\frac{\partial h_x^2}{\partial x} + \frac{\partial h_y^2}{\partial x} \right) = 0$$
$$\frac{\partial \sigma_{yx}}{\partial x} + \frac{\partial \sigma_{yy}}{\partial y} - (-\mu_0 \chi) \left(\frac{\partial h_x^2}{\partial y} + \frac{\partial h_y^2}{\partial y} \right) = 0 \tag{8.42}$$

这样, 问题的解可以用磁场标量势函数 $\xi(x,y)$ 和应力函数 $U(x,y)$ 表示. 问题的基本方程化为

$$\nabla^2 \nabla^2 U = -\nabla^2 \left[-\mu_0 \chi (1-\nu) \xi_{,k} \xi_{,k} \right]$$
$$\nabla^2 \xi = 0 \tag{8.43}$$

其中,

$$\sigma_{ij} = U_{,ij} - \nabla U - \mu_0 \chi \delta_{ij}(h_k h_k)$$
$$h_i = \xi_{,i} \tag{8.44}$$

式 (8.43) 中 ν 为平面问题的泊松比.

按照 Knops(Knops, 1963; Yang et al., 1994) 的方法, 问题的通解可以用解析函数表示成如下的形式

$$\sigma_{xx} + \sigma_{yy} = 2\left[\varphi'(z) + \overline{\varphi'(\overline{z})}\right] + \mu_1 \omega'(z)\overline{\omega'(\overline{z})}$$

$$\sigma_{yy} - \sigma_{xx} + 2\mathrm{i}\sigma_{xy} = 2\left[\overline{z}\varphi''(z) + \psi'(z)\right] - \mu_2 \omega''(z)\overline{\omega(\overline{z})}$$

$$h_x - \mathrm{i}h_y = \omega'(z) \tag{8.45}$$

$$2G(u_x + \mathrm{i}u_y) = \kappa\varphi(z) - z\overline{\varphi'(\overline{z})} - \overline{\psi(\overline{z})} - \mu_2 \omega(z)\overline{\omega'(\overline{z})}/2$$

其中, $z = x + \mathrm{i}y$; 函数 $\varphi(z), \psi(z), \omega(z)$ 为解析函数, 常数 $\kappa = (3 - \nu)/(1 + \nu)$, 参数 μ_1, μ_2 为

$$\mu_1 = -\mu_0 \chi(1 + \nu), \quad \mu_2 = -\mu_0 \chi(1 - \nu) \tag{8.46}$$

由材料常数确定.

把 (8.45) 式的表达代入场连续性条件 (8.37), 铁磁体边界上的磁场连续性条件和应力边界条件可以表示为如下形式

$$\mathrm{Re}\,\omega(z) = \mathrm{Re}\,\omega_-(z)$$

$$(\chi + 1)\mathrm{Re}[(n_1 + \mathrm{i}n_2)\omega'(z)] = (\chi_- + 1)\mathrm{Re}[(n_1 + \mathrm{i}n_2)\omega'_-(z)] \tag{8.47}$$

$$n_i t_{ij}^{\mathrm{b}} = \overline{X}_j$$

其中, $\boldsymbol{n} = (n_1, n_2)$ 为变形后铁磁体表面面元的法线方向, 下标 "$-$" 对应铁磁体外的磁场量, $\overline{X}_i$ 表示物体表面的机械面力, 式中 t_{ij}^{b} 由下式给出,

$$t_{xx}^{\mathrm{b}} + t_{yy}^{\mathrm{b}} = 2\left[\varphi'(z) + \overline{\varphi'(\overline{z})}\right]$$
$$+ (1 - \nu)\mu_0 \chi \omega'(z)\overline{\omega'(\overline{z})} - 2\mu_0 \chi_- \omega'_-(z)\overline{\omega'_-(\overline{z})}$$

$$t_{yy}^{\mathrm{b}} - t_{xx}^{\mathrm{b}} + 2\mathrm{i}t_{xy}^{\mathrm{b}} = 2\left[\overline{z}\varphi''(z) + \psi'(z)\right] + (1 - \nu)\mu_0 \chi \omega''(z)\overline{\omega(\overline{z})} \tag{8.48}$$
$$- \mu_0(2\chi + 1)\omega'(z)^2 - (1 - \nu_-)\mu_0 \chi_- \omega''_-(z)\overline{\omega_-(\overline{z})}$$
$$+ \mu_0(2\chi_- + 1)\omega'_-(z)^2$$

8.2.3　磁弹性中心裂纹问题

对如图 8.3 所示的含中心裂纹无限大平面问题, 设物体处面内磁场 b_0 中, 机械载荷 p 也为面内载荷. 变形前裂纹面在面内投影为 $O'X'$ 上两段重合的线段. 角度

θ_{b} 和 θ_{p} 反映远场磁场方向和载荷方向, 且设载荷为拉伸载荷. 裂纹变形后裂纹面张开为一个闭合柱面, 它在 $X'O'Y'$ 坐标面的投影为曲线 γ. 由对称性, 曲线 γ 的中心与坐标原点重合. 由于磁场对变形的贡献较机械载荷小, 假设变形后裂纹面为椭圆柱面. 则要确定变形后裂纹面的位置需要三个参数: 椭圆的两个主轴半长度 α 和 β, 及该椭圆主轴与初始坐标轴的夹角 ϑ.

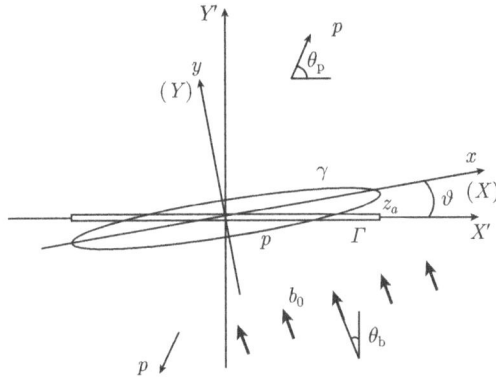

图 8.3 软磁体平面中心裂纹示意图

取空间坐标系 xy 的 x 轴与椭圆 γ 的长轴重合. 裂尖点变形后的位置记为 z_a, 复变量 $z = x + \mathrm{i}y$. 磁力耦合问题复势解中的解析函数函数 $\varphi(z), \psi(z)$ 和 $\omega(z)$ 需要通过远场条件和裂纹面连续条件来确定. 其中, 远场条件可由下式表示

$$\sigma_{X'X'}^{\infty} + \sigma_{Y'Y'}^{\infty} = p$$

$$\sigma_{Y'Y'}^{\infty} - \sigma_{X'X'}^{\infty} + 2\mathrm{i}\sigma_{X'Y'}^{\infty} = -p\exp(-2\mathrm{i}\theta_{\mathrm{p}}) \tag{8.49}$$

$$h_{X'}^{\infty} + \mathrm{i}h_{Y'}^{\infty} = b_0 \exp[\mathrm{i}(\theta_{\mathrm{b}} + \pi/2)]/[\mu_0(1 + \chi)]$$

这里, σ_{ij}^{∞} 和 h_i^{∞} 表示远场应力和磁场强度, b_0 和 p 表示物体内磁场和机械载荷, $\theta_{\mathrm{p}}, \theta_{\mathrm{b}}$ 表示其方向.

8.2.4 耦合场的解

变形以后裂纹张开, 裂纹内充满介质, 设其磁化系数为 χ_-. 裂纹表面不受机械力, 由方程 (8.47) 和 (8.48), 变形后裂纹表面的连续性条件可以表示为

$$\begin{aligned}
&\mathrm{Re}[(n_2 - \mathrm{i}n_1)\omega'(z)] = \mathrm{Re}[(n_2 - \mathrm{i}n_1)\omega'_-(z)] \\
&(\chi + 1)\mathrm{Re}[(n_1 + \mathrm{i}n_2)\omega'(z)] = (\chi_- + 1)\mathrm{Re}[(n_1 + \mathrm{i}n_2)\omega'_-(z)] \\
&[\varphi(z) + z\overline{\varphi'(\overline{z})} + \overline{\psi}(\overline{z}) + \mu_2\omega(z)\overline{\omega'(\overline{z})} - \mu_3\overline{s}(\overline{z}) \\
&\quad + \mu_4\omega_-(z)\overline{\omega'_-(\overline{z})} + \mu_5\overline{s}_-(\overline{z})]_{P_2}^{P_1} = 0
\end{aligned}, \quad z \in \gamma \tag{8.50}$$

其中, P_1 和 P_2 为裂纹面上两点. 函数 $s(z)$ 定义为

$$s(z) = \int \omega'(z)^2 \mathrm{d}z$$
$$s_-(z) = \int \omega'_-(z)^2 \mathrm{d}z \tag{8.51}$$

式中常数

$$\mu_3 = \mu_0 \left(\chi + \frac{1}{2} \right), \quad \mu_4 = \mu_0 \chi_- (1 - v_-), \quad \mu_5 = \mu_0 \left(\chi_- + \frac{1}{2} \right) \tag{8.52}$$

由于求解域为多连通域, 需要讨论复变函数的多值性. 由方程 (8.45) 的第三式, (8.50) 的第二式和磁场强度的单值性, 函数 $\omega(z)$ 和 $\omega_-(z)$ 为单值函数, 可以表示为

$$\omega(z) = C_1 z + \sum_{k=1}^{\infty} C_{-k} z^{-k}, \quad \omega_-(z) = \sum_{k=1}^{\infty} F_k z^k \tag{8.53}$$

由方程 (8.45) 的第一、二、四和 (8.50) 的最后一式, 可以得到应力和位移动单值性, 决定了 $\varphi(z)$ 和 $\psi(z)$ 的单值性由 $S(z)$ 和 $S_-(z)$ 决定. 同时 $S(z)$ 和 $S_-(z)$ 可以由 (8.51) 式和 (8.53) 式确定是单值函数. 所以, $\varphi(z)$ 和 $\psi(z)$ 可以表示为

$$\varphi(z) = A_1 z + \sum_{k=1}^{\infty} A_{-k} z^{-k}, \quad \psi(z) = B_1 z + \sum_{k=1}^{\infty} B_{-k} z^{-k} \tag{8.54}$$

上式中利用了物理量在远场的有界性. 而且由方程 (8.49) 远场条件可以写为

$$\begin{aligned} A_1 &= p/4 \\ B_1 &= -p \exp(-2\mathrm{i}\theta_\mathrm{p} + 2\mathrm{i}\vartheta)/2 \\ \overline{C}_1 &= b_0 \exp[\mathrm{i}(\theta_\mathrm{b} + \pi/2 - \vartheta)]/[\mu_0(\chi + 1)] \end{aligned} \tag{8.55}$$

采用变换,

$$z = g(\zeta) = R(\zeta + m\zeta^{-1}) \tag{8.56}$$

其中, m 和 R 为椭圆 γ 的几何参数. 它们与 α 和 β 的关系为

$$m = \frac{(\alpha - \beta)}{\alpha + \beta}, \quad R = (\alpha + \beta)/2 \tag{8.57}$$

其中, $0 \leqslant m \leqslant 1$. 可以得到 $(1 - m)$ 是和 α/β 一样的小量. 则, 复势函数可以写成如下的展开形式

$$\begin{aligned} \varphi(z) &= \Phi(\zeta) = R A_1 \zeta + \Phi_0(\zeta) \\ \psi(z) &= \Psi(\zeta) = R B_1 \zeta + \Psi_0(\zeta) \\ \omega(z) &= W_0(\zeta) = R C_1 \zeta + W_0(\zeta) \\ \omega_-(z) &= W_-(\zeta) = R F(\zeta + m\zeta^{-1}) \end{aligned} \tag{8.58}$$

其中, 函数 $W_0(z)$, $\Phi_0(\zeta)$, $\Psi_0(z)$ 为 $|\zeta| > 1$ 区域上的单值解析函数, 即

$$W_0(\zeta) = R \cdot \sum_{k=1}^{\infty} c_{-k}\zeta^{-k}, \quad \Phi_0(\zeta) = \sum_{k=1}^{\infty} a_{-k}\zeta^{-k}, \quad \Psi_0(\zeta) = \sum_{k=1}^{\infty} b_{-k}^*\zeta^{-k} \tag{8.59}$$

利用式 (8.58), 方程 (8.50) 可以变成下述形式

$$W(\sigma) + \overline{W}(\sigma^{-1}) = W_-(\sigma) + \overline{W}_-(\sigma^{-1})$$

$$(\chi+1)[W(\sigma) - \overline{W}(\sigma^{-1})] = W_-(\sigma) - \overline{W}_-(\sigma^{-1})$$

$$\Phi(\sigma) + \frac{g(\sigma)}{\overline{g}'(\sigma^{-1})}\overline{\Phi}'(\sigma^{-1}) + \overline{\Psi}(\sigma^{-1}) + \frac{\mu_2 W(\sigma)\overline{W}'(\sigma^{-1})}{\overline{g}'(\sigma^{-1})}$$

$$-\mu_3\overline{S}(\sigma^{-1}) + \frac{\mu_4 W_-(\sigma)\overline{W}_-'(\sigma^{-1})}{\overline{g}'(\sigma^{-1})} + \mu_5\overline{S}_-(\sigma^{-1}) = 0 \tag{8.60}$$

其中, $\sigma = \mathrm{e}^{\mathrm{i}\theta}$ 对应单位圆上点. 函数 $S(\zeta)$ 和 $S_-(\zeta)$ 由 (8.51) 得到

$$\frac{S'(\zeta)}{g'(z)} = \frac{W'(\zeta)^2}{g'(z)^2} \quad \text{或} \quad S(\zeta') = \int \frac{W'(\zeta)^2}{g'(\zeta)}\mathrm{d}\zeta \tag{8.61}$$

采用 Cauchy 积分结果, 得方程 (8.60) 解为

$$W(\zeta) = RC_1\zeta + Rc_{-1}\zeta^{-1}$$

$$\Phi(z) = RA_1\zeta + a_{-1}\zeta^{-1}$$

$$\Psi(\zeta) = R\left\{ B_1\zeta - (\overline{A}_1 + \mu_3 Rc_{-1}^2 m^{-1} + \mu_4 F\overline{F} + \mu_5 F^2 m)\zeta^{-1} \right. \tag{8.62}$$

$$- \frac{(\zeta + m\zeta^{-1})(A_1 - R^{-1}a_{-1}\zeta^{-2}) - \mu_2[(C_1\overline{C}_1 - c_{-1}\bar{c}_1)\zeta^{-1} - \overline{C}_1 c_{-1}\zeta^{-3} + C_1\bar{c}_{-1}\zeta]}{1 - m\zeta^{-2}}$$

$$\left. - \frac{(1+m)A_1\zeta}{\zeta^2 - m} + \eta(\zeta, m) + C_S \right\}$$

其中, C_S 为一个积分常数, 它可以由刚体位移确定, 参数 a_{-1}, c_{-1}, F 的表达为

$$a_{-1} = -R(\overline{A}_1 m + \overline{B}_1 + \mu_2 C_1\bar{c}_{-1} - \mu_3\overline{C}_1^2 + \mu_4 F\overline{F}m + \mu_5\overline{F}^2)$$

$$c_{-1} = \frac{2m + \chi(1+m)}{2 + \chi(1+m)}\mathrm{Re}(C_1) + \mathrm{i}\cdot\frac{2m - \chi(1-m)}{2 + \chi(1-m)}\mathrm{Im}(C_1) \tag{8.63}$$

$$F = \frac{2(1+\chi)}{2 + \chi(1+m)}\mathrm{Re}(C_1) + \mathrm{i}\cdot\frac{2(1+\chi)}{2 + \chi(1-m)}\mathrm{Im}(C_1)$$

式 (8.62) 中的函数 $\eta(\sigma, m)$ 为

$$\eta(\sigma, m) = \frac{\mu_3(1+m)^2\chi^2[m\chi C_1 + (2+\chi)\overline{C}_1]^2}{m^{3/2}(2 + \chi - m\chi)^2(2 + \chi + m\chi)^2} \cdot (1-m)^2\mathrm{arctanh}\left(\frac{\sigma}{\sqrt{m}}\right) \tag{8.64}$$

由于 2β 对应裂纹的最大张开量, 可得

$$|u_x(\sigma) + \mathrm{i}u_y(\sigma)| \leqslant \beta/\alpha < \sqrt{2}\,|u_x(\sigma) + \mathrm{i}u_y(\sigma)| \tag{8.65}$$

这样可以断定

$$1 - m \leqslant \left|\frac{6(\kappa+1)p}{G}\right| + \left|\frac{9b_0^2/(\mu_0\chi)}{G}\right| << 1 \tag{8.66}$$

由于载荷 p 以及磁场的饱和能 $g_{\mathrm{s}} = \dfrac{1}{2}b_{\mathrm{satur}}h_{\mathrm{satur}}$ 都远小于材料的弹性模量 (satur 表示饱和时). 这说明了 $(1-m)$ 是一个非常小的量. 由于 $(1-m)$ 是一个非常小的量, 而 $|\sigma| = 1$, 则 $\eta(\sigma, m)$ 可以表示为

$$\eta(\zeta, m) = \frac{4\mu_3\chi^2[\chi C_1 + (2+\chi)\overline{C}_1]^2}{(2+\chi-\chi)^2(2+\chi+\chi)^2}[1 + E_\mathrm{o}(1-m)] \tag{8.67}$$

其中, $E_\mathrm{o}(1-m)$ 代表一个比 $(1-m)$ 小的量, 与前一项比它可以忽略. 把 (8.63) 的结果代入 (8.45) 式的位移表达中, 可得到位移为如下形式

$$u_x(\sigma) + \mathrm{i}u_y(\sigma) = R(\gamma_1\sigma + \gamma_2\sigma^{-1}) \tag{8.68}$$

这里,

$$
\begin{aligned}
\gamma_1 &= \frac{(\kappa+1)A_1}{2G} - \frac{\mu_0(2\chi+1)\bar{c}_{-1}^2}{4Gm} + \frac{\mu_0(\overline{F}^2 m + 2F\overline{F})}{4G} \\
\gamma_2 &= \frac{(\kappa+1)a_{-1}}{2G} - \frac{\mu_0(2\chi+1)\overline{C}_1^2}{4G} + \frac{\mu_0(\overline{F}^2 + 2F\overline{F}m)}{4G}
\end{aligned} \tag{8.69}
$$

由位移关系 (8.39) 可得

$$z(\sigma) = u_x(\sigma) + \mathrm{i}u_y(\sigma) + (X + \mathrm{i}Y)_\sigma \tag{8.70}$$

其中, $(X + \mathrm{i}Y)_\sigma$ 表示变形后处于位置 $z = g(\sigma)$ 的点在变形前位置坐标.

通过几何分析可以得到如下的关系

$$
\begin{aligned}
\max\{X^2 + Y^2\} &= \max_\sigma\{[x(\sigma) - u_x(\sigma)]^2 + [y(\sigma) - u_y(\sigma)]^2\} = a^2 \\
\min\{X^2 + Y^2\} &= \min_\sigma\{[x(\sigma) - u_x(\sigma)]^2 + [y(\sigma) - u_y(\sigma)]^2\} = 0
\end{aligned} \tag{8.71}
$$

其中, $\sqrt{X^2 + Y^2}$ 值的最大对应的点, 即变形前裂纹面上距原点最远的点, 即裂纹尖端. 裂纹尖端变形后所在位置对应 $\sigma = \sigma_\mathrm{a}$, 在 ζ-平面里是 $z_\mathrm{a} = g(\sigma_\mathrm{a})$, 而如前面定义可知, ϑ 为裂纹尖端点在 Z-平面的幅角的相反数, 即 $Z = \mathrm{e}^{-\mathrm{i}\vartheta}(\alpha + \mathrm{i}0)$.

由条件 (8.70), (8.71), 可以得到确定待定几何参数 R, m, ϑ 的代数方程

$$
\begin{aligned}
&2R\,|1 - \gamma_1| - a = 0 \\
&2R\,|m - \gamma_2| - a = 0 \\
&\vartheta + \arg[R(\sigma_\mathrm{a} + m\sigma_\mathrm{a}^{-1}) - R(\gamma_1\sigma_\mathrm{a} + \gamma_2\sigma_\mathrm{a}^{-1})] = 0
\end{aligned} \tag{8.72}
$$

其中,

$$\sigma_{\mathrm{a}} = \sqrt{\frac{(1 - \overline{\gamma}_1)(m - \gamma_2)}{(1 - \gamma_1)(m - \overline{\gamma}_2)}} \tag{8.73}$$

通过求解 (8.72) 便可得到 R, m 和 ϑ, 再代入 (8.61) 和 (8.45) 得到问题的场解.

$$
\begin{aligned}
t_{x'x'} + t_{y'y'} &= 2\left[\varphi'(z) + \overline{\varphi}'(\overline{z})\right] - \nu\mu_0\chi\omega'(z)\overline{\omega}'(\overline{z}) \\
t_{y'y'} - t_{x'x'} + 2\mathrm{i}t_{x'y'} &= \mathrm{e}^{2\mathrm{i}\vartheta}\left\{2\left[\overline{z}\varphi''(z) + \psi'(z)\right]\right. \\
&\quad \left. + (1 - \nu)\mu_0\chi\omega''(z)\overline{\omega}(\overline{z}) - \mu_0\chi\omega'\,(z)^2\right\} \\
h_{x'} - \mathrm{i}h_{y'} &= \exp(-\mathrm{i}\vartheta)\omega'(z)
\end{aligned} \tag{8.74}
$$

位移为

$$
\begin{aligned}
U_{X'} + \mathrm{i}U_{Y'} &= G^{-1}\mathrm{e}^{\mathrm{i}\vartheta}\left[\kappa\varphi\,(z) - z\overline{\varphi}'(\overline{z}) - \overline{\psi}(\overline{z})\right. \\
&\quad \left. - (1 - \nu)\mu_0\chi\omega(z)\overline{\omega}'(\overline{z})/2\right]/2
\end{aligned} \tag{8.75}
$$

8.2.5 裂尖场的分析与讨论

由全场解可以得到裂尖点的应力值

$$
\begin{aligned}
t_{yy} + \mathrm{i}t_{xy} &= \frac{A_1 - \mathrm{e}^{-2\mathrm{i}\theta_{\mathrm{a}}}a_{-1}/R}{1 - m\mathrm{e}^{-2\mathrm{i}\theta_{\mathrm{a}}}} \\
&\quad + \frac{(1 - \nu)\mu_0\chi(C_1 - c_{-1}\mathrm{e}^{-2\mathrm{i}\theta_{\mathrm{a}}})(\overline{C}_1 - \overline{c}_{-1}\mathrm{e}^{-2\mathrm{i}\theta_{\mathrm{a}}})}{2(1 - m\mathrm{e}^{-2\mathrm{i}\theta_{\mathrm{a}}})(1 - m\mathrm{e}^{2\mathrm{i}\theta_{\mathrm{a}}})} \\
&\quad - \frac{\mu_0(2\chi + 1)(C_1 - c_{-1}\mathrm{e}^{-2\mathrm{i}\theta_{\mathrm{a}}})^2}{2(1 - m\mathrm{e}^{-2\mathrm{i}\theta_{\mathrm{a}}})} - \frac{\mu_0 F^2}{2}
\end{aligned} \tag{8.76}
$$

裂尖点磁场为

$$h_x - \mathrm{i}h_y = (C_1 - c_1\mathrm{e}^{-2\mathrm{i}\theta_{\mathrm{a}}})/(1 - m\mathrm{e}^{-2\mathrm{i}\theta_{\mathrm{a}}}) \tag{8.77}$$

其中, θ_{a} 是 σ_{a} 的幅角. 可以看出该值为有限值, 这说明磁场在裂尖集中但不是奇异. 然而, 该值和裂尖点应力一样没有实际意义, 因为材料会在裂尖发生磁化饱和应力屈服, 从而避免奇异现象.

取裂尖半径 r, 裂尖角 θ, 裂尖附近 $r \ll \alpha$,

$$z = z_{\mathrm{a}} + r\mathrm{e}^{\mathrm{i}\theta} \tag{8.78}$$

其中, z_{a} 为变形后裂尖位. 由磁场解可以得到裂尖附近磁场, 可以表示成下述形式

$$h_{x''} - \mathrm{i}h_{y''} = C_1 + \frac{(1 - m)(1 + \chi)(C_1 - \overline{C}_1)z_{\mathrm{a}}/2}{\sqrt{2ar\mathrm{e}^{\mathrm{i}\theta} - (z_{\mathrm{a}}^2 - a^2) - (m\gamma_1 + \gamma_2 + \gamma_1\gamma_2)}} \tag{8.79}$$

在 $\alpha \gg r \gg \beta$ 环形区域里, 磁场可以表示成

$$h_{x''} + \mathrm{i}h_{y''} = \frac{k_{\mathrm{mag}}}{\sqrt{r}}\mathrm{e}^{-\frac{1}{2}\mathrm{i}\theta} \tag{8.80}$$

这里, 定义一个磁场集中因子

$$k_{\mathrm{mag}} = \frac{c_{\mathrm{eff}}(\overline{C}_1 - C_1)\sqrt{a}}{2\sqrt{2}} \tag{8.81}$$

式中,

$$c_{\mathrm{eff}} = (1-m)(1+\chi) \tag{8.82}$$

它反映了这一耦合的大小. 对于磁化系数较小的材料, 比如一些磁导率仅在 10 左右的材料, 因子 $c_{\mathrm{eff}} = (1-m)(1+\chi)$ 是非常小的. 磁场的集中区域很小. 而对于磁化率较大的材料, 比如 $\chi = 2 \times 10^4$, c_{eff} 就不是很小了.

在 $\alpha \gg r \gg \beta$ 区域上, 应力可表示成下式

$$\begin{aligned} t_{y''y''} + \mathrm{i}t_{x''y''} ={}& \frac{\sqrt{a/2}(A_1 - a_{-1}/R)}{\sqrt{r}}\mathrm{e}^{\frac{1}{2}\mathrm{i}\theta} \\ & - \frac{\mu_0(1+\nu)\chi\left|C_1 - \overline{C}_1\right|^2 a(1-m)^2(1+\chi)^2}{16r}\mathrm{e}^{\mathrm{i}\theta} \end{aligned} \tag{8.83}$$

上式表明, 应力由两项构成, 一项为 $r^{-1/2}$ 项, 另一项为 r^{-1} 项. 且后一项符号为负.

1. 变形后的裂纹面

在 8.2.3 小节中假设变形后的裂纹面为椭圆柱面. 由结果 (8.62), (8.69) 式表明计算得到的变形后的裂纹面与椭圆柱面相差小量. 由方程 (8.45) 的第四式, 方程 (8.62) 和 (8.69), 这个误差量可以表示成下述形式,

$$E_u = (u_x + \mathrm{i}u)_y - R(\gamma_1\sigma + \gamma_2\sigma^{-1}) = \gamma_3 E_{\mathrm{o}}(1-m) \tag{8.84}$$

其中,

$$\gamma_3 = \frac{\mu_0(2\chi+1)(1+m)^2\chi^2\overline{C}_1^2[m\chi C_1 + (2+\chi)\overline{C}_1]^2}{4Gm^{3/2}(2+\chi-m\chi)^2(2+\chi+m\chi)^2} \tag{8.85}$$

这表明这一假设的忽略量 E_u 远小于 $(1-m)$. 这说明假设是合理的.

同时, 下面分析表明上述误差造成的磁场分布变化也是可以忽略的. 当把变形后的裂纹面的投影曲线 γ 取成更复杂如下形式

$$z = R(\zeta + \lambda_1\zeta^{-1} + \lambda_5\zeta^{-5}), \quad \zeta = \sigma = \mathrm{e}^{\mathrm{i}\theta} \tag{8.86}$$

其中, λ_1 和 λ_5 为两个实常数. 并可以得到 λ_5 和 $(1-m)$ 一样小. 应用公式 (8.86) 和 (8.53) 的前两式可以得到

$$W(\zeta) = (RC_1\zeta + Rc_1\zeta^{-1}) + \lambda_5 c_{-5}^*\zeta^{-5} + \lambda_5^2 f(\zeta) + \cdots \tag{8.87}$$

其中,

$$c_{-5}^* = \frac{\mu_b\{\lambda_1(1+\lambda_1^4)(\mu_b^2-1)\overline{C}_1+[(1+\lambda_1^6)(1+\mu_b^2)+2(1-\lambda_1^6)\mu_b]C_1\}}{[1+\lambda_1+(1-\lambda_1)\mu_b][1-\lambda_1+(1+\lambda_1)\mu_b][1+\lambda_1^5+(1-\lambda_1^5)\mu_b][1-\lambda_1^5+(1+\lambda_1^5)\mu_b]}$$
$$\mu_b = (1+\chi_-)/(1+\chi)$$

这表明造成的磁场误差是非常小的. 这进一步说明了在磁弹性问题中, 认为裂纹面变形后为一椭圆柱面是可行的. 另外, 从本书中也可以看到, 对线性问题裂纹面变形后为一个椭圆柱面 (Sosa, Khutoryansky, 1996; McMeeking, 2001).

对于含有长度为 $2a = 0.1$m 的铁磁中心裂纹问题, 假设变形后裂纹腔体内为空气进行数值计算. 其中材料常数为 $E = 200$GPa, $\nu = 0.3$, $\chi = 70$, 远场磁场 $b_0 = 0.003\sqrt{\mu_0 G} = 0.94$T, 角度 $\theta_b = 0°$ 和 $\theta_p = 0°$. 表 8.2 给出了不同机械载荷 p 情况的参数 α 和 β 的结果.

表 8.2 α 和 β 的一组解 ($\theta_b = 0°$, $b_0 = 0.94$T)

p	0Pa	0.1MPa	1MPa	10MPa	20MPa	50MPa	70MPa	90MPa
α/a	1.00000	1.000002	1.000004	1.00002	1.00005	1.00011	1.00018	1.00023
β/a	3e−015	4.6390e−8	3.016e−7	2.853e−5	5.689e−5	1.4198e−4	1.9872e−4	2.5547e−4

表 8.3 ϑ 的一组解(不同角度机械加载)

p	0Pa	1MPa	10MPa	20MPa	40MPa	50 MPa	70MPa	90 MPa
$\theta_p = 90°$	2e−28	−1e−21	2e−22	−6e−22	1e−21	3e−21	2e−21	5e−21
$\theta_p = 80°$	−6.3e−11	−8.43e−8	−8.44e−7	−1.68e−6	−3.37e−6	−4.21e−6	−5.90e−6	−7.59e−6
$\theta_p = 60°$	5.8e−11	−2.13e−7	−2.13e−6	−4.27e−6	−8.54e−6	−1.06e−5	−1.49e−5	−1.92e−5

可以看到 α 很接近 a; β 非常小. β 的值随着 p 增加而变大. 当 $p = 70$MPa 时, 对应的 β 为 25.5μm. 而 $p = 1$MPa, β 为 0.3μm. 表 8.3 给出了不同载荷角度 θ_p 和载荷值对应的角度参数 ϑ. 可以看到变形前裂纹方向和变形后, 裂纹面投影主轴方向差别很小.

2. 裂纹尖端附近的磁场

上述结果表明磁场在裂纹尖端出现集中. 在区域 $\beta \ll r \ll \alpha$ 中, 磁场与裂尖距的平方根成反比. 磁场集中参数 K_{mag} 与拉伸载荷的关系, 如图 8.4 所示. 其中, $h^\infty = 80$A/m, $E = 200$GPa, $\nu = 0.3$, $\chi_- = 0$, $\theta_p = \theta_b = 0$. 结果表明, 磁场集中的程度与材料磁化系数和机械载荷相关.

由 (8.79) 式的磁场表达, 可以估计饱和区满足如下条件

$$\left| C_1 + \frac{(1-m)(1+\chi)(C_1-\overline{C}_1)z_a/2}{\sqrt{2are^{i\theta} - (z_a^2 - a^2) - (m\gamma_1 + \gamma_2 + \gamma_1\gamma_2)}} \right| \geqslant \frac{M_s}{\chi} \tag{8.88}$$

由上式 (8.88) 可以粗略地估计饱和区的大小

$$r \leqslant r_{\mathrm{s}} = \left[\frac{c_{\mathrm{eff}} b_y^\infty}{\sqrt{2}(b_{\mathrm{satur}} - b^\infty)} \right]^2 a \tag{8.89}$$

其中, b_{satur} 为饱和磁通密度, b^∞ 为远场的磁通密度.

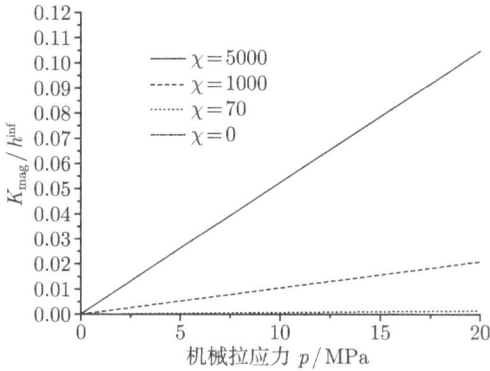

图 8.4　不同载荷下的磁场集中参数 K_{mag}

由 (8.89) 式可以看到饱和区的大小与变形、材料磁化系数和外加磁场相关. 以 $G = 78\mathrm{GPa}$, $\nu = 0.3$, $b_{\mathrm{satur}} = 1.7\mathrm{T}$ 的材料为例进行计算. 其中, 远场值 $\sigma_{xx}^\infty = 7.8\mathrm{MPa}$, $\sigma_{xx}^\infty = \sigma_{xy}^\infty = 0$, $b_x^\infty = 0$. 图 8.5 描述了不同磁化系数下饱和区半径 r_{s} 和 b_y^∞ 的关系. 结果表明当 $b_y^\infty < b_{\mathrm{satur}}$, 饱和区半径随着外加磁场的增强而增大. 而且材料磁化率越大, 饱和区的尺寸越大.

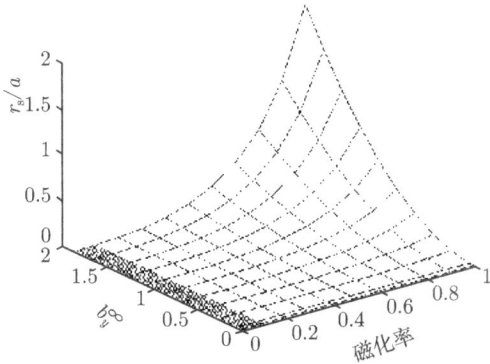

图 8.5　不同磁场和磁化系数对饱和区的影响

3. 裂纹尖端附近的应力场

结果 (8.83) 表明裂尖附近的应力由两项组成, 第一项与 $\sqrt{r}$ 相关; 第二项与 r 相关. 相应地, 定义两个参数因子 k_{item1} 和 k_{item2}. 作为算例对材料常数为 $G = 78\mathrm{GPa}$,

$\chi = 500$, $\nu = 0.3$ 的情况, 取 $\sigma_{yy}^{\infty} = 1\text{MPa}$, $\sigma_{xx}^{\infty} = \sigma_{xy}^{\infty} = 0$, $b_x^{\infty} = 0$, $b_y^{\infty} = 0.2\text{T}$ 进行了计算. 图 8.6 反映了 $k_{\text{item}1}$ 和 $k_{\text{item}2}$ 随磁场变化的结果. 图中 k_{linear} 为线性模型得到的裂尖强度因子. 结果表明 $k_{\text{item}1}$ 随着磁场变化而稳定的变化, 这不同与线性模型得到的 k_{linear}, 在磁场为一个特定值时, 出现奇异. 结果还表明 $k_{\text{item}2}$ 随着磁场增加而增加. 由于 (8.83) 式第二项的符号为负号, $k_{\text{item}2}$ 对应裂纹面之间的一种吸引作用.

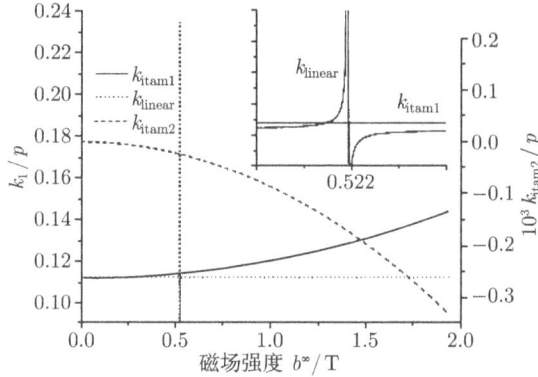

图 8.6   裂尖应力因子随磁场变化的情况

对于磁化系数低的材料 c_{eff} 是一个很小的量. 裂尖磁场饱和区和屈服区大小相当. 可以应用线弹性断裂的结果, 裂尖特性由 K 场 $\beta \ll r \ll \alpha$ 决定. 但是对于具有较大磁导率的磁性材料, 应力场的情况比较复杂. 磁场饱和区较大, 同时应力表达中存在一个 r^{-1} 项.

对于远场情况为 $\sigma_{yy}^{\infty} = 30\text{MPa}$, $\sigma_{xx}^{\infty} = \sigma_{xy}^{\infty} = 0$, $b_x^{\infty} = 0$ 和 $b_y^{\infty} = 1\text{T}$ 的不同材料情况进行了计算. 假设裂纹腔体内为空气, 应力值 $\sigma_{yy}/\sigma_{yy}^{\infty}$ 随着裂尖半径 r 变化的情况, 如图 8.7 所示. 图中实线表示非耦合问题的应力结果, 标有方形标志的曲线对

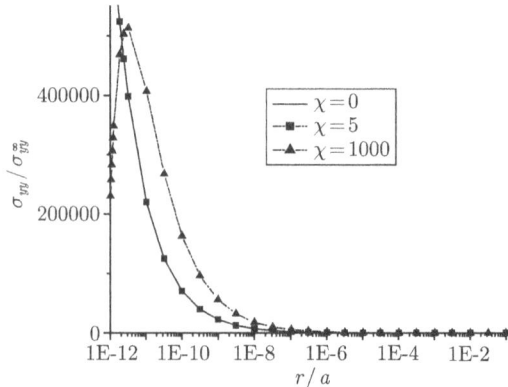

图 8.7   裂尖应力随裂尖距与裂纹长比的变化情况

应材料常数为 $E = 200\text{GPa}$, $\nu = 0.28$, $\chi = 5$ 的应力, 标有三角标志的曲线对应材料常数为 $E = 70\text{GPa}$, $\nu = 0.28$, $\chi = 1000$ 情况. 结果表明, $\chi = 5$ 情况与非耦合情况的结果基本一致. 这说明对于磁导率较小的材料, 磁场对断裂的影响非常小. 图 8.7 中也看到对于 $\chi = 1000$ 的结果与非耦合情况有较大区别. 对于磁化系数较大的材料, 磁力耦合效应会影响裂尖的应力分布.

8.3　本 章 小 结

(1) 线形磁弹性理论较为简单, 通过处理磁体力和磁面力项, 可以得到磁弹性问题耦合场解. 通过分析各向同性裂尖强度因子随磁场变化的关系, 表明在线性理论框架下存在一个磁场临界值, 当磁场接近该值时, 磁场对断裂的影响很强烈. 另外, 对裂纹问题不同磁弹性模型得到的结果存在差异.

(2) 通过非线性分析表明, 裂尖应力强度因子不存在一个使系数奇异的值, 随着磁场变化应力强度因子缓慢变化, 裂尖应力因子随磁场变化出现奇异是线性模型的假象. 裂纹张开后里面充满介质, 影响耦合的是材料与该媒质的相对磁导率. 对磁导率较小的铁磁体, 系数 $c_{\text{eff}} = (1 - m)\mu_{\text{r}}$ 非常小, 磁场对裂尖应力的影响较小, 对断裂韧性较高的材料, 磁场的影响可以忽略. 受拉伸载荷时裂纹的存在, 对裂尖附近磁场有较大影响, 影响程度与材料弹性和磁化系数有关.

第9章　铁磁复合材料的细观力学理论

铁磁复合材料是一类重要的功能材料, 不仅具有铁磁材料的特征, 还具有一般铁磁材料不具备的优异的机械性能, 从而在工程中得到越来越广泛的应用. Huang 等 (1997; 1998; 2000) 推广了 Green 函数方法, 分析了压电/压磁复合材料的椭球夹杂问题, 导出了统一形式的磁—电—弹 Eshelby 张量. Li 和 Dunn(Li, Dunn, 1998; Li, 2000a; 2000b) 分别通过 Green 函数和双夹杂方法研究了磁—电—弹问题, 并给出压电/压磁复合材料的有效性质. 尽管得到了统一形式的磁—电—弹问题的解, 但是一般情况下, 磁—电—弹 Eshelby 张量不能解析地表达, 只能通过数值计算得到. 随着超磁致伸缩复合材料的出现 (Herbst et al., 1997; Pinkerton et al., 1997; Guo et al., 2001), 由于它的优异的磁致伸缩和机械性能, 引起人们更多的关注. 但由于磁致伸缩的非线性, 不能通过压磁的线性方程给出场解. Nan 等 (1998; 1999; 2000; 2002) 分别利用弹性 Green 函数和磁 Green 函数, 结合特殊的物理平均方法研究了超磁致伸缩复合材料的有效性质.

本章讨论的铁磁复合材料, 基体均为非力磁耦合材料, 则使问题得以简化. 这一简化模型更接近实际工程中的问题. 类比于弹性夹杂 (Mura, 1987; Nemat-Nasser et al., 1993) 和压电夹杂 (Wang, 1992; Dunn et al., 1993a; 1993b; 1994; Fan et al., 1995) 问题, 用两种不同的方法研究了非力磁耦合的无限大基体中嵌入一椭球压磁夹杂问题. 首先, 这一问题的磁弹性解直接用磁弹性 Green 函数表示, 其中磁弹性 Green 函数可以分解为弹性问题的 Green 函数和磁问题的 Green 函数; 然后, 通过等效夹杂方法, 考虑到基体没有力磁耦合作用, 将最初的压磁夹杂问题分解为弹性夹杂问题和磁性夹杂问题, 这两种问题之间通过力磁耦合作用产生的本征应变联系起来. 所以, 通过这种联系, 反映力磁耦合作用的 Green 函数并不需要, 而 Eshelby 的弹性问题解和磁性问题解就起到直接且重要的作用. 从推导的过程和结果证明, 直接 Green 函数方法和等效夹杂的方法是一致的. 为了获得压磁复合材料的等效磁弹模量, 基于 Budiansky 能量等效框架得到问题的解析解 (江冰, 1998). 等效磁弹模量是以基体和夹杂相的物理性质和体积比为自变量的函数. 采用不同的平均方法分别得到问题的稀疏解和 Mori-Tanaka 解. 数值计算结果预测了压磁复合材料的有效磁弹模量, 并比较了稀疏解和 Mori-Tanaka 解.

双夹杂模型 (Hori et al., 1993; 1994) 在解决夹杂问题上具有很多优点, 通过选取参考介质的模量, 这一模型可以统一其他模型 (Hu et al., 2000), 如自洽方法、广义自洽方法、Mori-Tanaka 方法等. Li(1999; 2000a; 2000b) 将双夹杂模型推广应用于热弹性问题、磁—电—弹问题等. 由于大多数的超磁致伸缩材料是立方相, 且由于对称性可以忽略压磁性, 根据磁致伸缩的微观机理, 可以将磁致伸缩应变看做弹性材料的本征应变. 于是, 磁致伸缩复合材料的有效性质和平均应力—应变场, 可以通过双夹杂模型近似得到. 由于材料的磁致伸缩可以由晶体的磁致伸缩系数决定, 故可以将力磁耦合部分分解为两部分: 由外加位移场产生的纯弹性部分和外加磁场产生的磁致伸缩部分. 最终可以获得磁致伸缩复合材料有效性质的统一解. 可以发现, 磁致伸缩复合材料的等效磁致伸缩, 不仅依赖于体积分数和材料性质, 还依赖于磁致伸缩相的分布取向和晶体的磁致伸缩系数. 将双夹杂模型的解与现有的其他模型相比较, 更符合已有的实验数据.

9.1　压磁夹杂的 Green 函数方法

对于压磁夹杂的线性本构方程可以写为

$$\sigma_{ij} = C^*_{ijkl}\left(u_{k,l} - \varepsilon^*_{kl}\right) + q^*_{mij}\left(\phi_{,m} + H^*_m\right), \quad \text{在 } \Omega \text{ 内} \tag{9.1}$$

$$B_i = q^*_{ikl}\left(u_{k,l} - \varepsilon^*_{kl}\right) - \mu^*_{im}\left(\phi_{,m} + H^*_m\right), \quad \text{在 } \Omega \text{ 内} \tag{9.2}$$

其中, C^*_{ijkl} 是弹性模量, q^*_{mij} 是压磁系数, μ^*_{ij} 是磁导率张量, B_i 是磁感应强度, H_i 是磁场强度, ε^*_{ij} 是本征应变, H^*_i 是本征磁场强度, 上标 "*" 表示夹杂相的材料性质. u_i 是位移, ϕ 是磁势, 并且满足

$$H_m = -\phi_{,m} \tag{9.3}$$

$$C^*_{ijkl} u_{k,l} = C^*_{ijkl}\varepsilon_{kl} \tag{9.4}$$

由于基体是非力磁耦合, 本构方程可以写为

$$\sigma_{ij} = C_{ijkl} u_{k,l}, \quad \text{在 } D\text{-}\Omega \text{ 内} \tag{9.5}$$

$$B_i = -\mu_{im}\phi_{,m}, \quad \text{在 } D\text{-}\Omega \text{ 内} \tag{9.6}$$

其中, C_{ijkl} 和 μ_{ij} 分别是基体的弹性模量和磁导率张量. 则夹杂的弹性模量、压磁系数张量、磁导率张量可以写为

$$\boldsymbol{C}^* = \boldsymbol{C} + e h(\boldsymbol{x}) \tag{9.7}$$

$$\boldsymbol{q}^* = \boldsymbol{q}^* h(\boldsymbol{x}) \tag{9.8}$$

$$\boldsymbol{\mu}^* = \boldsymbol{\mu} + \boldsymbol{\kappa} h(\boldsymbol{x}) \tag{9.9}$$

其中, h 为特征函数, 满足 $h(\boldsymbol{x}) = \begin{cases} 1, & \boldsymbol{x} \in \boldsymbol{\Omega} \\ 0, & \boldsymbol{x} \notin \boldsymbol{\Omega} \end{cases}$, 且

$$e = C^* - C \tag{9.10}$$

$$\kappa = \mu^* - \mu \tag{9.11}$$

由式 (9.7)~(9.11), 方程 (9.1), (9.2), (9.5), (9.6) 可以统一写为

$$\sigma_{ij} = C_{ijkl}u_{k,l} + \left[e_{ijkl}u_{k,l} + q^*_{mij}\phi_{,m} - \left(C^*_{ijkl}\varepsilon^*_{kl} - q^*_{mij}H^*_m \right) \right] h(x) \tag{9.12}$$

$$B_i = -\mu_{im}\phi_{,m} + [q^*_{ikl}u_{k,l} - \kappa_{im}\phi_{,m} - (q^*_{ikl}\varepsilon^*_{kl} + \mu^*_{im}H^*_m)] h(x) \tag{9.13}$$

在准静态, 无体力情况下, 平衡方程为

$$\sigma_{ij,j} = 0 \tag{9.14}$$

$$B_{i,i} = 0 \tag{9.15}$$

将式 (9.12), (9.13) 代入 (9.14) 和 (9.15) 得

$$C_{ijkl}u_{k,lj} = -\left\{ \left[e_{ijkl}u_{k,l} + q^*_{mij}\phi_{,m} - \left(C^*_{ijkl}\varepsilon^*_{kl} - q^*_{mij}H^*_m \right) \right] h(x) \right\}_{,j} \tag{9.16}$$

$$\mu_{im}\phi_{,mi} = \{[q^*_{ikl}u_{k,l} - \kappa_{im}\phi_{,m} - (q^*_{ikl}\varepsilon^*_{kl} + \mu^*_{im}H^*_m)] h(x)\}_{,i} \tag{9.17}$$

由于基体是没有力磁耦合的, 因此, 可以引入如下两个 Green 函数

$$C_{ijkl}G^u_{kp,lj}(x - x') = -\delta_{ip}\delta(x - x') \tag{9.18}$$

$$\mu_{im}G^\phi_{,im}(x - x') = \delta(x - x') \tag{9.19}$$

在方程 (9.18) 中, Green 函数是弹性问题的 Green 函数, 由下式决定

$$G^u_{ij}(x - x') = (2\pi)^{-3} \int_{-\infty}^{+\infty} N_{ij}(\boldsymbol{\xi})D^{-1}(\boldsymbol{\xi}) \exp\left[\mathrm{i}\boldsymbol{\xi} \cdot (x - x') \right] \mathrm{d}\boldsymbol{V} \tag{9.20}$$

其中, $\boldsymbol{\xi}$ 是参数空间, $\mathrm{d}\boldsymbol{V} = \mathrm{d}\xi_1\mathrm{d}\xi_2\mathrm{d}\xi_3$; $K_{ik} = C_{ijkl}\xi_j\xi_l$, $N_{ij}(\boldsymbol{\xi})$ 是 K_{ij} 的代数余子式, $D(\boldsymbol{\xi})$ 是 K_{ij} 的行列式.

方程 (9.19) 中的 Green 函数是磁性夹杂问题的 Green 函数, 可以证明, 它由下式决定

$$G^\phi(x - x') = -(2\pi)^{-3} \int_{-\infty}^{+\infty} (\mu_{ij}\xi_i\xi_j)^{-1} \exp\left[\mathrm{i}\boldsymbol{\xi} \cdot (x - x') \right] \mathrm{d}\boldsymbol{V} \tag{9.21}$$

则方程 (9.16), (9.17) 的解可由 (9.20), (9.21) 给出的 Green 函数表示为

$$u_{\mathrm{p}} = u_{\mathrm{p}}^0 + \int_{\Omega} G_{\mathrm{p}i,j}^u (x - x') \left[e_{ijkl} u_{k,l} + q_{mij}^* \phi_{,m} - \left(C_{ijkl}^* \varepsilon_{kl}^* - q_{mij}^* H_m^* \right) \right] \mathrm{d}x' \qquad (9.22)$$

$$\phi = \phi^0 + \int_{\Omega} G_{,i}^{\phi} (x - x') \left[q_{ikl}^* u_{k,l} - \kappa_{ij} \phi_{,j} - \left(q_{ikl}^* \varepsilon_{kl}^* + \mu_{ij}^* H_j^* \right) \right] \mathrm{d}x' \qquad (9.23)$$

这里, u_{p}^0, ϕ^0 是方程 (9.16) 和 (9.17) 的齐次解. 在推导过程中用到

$$G_{\mathrm{p}i,j'}^u (x - x') = -G_{\mathrm{p}i,j}^u (x - x') \qquad (9.24)$$

$$G_{,j'}^{\phi} (x - x') = -G_{,j}^{\phi} (x - x') \qquad (9.25)$$

微分式 (9.22) 和 (9.23), 可以得到全域的弹性应变场和磁场

$$
\begin{aligned}
\varepsilon_{ij} &= \frac{1}{2} (u_{i,j} + u_{j,i}) \\
&= \varepsilon_{ij}^0 + \frac{1}{2} \int_{\Omega} \left[G_{im,nj}^u (x - x') + G_{jm,ni}^u (x - x') \right] \\
&\quad \cdot \left[e_{mnkl} u_{k,l} - q_{pmn}^* H_p - \left(C_{mnkl}^* \varepsilon_{kl}^* - q_{pmn}^* H_p^* \right) \right] \mathrm{d}x'
\end{aligned}
\qquad (9.26)
$$

$$
\begin{aligned}
H_i &= -\phi_{,i} \\
&= H_i^0 - \int_{\Omega} G_{,mi}^{\phi} (x - x') \left[q_{mkl}^* u_{k,l} + \kappa_{mp} H_p - \left(q_{mkl}^* \varepsilon_{kl}^* + \mu_{mp}^* H_p^* \right) \right] \mathrm{d}x'
\end{aligned}
\qquad (9.27)
$$

上式 (9.26) 和 (9.27) 中, $\varepsilon_{ij}^0 = \frac{1}{2} \left(u_{i,j}^0 + u_{j,i}^0 \right)$, $H_i^0 = -\phi_{,i}^0$.

引入弹性 Eshelby 张量

$$S_{ijkl} = -\frac{1}{2} \int_{\Omega} C_{mnkl} \left[G_{im,nj}^u (x - x') + G_{jm,ni}^u (x - x') \right] \mathrm{d}x' \qquad (9.28)$$

引入磁性问题 Eshelby 张量

$$s_{ij} = \int_{\Omega} \mu_{pj} G_{,ip}^{\phi} (x - x') \mathrm{d}x' \qquad (9.29)$$

则方程 (9.26) 和 (9.27) 可以写为

$$
\begin{aligned}
(\boldsymbol{I} + \boldsymbol{S} : \boldsymbol{C}^{-1} : \boldsymbol{e}) : \boldsymbol{\varepsilon}^{\mathrm{I}} &= \boldsymbol{\varepsilon}^0 + \boldsymbol{S} : \boldsymbol{C}^{-1} : (\boldsymbol{q}^*)^{\mathrm{T}} \cdot H^{\mathrm{I}} \\
&\quad + \boldsymbol{S} : \boldsymbol{C}^{-1} : \left[\boldsymbol{C}^* : \boldsymbol{\varepsilon}^* - (\boldsymbol{q}^*)^{\mathrm{T}} \cdot \boldsymbol{H}^* \right]
\end{aligned}
\qquad (9.30)
$$

$$
\begin{aligned}
(\boldsymbol{i} + \boldsymbol{s} \cdot \boldsymbol{\mu}^{-1} \cdot \boldsymbol{\kappa}) \cdot \boldsymbol{H}^{\mathrm{I}} &= \boldsymbol{H}^0 - \boldsymbol{s} \cdot \boldsymbol{\mu}^{-1} \cdot \boldsymbol{q}^* : \boldsymbol{\varepsilon}^{\mathrm{I}} \\
&\quad + \boldsymbol{s} \cdot \boldsymbol{\mu}^{-1} \cdot (\boldsymbol{q}^* : \boldsymbol{\varepsilon}^* + \boldsymbol{\mu}^* \cdot \boldsymbol{H}^*)
\end{aligned}
\qquad (9.31)
$$

其中, $\boldsymbol{I}$ 和 $\boldsymbol{i}$ 分别是四阶单位张量和二阶单位张量, $(\boldsymbol{q}^*)_{klp}^{\mathrm{T}} = q_{pkl}^*$, $(\ )^{-1}$ 表示求逆, 上标 I 表示场量是夹杂内的.

由方程 (9.30) 和 (9.31) 可得

$$\varepsilon^{\mathrm{I}} = \boldsymbol{N}^1 : \varepsilon^0 + \boldsymbol{N}^2 \cdot \boldsymbol{H}^0 + \boldsymbol{S}^1 : \varepsilon^* + \boldsymbol{S}^2 \cdot \boldsymbol{H}^* \tag{9.32}$$

$$\boldsymbol{H}^{\mathrm{I}} = \boldsymbol{N}^3 : \varepsilon^0 + \boldsymbol{N}^4 \cdot \boldsymbol{H}^0 + \boldsymbol{S}^3 : \varepsilon^* + \boldsymbol{S}^4 \cdot \boldsymbol{H}^* \tag{9.33}$$

其中,

$$\boldsymbol{N}^1 = (\boldsymbol{I} + \boldsymbol{\alpha} \cdot \boldsymbol{\beta})^{-1} : \boldsymbol{A}^{\mathrm{c}} \tag{9.34}$$

$$\boldsymbol{N}^2 = (\boldsymbol{I} + \boldsymbol{\alpha} \cdot \boldsymbol{\beta})^{-1} : \boldsymbol{\alpha} \cdot \boldsymbol{B}^{\mathrm{c}} \tag{9.35}$$

$$\boldsymbol{N}^3 = -(\boldsymbol{i} + \boldsymbol{\beta} : \boldsymbol{\alpha})^{-1} \cdot \boldsymbol{\beta} : \boldsymbol{A}^{\mathrm{c}} \tag{9.36}$$

$$\boldsymbol{N}^4 = (\boldsymbol{i} + \boldsymbol{\beta} : \boldsymbol{\alpha})^{-1} \cdot \boldsymbol{B}^{\mathrm{c}} \tag{9.37}$$

$$\boldsymbol{S}^1 = \boldsymbol{I} - (\boldsymbol{I} + \boldsymbol{\alpha} \cdot \boldsymbol{\beta})^{-1} : (\boldsymbol{I} - \boldsymbol{\zeta}) \tag{9.38}$$

$$\boldsymbol{S}^2 = -(\boldsymbol{I} + \boldsymbol{\alpha} \cdot \boldsymbol{\beta})^{-1} : \boldsymbol{\alpha} \cdot (\boldsymbol{i} - \boldsymbol{\eta}) \tag{9.39}$$

$$\boldsymbol{S}^3 = (\boldsymbol{i} + \boldsymbol{\beta} : \boldsymbol{\alpha})^{-1} \cdot \boldsymbol{\beta} : (\boldsymbol{I} - \boldsymbol{\zeta}) \tag{9.40}$$

$$\boldsymbol{S}^4 = \boldsymbol{i} - (\boldsymbol{i} + \boldsymbol{\beta} : \boldsymbol{\alpha})^{-1} \cdot (\boldsymbol{i} - \boldsymbol{\eta}) \tag{9.41}$$

和

$$\boldsymbol{A}^{\mathrm{c}} = \left(\boldsymbol{I} + \boldsymbol{S} : \boldsymbol{C}^{-1} : \boldsymbol{e}\right)^{-1} \tag{9.42}$$

$$\boldsymbol{B}^{\mathrm{c}} = \left(\boldsymbol{i} + \boldsymbol{s} \cdot \boldsymbol{\mu}^{-1} \cdot \boldsymbol{\kappa}\right)^{-1} \tag{9.43}$$

$$\boldsymbol{\alpha} = \boldsymbol{A}^{\mathrm{c}} : \boldsymbol{S} : \boldsymbol{C}^{-1} : (\boldsymbol{q}^*)^{\mathrm{T}} \tag{9.44}$$

$$\boldsymbol{\beta} = \boldsymbol{B}^{\mathrm{c}} \cdot \boldsymbol{s} \cdot \boldsymbol{\mu}^{-1} \cdot \boldsymbol{q}^* \tag{9.45}$$

$$\boldsymbol{\zeta} = \boldsymbol{A}^{\mathrm{c}} : \boldsymbol{S} : \boldsymbol{C}^{-1} : \boldsymbol{C}^* \tag{9.46}$$

$$\boldsymbol{\eta} = \boldsymbol{B}^{\mathrm{c}} \cdot \boldsymbol{s} \cdot \boldsymbol{\mu}^{-1} \cdot \boldsymbol{\mu}^* \tag{9.47}$$

其中, $\boldsymbol{A}^{\mathrm{c}}$ 是弹性夹杂问题的应变集中张量, $\boldsymbol{B}^{\mathrm{c}}$ 是磁性夹杂问题的磁场集中张量. 方程 (9.34), (9.35), (9.38), (9.39) 也可以写成如下的形式

$$\boldsymbol{N}^1 = \boldsymbol{A}^{\mathrm{c}} + \boldsymbol{\alpha} \cdot \boldsymbol{N}^3 \tag{9.48}$$

$$\boldsymbol{N}^3 = \boldsymbol{\alpha} \cdot \boldsymbol{N}^4 \tag{9.49}$$

$$\boldsymbol{S}^1 = \boldsymbol{\zeta} + \boldsymbol{\alpha} \cdot \boldsymbol{S}^3 \tag{9.50}$$

$$\boldsymbol{S}^3 = -\boldsymbol{\alpha} \cdot (\boldsymbol{i} - \boldsymbol{S}^4) \tag{9.51}$$

方程 (9.34)~(9.51) 是磁弹性 Eshelby 张量、弹性 Eshelby 张量、磁性 Eshelby 张量之间的关系式. 由于弹性 Eshelby 张量、磁 Eshelby 张量都是已知的, 所以, 方程 (9.32) 和 (9.33) 是夹杂内应变场与磁场的封闭解. S 不具有 Vogit 对称性, N^1 和 S^1 也不具有 Vogit 对称性.

由上面的方程可以知道, 在力磁耦合问题中, 参数 α 和 β 是很重要的. α 是一个三阶张量, 它取决于夹杂和基体材料的弹性与压磁性质, 并且与夹杂的形状以及夹杂的取向有关. β 也是一个三阶张量, 它取决于夹杂和基体材料的磁性和压磁性质, 并且与夹杂的形状和取向有关. 当夹杂也是非力磁耦合材料时, 即 $q^* = 0$ 时, α 和 β 都是 0, 则 N^2, N^3, S^2 和 S^3 为 0, 而 N^1, N^4, S^1 和 S^4 分别退化为应变集中张量 A^c, 磁场集中张量 B^c, ζ 和 η. 此时, 问题可以简化为弹性非均质问题和磁性非均质问题. 如果材料是均质的且是非力磁耦合的, 这时 N^1, N^4 退化为四阶单位张量 I 和二阶单位张量 i; 而 S^1 退化为弹性夹杂问题的 Eshelby 张量 S; S^4 退化为磁性问题的 Eshelby 张量 s.

由方程 (9.28) 和 (9.29) 可知, 弹性夹杂问题与磁性夹杂问题的 Eshelby 张量仅仅与基体材料的性质有关, 而与夹杂材料的性质无关; 一般而言, 基体材料是各向同性的, 因此, 在复合材料里, 许多问题可以得到简化.

9.2　压磁夹杂的等效夹杂方法

由于基体中没有力磁耦合作用, 则本构方程 (9.1) 和 (9.2) 中的 $q^*_{kij}(H_k - H^*_k)$ 和 $q^*_{ijk}(\varepsilon_{jk} - \varepsilon^*_{jk})$ 分别可以看做本征量, 于是最初的压磁夹杂问题可以分解为两个等效夹杂问题: 一个是弹性等效夹杂问题, 另一个是磁等效夹杂问题.

9.2.1　夹杂的弹性问题

即含有本征应变 ε^* 和本征磁场 H^* 的夹杂, 受远场应变 ε^0 和远场磁场 H^0 的作用下的应力为 (远场应变 ε^0 对应远场应力 σ^0)

$$\sigma^{\mathrm{I}} = \sigma^0 + \sigma \tag{9.52}$$

夹杂的本构方程可以写为

$$\sigma^{\mathrm{I}} = C^* : \left(\varepsilon - \varepsilon^* + \varepsilon^0 - \varepsilon^{\mathrm{H}}\right) \tag{9.53}$$

其中,

$$C^* : \varepsilon^{\mathrm{H}} = (q^*)^{\mathrm{T}} \cdot \left(H - H^* + H^0\right) \tag{9.54}$$

由等效夹杂的方法将上式重写为

$$\boldsymbol{\sigma}^{\mathrm{I}} = \boldsymbol{C} : (\boldsymbol{\varepsilon} + \boldsymbol{\varepsilon}^0 - \boldsymbol{\varepsilon}^{**}) \tag{9.55}$$

其中, $\boldsymbol{\varepsilon}^{**}$ 是夹杂总的等效本征应变, 定义为下式

$$\boldsymbol{C}^* : (\boldsymbol{\varepsilon} - \boldsymbol{\varepsilon}^* + \boldsymbol{\varepsilon}^0 - \boldsymbol{\varepsilon}^{\mathrm{H}}) = \boldsymbol{C} : (\boldsymbol{\varepsilon} + \boldsymbol{\varepsilon}^0 - \boldsymbol{\varepsilon}^{**}) \tag{9.56}$$

由本征应变定义, 可以知道

$$\boldsymbol{\varepsilon} = \boldsymbol{S} : \boldsymbol{\varepsilon}^{**} \tag{9.57}$$

其中, $\boldsymbol{S}$ 为弹性 Eshelby 张量. 将 (9.57) 式代入 (9.56) 可以求得

$$\boldsymbol{\varepsilon}^{**} = -\left[(\boldsymbol{C}^* - \boldsymbol{C}) : \boldsymbol{S} + \boldsymbol{C}\right]^{-1} : \left[(\boldsymbol{C}^* - \boldsymbol{C}) : \boldsymbol{\varepsilon}^0 - \boldsymbol{C}^* : \boldsymbol{\varepsilon}^{\mathrm{H}} - \boldsymbol{C}^* : \boldsymbol{\varepsilon}^*\right] \tag{9.58}$$

9.2.2 夹杂的磁学问题

在远场 $\boldsymbol{\varepsilon}^0$ 和 $\boldsymbol{H}^0$ 作用下夹杂的磁感应强度为

$$\boldsymbol{B}^{\mathrm{I}} = \boldsymbol{B}^0 + \boldsymbol{B} \tag{9.59}$$

由夹杂的本构方程上式可以写为

$$\boldsymbol{B}^{\mathrm{I}} = \boldsymbol{\mu}^* \cdot (\boldsymbol{H}^0 + \boldsymbol{H} - \boldsymbol{H}^* - \boldsymbol{H}^\varepsilon) \tag{9.60}$$

其中,

$$-\boldsymbol{\mu}^* \cdot \boldsymbol{H}^\varepsilon = \boldsymbol{q}^* : (\boldsymbol{\varepsilon}^0 + \boldsymbol{\varepsilon} - \boldsymbol{\varepsilon}^*) \tag{9.61}$$

由等效夹杂的方法将上式重写为

$$\boldsymbol{B}^{\mathrm{I}} = \boldsymbol{\mu} \cdot (\boldsymbol{H}^0 + \boldsymbol{H} - \boldsymbol{H}^{**}) \tag{9.62}$$

其中, $\boldsymbol{H}^{**}$ 是夹杂总的等效本征磁场. 可以求得

$$\boldsymbol{H}^{**} = -\left[(\boldsymbol{\mu}^* - \boldsymbol{\mu}) \cdot \boldsymbol{s} + \boldsymbol{\mu}\right]^{-1} \cdot \left[(\boldsymbol{\mu}^* - \boldsymbol{\mu}) \cdot \boldsymbol{H}^0 - \boldsymbol{\mu}^* \cdot \boldsymbol{H}^\varepsilon - \boldsymbol{\mu}^* \cdot \boldsymbol{H}^*\right] \tag{9.63}$$

上式中, $\boldsymbol{s}$ 是磁性问题的 Eshelby 张量.

最终可以通过本征量和远场作用来表示总的本征量

$$\boldsymbol{\varepsilon}^{**} = \left[\boldsymbol{e} : \boldsymbol{S} + \boldsymbol{C} + (\boldsymbol{q}^*)^{\mathrm{T}} \cdot \boldsymbol{s} \cdot (\boldsymbol{\kappa} \cdot \boldsymbol{s} + \boldsymbol{\mu})^{-1} \cdot \boldsymbol{q}^* : \boldsymbol{S}\right]^{-1}$$
$$: \left\{-\left[\boldsymbol{e} + (\boldsymbol{q}^*)^{\mathrm{T}} \cdot \boldsymbol{s} \cdot (\boldsymbol{\kappa} \cdot \boldsymbol{s} + \boldsymbol{\mu})^{-1} \cdot \boldsymbol{q}^*\right] : \boldsymbol{\varepsilon}^0\right\}$$

$$+ \left[(\boldsymbol{q}^*)^{\mathrm{T}} - (\boldsymbol{q}^*)^{\mathrm{T}} \cdot \boldsymbol{s} \cdot (\boldsymbol{\kappa} \cdot \boldsymbol{s} + \boldsymbol{\mu})^{-1} \cdot \boldsymbol{\kappa} \right] \cdot \boldsymbol{H}^0$$

$$+ \left[\boldsymbol{e} + \boldsymbol{C} + (\boldsymbol{q}^*)^{\mathrm{T}} \cdot \boldsymbol{s} \cdot (\boldsymbol{\kappa} \cdot \boldsymbol{s} + \boldsymbol{\mu})^{-1} \cdot \boldsymbol{q}^* \right] : \boldsymbol{\varepsilon}^*$$

$$- \left[\boldsymbol{q}^* - (\boldsymbol{q}^*)^{\mathrm{T}} \cdot \boldsymbol{s} \cdot (\boldsymbol{\kappa} \cdot \boldsymbol{s} + \boldsymbol{\mu})^{-1} \cdot (\boldsymbol{\kappa} + \boldsymbol{\mu}) \right] \cdot \boldsymbol{H}^* \Big\} \tag{9.64a}$$

上式可记为

$$\boldsymbol{\varepsilon}^{**} = \boldsymbol{D}^1 : \boldsymbol{\varepsilon}^0 + \boldsymbol{D}^2 \cdot \boldsymbol{H}^0 + \boldsymbol{D}^3 : \boldsymbol{\varepsilon}^* + \boldsymbol{D}^4 \cdot \boldsymbol{H}^* \tag{9.64b}$$

$$\boldsymbol{H}^{**} = \left[\boldsymbol{\kappa} \cdot \boldsymbol{s} + \boldsymbol{\mu} + \boldsymbol{q}^* : \boldsymbol{S} : (\boldsymbol{e} : \boldsymbol{S} + \boldsymbol{C})^{-1} : (\boldsymbol{q}^*)^{\mathrm{T}} \cdot \boldsymbol{s} \right]^{-1}$$

$$: \Big\{ - \left[\boldsymbol{q}^* - \boldsymbol{q}^* : \boldsymbol{S} : (\boldsymbol{e} : \boldsymbol{S} + \boldsymbol{C})^{-1} : \boldsymbol{e} \right] : \boldsymbol{\varepsilon}^0$$

$$- \left[\boldsymbol{\kappa} + \boldsymbol{q}^* : \boldsymbol{S} : (\boldsymbol{e} : \boldsymbol{S} + \boldsymbol{C})^{-1} : (\boldsymbol{q}^*)^{\mathrm{T}} \right] \cdot \boldsymbol{H}^0$$

$$+ \left[\boldsymbol{q}^* - \boldsymbol{q}^* : \boldsymbol{S} : (\boldsymbol{e} : \boldsymbol{S} + \boldsymbol{C})^{-1} : (\boldsymbol{e} + \boldsymbol{C}) \right] : \boldsymbol{\varepsilon}^*$$

$$+ \left[\boldsymbol{\kappa} + \boldsymbol{\mu} + \boldsymbol{q}^* : \boldsymbol{S} : (\boldsymbol{e} : \boldsymbol{S} + \boldsymbol{C})^{-1} : (\boldsymbol{q}^*)^{\mathrm{T}} \right] \cdot \boldsymbol{H}^* \Big\} \tag{9.65a}$$

上式可记为

$$\boldsymbol{H}^{**} = \boldsymbol{D}^5 : \boldsymbol{\varepsilon}^0 + \boldsymbol{D}^6 \cdot \boldsymbol{H}^0 + \boldsymbol{D}^7 : \boldsymbol{\varepsilon}^* + \boldsymbol{D}^8 \cdot \boldsymbol{H}^* \tag{9.65b}$$

其中,

$$\boldsymbol{e} = \boldsymbol{C}^* - \boldsymbol{C}, \quad \boldsymbol{\kappa} = \boldsymbol{\mu}^* - \boldsymbol{\mu} \tag{9.66}$$

已知本征应变和本征磁场, 则夹杂内的场为

$$\boldsymbol{\varepsilon}^{\mathrm{I}} = \boldsymbol{S} : \boldsymbol{\varepsilon}^{**} + \boldsymbol{\varepsilon}^0 \tag{9.67a}$$

$$\boldsymbol{H}^{\mathrm{I}} = \boldsymbol{s} \cdot \boldsymbol{H}^{**} + \boldsymbol{H}^0 \tag{9.67b}$$

将方程 (9.64b) 和 (9.65b) 代入式 (9.67), 可得

$$\boldsymbol{\varepsilon}^{\mathrm{I}} = (\boldsymbol{S} : \boldsymbol{D}^1 + \boldsymbol{I}) : \boldsymbol{\varepsilon}^0 + \boldsymbol{S} : \boldsymbol{D}^2 \cdot \boldsymbol{H}^0 + \boldsymbol{S} : \boldsymbol{D}^3 : \boldsymbol{\varepsilon}^* + \boldsymbol{S} : \boldsymbol{D}^4 \cdot \boldsymbol{H}^* \tag{9.68}$$

$$\boldsymbol{H}^{\mathrm{I}} = \boldsymbol{s} \cdot \boldsymbol{D}^5 : \boldsymbol{\varepsilon}^0 + (\boldsymbol{s} \cdot \boldsymbol{D}^6 + \boldsymbol{i}) \cdot \boldsymbol{H}^0 + \boldsymbol{s} \cdot \boldsymbol{D}^7 : \boldsymbol{\varepsilon}^* + \boldsymbol{s} \cdot \boldsymbol{D}^8 \cdot \boldsymbol{H}^* \tag{9.69}$$

将以上两式记为

$$\boldsymbol{\varepsilon}^{\mathrm{I}} = \boldsymbol{N}^1 : \boldsymbol{\varepsilon}^0 + \boldsymbol{N}^2 \cdot \boldsymbol{H}^0 + \boldsymbol{S}^1 : \boldsymbol{\varepsilon}^* + \boldsymbol{S}^2 \cdot \boldsymbol{H}^* \tag{9.70}$$

$$\boldsymbol{H}^{\mathrm{I}} = \boldsymbol{N}^3 : \boldsymbol{\varepsilon}^0 + \boldsymbol{N}^4 \cdot \boldsymbol{H}^0 + \boldsymbol{S}^3 : \boldsymbol{\varepsilon}^* + \boldsymbol{S}^4 \cdot \boldsymbol{H}^* \tag{9.71}$$

定义如下变量

$$A^{\mathrm{c}} = \left(I + S : C^{-1} : e\right)^{-1} \tag{9.72a}$$

$$B^{\mathrm{c}} = \left(i + s \cdot \mu^{-1} \cdot \kappa\right)^{-1} \tag{9.72b}$$

$$\alpha = A^{\mathrm{c}} : S : C^{-1} : (q^*)^{\mathrm{T}} \tag{9.72c}$$

$$\beta = B^{\mathrm{c}} \cdot s \cdot \mu^{-1} \cdot q^* \tag{9.72d}$$

$$\zeta = A^{\mathrm{c}} : S : C^{-1} : C^* \tag{9.72e}$$

$$\eta = B^{\mathrm{c}} \cdot s \cdot \mu^{-1} \cdot \mu^* \tag{9.72f}$$

其中,

$$N^1 = (I + \alpha \cdot \beta)^{-1} : A^{\mathrm{c}} \tag{9.73a}$$

$$N^2 = (I + \alpha \cdot \beta)^{-1} : \alpha \cdot B^{\mathrm{c}} \tag{9.73b}$$

$$N^3 = -(i + \beta : \alpha)^{-1} \cdot \beta : A^{\mathrm{c}} \tag{9.73c}$$

$$N^4 = (i + \beta : \alpha)^{-1} \cdot B^{\mathrm{c}} \tag{9.73d}$$

$$S^1 = I - (I + \alpha \cdot \beta)^{-1} : (I - \zeta) \tag{9.73e}$$

$$S^2 = -(I + \alpha \cdot \beta)^{-1} : \alpha \cdot (i - \eta) \tag{9.73f}$$

$$S^3 = (i + \beta : \alpha)^{-1} \cdot \beta : (I - \zeta) \tag{9.73g}$$

$$S^4 = i - (i + \beta : \alpha)^{-1} \cdot (i - \eta) \tag{9.73h}$$

对比 9.2 节中 Green 函数方法得到的磁弹 Eshelby 张量, 可以看出, 对基体是非磁力耦合的铁磁复合材料, 等效夹杂方法和 Green 函数方法是完全等价的.

9.3　压磁复合材料的有效磁弹性质

考虑由 N 相压磁夹杂 $\Omega(= \Omega_1 + \Omega_2 + \cdots + \Omega_N)$ 与非力磁耦合基体组成的压磁复合材料 D, 夹杂随机分布于基体中. 则第 n 个压磁夹杂的本构方程为

$$\sigma_{ij} = C^{(n)}_{ijkl}\varepsilon_{kl} - q^{(n)}_{mij}H_m, \quad \text{在 } \Omega_n \text{ 内} \tag{9.74a}$$

$$B_i = q^{(n)}_{ikl}\varepsilon_{kl} + \mu^{(n)}_{im}H_m, \quad \text{在 } \Omega_n \text{ 内} \tag{9.74b}$$

其中, $C^{(n)}_{ijkl}$, $q^{(n)}_{mij}$, $\mu^{(n)}_{im}$ 分别是第 n 个压磁夹杂的弹性模量, 压磁系数和磁导率. 基

体的本构方程可写为

$$\sigma_{ij} = C_{ijkl}\varepsilon_{kl}, \quad \text{在 } D\text{–}\Omega \text{ 内} \tag{9.75a}$$

$$B_i = \mu_{im}H_m, \quad \text{在 } D\text{–}\Omega \text{ 内} \tag{9.75b}$$

其中, C_{ijkl} 和 μ_{im} 分别表示基体的弹性模量和磁导率.

压磁复合材料的本构方程可以表示为

$$\sigma_{ij} = \overline{C}_{ijkl}\varepsilon_{kl} - \overline{q}_{mij}H_m \tag{9.76a}$$

$$B_i = \overline{q}_{ikl}\varepsilon_{kl} + \overline{\mu}_{im}H_m \tag{9.76b}$$

其中, $\overline{C}_{ijkl}$, $\overline{q}_{mij}$, $\overline{\mu}_{im}$ 分别表示复合材料的等效弹性模量, 等效压磁系数, 等效磁导率.

为了确定压磁复合材料的等效模量 $\overline{C}_{ijkl}$, $\overline{q}_{mij}$, $\overline{\mu}_{im}$, 在复合材料本构单元的表面施加均匀的应变 ε^0 和磁场 $\boldsymbol{H}^0$. 由热力学系统的 Gibbs 自由能可以表示为

$$G(\varepsilon_{ij}, H_i) = G^1(\varepsilon_{ij}, H_i) - G^2(\varepsilon_{ij}, H_i) \tag{9.77}$$

其中,

$$G^1(\varepsilon_{ij}, H_i) = \frac{1}{2V}\int_V \varepsilon_{ij}\sigma_{ij}(\varepsilon_{ij}, H_i)\,\mathrm{d}V \tag{9.78}$$

$$G^2(\varepsilon_{ij}, H_i) = \frac{1}{2V}\int_V H_i B_i(\varepsilon_{ij}, H_i)\,\mathrm{d}V \tag{9.79}$$

由准静态平衡方程分部积分, 则方程 (9.78) 和 (9.79) 分别表示为

$$G^1(\varepsilon_{ij}, H_i) = \frac{1}{2}\left\{ C_{ijkl}\varepsilon_{ij}^0\varepsilon_{kl}^0 + \sum_{n=1}^N f_n\left[e_{ijkl}^{(n)}\varepsilon_{ij}^0\overline{\varepsilon}_{kl}^{(n)} - q_{kij}^{(n)}\varepsilon_{ij}^0\overline{H}_k^{(n)} \right] \right\} \tag{9.80}$$

$$G^2(\varepsilon_{ij}, H_i) = \frac{1}{2}\left\{ \mu_{ij}H_i^0\overline{H}_j^0 + \sum_{n=1}^N f_n\left[k_{ij}^{(n)}H_i^0\overline{H}_j^{(n)} + q_{kij}^{(n)}H_k^0\overline{\varepsilon}_{ij}^{(n)} \right] \right\} \tag{9.81}$$

其中, $V_n = f_n V$ 是第 n 相夹杂的体积, $e_{ijkl}^{(n)} = C_{ijkl}^{(n)} - C_{ijkl}$, $k_{ij}^{(n)} = \mu_{ij}^{(n)} - \mu_{ij}$, $\overline{\varepsilon}_{ij}^{(n)} = \displaystyle\int_{V_n}\varepsilon_{ij}^{(n)}\mathrm{d}V/V_n$, 以及 $\overline{H}_i^{(n)} = \displaystyle\int_{V_n}H_i^{(n)}\mathrm{d}V/V_n$.

把方程 (9.80) 和 (9.81) 代入方程 (9.77), 得

$$G(\varepsilon_{ij}, H_i) = \frac{1}{2}\left\{ C_{ijkl}\varepsilon_{ij}^0\varepsilon_{kl}^0 + \sum_{n=1}^N f_n\left[e_{ijkl}^{(n)}\varepsilon_{ij}^0\overline{\varepsilon}_{kl}^{(n)} - q_{kij}^{(n)}\varepsilon_{ij}^0\overline{H}_k^{(n)} \right]\right.$$

$$-\mu_{ij}H_i^0 H_j^0 - \sum_{n=1}^{N} f_n \left[k_{ij}^{(n)} H_i^0 \overline{H}_j^{(n)} + q_{kij}^{(n)} H_k^0 \bar{\varepsilon}_{ij}^{(n)} \right] \Bigg\} \tag{9.82}$$

由本构方程 (9.76a,b), 复合材料的 Gibbs 自由能可以精确地表示为

$$G\left(\varepsilon_{ij}, H_i\right) = \frac{1}{2}\left(\overline{C}_{ijkl}\varepsilon_{ij}^0\varepsilon_{kl}^0 - 2\overline{q}_{kij}H_k^0\varepsilon_{ij}^0 - \overline{\mu}_{ij}H_i^0 H_j^0\right) \tag{9.83}$$

比较方程 (9.82) 和 (9.83), 有

$$\overline{C}_{ijkl}\varepsilon_{ij}^0\varepsilon_{kl}^0 - 2\overline{q}_{kij}H_k^0\varepsilon_{ij}^0 - \overline{\mu}_{ij}H_i^0 H_j^0$$

$$= C_{ijkl}\varepsilon_{ij}^0\varepsilon_{kl}^0 + \sum_{n=1}^{N} f_n \left[e_{ijkl}^{(n)} \varepsilon_{ij}^0 \bar{\varepsilon}_{kl}^{(n)} - q_{kij}^{(n)} \varepsilon_{ij}^0 \overline{H}_k^{(n)} \right]$$

$$-\mu_{ij}H_i^0 H_j^0 - \sum_{n=1}^{N} f_n \left[k_{ij}^{(n)} H_i^0 \overline{H}_j^{(n)} + q_{kij}^{(n)} H_k^0 \bar{\varepsilon}_{ij}^{(n)} \right] \tag{9.84}$$

方程 (9.84) 是一个精确的能量等效关系, 采用不同的近似平均方法可以得到不同的解 (如稀疏解法, 自洽方法, Mori-Tanaka 方法). 一般而言, 当方法确定以后, $\bar{\varepsilon}_{ij}^{(n)}$ 和 $\overline{H}_i^{(n)}$ 可以表示为

$$\bar{\varepsilon}_{ij}^{(n)} = m_{ijkl}^{(n)} \varepsilon_{kl}^0 + n_{kij}^{(n)} H_k^0 \tag{9.85}$$

$$\overline{H}_i^{(n)} = p_{ikl}^{(n)} \varepsilon_{kl}^0 + r_{ij}^{(n)} H_j^0 \tag{9.86}$$

其中, $m_{ijkl}^{(n)}$, $n_{kij}^{(n)}$, $p_{ikl}^{(n)}$, 和 $r_{ij}^{(n)}$ 不仅与第 n 相材料和基体材料性质有关, 而且与采用的平均近似方法有关. 将方程 (9.85) 和 (9.86) 代入方程 (9.84), 得

$$\overline{C}_{ijkl} = C_{ijkl} + \sum_{n=1}^{N} f_n \mathrm{sym} \left[e_{ijpq}^{(n)} m_{pqkl}^{(n)} - q_{ijq}^{(n)} p_{qkl}^{(n)} \right] \tag{9.87}$$

$$\overline{\mu}_{ij} = \mu_{ij} + \sum_{n=1}^{N} f_n \mathrm{sym} \left[q_{ikl}^{(n)} n_{klj}^{(n)} + k_{ik}^{(n)} r_{kj}^{(n)} \right] \tag{9.88}$$

$$\overline{q}_{ijk} = \frac{1}{2} \sum_{n=1}^{N} f_n \left[k_{iq}^{(n)} p_{qjk}^{(n)} - e_{ijmrt}^{(n)} n_{mrtk}^{(n)} + r_{it}^{(n)} q_{tjk}^{(n)} + q_{ist}^{(n)} m_{stjk}^{(n)} \right] \tag{9.89}$$

其中, "sym$\boldsymbol{A}$" 表示张量 $\boldsymbol{A}$ 的对称部分, 如 sym$A_{ijkl} = \frac{1}{2}(A_{ijkl} + A_{klij})$.

9.3.1 稀疏解

稀疏解法是最简单的一种细观力学方法, 它忽略了夹杂间的相互作用. 当夹杂内的平均应变和平均磁场, 用无穷大基体中单个夹杂内的应变场和磁场来近似时,

就得到了复合材料等效磁弹模量. 此时, $m_{ijkl}^{(n)}$, $n_{kij}^{(n)}$, $p_{ijk}^{(n)}$ 和 $r_{ij}^{(n)}$ 可以表示为

$$m_{ijkl}^{(n)} = N_{ijkl}^{1(n)}, \quad n_{kij}^{(n)} = N_{kij}^{2(n)}, \quad p_{ijk}^{(n)} = N_{ijk}^{3(n)}, \quad r_{ij}^{(n)} = N_{ij}^{4(n)} \tag{9.90}$$

其中, $N_{ijkl}^{1(n)}$, $N_{ij}^{2(n)}$, $N_{ijk}^{3(n)}$ 和 $N_{ij}^{4(n)}$ 是磁弹 Eshelby 张量 (见 9.2 与 9.3 节). 将方程 (9.90) 代入方程 (9.87)~(9.89) 就得到复合材料的等效磁弹模量.

9.3.2 Mori-Tanaka 解

Mori-Tanaka 平均场方法考虑了夹杂间的相互作用, 远场的应变 ε_{ij}^0 和远场的磁场 H_i^0 用基体的平均应变 $\bar{\varepsilon}_{ij}^{\mathrm{m}}$ 和平均磁场 $\overline{H}_i^{\mathrm{m}}$ 代替, 夹杂的相互作用则在基体的平均应变和磁场中得到反映, 即

$$\varepsilon_{ij}^{(n)} = N_{ijkl}^{1(n)} \bar{\varepsilon}_{kl}^{\mathrm{m}} + N_{kij}^{2(n)} \overline{H}_k^{\mathrm{m}} \tag{9.91}$$

$$H_i^{(n)} = N_{ikl}^{3(n)} \bar{\varepsilon}_{kl}^{\mathrm{m}} + N_{ij}^{4(n)} \overline{H}_j^{\mathrm{m}} \tag{9.92}$$

其中,

$$\bar{\varepsilon}_{ij}^{\mathrm{m}} = \frac{1}{V_{\mathrm{m}}} \int_{V_{\mathrm{m}}} \varepsilon_{ij} \mathrm{d}V \tag{9.93}$$

$$\overline{H}_i^{\mathrm{m}} = \frac{1}{V_{\mathrm{m}}} \int_{V_{\mathrm{m}}} H_i \mathrm{d}V \tag{9.94}$$

这里, V_{m} 是基体的体积. 经过一系列推导, $m_{ijkl}^{(n)}$, $n_{kij}^{(n)}$, $p_{ijk}^{(n)}$ 和 $r_{ij}^{(n)}$ 可以表示为

$$m_{ijkl}^{(n)} = N_{ijpq}^{1(n)} M_{pqkl} + N_{ijp}^{2(n)} P_{pkl} \tag{9.95}$$

$$n_{ijk}^{(n)} = N_{ijpq}^{1(n)} N_{pqk} + N_{ijp}^{2(n)} Q_{pk} \tag{9.96}$$

$$p_{ikl}^{(n)} = N_{ipq}^{3(n)} M_{pqkl} + N_{ip}^{4(n)} P_{pkl} \tag{9.97}$$

$$r_{ij}^{(n)} = N_{ipq}^{3(n)} N_{pqj} + N_{ip}^{4(n)} Q_{pj} \tag{9.98}$$

其中,

$$M_{ijkl} = \left[H_{ijkl}^1 - H_{ijp}^2 \left(H_{pq}^4 \right)^{-1} H_{qkl}^3 \right]^{-1} \tag{9.99}$$

$$N_{ijk} = -M_{ijpq} H_{pqs}^2 \left(H_{sk}^4 \right)^{-1} \tag{9.100}$$

$$P_{kij} = - \left(H_{kp}^4 \right)^{-1} H_{prs}^3 M_{rsij} \tag{9.101}$$

$$Q_{ij} = \left(H_{ik}^4 \right)^{-1} \left(i_{kj} - H_{kpq}^3 N_{pqj} \right) \tag{9.102}$$

$$H_{ijkl}^1 = I_{ijkl} - \sum_{n=1}^{N} f_n \left[I_{ijkl} - N_{ijkl}^{1(n)} \right] \tag{9.103}$$

$$H_{ijk}^2 = \sum_{n=1}^{N} f_n N_{ijk}^{2(n)} \tag{9.104}$$

$$H_{ijk}^3 = \sum_{n=1}^{N} f_n N_{ijk}^{3(n)} \tag{9.105}$$

$$H_{ij}^4 = i_{ij} - \sum_{n=1}^{N} f_n \left[i_{ij} - N_{ij}^{4(n)} \right] \tag{9.106}$$

其中, I_{ijkl} 和 i_{ij} 分别是四阶和二阶单位张量. 将方程 (9.95)~(9.98) 代入方程 (9.87)~(9.89) 就得到复合材料等效磁弹模量的 Mori-Tanaka 解.

9.3.3 数值结果分析

作为上面理论解的应用, 下面详细分析了非力磁耦合基体中含有无限长圆柱状压磁夹杂的问题. 计算中用到的复合材料是 BaTiO$_3$–CoFe$_2$O$_4$, 夹杂是压磁材料 CoFe$_2$O$_4$,, 基体是压电材料 BaTiO$_3$. 实际上, 计算模型中忽略了 BaTiO$_3$ 和 CoFe$_2$O$_4$ 之间的电磁耦合, 即只考虑夹杂相是压磁材料, 基体相是非压磁材料. 进一步假设, 基体和夹杂均为横观各向同性. 表 9.1 中列出了 BaTiO$_3$ 和 CoFe$_2$O$_4$ 的材料参数.

表 9.1 **BaTiO$_3$-CoFe$_2$O$_4$ 复合材料的参数** *

参数	BaTiO$_3$	CoFe$_2$O$_4$
C_{11}/GPa	166	286
C_{12}/GPa	77	173
C_{13}/GPa	78	170.5
C_{33}/GPa	162	269.5
C_{44}/GPa	43	45.3
q_{31}/(N/Am)	0	580.3
q_{33}/(N/Am)	0	699.7
q_{15}/(N/Am)	0	550
μ_{11}/(Ns^2/C^2)	5.0×10^{-6}	-590×10^{-6}
μ_{33}/(Ns^2/C^2)	10.0×10^{-6}	157×10^{-6}

* 参见文献 (Huang, Kuo, 1997; Huang, Chiu et al., 1998)

图 9.1~图 9.8 说明了夹杂体积比对复合材料性质的影响. 图 9.1~ 图 9.3 显示了弹性模量与夹杂体积比的关系. $\overline{C}_{11}$, $\overline{C}_{12}$ 和 $\overline{C}_{33}$ 随着夹杂体积比的增加而增加, 而且, Mori-Tanaka 解和稀疏解在 $f < 0.23$ 时基本吻合. 图 9.4 和图 9.5 显示了复

合材料磁导率和夹杂体积比的关系. μ_{11} 随着体积比的增加而减小; 而 μ_{33} 随着体积比的增大而增大, Mori-Tanaka 解与稀疏解基本一致. 图 9.6~图 9.8 显示了复合材料压磁系数和夹杂体积比的关系. 图 9.6 和图 9.7 中, Mori-Tanaka 解和稀疏解在 $f < 0.2$ 时基本吻合, 而图 9.8 中, Mori-Tanaka 解和稀疏解基本一致. 一般来说, 在 $f = 0.2$ 这一点, Mori-Tanaka 解和稀疏解开始出现比较明显的差别, 而且在夹杂体积比较大的时候, Mori-Tanaka 解要优于稀疏解.

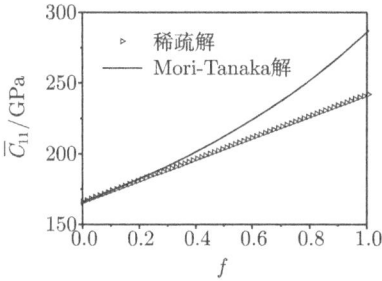

图 9.1　复合材料等效弹性模量 $\overline{C}_{11}$ 与压磁夹杂体积分数 f 的关系

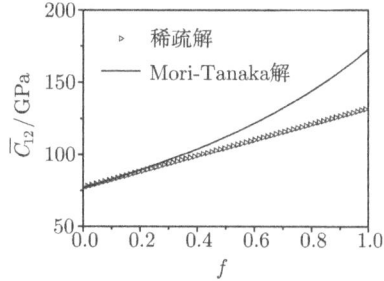

图 9.2　复合材料等效弹性模量 $\overline{C}_{12}$ 与压磁夹杂体积分数 f 的关系

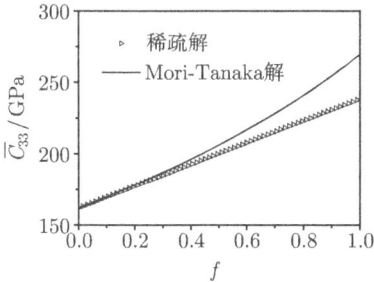

图 9.3　复合材料等效弹性模量 $\overline{C}_{33}$ 与压磁夹杂体积分数 f 的关系

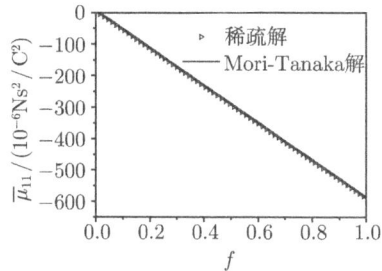

图 9.4　复合材料等效磁导率 $\overline{\mu}_{11}$ 与压磁夹杂体积分数 f 的关系

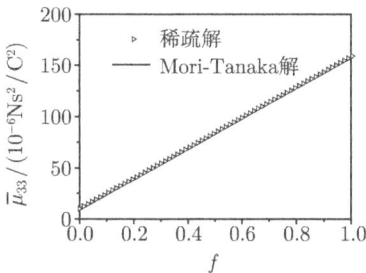

图 9.5　复合材料等效磁导率 $\overline{\mu}_{33}$ 与压磁夹杂体积分数 f 的关系

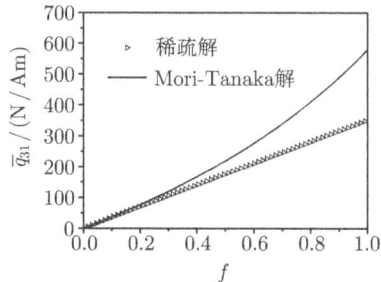

图 9.6　复合材料等效压磁系数 $\overline{q}_{31}$ 与压磁夹杂系体积分数 f 的关系

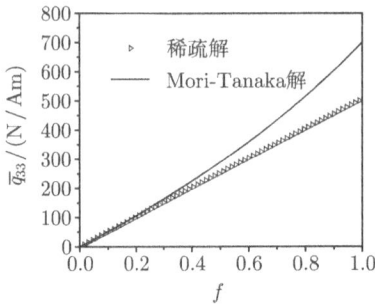

图 9.7　复合材料等效压磁系数 $\bar{q}_{33}$
与压磁夹杂体积分数 f 的关系

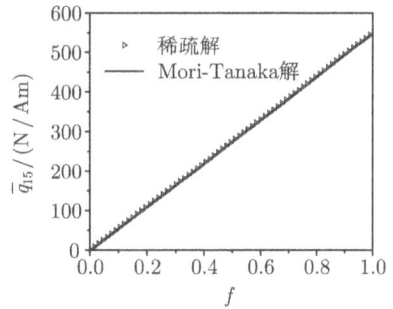

图 9.8　复合材料等效压磁系数 $\bar{q}_{15}$
与压磁夹杂体积分数 f 的关系

9.4　磁致伸缩材料的有效性质

由于磁致伸缩的非线性, 无法通过压磁方程给出解析解. 本节根据磁致伸缩的细观物理机制, 将夹杂相的磁致伸缩应变作为本征应变, 利用双夹杂模型, 将力磁耦合场解耦, 得到磁致伸缩复合材料的有效弹性模量和有效饱和磁致伸缩.

图 9.9 是双夹杂模型的示意图. 将一个椭球形夹杂 Ω_1 嵌入另一个椭球形夹杂 Ω_2 中形成双夹杂, 则双夹杂 Ω_2 中包含基体相 Ω_2-Ω_1 和夹杂相 Ω_1. 此双夹杂 Ω_2 再嵌入无限大介质 D 中, 并受到远场 ε_{ij}^∞ 的作用, 其中, E_{ijkl}^1, E_{ijkl}^2 和 E_{ijkl}^0 分别是夹杂 Ω_1, 基体 Ω_2-Ω_1, 和无限大介质 D 的弹性模量. 复合材料的等效模量便由此双夹杂的平均场决定, 通过选择不同的无限大介质 D 的弹性模量, 便可以得到不同的平均化方法, 如自洽方法和 Mori-Tanaka 方法. 为了方便, Ω_1 和 Ω_2-Ω_1 分别表示为 Γ_1 和 Γ_2, 相关的体积分数为 f_1 和 f_2, 并注意 $f_1 + f_2 = 1$. 则 E^1, E^2 和 E^0 分别是夹杂 Γ_1, 基体 Γ_2 和无限大介质 D 的弹性模量.

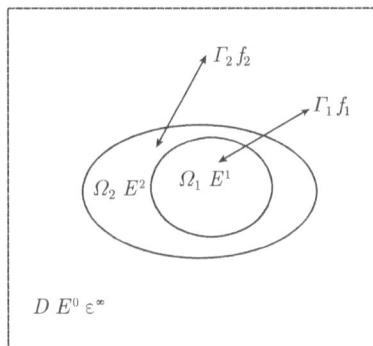

图 9.9　双夹杂模型示意图

9.4.1　磁致伸缩的基本方程

磁致伸缩材料的本构方程可以写为

$$\sigma_{ij} = E_{ijkl}\varepsilon_{kl} - q_{kij}H_k - \chi_{ijkl}H_kH_l \tag{9.107}$$

$$B_i = q_{ijk}\varepsilon_{jk} + \mu_{ij}H_j + 2\chi_{ijkl}\varepsilon_{jk}H_l \tag{9.108}$$

其中, σ_{ij}, ε_{ij}, B_i 和 H_i 分别是应力, 应变, 磁感应和磁场强度; E_{ijkl} 和 μ_{ij} 是弹性模量和磁导率; q_{ijk} 和 χ_{ijkl} 是压磁系数和磁致伸缩系数.

从以上两个方程可以看出, 力磁耦合效应可以分解为两部分: 压磁效应和磁致伸缩效应. 压磁效应是线性的, 而磁致伸缩效应是非线性的. 总的来讲, 具有超磁致伸缩效应的材料大部分是立方相, 这些材料由于对称性一般不表现出压磁效应, 而且从量级上来讲, 压磁项产生的应变要远远小于磁致伸缩效应产生的应变. 所以, 忽略压磁效应, 方程 (9.107) 和 (9.108) 可以写为

$$\sigma_{ij} = E_{ijkl}\varepsilon_{kl} - E_{ijkl}\varepsilon_{kl}^{\mathrm{ms}} \tag{9.109}$$

$$B_i = \mu_{ij}\left(\varepsilon_{kl}, H_k\right)H_j \tag{9.110}$$

其中, $\varepsilon_{ij}^{\mathrm{ms}}$ 是磁致伸缩应变, 它是磁场 H_i 的函数.

复合材料的边界条件可以表示为

$$u_i\left(S\right) = \varepsilon_{ij}^0 x_j, \quad \phi\left(S\right) = -H_i^0 x_i \tag{9.111}$$

其中, u_i, ϕ 和 S 分别是位移, 磁势和复合材料的边界表面.

非均匀复合材料的等效磁致伸缩行为, 由以下的平均场定义 (Nan, 1998; Nan, Weng, 1999)

$$\langle\sigma_{ij}\rangle = E_{ijkl}^*\langle\varepsilon_{kl}\rangle - E_{ijkl}^*\bar{\varepsilon}_{kl}^{\mathrm{ms}} \tag{9.112}$$

$$\langle B_i\rangle = \mu_{ij}^*\langle H_j\rangle \tag{9.113}$$

其中, E_{ijkl}^*, $\bar{\varepsilon}_{ij}^{\mathrm{ms}}$ 和 μ_{ij}^* 分别是磁致伸缩复合材料的等效弹性模量, 等效磁致伸缩应变和等效磁导率.

磁致伸缩复合材料的两个最重要性质是等效磁致伸缩和等效弹性模量. 实际上, 当复合材料中磁致伸缩相的磁致伸缩达到饱和的时候, 磁致伸缩是独立于外磁场而依赖于晶体的磁致伸缩系数 (Nan, Weng, 1999; Nan, Huang et al., 2000). 根据方程 (9.112), 我们可以把弹性应力场分为两部分: 一是由于施加的线性位移场引起的应力, 表示为场 I, 这是纯弹性的; 二是由于磁致伸缩引起的弹性场, 表示为场 II. 根据这样的分类以及平均应变场理论 (Nemat-Nasser, Hori, 1993), 方程 (9.112) 可以重写为

$$\langle \sigma_{ij}^{\mathrm{S}} \rangle = E_{ijkl}^{*} \varepsilon_{kl}^{0} \tag{9.114}$$

和

$$\langle \sigma_{ij}^{\mathrm{H}} \rangle = E_{ijkl}^{*} \bar{\varepsilon}_{kl}^{\mathrm{ms}} \tag{9.115}$$

其中, $\langle \sigma_{ij}^{\mathrm{S}} \rangle$ 表示由于外加线性位移引起的纯弹性应力; $\langle \sigma_{ij}^{\mathrm{H}} \rangle$ 表示磁致伸缩应变引起的应力, 它是依赖于外磁场的.

9.4.2 磁致伸缩复合材料的等效弹性模量

由于已经将磁致伸缩引起的应力场和外力引起的应力场解耦, 为了确定磁致伸缩复合材料的有效弹性模量, 只需要考虑场 I, 这就将求解磁致伸缩材料的等效模量转换为纯弹性问题. 当外场 $\varepsilon_{ij}^{\infty}$ 作用于无限大介质边界, 并且基体相和夹杂相没有本征应变, 则由于基体相和夹杂相的不均匀, 产生扰动应变 $\varepsilon_{ij}^{\mathrm{d}}$. 根据等效夹杂方法, 一致性条件表示为

$$E_{ijkl}^{r} \left(\varepsilon_{kl}^{\infty} + \varepsilon_{kl}^{\mathrm{d}} \big|_{r} \right) = E_{ijkl}^{0} \left(\varepsilon_{kl}^{\infty} + \varepsilon_{kl}^{\mathrm{d}} \big|_{r} - \varepsilon_{kl}^{**} \big|_{r} \right), \quad r = 1, 2 \tag{9.116}$$

其中, $\varepsilon_{ij}^{**} \big|_{r}$ 是等效夹杂的本征应变.

根据双夹杂方法 (Hori, Nemat-Nasser, 1993; 1994; Li, 2000a; 2000b), 如图 9.9 所示, 上式可以重写为

$$
\begin{aligned}
& E_{ijkl}^{1} \left[\varepsilon_{kl}^{\infty} + S_{klmn}^{1} \varepsilon_{mn}^{**} \big|_{1} + (S_{klmn}^{2} - S_{klmn}^{1}) \varepsilon_{mn}^{**} \big|_{2} \right] \\
& = E_{ijkl}^{0} \left[\varepsilon_{kl}^{\infty} + \left(S_{klmn}^{1} - I_{klmn} \right) \varepsilon_{mn}^{**} \big|_{1} + (S_{klmn}^{2} - S_{klmn}^{1}) \varepsilon_{mn}^{**} \big|_{2} \right]
\end{aligned} \tag{9.117}
$$

和

$$
\begin{aligned}
& E_{ijkl}^{2} \left[\varepsilon_{kl}^{\infty} + S_{klmn}^{2} \varepsilon_{mn}^{**} \big|_{2} + \frac{f_1}{f_2} (S_{klmn}^{2} - S_{klmn}^{1}) \left(\varepsilon_{mn}^{**} \big|_{1} - \varepsilon_{mn}^{**} \big|_{2} \right) \right] \\
& = E_{ijkl}^{0} \left[\varepsilon_{kl}^{\infty} + \left(S_{klmn}^{2} - I_{klmn} \right) \varepsilon_{mn}^{**} \big|_{2} + \frac{f_1}{f_2} (S_{klmn}^{2} - S_{klmn}^{1}) \left(\varepsilon_{mn}^{**} \big|_{1} - \varepsilon_{mn}^{**} \big|_{2} \right) \right]
\end{aligned} \tag{9.118}
$$

其中, S_{ijkl}^{1} 和 S_{ijkl}^{2} 分别是夹杂相 Ω_1 和基体相 Ω_2 的 Eshelby 张量.

引入应变集中张量 A_{ijkl}^{1} 和 A_{ijkl}^{2}, 并定义如下:

$$\varepsilon_{ij}^{**} \big|_{1} = A_{ijkl}^{1} \varepsilon_{kl}^{\infty} \tag{9.119}$$

$$\varepsilon_{ij}^{**} \big|_{2} = A_{ijkl}^{2} \varepsilon_{kl}^{\infty} \tag{9.120}$$

则可以得到复合材料的等效模量

$$E_{ijkl}^* = E_{ijrs}^0 \left[I_{rspq} + \left(S_{rsmn}^2 - I_{rsmn} \right) \left(f_2 A_{mnpq}^2 + f_1 A_{mnpq}^1 \right) \right]$$
$$\cdot \left[I_{pqkl} + S_{pqcd}^2 \left(f_2 A_{cdkl}^2 + f_1 A_{cdkl}^1 \right) \right]^{-1} \tag{9.121}$$

如果 Ω_1 和 Ω_2 形状相同并且同轴, 则有 $S_{ijkl}^1 = S_{ijkl}^2 = S_{ijkl}$. 则应变集中张量可以表示为

$$A_{ijkl}^r = \left[\left(E_{ijmn}^0 - E_{ijmn}^r \right)^{-1} E_{mnkl}^0 - S_{ijkl} \right]^{-1}, \quad r = 1, 2 \tag{9.122}$$

9.4.3　磁致伸缩复合材料的等效磁致伸缩

为了确定复合材料的等效磁致伸缩, 只需要考虑由于外磁场引起的场 II. 实际上, 磁致伸缩只取决于晶体的磁致伸缩系数以及外磁场与磁致伸缩方向的夹角 (Clark, 1980; Nan, Weng, 1999), 则复合材料中的磁致伸缩相的变形是可知的, 于是这部分由于磁致伸缩引起的变形可以看做弹性材料的本征应变. 故复合材料的等效磁致伸缩可以转化为求解这样一个问题, 即具有特定本征应变的夹杂嵌入弹性材料中, 求此材料的平均应变场, 求出的平均应变场即为复合材料的等效磁致伸缩应变.

根据双夹杂模型, $\varepsilon^*|_1$ 和 $\varepsilon^*|_2$ 分别是夹杂相 Γ_1 和基体相 Γ_2 的本征应变, 则式 (9.116) 重写为

$$E_{ijkl}^1 \left[\varepsilon_{kl}^\infty + S_{klmn}^1 \left(\varepsilon_{mn}^*|_1 + \varepsilon_{mn}^{**}|_1 \right) + \left(S_{klmn}^2 - S_{klmn}^1 \right) \left(\varepsilon_{mn}^*|_2 + \varepsilon_{mn}^{**}|_2 \right) - \varepsilon_{kl}^*|_1 \right]$$
$$= E_{ijkl}^0 \left[\varepsilon_{kl}^\infty + \left(S_{klmn}^1 - I_{klmn} \right) \left(\varepsilon_{mn}^*|_1 + \varepsilon_{mn}^{**}|_1 \right) + \left(S_{klmn}^2 - S_{klmn}^1 \right) \left(\varepsilon_{mn}^*|_2 + \varepsilon_{mn}^{**}|_2 \right) \right] \tag{9.123}$$

和

$$E_{ijkl}^2 \left\{ \varepsilon_{kl}^\infty + S_{klmn}^2 \left(\varepsilon_{mn}^*|_2 + \varepsilon_{mn}^{**}|_2 \right) \right.$$
$$\left. + \frac{f_1}{f_2} \left(S_{klmn}^2 - S_{klmn}^1 \right) \left[\left(\varepsilon_{mn}^*|_1 + \varepsilon_{mn}^{**}|_1 \right) - \left(\varepsilon_{mn}^*|_2 + \varepsilon_{mn}^{**}|_2 \right) \right] - \varepsilon_{kl}^*|_2 \right\}$$
$$= E_{ijkl}^0 \left\{ \varepsilon_{kl}^\infty + \left(S_{klmn}^2 - I_{klmn} \right) \left(\varepsilon_{mn}^*|_2 + \varepsilon_{mn}^{**}|_2 \right) \right.$$
$$\left. + \frac{f_1}{f_2} \left(S_{klmn}^2 - S_{klmn}^1 \right) \left[\left(\varepsilon_{mn}^*|_1 + \varepsilon_{mn}^{**}|_1 \right) - \left(\varepsilon_{mn}^*|_2 + \varepsilon_{mn}^{**}|_2 \right) \right] \right\} \tag{9.124}$$

如果 Ω_1 和 Ω_2 形状相同且同轴, 则 $S_{ijkl}^1 = S_{ijkl}^2 = S_{ijkl}$. 于是, 等效夹杂的本征应变 $\varepsilon^{**}|_r$ $(r = 1, 2)$ 可以表示如下

$$\varepsilon_{ij}^{**}|_r = \left[\left(E_{ijkl}^0 - E_{ijkl}^r \right)^{-1} - S_{ijkl} \right]^{-1} \varepsilon_{kl}^\infty$$

$$+ \left[\left(E_{ijkl}^0 - E_{ijkl}^r \right)^{-1} - S_{ijkl} \right]^{-1} \left(S_{klmn} - I_{klmn} \right) \varepsilon_{mn}^* |_r, \quad r = 1, 2 \ (9.125)$$

双夹杂内的平均应变场可以表示为

$$\langle \varepsilon_{ij}^{\mathrm{H}} \rangle = \varepsilon_{ij}^\infty + S_{ijkl} \left[f_1 \left(\varepsilon_{kl}^* |_1 + \varepsilon_{kl}^{**} |_1 \right) + f_2 \left(\varepsilon_{kl}^* |_2 + \varepsilon_{kl}^{**} |_2 \right) \right] \tag{9.126}$$

对于场 II 中的远场应变可以根据边界条件求出. 如果边界上没有外力, 则根据平均场理论 (Nemat-Nasser, Hori, 1993), 复合材料内的由于外磁场引起的平均应力为零. 故远场应变 ε_{ij}^∞ 可以表示为

$$\varepsilon_{ij}^\infty = - \left[I_{ijpq} + \left(S_{ijrs} - I_{ijrs} \right) A_{rspq} \right]^{-1}$$
$$\cdot \left\{ \sum_{r=1}^2 f_r \left(S_{pqrs} - I_{pqrs} \right) \left[A_{rsmn}^r \left(S_{mnkl} - I_{mnkl} \right) + I_{rskl} \right] \varepsilon_{kl}^* |_r \right\} \tag{9.127}$$

对于纯磁致伸缩变形, 边界条件为自由边界条件, 且夹杂相是由许多立方相晶粒组成. 因此, 沿着晶粒晶轴方向的局部磁致伸缩应变场, 可以表示为 (Clark, 1980; Nan, Weng, 1999)

$$\varepsilon_{ij}^{\mathrm{ms}} = \begin{cases} \lambda^\alpha + \dfrac{2}{3} \lambda_{100} \left(\alpha_{3i}^2 - \dfrac{1}{3} \right), & i = j \\[2mm] \dfrac{3}{2} \alpha_{3i} \alpha_{3j} \lambda_{111}, & i \neq j \end{cases} \tag{9.128}$$

其中, λ_{100}, λ_{111} 和 λ^α 是立方相晶粒的磁致伸缩系数. α_{ij} 是从晶粒的局部坐标 X_j' 到材料的整体坐标 X_i 的转换张量.

上面已经说过, 磁致伸缩引起的应变可以看做弹性材料的本征应变. 于是, 磁致伸缩复合材料的有效性质和平均场可以通过双夹杂模型近似得到. 因此, 复合材料的平均场可以将磁致伸缩应变 $\varepsilon_{ij}^{\mathrm{ms}}$ 当作本征应变 ε_{ij}^* 代入式 (9.126) 得到.

由于复合材料的基体是非磁致伸缩材料, 所以, $\varepsilon_{ij}^* |_2$ 为零. 根据式 (9.126), 等效磁致伸缩应变可以表示为

$$\bar{\varepsilon}^{\mathrm{ms}} = \langle \varepsilon^{\mathrm{H}} \rangle = f_1 \{ \boldsymbol{S} : \left[\boldsymbol{A}^1 : (\boldsymbol{S} - \boldsymbol{I}) + \boldsymbol{I} \right] - \left(\boldsymbol{I} + f_1 \boldsymbol{S} : \boldsymbol{A}^1 \right)$$
$$: \left[(\boldsymbol{S} - \boldsymbol{I}) : \boldsymbol{A}^1 + \boldsymbol{I} \right]^{-1} : (\boldsymbol{S} - \boldsymbol{I}) : \left[\boldsymbol{A}^1 : (\boldsymbol{S} - \boldsymbol{I}) + \boldsymbol{I} \right] \} : \varepsilon^{\mathrm{ms}} \ (9.129)$$

根据磁致伸缩的定义, 等效磁致伸缩可以表示为

$$\bar{\lambda}_{\mathrm{s}} = \frac{2}{3} \left(\bar{\varepsilon}_\parallel^{\mathrm{ms}} - \bar{\varepsilon}_\perp^{\mathrm{ms}} \right) \tag{9.130}$$

其中, $\bar{\varepsilon}_\parallel^{\mathrm{ms}}$ 和 $\bar{\varepsilon}_\perp^{\mathrm{ms}}$ 分别是平行和垂直于外加磁场 $\overline{H}_3$ 方向的宏观应变. 当基体是各向同性或者横观各向同性且夹杂相为椭球等特殊性质的时候, Eshelby 张量可以解

析的获得; 否则, Eshelby 张量只能通过数值方法获得. 从式 (9.129) 可以看出, 复合材料的等效磁致伸缩取决于晶体的磁致伸缩系数、夹杂形状、以及基体的弹性性质. 则当基体是各向同性或者横观各向同性的时候, $\bar{\varepsilon}_\parallel^{\mathrm{ms}}$ 和 $\bar{\varepsilon}_\perp^{\mathrm{ms}}$ 可以表示为

$$\bar{\varepsilon}_\parallel^{\mathrm{ms}} = \bar{\varepsilon}_{33}^{\mathrm{ms}}, \quad \bar{\varepsilon}_\perp^{\mathrm{ms}} = \bar{\varepsilon}_{11}^{\mathrm{ms}} = \bar{\varepsilon}_{22}^{\mathrm{ms}} \tag{9.131}$$

进一步, 可以获得等效磁致伸缩比

$$\lambda^* = \bar{\lambda}_{\mathrm{s}}(f) / \bar{\lambda}_{\mathrm{s}}(f = 1) \tag{9.132}$$

其中, f 表示磁性材料的体积分数, λ_{s} 表示磁性材料的磁致伸缩系数.

9.4.4　理论与实验结果比较

应用本节提出的双夹杂模型 (用 DI 表示) 对 $\mathrm{SmFe_2/Al}$, $\mathrm{SmFe_2/Fe}$ 和 Terfenol-D/玻璃这几种磁致伸缩复合材料进行了计算, 并与已有的其他模型和实验数据 (Pinkerton, Capehart et al., 1997; Guo, Busbridge et al., 2001) 做了比较, 结果显示, 双夹杂模型能更好地符合实验数据, 且表达简单. 在计算中, 假设夹杂相为圆球状, 随机分布在基体中, 且基体为非磁致伸缩材料.

(1) 对 $\mathrm{SmFe_2/Al}$ 和 $\mathrm{SmFe_2/Fe}$ 磁致伸缩复合材料的有效性质预测

对 $\mathrm{SmFe_2/Al}$ 和 $\mathrm{SmFe_2/Fe}$ 磁致伸缩复合材料的有效性质进行了预测, 并与 Pinkerton 等 (Pinkerton, Capehart et al., 1997) 的实验数据做了比较. 表 9.2 中列出了基体相和夹杂相的材料性质 (Pinkerton, Capehart et al., 1997; Nan, 1998; Nan, Weng, 1999). 当材料是各向同性时候, 弹性模量 E_{ijkl} 可以由杨氏模量和泊松比给定.

表 9.2　夹杂相 $\mathrm{SmFe_2}$ 和金属基体相 Al, Fe 的性质

材料	杨氏模量/GPa	泊松比	E_{11}/GPa	E_{12}/GPa	E_{44}/GPa	$\lambda_{111}/10^{-6}$	$\lambda_{100}/10^{-6}$
$\mathrm{SmFe_2}$			82	66	22	-2100	-700
Al	62	0.33	92	45.2	23.3		
Fe	208	0.3	280	120	80		

图 9.10 和图 9.11 分别显示了双夹杂模型预测的 $\mathrm{SmFe_2/Fe}$ 和 $\mathrm{SmFe_2/Al}$ 复合材料的弹性模量和体积分数的关系. 当基体是 Fe 的时候, 复合材料的整体弹性模量 E_{11}^*, E_{12}^* 和 E_{44}^* 随着体积分数的增加而减小; 而当基体是 Al 的时候, E_{11}^* 随着体积分数的增加而减小, E_{12}^* 随着体积分数的增加而增加, E_{44}^* 随着体积分数的增加而无明显的变化. 这是由于 $\mathrm{SmFe_2}$ 实际上并非各向同性, 且其弹性模量比 Fe 更接近 Al.

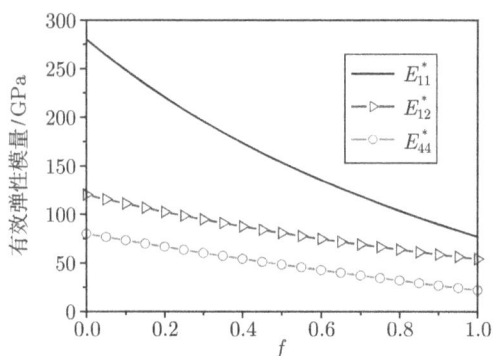

图 9.10   复合材料 $SmFe_2/Fe$ 的有效弹性模量和体积分数 f 的关系

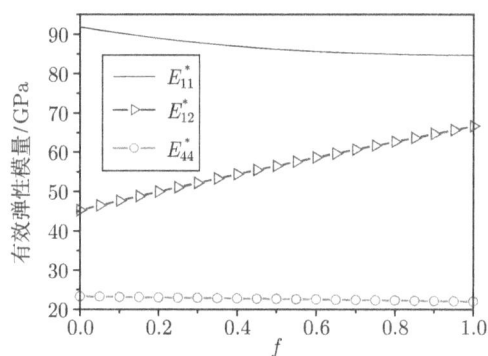

图 9.11   复合材料 $SmFe_2/Al$ 的有效弹性模量和体积分数 f 的关系

图 9.12 和图 9.13 分别显示了 $SmFe_2/Fe$ 和 $SmFe_2/Al$ 复合材料的磁致伸缩比和体积分数的关系. 从图上可以看出, 本节提出的双夹杂模型要比 Nan 和 HCP 的模型更符合 Herbst 等 (1997) 测得的实验数据 (Pinkerton, Capehart et al., 1997).

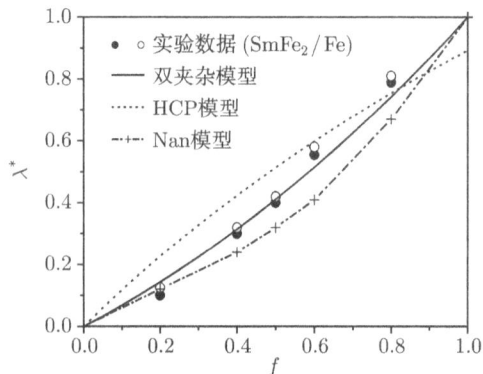

图 9.12   复合材料 $SmFe_2/Fe$ 的等效磁致伸缩比 λ^* 和体积分数 f 的关系

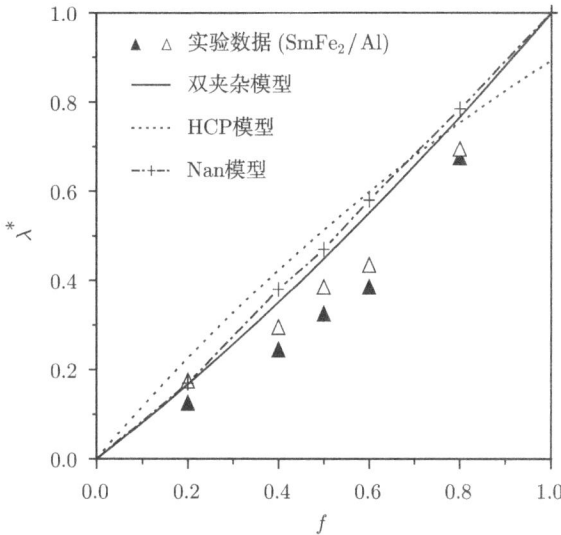

图 9.13　复合材料 $SmFe_2/Al$ 的等效磁致伸缩比和体积分数 f 的关系

(2) 对 Terfenol-D/玻璃磁致伸缩复合材料的有效性质预测

表 9.3 列出了 Terfenol-D/玻璃复合材料的基体相玻璃和夹杂相 Terfenol-D 的材料性质 (Nan, Weng, 1999; Guo, Busbridge et al., 2001). 在 Guo(Guo, Busbridge et al., 2001) 的实验中, 夹杂相 Terfenol-D 颗粒和基体相均认为是弹性各向同性的, 尽管实际上 Terfenol-D 并非弹性各向同性.

表 9.3　夹杂相 Terfenol-D 和基体相玻璃的性质

材料	杨氏模量/GPa	泊松比	E_{11}/GPa	E_{12}/GPa	E_{44}/GPa	$\lambda_{111}/10^{-6}$	$\lambda_{100}/10^{-6}$
Terfenol-D	70	0.3	94.2	40.4	26.9	1700	100
玻璃	55	0.27	68.7	25.4	21.7		

图 9.14 显示了用双夹杂模型预测 Terfenol-D/玻璃复合材料的有效弹性模量和体积分数的关系. E_{11}^*, E_{12}^* 和 E_{44}^* 均随着体积分数的增加而增加. 图 9.15 显示了双夹杂模型预测的复合材料的有效杨氏模量和体积分数的关系, 以及和实验的对比, 从图上可以看出, 双夹杂模型计算的结果基本和实验数据符和.

图 9.16 显示了等效磁致伸缩比和体积分数的关系, 随着体积分数的增加, 等效磁致伸缩比也随着增加, 和实验点有着相同的趋势, 并在体积分数大于 0.6 之后, 比 HCP 模型更加符合实验点. 计算值总是比实验点要低一些, 这是由于计算中认为夹杂相是弹性各向同性, 而实际上, 夹杂相 Terfenol-D 并非弹性各向同性, 并且, 实际材料中夹杂颗粒并非均匀分布的球形颗粒.

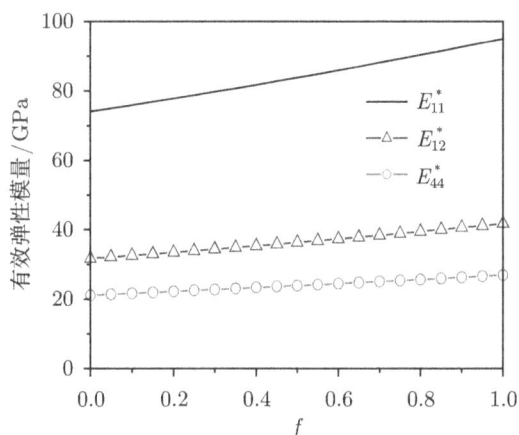

图 9.14　复合材料 Terfenol-D/玻璃的有效弹性模量和体积分数 f 的关系

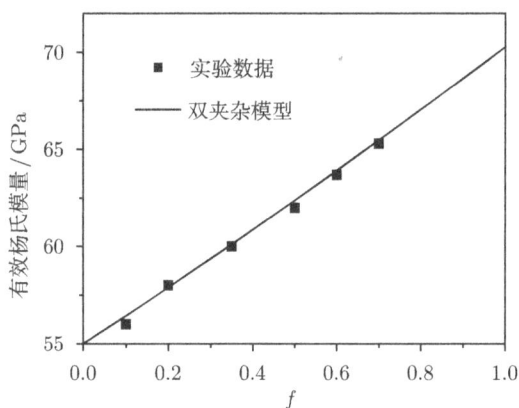

图 9.15　复合材料 Terfenol-D/玻璃的有效杨氏模量和体积分数 f 的关系

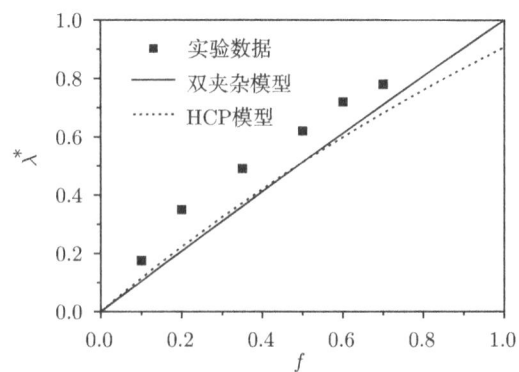

图 9.16　复合材料 Terfenol-D/玻璃的等效磁致伸缩比和体积分数 f 的关系

9.5　本章小结

本章研究了两个问题: 非力磁耦合基体中含有压磁夹杂的压磁复合材料问题和磁致伸缩复合材料的有效性质.

(1) 通过两种不同的方法同时得到了压磁夹杂问题的封闭解. 一个是 Green 函数方法, 另一个是等效夹杂方法. 对非磁力耦合基体的铁磁复合材料, 这两种方法是一致的. 进一步, 得到了磁弹 Eshelby 张量并给出具体表达形式. 为了获得复合材料的有效磁弹模量, 基于 Budiansky 能量等效框架得到问题的解析解. 分别采用稀疏解法和 Mori-Tanaka 方法得到解析表达的有效磁弹模量. 数值结果分别给出稀疏解法和 Mori-Tanaka 方法得到的复合材料的有效磁弹模量.

(2) 通过双夹杂模型得到了磁致伸缩复合材料的有效弹性模量和等效磁致伸缩. 双夹杂模型成功地预测了磁致伸缩复合材料的有效性质, 表达简单, 计算方便. 由于大多数的超磁致伸缩材料具有立方相, 根据磁致伸缩的微观机理, 可以将磁致伸缩导致的应变看做弹性材料的本征应变. 则复合材料的有效性质和平均应力—应变场可以通过双夹杂模型近似得到. 由于材料的磁致伸缩可以由晶体的磁致伸缩系数决定, 故可以将力磁耦合部分分解为两部分: 由外加位移场产生的纯弹性部分和由外加磁场产生的磁致伸缩部分. 于是, 可以获得磁致伸缩复合材料有效性质的统一解. 可以发现, 磁致伸缩复合材料的等效磁致伸缩, 不仅依赖于体积分数和材料性质, 还依赖于磁致伸缩相的分布取向和晶体的磁致伸缩系数. 双夹杂模型的解与现有的其他模型相比较, 更符合已有的实验数据.

第 10 章   铁磁相变材料的变形理论

传统形状记忆合金的记忆效应是通过高温奥氏体和低温马氏体之间的热弹性马氏体相变过程实现的 (舟久保等, 1992). 它具有较大的应变和较强的驱动力, 但是, 由于主要应用在温度场驱动条件下, 其响应频率较低. 超磁致伸缩材料受磁场驱动, 因而响应频率快, 但其应变相对形状记忆合金较小. 铁磁形状记忆合金同时具有形状记忆合金和超磁致伸缩材料的优点, 即在磁场驱动下产生较大形状记忆效应、响应频率快、应变大. 因此, 在航空航天、生物医学等领域显示出良好的应用前景.

铁磁形状记忆合金在磁场、应力场、温度场和它们的耦合场作用下, 可以发生热弹性马氏体相变以及马氏体变体的择优取向过程. 磁场对于马氏体相变和逆相变温度的影响很小, 因此, 发生磁场驱动的马氏体相变过程比较困难, 这限制了其研究工作和应用的发展 (Cherechukin et al., 2001). 但是马氏体择优取向所需驱动力较小, 这吸引了很多学者在实验和理论上研究磁场驱动马氏体变体重排引起的磁致应变过程.

在实验研究方面, 人们发现铁磁形状记忆合金在磁场和应力场耦合作用下的磁化曲线和磁致应变行为具有很强的非线性, 应力—应变行为具有拟弹性特征, 这使得理论描述力磁耦合场作用下复杂的非线性行为具有挑战性. 虽然磁场驱动的马氏体变体择优取向过程的物理机制已经比较清楚, 但是定量描述在力磁耦合场作用下的磁化曲线, 应力—应变曲线和磁致应变曲线等复杂响应仍然处于探索阶段. L'vov 等 (2002) 提出磁致应力和机械应力的等效原则, 在 Laudau 理论的基础上描述较小磁致应变行为. Likhachev 和 Ullakko(2000; 2001; 2004) 通过对麦克斯韦方程的分析, 结合实验测量的应力—应变曲线, 得出了半经验的理论模型.

本章将借鉴磁致应力和机械应力的等效原则, 引入在传统形状记忆合金中广泛应用的相变动力学公式, 提出一个简单的唯象理论模型来描述铁磁形状记忆合金的磁化曲线, 应力—应变曲线和磁致应变行为.

10.1   简单的唯象磁致应变模型

10.1.1   应变的表示方法

当铁磁形状记忆合金由高温母相冷却到低温马氏体相时, 将会发生由立方相到四方相的结构变化. 由于立方对称性, 在相变过程中立方体将在其中一个 [001] 轴缩短 (伸长), 而在另外两个垂直方向伸长 (缩短), 这样将会产生三种等效的马氏体变体, 如图 10.1 所示. 它具有单轴磁晶各向异性, 如果缩短 (伸长) 的 [001] 轴方向为马氏体变体的易轴方向, 则难轴方向与之垂直.

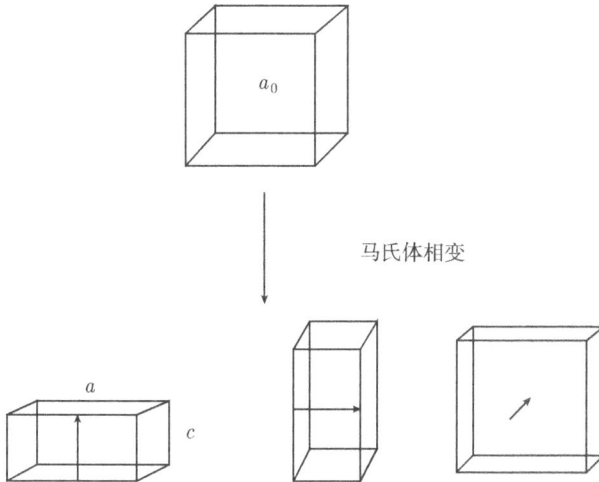

图 10.1　马氏体相变过程示意图

一般情况下, 马氏体相的铁磁形状记忆合金由这三种马氏体变体混合组成. 因此它的本征应变可以表示为

$$\varepsilon^{(1)} = \begin{pmatrix} \lambda_2 & & \\ & \lambda_1 & \\ & & \lambda_1 \end{pmatrix} \tag{10.1a}$$

$$\varepsilon^{(2)} = \begin{pmatrix} \lambda_1 & & \\ & \lambda_2 & \\ & & \lambda_1 \end{pmatrix} \tag{10.1b}$$

$$\varepsilon^{(3)} = \begin{pmatrix} \lambda_1 & & \\ & \lambda_1 & \\ & & \lambda_2 \end{pmatrix} \tag{10.1c}$$

其中, λ_1, λ_2 分别是马氏体变体的难轴和易轴方向的本征应变. 我们可以通过材料的晶格参数 a, c 来确定其数值. $(a-c)/c$ 可以确定马氏体变体重排过程中产生的理论最大值, 并且由于其体积变形相对于结构变形很小, 可以忽略其体积应变. 因

此, 可以得到

$$\lambda_1 - \lambda_2 = \frac{a-c}{c} \tag{10.2a}$$

$$\lambda_2 + 2\lambda_1 = 0 \tag{10.2b}$$

由式 (10.2) 可以得到本征应变 λ_1, λ_2 的表达式

$$\lambda_1 = \frac{2(a-c)}{3c} \tag{10.3a}$$

$$\lambda_2 = -\frac{a-c}{3c} \tag{10.3b}$$

当铁磁形状记忆合金在承受轴向对称的磁场和应力场作用时, 马氏体变体将择优取向, 从而引起材料的变形. 三种孪晶变体共存时的平均应变可以表示为

$$\varepsilon^{\mathrm{r}} = \begin{pmatrix} \alpha\lambda_2 + (1-\alpha)\lambda_1 & & \\ & \alpha\lambda_1 + \dfrac{(1-\alpha)}{2}(\lambda_1 + \lambda_2) & \\ & & \alpha\lambda_1 + \dfrac{(1-\alpha)}{2}(\lambda_1 + \lambda_2) \end{pmatrix} \tag{10.4}$$

其中, α 代表当前易轴方向平行于试件轴向的马氏体变体的体积分数. 当马氏体变体在轴对称磁场和应力场作用下发生重排时, 其应变为

$$\varepsilon^{\mathrm{t}} = \varepsilon^{\mathrm{r}}(\alpha) - \varepsilon^{\mathrm{r}}(\alpha_0) + \varepsilon^{\mathrm{e}} \tag{10.5}$$

其中, α_0 代表初始的易轴方向平行于试件轴向的马氏体变体的体积分数, ε^{t} 代表总应变, ε^{e} 代表由于应力的作用发生的弹性变形.

10.1.2   相变动力学公式

在传统形状记忆合金中, 奥氏体到马氏体的相变是由化学能作为驱动力控制的, 即马氏体体积分数是应力和温度的函数, 这个函数关系称之为马氏体相变动力学. 其中余弦形式的马氏体相变动力学公式只含有一些易于测量的材料常数, 所以适用于实际应用 (Liang et al., 1990; Brinson, 1993). 因此, 我们也将采用一个余弦形式的函数来描述马氏体变体择优取向的过程.

由于需要区分三种马氏体孪晶变体的体积分数在应力场作用下的演化规律, 因此需要考虑其微观结构的基本特征. 在轴向压应力的作用下, 试件将会缩短, 所以, 短轴方向与试件轴向平行的马氏体变体体积分数将会增加; 相反, 在轴向拉应力的作用下, 试件将会伸长, 所以, 短轴方向与试件轴向平行的马氏体变体体积分数将

会减少. 因此, 我们得到马氏体变体体积分数在应力场作用下的相变动力学公式为

$$\alpha = \begin{cases} \dfrac{\alpha_L - \alpha_0}{2} \cos\left[\dfrac{\pi}{\sigma_s^{cr} - \sigma_f^{cr}}(\sigma_{mech} - \sigma_f^{cr})\right] + \dfrac{\alpha_L + \alpha_0}{2}, & \sigma_s^{cr} < \sigma_{mech} < \sigma_f^{cr}\text{时} \\ \alpha_0, & \text{其他情况} \end{cases}$$

$$(10.6)$$

其中,

$$\alpha_L = \begin{cases} \dfrac{1 + \mathrm{sgn}\left(1 - \dfrac{c}{a}\right)}{2}, & \text{压缩时} \\ \dfrac{1 - \mathrm{sgn}\left(1 - \dfrac{c}{a}\right)}{2}, & \text{拉伸时} \end{cases}$$

其中 σ_s^{cr}, σ_f^{cr} 代表马氏体变体择优取向开始和结束的临界应力; 而 α_L 是与材料参数和拉压应力有关系的参数. 可以看出, 在一种极限情况下, $\alpha = \alpha_0$, 这说明没有发生马氏体变体的择优取向过程. 在另一种极限情况下, $\alpha = \alpha_L$, 这说明马氏体择优取向过程完成. 当铁磁形状记忆合金的易轴和短轴重合时, 在压应力作用下, $\alpha_L = 1$; 在拉应力作用下, $\alpha_L = 0$; 反之亦然. 这与前面的分析一致.

　　为了考虑磁场对于马氏体变体择优取向的驱动作用, 我们将引入磁致应力和机械应力的等效原则, 即当磁致应力和机械应力相等时, 磁场和机械应力诱发由于马氏体变体重排而引起的变形相等. 我们采用 Likhachev 和 Ullakko 等 (2000; 2001; 2004) 提出的磁致应力表达式为

$$\sigma_{mag}(H) = \frac{\partial}{\partial \varepsilon^r} \int_0^H M(\varepsilon^r, H)\mathrm{d}H \qquad (10.7)$$

而磁化强度可以表示为

$$M = M_h + \alpha(M_e - M_h) \qquad (10.8)$$

其中, M_e, M_h 分别表示易轴方向和难轴方向的磁化强度. 由式 (10.4), (10.5), (10.7) 和 (10.8), 可以得到

$$\sigma_{mag}(H) = \frac{1}{\lambda_2 - \lambda_1} \int_0^H (M_e - M_h)\mathrm{d}H \qquad (10.9)$$

　　我们将等效应力 $\sigma_{eq} = \sigma_{mech} + \sigma_{mag}(H)$ 引入相变动力学公式 (10.6) 中, 可以得到含有磁场作用的相变动力学公式

$$\alpha = \begin{cases} \dfrac{\alpha_L - \alpha_0}{2} \cos\left\{\dfrac{\pi}{\sigma_s^{cr} - \sigma_f^{cr}}[\sigma_{eq}(\sigma, H) - \sigma_f^{cr}]\right\} + \dfrac{\alpha_L + \alpha_0}{2}, & \sigma_s^{cr} < \sigma_{eq} < \sigma_f^{cr}\text{时} \\ \alpha_0, & \text{其他情况} \end{cases}$$

$$(10.10)$$

10.1.3 单一磁化曲线假设

从式 (10.9) 可以看出, 为了得到磁致应力, 必须要知道易轴和难轴方向的磁化曲线. 通过实验研究发现, 不同的铁磁形状记忆合金在易轴方向的磁化曲线具有一定相似性, 同样, 在难轴方向的磁化曲线也具有一定相似性, 因此, 我们可以采用一组函数来描述其易轴方向和难轴方向的磁化曲线. 虽然有的学者采用了线性函数这种简单的形式来描述其磁化曲线, 但磁化曲线在接近饱和区域具有明显的非线性特征, 因此在拐点附近存在一定误差.

在磁化过程中, 铁磁形状记忆合金的磁化强度随着磁场单调增加, 当接近饱和区域时, 其磁化强度缓慢增加逐渐达到饱和值. 一些非线性函数, 比如 $\tanh(H)$, $\coth(H) - 1/H$ 和 $1 - \exp(-H)$ 等, 可以用来描述其磁化曲线. 而在 Preisach 模型中曾采用反指数形式的函数 $1 - K \exp(-H/\tau)$ 很好地描述了可逆磁化过程 (Della Torre et al., 1990), 因此, 我们在这里也将采用这种形式的函数来描述易轴和难轴方向的磁化曲线.

$$M_{\mathrm{e}} = \begin{cases} M_{\mathrm{s}} \left\{ 1 - \left[1 - \left(\dfrac{H}{H_{\mathrm{e}}^{\mathrm{s}}} \right)^2 \right] \mathrm{e}^{-\frac{H}{H_{\mathrm{e}}^{\mathrm{s}} \cos \phi_{\mathrm{e}}}} \right\}, & H < H_{\mathrm{e}}^{\mathrm{s}} \\ M_{\mathrm{s}}, & H \geqslant H_{\mathrm{e}}^{\mathrm{s}} \end{cases} \tag{10.11}$$

$$M_{\mathrm{h}} = \begin{cases} M_{\mathrm{s}} \left\{ 1 - \left[1 - \left(\dfrac{H}{H_{\mathrm{h}}^{\mathrm{s}}} \right)^2 \right] \mathrm{e}^{-\frac{H}{H_{\mathrm{h}}^{\mathrm{s}} \cos \phi_{\mathrm{h}}}} \right\}, & H < H_{\mathrm{h}}^{\mathrm{s}} \\ M_{\mathrm{s}}, & H \geqslant H_{\mathrm{h}}^{\mathrm{s}} \end{cases} \tag{10.12}$$

其中, M_{s} 为饱和磁化强度; $H_{\mathrm{e}}^{\mathrm{s}}$ 和 $H_{\mathrm{h}}^{\mathrm{s}}$ 分别是易轴和难轴方向磁化强度达到饱和时的临界磁场强度; ϕ_{e} 和 ϕ_{h} 分别表示易轴和难轴方向磁化曲线的特征角度, 它们的余弦可以通过 M_{s}, $H_{\mathrm{e}}^{\mathrm{s}}$, $H_{\mathrm{h}}^{\mathrm{s}}$ 得到

$$\cos \phi_{\mathrm{e}} = \frac{H_{\mathrm{e}}^{\mathrm{s}}}{\sqrt{(H_{\mathrm{e}}^{\mathrm{s}})^2 + M_{\mathrm{s}}^2}} \tag{10.13}$$

$$\cos \phi_{\mathrm{h}} = \frac{H_{\mathrm{h}}^{\mathrm{s}}}{\sqrt{(H_{\mathrm{h}}^{\mathrm{s}})^2 + M_{\mathrm{s}}^2}} \tag{10.14}$$

可以看出, 难轴和易轴方向的磁化曲线函数具有相同的形式, 而且仅含有几个简单的容易测量的材料参数. 这样我们就可以通过公式 (10.9) 计算磁致应力, 然后代入相变动力学公式 (10.10), 计算得到马氏体变体体积分数在磁场作用下的演化规律, 从而理论预测其磁致应变行为.

10.2　理论与实验结果对比

表 10.1 是理论计算中采用的两组材料参数, 它们均具有明显的物理意义. 其中一组括号内的材料参数来自 Sozinov 的实验结果, 另外一组的材料参数来自 Likhachev 的实验结果.

表 10.1　不同合金的材料参数

$M_s/(\text{kA/m})$	$H_e^s/(\text{kA/m})$	$H_h^s/(\text{kA/m})$	σ_s^{cr}/MPa	σ_f^{cr}/MPa	$\lambda_2 - \lambda_1$	α_0
477.5(477.5)	278.5(72)	668.5(716.3)	0.5	1.8	-0.057	0

图 10.2 是理论预测的结果和 Sozinov 的实验结果对比, 而图 10.3 是理论预测的结果和 Likhachev 的实验结果. 可以看出, 对于不同材料其易轴方向的磁化曲线具有相似性, 同样, 其难轴方向的磁化曲线也具有相似性, 理论预测的结果与实验结果吻合得较好. 在接近饱和区域, 理论预测的结果能够描述其非线性行为. 这说明我们采用的反指数形式的函数能够描述易轴和难轴方向磁化曲线的基本特征.

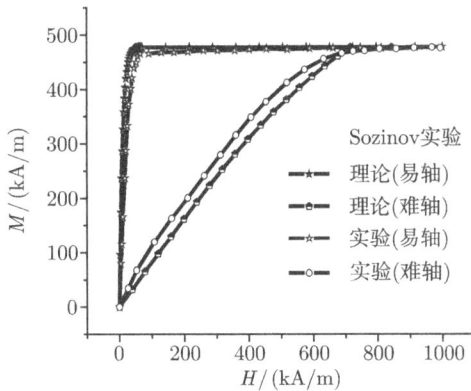

图 10.2　易轴和难轴方向的磁化曲线 (Sozinov)

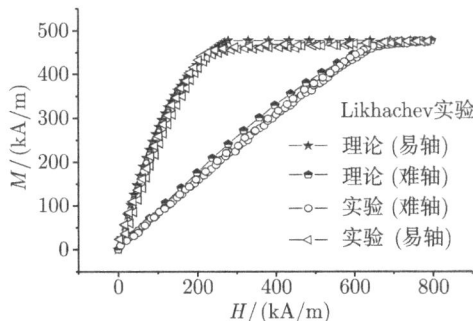

图 10.3　易轴和难轴方向的磁化曲线 (Likhachev)

　　图 10.4 和图 10.5 分别是理论预测的应力—应变曲线与 Sozinov 和 Likhachev 实验结果对比. 从图中可以看出, 其应力—应变曲线分为三个阶段, 初始阶段是单一马氏体变体的弹性变形阶段; 在第二阶段, 当应力场达到驱动马氏体变体择优取向开始的临界值时, 将会产生由于马氏体变体重排而引起的变形过程, 当应力场达到马氏体变体择优取向结束的临界值时, 马氏体变体重排结束; 在第三个阶段, 发生另外一种马氏体变体的弹性变形. 因此, 在第一阶段和第三阶段的弹性模量不同, 分别为 E_1 和 E_3. 根据 Reuss 假设, 可以得到在第二阶段材料的弹性模量为

$$\frac{1}{\overline{E}_2} = \frac{1-\alpha}{E_1} + \frac{\alpha}{E_3} \tag{10.15}$$

因此, 在第二阶段的弹性变形为

$$\mathrm{d}\varepsilon_{11}^{\mathrm{e}} = \frac{\mathrm{d}\sigma}{\overline{E}_2} \tag{10.16}$$

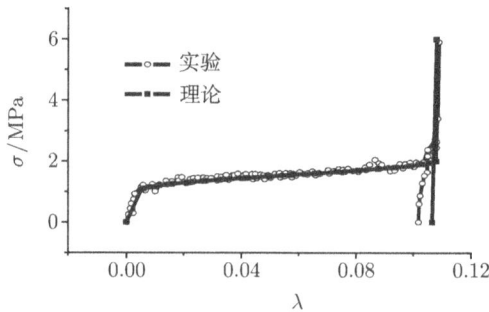

图 10.4　应力—应变曲线 (Sozinov)

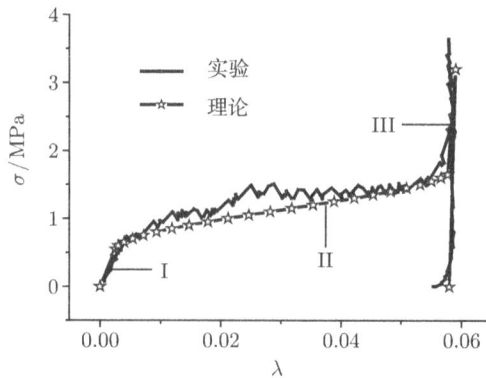

图 10.5　应力—应变曲线 (Likhachev)

图 10.6 是理论预测磁致应变行为与 Likhachev 的实验结果对比. 可以看出与应力—应变曲线类似, 其磁致应变曲线也分为三个阶段. 但是由于磁场不能使之产生弹性变形, 因此, 仅在第二阶段存在由于磁场诱发的马氏体变体重排而引起的应变. 由于磁致伸缩远小于磁致应变的变形量, 因此这里忽略了磁致伸缩效应.

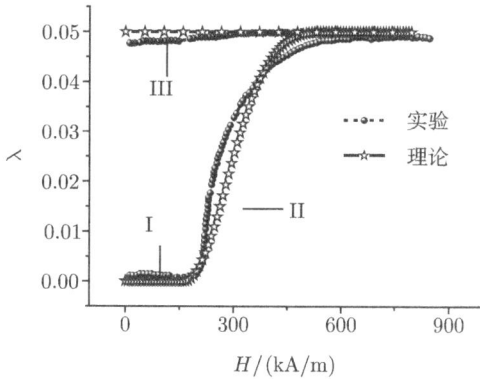

图 10.6 磁致应变行为

10.3 本 章 小 结

本章提出了一个铁磁形状记忆合金的唯象磁致应变模型, 通过修改传统形状记忆合金的相变动力学公式来描述马氏体变体择优取向过程; 提出了反指数形式的单一磁化曲线假设来描述易轴和难轴方向的磁化曲线的非线性; 并基于磁致应力和机械应力的等效原则, 将磁场的作用引入相变动力学公式, 理论预测了铁磁形状记忆合金的磁致应变行为. 通过理论预测与实验结果的对比, 我们发现该模型理论预测磁化曲线, 应力—应变曲线和磁致应变曲线均与实验结果吻合较好.

第11章 铁磁固体结构力学分析

磁力耦合的不同理论之间存在差异, 把经典框架的磁弹性应力直接等同于 Cauchy 应力是不严密的, 一些情况会导致磁力表达的不准确. 本章首先以两个典型实验为背景, 基于磁力耦合经典框架, 从非线性本构和几何构型出发, 分析变形后铁磁板的磁力, 严格推导了变形体磁力的表达式. 然后分析了铁磁板在纵向磁场下的自由振动问题, 很好地解释纵向磁场下铁磁板自由振动频率升高的现象.

11.1 磁力耦合理论和变形体磁力表达

11.1.1 磁力的基本模型

磁场下, 变形体的变形引起磁场和磁化的变化, 同时, 磁场对变形体有磁力作用. 磁体刚体在磁场下会被磁体吸引而发生运动, 铁磁棒在均匀磁场中向着磁极方向转动. 转动的动力可通过电磁理论确定, 即

$$l_i = e_{ijk} B_j^0 M_k \tag{11.1}$$

或

$$l_i = \mu_0 e_{ijk} M_j H_k^0 \tag{11.2}$$

其中, l_i 为物体受到的磁力主矩; H_i, M_i, B_i 分别为磁场强度、磁化密度和磁通密度; H_i^0, B_i^0 分别表示外加磁场的磁场强度和磁通密度.

当我们考虑变形体时, 必须知道磁力在物体上是如何分布的, 因为这关系到物体的变形. 而物体内部的磁力是如何分布的, 这由磁场对物体的作用确定, 微观上是磁场中物质电子自旋等物质微观运动的改变. 所以很难直接由微观运动来确定物体内磁力的形式, 于是人们提出各种模型来描述磁力:

(1) 安培分子环流模型

认为磁介质上磁化可以描述为分子环流电流, 磁场的作用即分子由环形电流受到的力. 物体磁化描述为

$$\begin{aligned} \boldsymbol{j}_\Omega &= \nabla \times \boldsymbol{M}, \quad \text{在 } \Omega \text{ 内} \\ \boldsymbol{j}_\Gamma &= -\boldsymbol{n} \times \boldsymbol{M}, \quad \text{在 } \partial\Omega \text{ 上} \end{aligned} \tag{11.3}$$

再由 Lorentz 力公式, 物质分子受力给出物体上的磁力分布

$$f_\Omega = (\nabla \times M) \times B^0, \quad 在\ \Omega\ 内$$
$$f_\Gamma = -n \times M \times B^0, \quad 在\ \partial\Omega\ 上 \tag{11.4}$$

其中, f 表示磁力分布力的密度; B, M 表示物体中的磁感应强度和磁化强度.

(2) 磁极子模型

认为物质的磁化在物体内形成分布的磁荷, 物体受到的力即磁荷受到的磁场力. 由磁极子模型有

$$f_\Omega = -(\nabla \cdot M) B^0, \quad 在\ \Omega\ 内$$
$$f_\Gamma = n \cdot M B^0, \qquad 在\ \partial\Omega\ 上 \tag{11.5}$$

这两种模型都能够满足磁场中磁体受磁力的主矢和主矩相同, 但磁力的分布存在差异. 另外, 通过数学推演, 保持物体上合主矢和主矩相等, 可以把磁力分布写成其他多种形式, 这些都能够从铁磁质物体整体受力上描述磁场的作用. 一般在物理上还可有一定解释, 例如, 采用磁偶极子模型可以得到与 (11.4) 积分等价的

$$f_\Omega = (\nabla \times M) \times B^0,$$
$$l_\Omega = M \times B^0, \qquad 在\ \Omega\ 内 \tag{11.6}$$

11.1.2　典型实验

为了确定磁力的分布, 人们只有通过进一步的实验来验证模型. 其中两个实验最为典型. 一个是软铁磁板梁在横向磁场中的屈曲实验, 如 11.1 图. Moon 和 Pao(1968) 进行这一实验, 并且提出了磁力偶模型, 与苏联学者 (Panovko, Gubanova, 1965) 不同, 他们把磁场对铁磁板的宏观作用表示为与板梁偏转角成正比的分布体力偶, 得到屈曲临界磁场的解析式. 另一个实验是软铁磁板在纵向磁场中自由振动频率升高的实验. Takagi 等 (1993; 1995) 对反应堆第一层材料进行了这一实验, 如图 11.2.

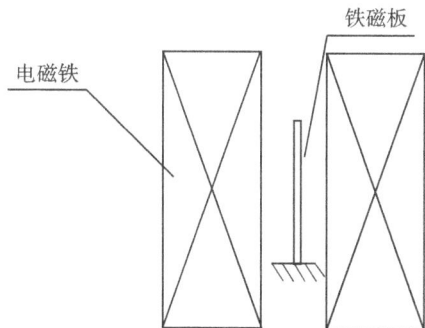

图 11.1　铁磁板屈曲实验示意图

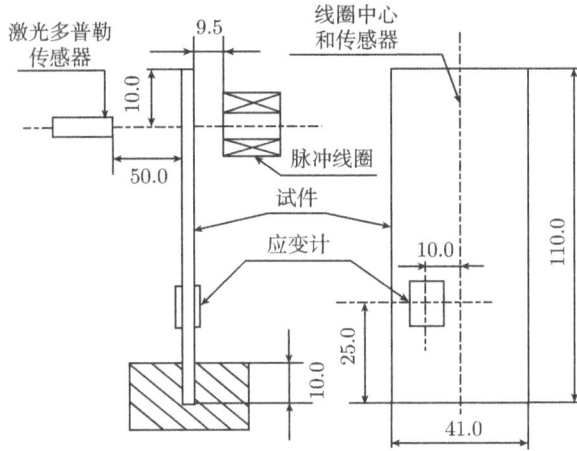

图 11.2　铁磁板在磁场中振动实验示意图

11.1.3　理论模型

在软铁磁体磁力耦合理论方面, 基于连续介质理论和电动力学理论, 人们给出了几种理论模型. Brown(1966) 基于磁极模型和非线性连续介质理论, 基于 (11.6) 式, 通过分析铁磁性物质微元受到周围铁磁介质作用, 得到磁场宏观力分布

$$\boldsymbol{f}_\Omega = \mu_0 \boldsymbol{M} \cdot \nabla \boldsymbol{H}^0, \qquad \text{在 } \partial\Omega \text{ 内} \tag{11.7}$$
$$\boldsymbol{l}_\Omega = \mu_0 \boldsymbol{M} \times \boldsymbol{H}^0,$$

他提出磁弹性应力, 该应力反映了微元体表面受到微元体外部弹性与磁力的面力作用之和. 设 Q 为微元体表面上的磁场面力, 它是磁场力 Q^{em} 和弹性作用面力 $P^{(n)} = \boldsymbol{\sigma} \cdot \boldsymbol{n}$ 的和. 对应于 Q, 定义铁磁体的应力张量 $\boldsymbol{t}$,

$$\boldsymbol{t} \cdot \boldsymbol{n} = Q \tag{11.8}$$

由上述磁场力模型和应力张量定义, 现时构型下, 铁磁体的场基本方程为

Biot-Savart 定律和安培定律　　$\dfrac{\partial B_i}{\partial x_i} = 0, \qquad \dfrac{\partial H_{[j}}{\partial x_{k]}} = 0$

质量守恒

$$\frac{\mathrm{d}\rho}{\mathrm{d}t} + \rho\frac{\partial v_i}{\partial x_i} = 0$$

动量守恒

$$\frac{\partial t_{ij}}{\partial x_i} + \mu_0 M_i \frac{\partial H_j^0}{\partial x_i} = \rho\frac{\mathrm{d}v_j}{\mathrm{d}t} \tag{11.9}$$

角动量守恒

$$t_{[jk]} + \mu_0 M_{[j} H_{k]}^0 = 0$$

能量守恒

$$\rho \frac{\mathrm{d}U}{\mathrm{d}t} = t_{ij} \frac{\partial v_j}{\partial x_i} + \mu_0 \rho H_i \frac{\mathrm{d}}{\mathrm{d}t} \left(\frac{M_i}{\rho} \right)$$

其中, ρ 为质量密度, U 为内能密度, 下标中的方括号表示张量的反对称部分, 即

$$t_{[ij]} = (t_{ij} - t_{ji})/2 \tag{11.10}$$

在不同材料的界面上, 连续条件为

$$n_i [B_i] = 0$$

$$n_{[j} [H_{k]}] = 0 \tag{11.11}$$

$$n_i [t_{ij} + \sigma_{ij}^{\mathrm{M}}] = 0$$

其中, $\sigma_{ij}^{\mathrm{M}} = B_i H_j - \frac{1}{2} \mu_0 H_k H_k \delta_{ij}$ 为麦克斯韦张量. 同时, Brown(1966) 分析表明, (11.7) 式中第一式的体力表达中, 区分外加磁场 $\boldsymbol{H}^0$ 和总磁场引起的差别相对于一般机械应力是一个非常小的量. 因此, 在许多情况下可以不区分 $\boldsymbol{H}^0$ 和 $\boldsymbol{H}$. 磁体力公式写成 $\boldsymbol{f}_\Omega = \mu_0 \boldsymbol{M} \cdot \nabla \boldsymbol{H}^0$.

内能密度函数 U 可表示为

$$U = U \left(x_{i,K}, \frac{M_i}{\rho} \right) \tag{11.12}$$

其中, $x_{i,K} = \dfrac{\partial x_i}{\partial X_K}$ 为变形梯度张量. 这里 X_K 为物质坐标系的坐标分量, 记

$$N_J = \frac{M_K}{\rho} x_{k,J} \tag{11.13}$$

应变张量

$$E_{KL} = \frac{1}{2}(x_{i,K} x_{i,L} - \delta_{KL}) \tag{11.14}$$

则

$$U = U(E_{IJ}, N_J) \tag{11.15}$$

本构方程可表示为

$$t_{ij} = \rho x_{i,K} \frac{\partial U}{\partial E_{KL}} x_{j,L} + M_j \frac{\partial U}{\partial N_K} x_{i,K}$$

$$\tag{11.16}$$

$$\mu_0 H_i = \frac{\partial U}{\partial N_K} x_{i,K}$$

建立了考虑大变形的静磁场铁磁性绝缘弹性体的本构关系. 这一理论成功地把量子理论中的自旋和交换作用, 唯像地处理为物体自由能函数中磁化梯度的四次函数.

进一步, Pao 和 Yeh(1973) 基于连续介质理论和 Brown(1966) 的磁力模型 (建立在磁极理论基础上), 通过较为严格的推导给出了磁力耦合的理论, 并得到一个线性化模型, 能较好地吻合铁磁板屈曲实验. 这一理论在本书第 8 章中引述过, 即

$$b_{i,i} = 0$$

$$e_{ijk}h_{j,k} = 0$$

$$t_{ij,i} + \mu_0 m_k h_{j,k} = \rho \ddot{u}_j$$

$$e_{ijk}t_{jk} + \mu_0 e_{ijk}m_j h_k = 0$$

$$n_i[t_{ij} + t_{ij}^{\mathrm{M}}] = 0 \tag{11.17}$$

$$n_i[b_i] = 0$$

$$e_{ijk}n_j[h_k] = 0$$

$$t_{ij} = C_{ijkl}\varepsilon_{kl} + \mu_0 M_j H_i$$

$$b_i = \mu_0 \mu_{\mathrm{r}} h_i$$

这里用小写字母与线形化理论中变量有所区别, 表示现时构型中物理量.

Eringen 和 Maugin(Maugin, 1988; Eringen, 1989; Eringen, Maugin, 1990) 则基于安培分子环流模型和磁体力模型 (11.4) 式, 通过统计力学理论得到一套不同的理论. 磁力为

$$\boldsymbol{f}_\Omega = (\nabla \times \boldsymbol{M}) \times \boldsymbol{B}^0, \quad \text{在 } \Omega \text{ 内}$$
$$\boldsymbol{f}_\Gamma = -\boldsymbol{n} \times \boldsymbol{M} \times \boldsymbol{B}^0, \quad \text{在 } \partial\Omega \text{ 上}$$

磁场和运动方程为

$$t_{ij,j} + f_j^{\mathrm{em}} = \rho \ddot{u}_i$$

$$e_{ijk}t_{kl} = l_i$$

$$B_{i,i} = 0 \tag{11.18}$$

$$e_{ijk}H_{j,k} = 0$$

材料界面上, 连续性条件为

$$n_i \cdot [t_{ij} + t_{ij}^{\mathrm{E}}] = 0$$

$$n_i \cdot [B_i] = 0 \tag{11.19}$$

$$e_{ijk}[H_{k,j}] = 0$$

其中, t^{E} 为电磁应力张量.

引入张量 $_E\boldsymbol{t}$, 令

$$t_{ij} = {}_E t_{ij} - M_i B_j^0 \tag{11.20}$$

则 $_Et$ 为对称张量. 铁磁材料的本构关系可表示为

$$
\begin{aligned}
_Et_{kl} &= \frac{\rho}{\rho_0}\frac{\partial U}{\partial E_{KL}}x_{k,K}x_{l,L} \\
M_k &= -\frac{\rho}{\rho_0}\frac{\partial U}{\partial B_K}x_{k,K}
\end{aligned}
\tag{11.21}
$$

不区分 $\boldsymbol{B}^0$ 和 $\boldsymbol{B}$, $\boldsymbol{\nabla}\cdot\boldsymbol{t}^{\mathrm{E}}=f^{\mathrm{em}}$(Landau, Lifshitz et al., 1984; Van de Ven, 1984), 可表示成

$$
t_{ij}^{\mathrm{E}} = -B_iM_j + \frac{1}{\mu_0}B_iB_j - \frac{1}{2}\left(\frac{1}{\mu_0}B_kB_k - 2M_kB_k\right)\delta_{ij}
\tag{11.22}
$$

假设变形为小变形,

$$
\boldsymbol{x} = \boldsymbol{X} + \varepsilon\boldsymbol{u}(\boldsymbol{X})
\tag{11.23}
$$

其中, ε 为小参数. 对应于上式的变形, 变形后各场量可表示为初始场与一个线性附加场的和, 即

$$
_E\boldsymbol{t} = {}_E\boldsymbol{t}^0 + \varepsilon_E\tilde{\boldsymbol{t}}, \quad \boldsymbol{B} = \boldsymbol{B}^0 + \varepsilon\boldsymbol{b}, \quad _E\boldsymbol{T} = {}_E\boldsymbol{T}^0 + \varepsilon_E\tilde{\boldsymbol{T}}
\tag{11.24}
$$

由上式和空间坐标分量和物质坐标分量的关系

$$
_ET_{kl} = \frac{\rho_0}{\rho}{}_Et_{KL}x_{K,k}x_{L,l}, \quad B_K = \frac{\rho_0}{\rho}B_Kx_{K,k}
\tag{11.25}
$$

可得附加场的表达. 对小变形问题上式可写成

$$
\begin{aligned}
t_{ij} &= C_{ijkl}\varepsilon_{kl} - M_iB_j \\
M_i &= \chi^*B_i
\end{aligned}
\tag{11.26}
$$

由 (11.17) 和 (11.22)~(11.24) 可得铁磁体问题的线形化基本方程如下:

$$
\begin{aligned}
&\boldsymbol{\nabla}\cdot{}_E\boldsymbol{T}^0 + \rho\boldsymbol{f}^0 + \boldsymbol{F}^{\mathrm{em}^0} = 0 \\
&\boldsymbol{\nabla}\cdot\boldsymbol{B}^0 = 0 \\
&\boldsymbol{\nabla}\times\boldsymbol{H}^0 = \boldsymbol{0} \\
&_ET_{kl}^0 = \frac{\rho_0}{\rho}\left(\frac{\partial U}{\partial E_{kl}}\right)_{\varepsilon=0} \\
&M_k^0 = -\frac{\rho_0}{\rho}\left(\frac{\partial U}{\partial B_k}\right)_{\varepsilon=0}
\end{aligned}
\tag{11.27}
$$

材料间断面 $\boldsymbol{\sigma}$ 上的连续条件

$$
\boldsymbol{n}\cdot[\boldsymbol{T}^0 + {}_M\boldsymbol{T}^0] = 0, \quad \boldsymbol{n}\cdot[\boldsymbol{B}^0] = 0, \quad \boldsymbol{n}\times[\boldsymbol{H}^0] = \boldsymbol{0}
\tag{11.28}
$$

其中,

$$\boldsymbol{T}^0 = {}_E\boldsymbol{T}^0 - \boldsymbol{M}^0 \otimes \boldsymbol{B}^0$$

$$\boldsymbol{F}^{\mathrm{em}^0} = \boldsymbol{\nabla}\boldsymbol{B}^0 \cdot \boldsymbol{M}^0 \tag{11.29}$$

$${}_M\boldsymbol{T}^0 = -\boldsymbol{B}^0 \otimes \boldsymbol{M}^0 + \frac{1}{\mu_0}\boldsymbol{B}^0 \otimes \boldsymbol{B}^0 - \frac{1}{2}\left(\frac{1}{\mu_0}\boldsymbol{B}^{0^2} - 2\boldsymbol{M}\cdot\boldsymbol{B}\right)\boldsymbol{I}$$

增量的方程为

$$\begin{aligned}
&{}_E\tilde{T}_{kl,k} + \rho(\tilde{f}_l - \ddot{u}_l) + \tilde{F}_l^E = 0 \\
&b_{k,k} - B_{r,l}^0 u_{l,r} = 0 \\
&e_{klm}(h_{m,l} - H_{m,r}^0 u_{r,l}) = 0
\end{aligned} \tag{11.30}$$

其中,

$$\begin{aligned}
\tilde{F}_l^E &= {}_ET_{kr,k}^0 u_{l,r} + {}_ET_{kr}^0 u_{l,rk} + (b_{k,l} - b_{l,k})_k^0 + (B_{k,l}^0 - B_{r,k}^0)(m_k - M_r^0 u_{k,l} + M_k^0 u_{r,r}) \\
&\quad + (B_{k,l}^0 u_{k,l} - B_{l,k}^0 u_{k,l})M_r^0 - B_l^0(m_{k,k} - M_{r,k}^0 u_{k,r} + M_{k,k}^0 u_{r,r}) - M_{k,k}^0 b_l \\
{}_E\tilde{T}_{kl} &= C_{klmn}\tilde{E}_{mn} - B_{mkl}(b_m + B_r^0 u_{r,m}) \\
m_k &= -M_k^0 u_{r,r} + M_l^0 u_{k,l} + \chi_{kl}^B(b_l + B_r^0 u_{r,l}) + B_{klm}\tilde{E}_{lm}
\end{aligned} \tag{11.31}$$

对各向同性材料, 上式后两式简化为

$$\begin{aligned}
{}_E\tilde{T}_{kl} &= \lambda\tilde{E}_{rr}\delta_{kl} + 2G\tilde{E}_{kl} \\
m_k &= -M_k^0 u_{r,r} + M_l^0 u_{k,l} + \chi^B(b_k + B_l^0 u_{l,k})
\end{aligned} \tag{11.32}$$

式中, λ, G 为材料 Lame 常数; χ^B 表示材料的磁导率; $\tilde{E}_{kl}$ 为应变张量, 即

$$\tilde{E}_{kl} = \frac{1}{2}(u_{k,l} + u_{l,k}) \tag{11.33}$$

材料界面的连续条件为

$$\begin{aligned}
&\left[\tilde{t}_{kl} + {}_M\tilde{t}_{kl}\right]n_k + \left[T_{kl}^0 + {}_MT_{kl}^0\right]\tilde{n}_k = 0 \\
&\left[B_k^0\right]\tilde{n}_k + [b_k]\cdot n_k = 0 \\
&e_{ijk}(n_i h_{k,j} + \tilde{n}_i H_{k,j}^0) = 0
\end{aligned} \tag{11.34}$$

其中,

$$\begin{aligned}
\tilde{t}_{kl} &= {}_E\tilde{t}_{kl} - M_k^0 b_l - m_k B_l^0 \\
{}_M\tilde{t}_{kl} &= -b_k M_l^0 - B_k^0 m_l + B_k^0 b_l + b_k B_l^0 - (H_m^0 b_m - m_m B_m^0)\delta_{kl}
\end{aligned} \tag{11.35}$$

$\tilde{n}_k$ 为材料界面由 σ 变到 σ' 对应的法向单位矢量的增量

$$\tilde{n}_k = (u_{i,j}n_in_j\delta_{kl} - u_{l,k})n_l \tag{11.36}$$

该理论也能较好地解释上述板屈曲实验.

11.1.4　问题的提出

随着铁磁板在纵向磁场中自振实验的进行, 发现直接使用 Pao-Yeh(1973) 和 Eringen-Maugin(1990) 的理论都不能解释自振频率升高的现象. 周和郑 (1999) 忽略板梁端部的磁场集中区认为物体内磁场均匀分布, 直接由上述模型物体内的磁体力密度 f^{em} 分别为

$$\begin{aligned}
\boldsymbol{f}_{\mathrm{P}}^{\mathrm{em}} &= \frac{\mu_0\chi}{2}\boldsymbol{\nabla}\boldsymbol{H}^2 \qquad \text{(Pao)} \\
\boldsymbol{f}_{\mathrm{E}}^{\mathrm{em}} &= \frac{\mu_0(\chi+1)\chi}{2}\boldsymbol{\nabla}\boldsymbol{H}^2 \quad \text{(Eringen)}
\end{aligned} \tag{11.37}$$

其中, χ 为材料磁导率, $\boldsymbol{H}$ 物体内的磁场强度. 物体表面的磁面力密度分别为

$$\begin{aligned}
\boldsymbol{F}_{\mathrm{P}}^{\mathrm{em}} &= \frac{\mu_0\chi}{2}M_n^2\boldsymbol{n} \\
\boldsymbol{F}_{\mathrm{E}}^{\mathrm{em}} &= -\frac{\mu_0}{2}M_\tau^2\boldsymbol{n}
\end{aligned} \tag{11.38}$$

将上下表面磁面力和磁体力向板中面等效为横向载荷 q_z^{em}, 由

$$q_z^{\mathrm{em}}(x) = \int_{-h/2}^{h/2} f_z^{\mathrm{em}}(x,z)\mathrm{d}z + F_z^{\mathrm{em}}\left(x,\frac{h}{2}\right) - F_z^{\mathrm{em}}\left(x,\frac{-h}{2}\right) \tag{11.39}$$

得

$$\begin{aligned}
q_z^{\mathrm{em}} &= \frac{\mu_0\chi}{2}\left\{\left[H_\tau^+\left(x,\frac{h}{2}\right)\right]^2 - \left[H_\tau^+\left(x,\frac{-h}{2}\right)\right]^2\right\} \\
&\approx \frac{\mu_0\chi}{2}\left[H\left(x,\frac{h}{2}\right)\right]^2
\end{aligned} \tag{11.40}$$

对于小振幅振动, $w(x,t) = \alpha w^*(x)\mathrm{e}^{\mathrm{i}\omega t}$, 可以得到磁力为

$$q_z^{\mathrm{em}^*} = 2\mu_0\chi\alpha\boldsymbol{H}_0(x,h/2)\frac{\partial\boldsymbol{H}_0(x,h/2)}{\partial z}w^*(x) \tag{11.41}$$

上式结果表明, 采用磁方法得到的磁力不是回复力, 将使得振动频率降低. 因此, 与实验结果相反. 周和郑 (1999) 从变分原理出发, 得到一组新的理论:

$$
\begin{aligned}
&\nabla \cdot \boldsymbol{t} + \boldsymbol{f}^{\mathrm{em}} = \boldsymbol{0} \\
&\boldsymbol{n} \cdot \boldsymbol{t} = \boldsymbol{F}^{\mathrm{em}} \\
&\boldsymbol{t} = \boldsymbol{C} : \boldsymbol{\varepsilon} = \lambda(\boldsymbol{\nabla} \cdot \boldsymbol{u})\boldsymbol{I} + 2\mu\boldsymbol{\varepsilon} \\
&\boldsymbol{f}^{\mathrm{em}} = \frac{\mu_0\chi(\chi+1)}{2}\boldsymbol{\nabla}\boldsymbol{H}^2 \\
&\boldsymbol{F}^{\mathrm{em}} = \frac{\mu_0\chi(\chi+1)}{2}(H_\tau^+)^2\boldsymbol{n}
\end{aligned}
\tag{11.42}
$$

由于面力与前述理论不同, 对应的得到的等效横向载荷 q_z^{em} 与 (11.39) 式差一个符号, 于是可以得到磁场作用使得自振频率升高的结果. 因此, Pao-Yeh(1973) 和 Eringen-Maugin(1990) 的理论受到质疑.

但是我们看到这里对 Pao-Yeh(1973) 和 Eringen-Maugin(1990) 的磁力推导并不严密, 这两种模型都是以磁弹性应力为基础, 用磁弹性应力解释了磁体力偶的作用. 直接在磁力矩公式中不区分环境磁场和总磁场, 以及把磁弹性应力等同与非耦合问题中的 Cauchy 应力都是不严密的.

11.1.5 变形体磁场作用力的推导

对小应变假设和软磁模型假设下的磁力耦合问题, 在磁力耦合理论的本构方程 (11.17) 第八式和 (11.21) 中磁弹性应力由两部分构成: 一部分不显含磁场量、与应变相关的, Pao 称其为 Cauchy 应力, 对小应变问题, 它和应变的关系与弹性问题的应力—应变关系形式一样; 第二部分由磁场与磁化乘积构成, 不同模型的公式不同. 为了便于推导, 把 Pao-Yeh(1973) 体系和 Eringen-Maugin(1990) 体系写成一致的形式. 以下用小字母表示磁场的量

$$
\begin{aligned}
t_{ij} &= \sigma_{ij} + t_{ij}^{\mathrm{B}} \\
m_i &= \chi h_i
\end{aligned}
\tag{11.43}
$$

其中,

$$
\sigma_{ij} = C_{ijkl}\varepsilon_{kl}
\tag{11.44}
$$

对各向同性情况, 上式即 Lame 方程.

对 Pao-Yeh(1973) 理论体系,

$$
t_{ij}^{\mathrm{B}} = \mu_0 h_i^0 m_j
\tag{11.45}
$$

对 Eringen-Maugin(1990) 理论体系,

$$t_{ij}^{\mathrm{B}} = -m_i b_j^0 \tag{11.46}$$

运动基本方程为

$$
\begin{aligned}
& b_{i,i} = 0 \\
& e_{ijk} h_{j,k} = 0 \\
& t_{ij,j} + f_i^{\mathrm{em}} = \rho \ddot{u}_j
\end{aligned}
\tag{11.47}
$$

其中, f_i^{em} 因物理模型不同, 具体的表达式也不同. 由 Brown(1966) 的分析磁体力中可以不加区分 B_i^0 和 B_i 以及 H_i^0 和 H_i.

对应于磁荷模型和开尔文磁力为

$$f_i^{\mathrm{em}} = \mu_0 m_j h_{i,j} \tag{11.48}$$

用安培环流和 Lorentz 公式为

$$f_i^{\mathrm{em}} = b_{i,j} m_i \tag{11.49}$$

边界条件可写成

$$
\begin{aligned}
& n_i[t_{ij} + t_{ij}^{\mathrm{M}}] = 0 \\
& n_i[b_i] = 0 \\
& e_{ijk} n_j[h_k] = 0
\end{aligned}
\tag{11.50}
$$

其中, t_{ij}^{M} 电磁应力张量, Pao-Yeh(1973) 的模型采用的磁荷模型和开尔文磁力为麦克斯韦应力张量,

$$t_{ij}^{\mathrm{M}} = b_i h_j - \frac{1}{2}\left(\mu_0 h_k h_k\right)\delta_{ij} \tag{11.51}$$

Eringen-Maugin(1990) 的模型用的安培环流和 Lorentz 公式为

$$t_{ij}^{\mathrm{M}} = b_i h_j - \frac{1}{2}\left(\frac{1}{\mu_0} b_k b_k - 2 b_k m_k\right)\delta_{ij} \tag{11.52}$$

我们以 σ_{ij} 为一个基本量来改写上述方程, 运动方程 (11.47) 写成

$$
\begin{aligned}
& b_{i,i} = 0, \quad e_{ijk} h_{j,k} = 0 \\
& \sigma_{ij,j} + f_i^{\mathrm{mag}} = \rho \ddot{u}_j
\end{aligned}
\tag{11.53}
$$

材料边界上连续性条件表示成应力在材料表面的边界条件和磁场量在材料和周围空气中的连续性条件

$$
\begin{aligned}
& n_i \sigma_{ij} = p_j + n_i(t_{ij}^{\mathrm{mag}} - t_{ij}^{-\mathrm{mag}}) \\
& n_i[b_i] = 0, \quad e_{ijk} n_j[h_k] = 0
\end{aligned}
\tag{11.54}
$$

其中, p_j 为材料表面受到的机械面力载荷, 以下不计入.

本构关系可以用应力—应变关系和磁化关系取代, 即

$$\sigma_{ij} = \lambda \delta_{ij} u_{k,k} + G(u_{i,j} + u_{j,i})$$
$$m_i = \chi h_i \tag{11.55}$$

其中, 式 (11.53) 磁场的体力可表示成

$$f_i^{\mathrm{mag}} = f_i^{\mathrm{em}} + t_{ij,j}^{\mathrm{B}} \tag{11.56}$$

磁场的面力表示 (11.54) 中

$$t_{ij}^{\mathrm{mag}} = -(t_{ij}^{\mathrm{B}} + t_{ij}^{\mathrm{M}}) \tag{11.57}$$

这样, 由磁荷模型和开尔文磁力模型, 可得体力

$$f_i^{\mathrm{mag}} = 2\mu_0 \chi h_i h_{j,i} \tag{11.58}$$

应力边界条件中

$$n_i \sigma_{ij} = -\mu_0 n_i h_i^0 m_j - \left(n_i b_i h_j - \frac{1}{2} \mu_0 h_k h_k \delta_{ij} \right) + \left(n_i b_i^- h_j^- - \frac{1}{2} \mu_0 h_k^- h_k^- \delta_{ij} \right) \tag{11.59}$$

其中, b_i^-, h_j^- 为材料外部空气中的物理量.

对安培环流和 Lorentz 公式理论体系, 体力 f_i^{mag} 为零, 应力边界条件为

$$n_i \sigma_{ij} = n_i m_i b_j^0 - \left[b_i h_j - \frac{1}{2} \left(\frac{1}{\mu_0} b_k b_k - 2 m_k b_k \right) \delta_{ij} \right]$$
$$+ \left(\frac{1}{\mu_0} b_i^- b_j^- - \frac{1}{2\mu_0} b_k^- b_k^- \delta_{ij} \right) \tag{11.60}$$

11.1.6　小结及讨论

本节首先引述了磁弹性模型和两个典型实验, 从前人分析振动问题时的理论中, 看到磁力在引述经典模型中磁弹性应力的不严密, 最后本节严格推导了变形体磁力的表达.

作为讨论, 考察一个处于均匀外加磁场中的磁性薄板, 如图 11.3 所示. 设问题在 z 方向无差别, 板保持为直线, 转动的角度很小. 由刚性磁体受力特点, 从磁极吸引或从磁力矩得到铁磁体受一个逆时针方向旋转的力矩. 在磁弹性理论中认为磁场是通过磁体力和磁面力作用到物体上, 由于磁板的长厚比很大, 可以认为除了端部磁场均匀分布, 所以磁体力可以忽略. 而对上表面 $\boldsymbol{n} = (0, 1)$, 由 (11.59) 式得到 $\sigma_{21} = -\mu_0 h^0 m_1 < 0$. 在下表面 $\boldsymbol{n} = (0, -1)$, 得到的磁力方向也与图中方向相反. 这样一对 $\sigma_{\tau n}$ 构成一对顺时针旋转的力矩. 这说明 (11.59) 式的结果是合理的.

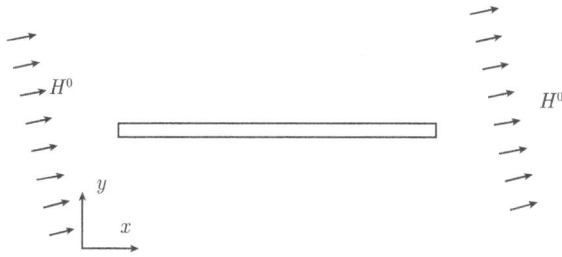

图 11.3　磁场中的薄铁磁板

11.2　铁磁板在纵向磁场中的振动分析

11.2.1　铁磁板纵向磁场振动问题

设如图 11.4 所示的处于磁场中的铁磁板, 材料为各向同性软铁磁材料. 铁磁板置入前磁场为均匀磁场, 磁场方向与板梁的轴向一致. 励磁电流为恒流源, 可以看做环境磁场为静磁场. 机械波波长远远小于电磁波, 采用准静态假设. 设变形为小变形情况, 几何方程可以简化为

$$\varepsilon_{ij} = \frac{1}{2}\left(u_{i,j} + u_{j,i}\right) \tag{11.61}$$

记铁磁板长为 l, 板厚为 T. 板的长厚比很大, 板厚尺寸相对于磁极头很小.

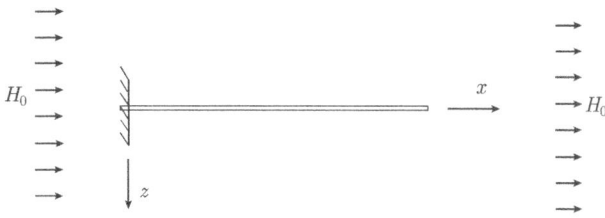

图 11.4　处于纵向磁场中的铁磁板

对软铁磁材料, 剩磁很小可以忽略, 一般材料磁致伸缩效应与磁力作用相比小得多也不计入. 在磁场较小情况, 材料磁化关系可以看做线性关系, 磁导率取材料的初始磁导率, 这里记为 χ. 材料弹性常数为弹性模量 E 和泊松比 ν. 材料外部环境为空气介质.

对如图 11.4 情况, 在无铁磁板时, 励磁使极头之间靠近极头轴心连线部分形成均匀磁场, 记为 $h^{(0)}$. 当铁磁板置入励磁场后, 铁磁板本身磁化后在空间产生磁场 $h^{(1)}(x,y)$, 而实测的环境磁场为 (杨文涛, 1998; Yang et al., 1999)

$$\boldsymbol{h}(x,y) = \boldsymbol{h}^{(0)} + \boldsymbol{h}^{(1)}(x,y) \tag{11.62}$$

或用磁通密度写成

$$\boldsymbol{B}(x,y) = \mu_0 \boldsymbol{h}^{(0)} + \boldsymbol{B}^{(1)}(x,y) \tag{11.63}$$

即实际磁场是励磁场与磁体产生的磁场的叠加.

图 11.5 为一种实验情况, 实验测量极头中心的磁场强度, 即测得的是两部分磁源产生的磁场之和.

图 11.5   处于两个磁极头之间的铁磁板

11.2.2   变形后的磁场分布

在断裂问题分析中我们看到, 边界条件中的界面法线方向是变形后的现时构型的法线方向, 由于材料磁导率可能较大, 使得在非耦合问题中可以忽略的变形前后界面法向差别在这里不能直接忽略.

为了解变形后磁场的分布, 对于受变形后铁磁板影响的磁场分布进行了数值模拟. 设变形后挠曲线为一种简单情况, 即

$$y = a \sin \left(\frac{\pi x}{2l} \right) \tag{11.64}$$

取材料磁导率为 100, 分析结果表明, 板内部的磁通密度远远大于板上下面以外周围空气中的磁通密度. 除了板端部磁场集中区域, 板内磁场大小基本不变.

当铁磁板振动时发生变形, 如图 11.6 所示. 由于变形很小, 板的长厚比很大, 而且, 材料磁导率一般比空气高至少一个数量级, 磁通线通过梁端部附近进入材料内部.

由电磁学和铁磁学我们知道, 一个细长的磁体产生的磁场的磁力线集中在两极附近. 当看做无限长磁体时, 细长磁体周围靠近磁体区域 (图 11.7 中 C 点所在区域), 磁体产生的磁场可以认为是零.

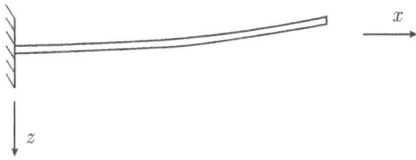

图 11.6　变形后的铁磁板　　　　　　图 11.7　细长磁体产生的磁场

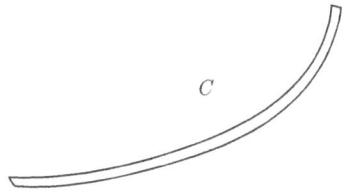

因此, 对于长厚比很大的板, 认为板的上下表面外侧空气中, 除了板边缘以外, 磁体产生的磁场为零.

由式 (11.62) 或 (11.63), 环境中磁场是励磁场和铁磁体产生磁场之和. 通过以上分析得到靠近板上下表面的空气中的磁场可表示为

$$\boldsymbol{h}^- = \boldsymbol{h}^{(0)} = h^{(0)}\boldsymbol{i} \tag{11.65}$$

也就是说, 板上下表面外侧空气中的磁场均匀分布且方向沿极头轴线方向. 其中, 上标 "–" 表示板表面外侧空气中的磁场和磁感应强度.

取梁远离端部的一个微段, 如图 11.8.

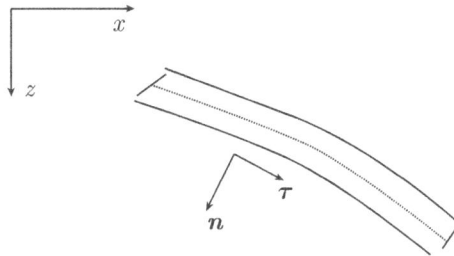

图 11.8　远离端部的一个微段

由磁场连续性条件:

$$n_1(b_1 - b_1^-) + n_3(b_3 - b_3^-) = 0$$
$$n_1(h_3 - h_3^-) - n_3(h_1 - h_1^-) = 0 \tag{11.66}$$

(n_1, n_3) 为界面方向数, 即板表面的法线方向. 它与板轴向 $\boldsymbol{\tau}^0$ 有如下关系

$$\boldsymbol{\tau}^0 = n_3\boldsymbol{i} - n_1\boldsymbol{k} \tag{11.67}$$

再由磁化关系,

$$\begin{aligned} b_\alpha &= \mu_0 u_r h_a \\ b_\alpha^- &= \mu_0 h_\alpha^- \end{aligned}, \quad \alpha = 1, 3 \tag{11.68}$$

其中, μ_r 为材料的磁导率.

则有方程

$$
\begin{pmatrix} n_1 & n_3 \\ -n_3 & n_1 \end{pmatrix} \begin{pmatrix} h_1^- \\ h_3^- \end{pmatrix} = \begin{pmatrix} n_1\mu_r & n_3\mu_r \\ -n_3 & n_1 \end{pmatrix} \begin{pmatrix} h_1 \\ h_3 \end{pmatrix}
\tag{11.69}
$$

由上式 (11.69), 再利用式 (11.65) 和 (11.64), 得

$$
\begin{pmatrix} h_1 \\ h_3 \end{pmatrix} = \begin{pmatrix} n_1\mu_r & n_3\mu_r \\ -n_3 & n_1 \end{pmatrix}^{-1} \begin{pmatrix} n_1 & n_3 \\ -n_3 & n_1 \end{pmatrix} \begin{pmatrix} h^{(0)} \\ 0 \end{pmatrix}
\tag{11.70}
$$

或写成

$$
\begin{aligned}
h_\tau &= n_2 h^{(0)} \\
h_n &= \frac{n_1 h^{(0)}}{\chi + 1}
\end{aligned}
\tag{11.71}
$$

11.2.3 板变形状态的磁力

对如图 11.6 处于磁场中的铁磁板, 取坐标原点在夹持上, x 轴在板的轴线上, y 轴为板宽方向. 当忽略板宽的效应, 问题可看做平面问题.

设一瞬时状态板振动使板的挠曲线为

$$
z = w(x)
\tag{11.72}
$$

则板上下表面的方向数为 (n_1, n_2). 切向为

$$
\boldsymbol{\tau}^0 = \frac{1}{\sqrt{1 + (\mathrm{d}z/\mathrm{d}x)}} \left(1, \frac{\mathrm{d}z}{\mathrm{d}x}\right) (\boldsymbol{i}, \boldsymbol{k})
\tag{11.73}
$$

小变形情况, 可写成

$$
\boldsymbol{n} = (n_1, n_3) = \left(-\frac{\mathrm{d}z}{\mathrm{d}x}, 1\right), \quad \boldsymbol{\tau}^0 = \left(1, \frac{\mathrm{d}z}{\mathrm{d}x}\right)
\tag{11.74}
$$

把上式 (11.74) 代入式 (11.71), 板内磁场可表示为

$$
\begin{aligned}
h_\tau &= h^{(0)} \\
h_n &= -\frac{w'(x)h^{(0)}}{\chi + 1}, \quad b_n = -\mu_0 w'(x) h^{(0)}
\end{aligned}
\tag{11.75}
$$

即

$$h_x = h^{(0)}$$
$$h_z = \frac{\chi}{\chi + 1} w'(x) h^{(0)} \tag{11.76}$$

其中, $h^{(0)}$ 取决于环境磁场的值.

板外空气中的磁场

$$h_x = h^{(0)}, \quad h_z = 0 \tag{11.77}$$

用式 (11.75), (11.76) 代入 (11.48) 应力边界条件可表示成

$$\sigma_{\tau n} = p_\tau^c$$
$$\sigma_{nn} = p_n^c \tag{11.78}$$

其中, p_τ^c, p_n^c 表示边界的切向和法向载荷. p_τ^c 可表示为

$$p_\tau = \mu_0 w'(x) \chi (h^{(0)})^2 \tag{11.79}$$

上、下表面的 σ_{nn} 对板的效应相互抵消. 而对运动方程中体力项 f_i^{mag}, 由于磁场均匀分布, 方程 (11.53) 中体力 f_i^{mag} 为零. 即

$$f_i^{\mathrm{mag}} = 0 \tag{11.80}$$

11.2.4　振动问题的求解

当采用板或梁的模型分析该问题, 体力和面力处理为载荷, 如图 11.9. 可以得到, 板上下表面微段上面力 p_n 相互抵消, 微段上、下表面的磁力 p_τ 形成一个弯矩量.

$$M_z = T p_\tau \tag{11.81}$$

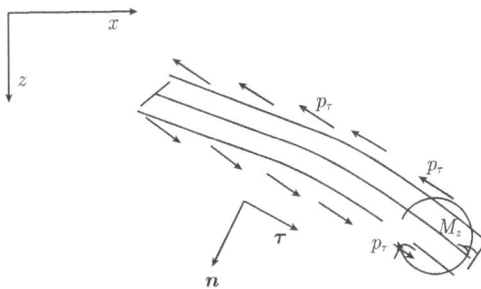

图 11.9　等效载荷

把式 (11.79) 代入并且由小变形, 得

$$M_z = -\mu_0 w'(x) \chi (h^{(0)})^2 T \tag{11.82}$$

对这一板振动问题, 控制方程为

$$D\frac{\partial^4 w}{\partial x^4} + \frac{\partial M_z}{\partial x} + \rho T\frac{\partial^2 w}{\partial t^2} = 0 \tag{11.83}$$

即

$$D\frac{\partial^4 w}{\partial x^4} + \left[-\mu_0 w'(x)\chi T(h^{(0)})^2\right]\frac{\partial^2 w}{\partial x^2} + \rho T\frac{\partial^2 w}{\partial t^2} = 0 \tag{11.84}$$

忽略磁力在板端部上、下表面的局部作用, 端部条件为

$$x = 0, \quad w = 0, \quad \frac{\partial w}{\partial x} = 0$$

$$x = L, \quad \frac{\partial^2 w}{\partial x^2} = -\mu_0\chi(h^{(0)})^2 T\frac{\partial w}{\partial x}, \quad \frac{\partial^3 w}{\partial x^3} = 0 \tag{11.85}$$

设如下的简谐振动

$$w(x,t) = W(x)\theta(t) = W(x)\sin(\omega t) \tag{11.86}$$

其中, ω 为谐振频率, 则方程 (11.84) 可写成

$$\frac{\mathrm{d}^4 W}{\mathrm{d}x^4} - 2\gamma\frac{\mathrm{d}^2 W}{\mathrm{d}x^2} - \beta^4 W = 0 \tag{11.87}$$

式中,

$$\gamma = \frac{\mu_0\chi(h^{(0)})^2 T}{2D}$$

$$\beta^4 = \frac{\rho T\omega^2}{D} \tag{11.88}$$

方程 (11.87) 的解为

$$W(x) = C_1\sin(\eta x) + C_2\cos(\eta x) + C_3\sinh(\xi x) + C_4\cosh(\xi x) \tag{11.89}$$

其中,

$$\eta = \sqrt{\sqrt{\beta^4 + \gamma^2} - \gamma}$$

$$\xi = \sqrt{\sqrt{\beta^4 + \gamma^2} + \gamma} \tag{11.90}$$

把式 (11.89) 代入式 (11.85) 得到代数方程, 其特征方程为

$$\eta^4 + \xi^4 + 2\eta^2\xi^2\cos(L\eta)\cosh(L\xi) + \eta(\eta - \xi)\xi(\eta + \xi)\sin(L\eta)\sinh(L\xi) = 0 \tag{11.91}$$

上式和 (11.90) 的两个方程联立

$$
\begin{aligned}
&\beta^4 + 2\gamma^2 + \beta^4 \cos\left(L\sqrt{-\gamma + \sqrt{\beta^4 + \gamma^2}}\right)\cosh\left(L\sqrt{\gamma + \sqrt{\beta^4 + \gamma^2}}\right) \\
&-\gamma\beta^2 \sin\left(L\sqrt{-\gamma + \sqrt{\beta^4 + \gamma^2}}\right)\sinh\left(L\sqrt{\gamma + \sqrt{\beta^4 + \gamma^2}}\right) = 0
\end{aligned}
\tag{11.92}
$$

对于给定的磁场, 由上式可以解出 β, 再代入 (11.88) 式即可得到圆频率 ω.

Takagi 等 (1993) 实验试件中, 材料密度 $7.8 \times 10^3 \mathrm{kg/m^3}$, 弹性模量 200MPa, 泊松比 0.3, 板长 100mm, 对板后厚 0.5mm, $\chi = 15$ 的计算和实验结果对比, 如图 11.10.

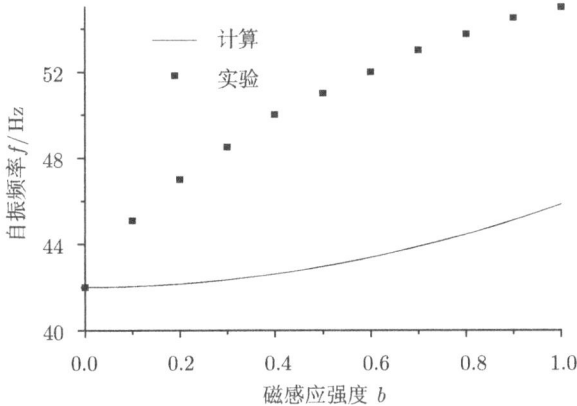

图 11.10　自振频率随磁场变化情况

图中可以看到, 理论分析的结果能反映磁场的作用使自由振动的频率升高, 升高的程度随磁场加大而加大. 由 (11.88) 式可得, 提高的程度与材料磁化系数和磁场以及板长都相关. 图中两种结果的差别, 可能来自于模型误差和磁场量测量以及材料的磁化饱和影响.

11.2.5　振动实验

对现有的铁磁材料硅钢带进行了振动实验. 材料的初始磁化系数 $\chi = 6500$. 带厚度 0.5mm, 宽度 30mm. 实验设备如图 11.11 所示, 由两部分组成, 一部分为磁机械加载设备, 一部分为数字动态信号测量系统. 磁机械加载设备由磁铁和磁场测控系统组成, 由计算机控制, 实现对磁场的控制和测量点磁场强度的测量. 动态信号系统实现对动态应变的实时测量. 磁铁为电磁铁, 如图 11.12 所示.

图 11.11   实验设备

图 11.12   电磁铁和机械加载系统

截取铁磁板长度 70mm, 试件置于夹持夹具上, 夹持长度 9mm. 夹具安装于机械加载用的刚性板上. 刚性板可在振动中不运动, 实现板端夹持条件, 如图 11.13 所示.

在板根部的正反两面贴应变计, 如图 11.14 所示, 通过专用屏蔽线接数字动态信号仪. 测量两点的磁场强度, 一点为极头中心点附近, 另一点为板表面中心点附近.

图 11.13   板夹持条件的实现

图 11.14   应变计位置 (图中引线引出部位)

通过数字动态信号仪的软件可以观察振动时的变形情况, 通过 FFT 分析得到振动频率. 图 11.15 为不同磁场环境下的频谱图. 试验中同时也看到随着磁场的增强振动阻尼特性发生变化, 如图 11.16. 这主要由涡流效应引起, 与材料的电阻率有关.

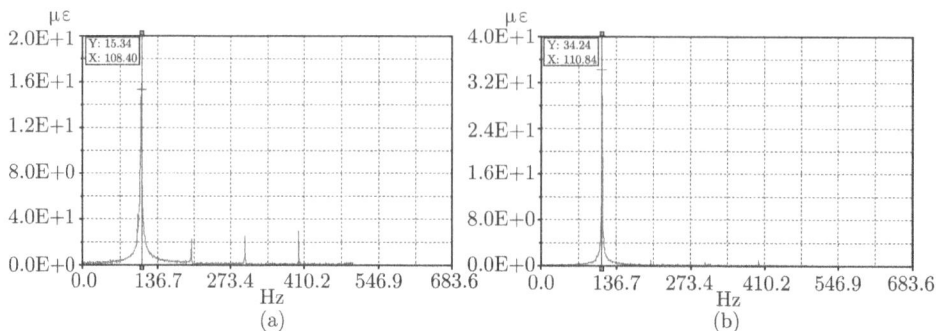

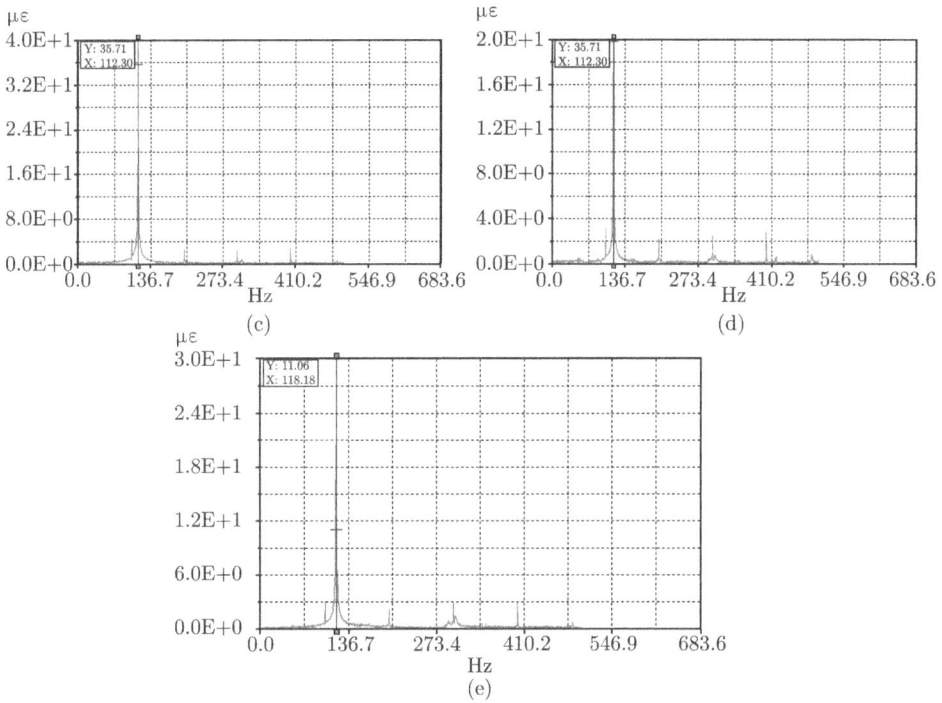

图 11.15　振动频谱图

(a) $H = 0$; (b) $H = 30\mathrm{Oe}$; (c) $H = 60\mathrm{Oe}$; (d) $H = 120\mathrm{Oe}$; (e) $H = 180\mathrm{Oe}$

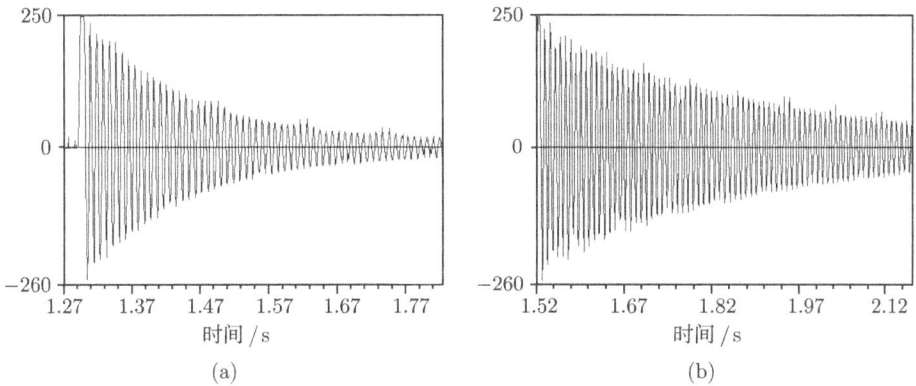

图 11.16　铁磁板振动的时域图

(a) $H = 0$; (b) $H = 60\mathrm{Oe}$

　　整理得到几个磁场值下的一阶振动频率如表 11.1. 图 11.17 给出了理论与实验对比情况. 可以看到实验和理论分析结果都反映出铁磁板自由振动频率随磁场的

增大而增强.

表 11.1   实验测得的铁磁板自由振动频率

H/Oe	0	300	600	1200	1800
f/Hz	108.40	110.84	112.30	115.23	118.16

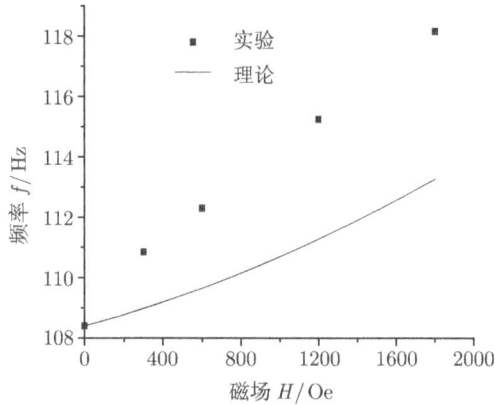

图 11.17   实验结果与理论比较

11.2.6   小结及讨论

本节利用 11.1 节得到的磁力结果, 分析了铁磁板在纵向磁场下的自由振动问题, 分析结果表明理论分析能解释纵向磁场下铁磁板自由振动频率升高的现象. 结果还表明, 磁场越大自振频率升高的越大, 磁场对振动的影响程度与材料磁性和弹性常数以及板的几何尺寸相关. 同时, 不同于以前的励磁方式, 作者进行了纵向磁场下铁磁板的振动实验, 结果重复了前人得到的磁场自振频率升高的现象. 但和前人理论分析一样, 本节的理论与实验结果相比也存在一定差异.

参 考 文 献

曹东升, 江洪建, 等. 2007. 动态法测量材料的磁电效应. 大学物理, 26(9): 56-59.

戴道生. 1998. 铁磁学. 北京: 科学出版社.

冯雪. 2002. 铁磁材料本构关系的理论和实验研究. 北京: 清华大学博士学位论文.

黄克智. 1999. 固体本构关系. 北京: 清华大学出版社.

江冰. 1998. 铁电复合材料的本构关系. 北京: 清华大学博士学位论文.

蒋志红, 刘湘林, 等. 1991. 稀土超磁致伸缩材料的发展. 稀土, 12(1): 19-26.

近角聪信, 等. 1975. 磁性体手册. 黄锡成, 金龙焕, 译. 1984. 北京: 冶金工业出版社.

龙毅. 1997. 新功能磁性材料及其应用. 北京: 机械工业出版社.

马天宇. 2006. 宽温域稀土超磁致伸缩合金研究. 北京: 北京航空航天大学博士学位论文.

施展. 2006. 多相磁电复合材料的制备、性能表征及原型器件研究. 北京: 清华大学博士学位论文.

宋玉泉, 宋家旺, 等. 2008. 力、热、磁耦合新试验装置. 金属学报, 44(001): 69-73.

宛德福, 罗世华. 1987. 磁性物理. 北京: 电子工业出版社.

万永平. 2002. 磁致伸缩材料的本构关系与断裂研究. 北京: 清华大学博士学位论文.

王颖晖. 2002. 形状记忆合金马氏体相变的数值模拟. 北京: 清华大学硕士学位论文.

杨李色, 李成英, 等. 1999. 稀土超磁致伸缩材料电磁参数的实验研究. 辽宁工学院学报, 19(1): 14-18.

杨文涛. 1998. 铁磁性薄板在磁场中的屈曲和振动研究. 北京: 钢铁研究总院博士学位论文.

杨卫. 1995. 宏微观断裂力学. 北京: 国防工业出版社.

余忠, 兰中文, 等. 2000. 溶胶–凝胶法制备高性能功率铁氧体. 功能材料, 31(5): 484-485.

钟文定. 1987. 铁磁学 (中). 北京: 科学出版社.

舟久保, 熙康. 1992. 形状记忆合金. 北京: 机械工业出版社.

周世昌. 1987. 磁性测量. 北京: 电子工业出版社.

周又和, 郑晓静. 1999. 电磁固体结构力学. 北京: 科学出版社.

邹继斌, 刘宝廷, 等. 1998. 磁路与磁场. 哈尔滨: 哈尔滨工业大学出版社.

Adly A, Mayergoyz I. 1996. Magnetostriction simulation using anisotropic vector Preisach-type models. IEEE Transactions on Magnetics, 32(5): 4773-4775.

Adly A, Mayergoyz I, et al. 1991. Preisach modeling of magnetostrictive hysteresis. Journal of Applied Physics, 69(8): 5777-5779.

Ang W T. 1989. Magnetic stress in an anisotropic soft ferromagnetic material with a crack. International Journal of Engineering Science, 27(12): 1519-1526.

Anstis G R, Chantikul P, et al. 1981. A critical evaluation of indentation technologies for measuring fracture toughness: I, direct crack measurements. Journal of the American Ceramic Society, 64(9): 533-538.

Armstrong W D. 1997a. Burst magnetostriction in $Tb_{0.3}Dy_{0.7}Fe_{1.9}$. Journal of Applied

Physics, 81(8): 3548-3554.

Armstrong W D. 1997b. The magnetization and magnetostriction of $Tb_{0.3}Dy_{0.7}Fe_{1.9}$ fiber actuated epoxy matrix composites. Materials Science and Engineering B, 47(1): 47-53.

Armstrong W D. 2002. A directional magnetization potential based model of magnetoelastic hysteresis. Journal of Applied Physics, 91(4): 2202-2210.

Armstrong W D. 2003. An incremental theory of magneto-elastic hysteresis in pseudo-cubic ferro-magnetostrictive alloys. Journal of Magnetism and Magnetic Materials, 263(1-2): 208-218.

Avellaneda M, Harshe G. 1994. Magnetoelectric effect in piezoelectric/magnetostrictive multilayer (2-2) composites. Journal of Intelligent Material Systems and Structures, 5(4): 501-513.

Bagdasarian G Y, Hasanian D J. 2000. Magnetoelastic interaction between a soft ferromagnetic elastic half-pane with a crack and a constant magnetic field. International Journal of Solids and Structures, 37: 5371-5383.

Barlat F. 1987. Crystallographic texture, anisotropic yield surfaces and forming limits of sheet metals. Materials Science and Engineering, 91: 55-72.

Barlat F, Lege D J, et al. 1991. A six-component yield function for anisotropic materials. International Journal of Plasticity, 7(7): 693-712.

Barlat F, Lian K. 1989. Plastic behavior and stretchability of sheet metals. Part I: A yield function for orthotropic sheets under plane stress conditions. International Journal of Plasticity, 5(1): 51-66.

Barlat F, Maeda Y, et al. 1997. Yield function development for aluminum alloy sheets. Journal of the Mechanics and Physics of Solids, 45(11-12): 1727-1763.

Barlat F, Richmond O. 1987. Prediction of tricomponent plane stress yield surfaces and associated flow and failure behavior of strongly textured fcc polycrystalline sheets. Materials Science and Engineering, 95: 15-29.

Bassiouny E, Ghaleb A, et al. 1988a. Thermodynamical formulation for coupled electromechanical hysteresis effects–I. Basic equations. International Journal of Engineering Science, 26(12): 1279-1295.

Bassiouny E, Ghaleb A, et al. 1988b. Thermodynamical formulation for coupled electromechanical hysteresis effects–II. Poling of ceramics. International Journal of Engineering Science, 26(12): 1297-1306.

Bassiouny E, Maugin G. 1989a. Thermodynamical formulation for coupled electromechanical hysteresis effects–III. Parameter identification. International Journal of Engineering Science, 27(8): 975-987.

Bassiouny E, Maugin G. 1989b. Thermodynamical formulation for coupled electromechanical hysteresis effects–IV. Combined electromechanical loading. International Journal of Engineering Science, 27(8): 989-1000.

Bednarek S. 1999. The giant magnetostriction in ferromagnetic composites within an elastomer matrix. Applied Physics A: Materials Science & Processing, 68(1): 63-67.

Beom H. 1999. Singular behaviour near a crack tip in an electrostrictive material. Journal of the Mechanics and Physics of Solids, 47(5): 1027-1049.

Bergqvist A, Engdahl G. 1994a. A phenomenological differential-relation-based vector hysteresis model. Journal of Applied Physics, 75(10): 5484-5486.

Bergqvist A, Engdahl G. 1994b. A phenomenological magnetomechanical hysteresis model. Journal of Applied Physics, 75(10): 5496-5498.

Bergqvist A, Engdahl G. 1996. A model for magnetomechanical hysteresis and losses in magnetostrictive materials. Journal of Applied Physics, 79(8): 6476-6478.

Bichurin M, Filippov D, et al. 2003. Resonance magnetoelectric effects in layered magnetostrictive-piezoelectric composites. Physical Review B, 68(13): 132408.

Bichurin M, Petrov V, et al. 2002a. Magnetic and magnetoelectric susceptibilities of a ferroelectric/ferromagnetic composite at microwave frequencies. Physical Review B, 66(13): 134404.

Bichurin M, Petrov V, et al. 2002b. Theory of low-frequency magnetoelectric effects in ferromagnetic-ferroelectric layered composites. Journal of Applied Physics, 92: 7681-7683.

Bichurin M I, Petrov V M. 1994. Composite magnetoelectrics: their microwave properties. Ferroelectrics, 162(1): 33-35.

Bishop J, Hill R. 1951a. A theoretical derivation of the plastic properties of a polycrystalline face-centered metal. Philosophical Magazine, 42: 1298-1307.

Bishop J, Hill R. 1951b. A theory of the plastic distortion of a polycrystalline aggregate under combined stresses. Philosophical Magazine, 42(327): 414-427.

Brik A. 1994. Magnetoelectric tunnel effects in paramagnets. Ferroelectrics, 161(1): 59-63.

Brinson L C. 1993. One-dimensional constitutive behavior of shape memory alloys: Thermomechanical derivation with non-constant material functions and redefined martensite internal variable. J Intel Mat Syst Str, 4: 229-242.

Brown W F. 1966. Magnetoelastic Interactions. New York: Springer-Verlag.

Buchel'nikov V, Romanov V, et al. 2001. Model of colossal magnetostriction in the martensite phase of Ni-Mn-Ga alloys. Journal of Experimental and Theoretical Physics, 93(6): 1302-1306.

Budianski B. 1984. Aniotropic plasticity of plane-isotropic sheets. Mechanics of Materials Behavior. Amsterdam: Elsevier Science.

Carman G P, Mitrovic M. 1995. Nonlinear constitutive relations for magnetostrictive materials with applications to 1-D problems. Journal of Intelligent Material Systems and Structures, 6(5): 673-683.

Cherechukin A A, Dikshtein L E, et al. 2001. Shape memory effect due to magnetic field-induced thermoelastic martensitic transformation in polycrystalline Ni-Mn-Ga alloy. Phys Lett A, 291: 175-183.

Chopra H D, Ji C, et al. 2000. Magnetic-field-induced twin boundary motion in magnetic shape-memory alloys. Physical Review B, 61(22): 14913-14915.

Claeyssen F, Lhermet N. 2002. Actuators based on giant magnetostrictive materials. 8th international conference ACTUATOR 2002, Bremen, Germany.

Clark A, Belson H. 1972. Giant room-temperature magnetostrictions in $TbFe_2$ and $DyFe_2$. Physical Review B, 5(9): 3642-3644.

Clark A, Crowder D. 1985. High temperature magnetostriction of $TbFe_2$ and $Tb_{.27}Dy_{.73}Fe_2$. Magnetics, IEEE Transactions on, 21(5): 1945-1947.

Clark A, Teter J, et al. 1988. Magnetostriction "jumps" in twinned $Tb_{0.3}Dy_{0.7}Fe_{1.9}$. Journal of Applied Physics, 63(8): 3910-3912.

Clark A, Wun-Fogle M, et al. 2000. Magnetostrictive Galfenol/Alfenol single crystal alloys under large compressive stresses: proceedings of ACTUATOR 2000, 7th International Conference on New Actuator, Bremen, Germany.

Clark A E. 1980. Ferromagnetic Materials. Amesterdam: North-Holland.

Clatterbuck D M, Chan J W, et al. 2000. The influence of a magnetic field on the fracture toughness of ferromagnetic steel. Materials Transactions, JIM(Japan), 41(8): 888-892.

Cocks A C F, McMeeking R M. (1999). A phenomenological constitutive law for the behavior of ferroelectric ceramics. Ferroelectrics, 228: 219-228.

Cui J, James R D. (2001). Study of Fe_3Pd and related alloys for ferromagnetic shape memory. IEEE Transactions on Magnetics, 37(4): 2675-2677.

Dascalu C, Maugin G. 1994. Energy-release rates and path-independent integrals in electroelastic crack propagation. International Journal of Engineering Science, 32(5): 755-765.

Della Torre E, Oti J, et al. 1990. Preisach modeling and reversible magnetization. IEEE Transactions on Magnetics, 26(6): 3052-3058.

Della Torre E, Reimers A. 1997. A Preisach-type magnetostrictin model for magnetic media. IEEE Transactions on Magnetics, 33(5): 3967-3969.

DeSimone A, James R D. 2002. A constrained theory of magnetoelasticity. Journal of the Mechanics and Physics of Solids, 50(2): 283-320.

Dong S, Cheng J, et al. 2003a. Enhanced magnetoelectric effects in laminate composites of Terfenol-D/Pb (Zr, Ti) O under resonant drive. Applied Physics Letters, 83: 4812-4824.

Dong S, Li J F, et al. 2003b. Longitudinal and transverse magnetoelectric voltage coefficients of magnetostrictive/piezoelectric laminate composite: theory. IEEE Transactions on Ultrasonics, Ferroelectrics and Frequency Control, 50(10): 1253-1261.

Dong S, Li J F, et al. 2007. Magnetoelectric coupling, efficiency, and voltage gain effect in piezoelectric-piezomagnetic laminate composites. Frontiers of Ferroelectricity: 97-106.

Dong S, Zhai J, et al. 2006. Near-ideal magnetoelectricity in high-permeability magnetostrictive/piezofiber laminates with a (2-1) connectivity. Applied Physics Letters, 89: 252904.

Dunn M L. 1994. Electroelastic Green's functions for transversely isotropic piezoelectric media and their application to the solution of inclusion and inhomogeneity problems. International Journal of Engineering Science, 32(1): 119-131.

Dunn M L, Taya M. 1993a. An analysis of piezoelectric composite materials containing ellipsoidal inhomogeneities. Proceedings of the Royal Society of London. Series A: Mathematical and Physical Sciences, 443(1918): 265-287.

Dunn M L, Taya M. 1993b. Micromechanics predictions of the effective electroelastic moduli of piezoelectric composites. International Journal of Solids and Structures, 30: 161-175.

Eringen A, Maugin G. 1990a. Electrodynamics of continua, Vol. 1. New York: Springer-Verlag.

Eringen A, Maugin G. 1990b. Electrodynamics of continua, Vol. 2. New York: Springer-Verlag.

Eringen A C. 1980. Mechanics of Continua. New York: Krieger Publishing Co. 程昌均, 俞焕然, 译. 1991. 连续统力学. 北京: 科学出版社.

Eringen A C. 1989. Theory of electromagnetic elastic plates. Int. J. Engng. Sci., 27(4): 363-375.

Fan H, Qin S. 1995. A piezoelectric sensor embedded in a non-piezoelectric matrix. International Journal of Engineering Science, 33(3): 379-388.

Fang D, Liu B, et al. 2000. Energy analysis on fracture of ferroelectric ceramics. International Journal of Fracture, 100(4): 401-408.

Fang F, Yang W. 2000. Poling-enhanced fracture resistance of lead zirconate titanate ferroelectric ceramics. Materials Letters, 46(2-3): 131-135.

Fiebig M. 2005. Revival of the magnetoelectric effect. Journal of Physics D: Applied Physics, 38: R123.

Filippov D, Bichurin M, et al. 2004. Giant magnetoelectric effect in composite materials in the region of electromechanical resonance. Technical Physics Letters, 30(1): 6-8.

Fink D G, Beaty H W. 1987. Stand Handbook for Electrical Engineers. New York: McGraw-Hill.

Folen V J, Rado G T, et al. 1961. Anisotropy of the magnetoelectric effect in Cr_2O_3. Physical Review Letters, 6(11): 607-608.

Fomethe A, Maugin G. 1998. On the crack mechanics of hard ferromagnets. International Journal of Non-linear Mechanics, 33(1): 85-95.

Gao H, Zhang T Y, et al. 1997. Local and global energy release rates for an electrically yielded crack in a piezoelectric ceramic. Journal of the Mechanics and Physics of Solids, 45(4): 491-510.

Gilbert C, Cao J, et al. 1997. Crack-growth resistance-curve behavior in silicon carbide: small versus long cracks. Journal of the American Ceramic Society, 80(9): 2253-2261.

Greenough R, Jenner A, et al. 1991. The properties and applications of magnetostrictive rare-earth compounds. Journal of Magnetism and Magnetic Materials, 101(1-3): 75-80.

Guo Z, Busbridge S C, et al. 2001. Effective magnetostriction and magnetomechanical coupling of terfenol-D composites. Applied Physics Letters, 78(22): 3490-3492.

Hao T, Gong X, et al. 1996. Fracture mechanics for the design of ceramic multilayer actuators. Journal of the Mechanics and Physics of Solids, 44(1): 23-48.

Hathaway K, Clark A, et al. 1995. Magnetomechanical damping in giant magnetostriction alloys. Metallurgical and Materials Transactions A, 26(11): 2797-2801.

Haus H A, Melcher J R, et al. 1989. Electromagnetic Fields and Energy. New Jersey: Prentice Hall Englewood Cliffs.

Heczko O, Sozinov A, et al. 2000. Giant field-induced reversible strain in magnetic shape memory NiMnGa alloy. IEEE Transactions on Magnetics, 36(5): 3266-3268.

Heczko O, Ullakko K. 2001. Effect of temperature on magnetic properties of Ni-Mn-Ga magnetic shape memory (MSM) alloys. IEEE Transactions on Magnetics, 37(4): 2672-2674.

Henry C, Bono D, et al. 2002. Ac field-induced actuation of single crystal Ni-Mn-Ga. Journal of Applied Physics, 91(10): 7810-7811.

Herbst J F, Capehart T W, et al. 1997. Estimating the effective magnetostriction of a composite: A simple model. Applied Physics Letters, 70(22): 3041-3043.

Hershey A V. 1954. The plasticity of an isotropic aggregate of anisotropic face centered cubic crystals. Journal of Applied Mechanics; Transactions of the ASME, 21: 241-249.

Hill R. 1950. The Mathematical Theory of Plasticity. Oxford: Clarendon Press.

Hill R. 1979. Theoretical Plasticity of Textured Aggregates. Cambridge Univ Press.

Hill R. 1990. Constitutive modeling of orthothopic plasticity in sheet metals. Journal of the Mechanics and Physics of Solids, 38: 405-417.

Hirsinger L, Lexcellent C. 2003. Modelling detwinning of martensite platelets under magnetic and (or) stress actions on Ni-Mn-Ga alloys. Journal of Magnetism and Magnetic Materials, 254: 275-277.

Hori M, Nemat-Nasser S. 1993. Double-inclusion model and overall moduli of multi-phase composites. Mechanics of Materials, 14(3): 189-206.

Hori M, Nemat-Nasser S. 1994. Double-inclusion model and overall moduli of multi-phase composites. Journal of Engineering Materials and Technology, 116: 305-309.

Hosford W. 1972. A generalized isotropic yield criterion. Journal of Applied Mechanics,

39: 607.

Hu G, Weng G. 2000. The connections between the double-inclusion model and the Ponte Castaneda-Willis, Mori-Tanaka, and Kuster-Toksoz models. Mechanics of Materials, 32(8): 495-503.

Huang J H, Chiu Y H, et al. 1998. Magneto-electro-elastic Eshelby tensors for a piezoelectric-piezomagnetic composite reinforced by ellipsoidal inclusions. Journal of Applied Physics, 83(10): 5364-5370.

Huang J H, Kuo W S. 1997. The analysis of piezoelectric/piezomagnetic composite materials containing ellipsoidal inclusions. Journal of Applied Physics, 81(3): 1378-1386.

Huang J H, Nan C W, et al. 2002. Micromechanics approach for effective magnetostriction of composite materials. Journal of Applied Physics, 91(11): 9261-9266.

Huang K F, Wang M Z. 1995. Complete solution of the linear magnetoelasticity and the magnetic fields in a magnetized elastic half-space. Journal of Applied Mechanics, 62: 930-934.

Huber J, Fleck N. 2001. Multi-axial electrical switching of a ferroelectric: theory versus experiment. Journal of the Mechanics and Physics of Solids, 49(4): 785-811.

Hutter K, Pao Y H. 1974. A dynamic theory for magnetizable elastic solids with thermal and electrical conduction. Journal of Elasticity, 4(2): 89-114.

Jiang C, Feng G, et al. 2002. Co-occurrence of magnetic and structural transitions in the Heusler alloy $Ni_{53}Mn_{25}Ga_{22}$. Applied Physics Letters, 80(9): 1619-1621.

Jiang C, Liang T, et al. 2002. Superhigh strains by variant reorientation in the nonmodulated ferromagnetic NiMnGa alloys. Applied Physics Letters, 81: 2818-2820.

Jiles D. 2003. Recent advances and future directions in magnetic materials. Acta Materialia, 51(19): 5907-5939.

Jiles D, Atherton D, et al. 1984. Microcomputer©\based system for control of applied uniaxial stress and magnetic field. Review of Scientific Instruments, 55: 1843-1848.

Jiles D, Thoelke J. 1994. Theoretical Modeling of the Effects of Anisotropy and Stress on the Magnetization and Magnetostriction of $Tb_{0.3}Dy_{0.7}Fe_2$. Journal of Magnetism and Magnetic Materials, 134: 143-160.

Jiles D, Thoelke J. 1995. Magnetization and magnetostriction in Terbium-Dysprosium-Iron alloys. Physica Status Solidi (a), 147(2): 535-551.

Kamlah M. 2001. Ferroelectric and ferroelastic piezoceramics—modeling of electromechanical hysteresis phenomena. Continuum Mechanics and Thermodynamics, 13(4): 219-268.

Kamlah M, Boehle U. 2000. Nonlinear finite element method for piezoelectric structures made of hysteretic ferroelectric ceramics. Computational Materials Science, 19: 81-86.

Kamlah M, Behle U. 2001. Finite element analysis of piezoceramic components taking into account ferroelectric hysteresis behavior. International Journal of Solids and Structures, 38(4): 605-633.

Kamlah M, Tsakmakis C. 1999. Phenomenological modeling of the non-linear electromechanical coupling in ferroelectrics. International Journal of Solids and Structures, 36(5): 669-695.

Karafillis A, Boyce M. 1993. A general anisotropic yield criterion using bounds and a transformation weighting tensor. Journal of the Mechanics and Physics of Solids, 41(12): 1859-1886.

Karapetoff V. 1911. The Magnetic Circuit. New York: McGraw-Hill Book Co. Inc.

Kendall D, Piercy A R. 1990. Magnetisation processes and temperature dependence of the magnetomechanical properties of $Tb_{0.27}Dy_{0.73}Fe_{1.9}$. IEEE Trans Magn, 26(5): 1837-1839.

Kiefer B, Lagoudas D C. 2005. Magnetic field-induced martensitic variant reorientation in magnetic shape memory alloys. Philosophical Magazine, 85(33): 4289-4329.

Knoepfel H E. 2000. Magnetic Fields: A Comprehensive Theoretical Treatise for Practical Use. New York: Wiley.

Knops J R. 1963. Two-dimension electrostriction. Journal of Applied Mathematics and Mechanics, 377-388.

Kvarnsjo L, Engdahl G, Eds. 1993. Differential and incremental measurements of magnetoelastic parameters of highly magnetostrictive materials. Magnetoelastic Effects and Applications. London: Elsevier Science.

Laletsin U, Padubnaya N, et al. 2004. Frequency dependence of magnetoelectric interactions in layered structures of ferromagnetic alloys and piezoelectric oxides. Applied Physics A: Materials Science & Processing, 78(1): 33-36.

Landau L D, Lifshitz E M, et al. 1984. Electrodynamics of Continuous Media. New York: Pergamon.

Landis C M. 2002. Fully coupled, multi-axial, symmetric constitutive laws for polycrystalline ferroelectric ceramics. Journal of the Mechanics and Physics of Solids, 50(1): 127-152.

Landis C M, McMeeking R M. 1999. A phenomenological constitutive law for ferroelastic switching and a resulting asymptotic crack tip solution. Journal of Intelligent Material Systems and Structures, 10(2): 155-163.

Lanotte L, Ausanio G, et al. 2000. Evidence of magnetostrictive influence on magnetic hysteresis behaviour at low temperature. Physica B, 275: 150-153.

Lee J, Zheng X. 1999. Bending and buckling of superconducting partial toroidal field coils. International Journal of Solids and Structures, 36(14): 2127-2141.

Lee Y -D. 1993. Nonequilibrium Thermoelectromagnetic Response in Ferromagnetic Solids, Lehigh University Ph. D. Dissertation.

Li J Y. 1999. On micromechanics approximation for the effective thermoelastic moduli of multi-phase composite materials. Mechanics of Materials, 31(2): 149-159.

Li J Y. 2000a. Magneoelectroelastic multi-inclusion and inhomogenetiy problems and their applications in composite materials. International Journal of Engineering Science, 38(18): 1993-2011.

Li J Y. 2000b. Thermoelastic behavior of composites with functionally graded interphase: a multi-inclusion model. International Journal of Solids and Structures, 37(39): 5579-5597.

Li J Y, Dunn M L. 1998. Anisotropic coupled-field inclusion and inhomogeneity problems. Philo. Mag. A, 77(5): 1341-1350.

Liang C, Rogers C. 1992. A multi-dimensional constitutive model for shape memory alloys. Journal of Engineering Mathematics, 26(3): 429-443.

Liang C, Rogers C A. 1990. One-dimensional thermomechanical constitutive relations for shape memory materials. J Intel Mat Syst Str, 1(2): 207-234.

Liang W, Shen Y, et al. 2000. Magnetoelastic formulation of soft ferromagnetic elastic problems with collinear cracks: energy density fracture criterion. Theoretical and Applied Fracture Mechanics, 34(1): 49-60.

Liang Y R, Zheng X J. 2007. Experimental researches on magneto-thermo-mechanical characterization of Terfenol-D. Acta Mech Solida Sin, 20(4): 283-288.

Lieshout P, Rongen P, et al. 1987. A variational principle for magneto-elastic buckling. Journal of Engineering Mathematics, 21(3): 227-252.

Likhachev A A, Ullakko K. 2000. Quantitative model of large magnetostrain effect in ferromagnetic shapell memory alloys. European Physical Journal B, 14(2): 263-267.

Likhachev A A, Ullakko K. 2001. The model development and experimental investigation of giant magneto-mechanical effects in Ni-Mn-Ga. Journal of Magnetism and Magnetic Materials, 226: 1541-1543.

Likhachev A A, Sozinov A, et al. 2004. Different modeling concepts of magnetic shape memory and their comparison with some experimental results obtained in Ni-Mn-Ga. Materials Science and Engineering: A Structural Materials: Properties, Microstructure and Processing, 378(1-2): 513-518.

L'Vov V A, Zagorodnyuk S P, et al. 2002. A phenomenological theory of giant magnetoelastic response in martensite. European Physical Journal B, 27(1): 55-62.

Maugin G, Epstein M, et al. 1992. Theory of elastic inhomogeneities in electromagnetic materials. International Journal of Engineering Science, 30(10): 1441-1449.

Maugin G, Sabir M. 1990. Mechanical and magnetic hardening of ferromagnetic bodies: Influence of residual stresses and applications to nondestructive testing. International Journal of Plasticity, 6(5): 573-589.

Maugin G, Sabir M, et al. 1987. Coupled magnetomechanical hysteresis in ferromagnets: application to nondestructive testing. Electromagnetic Interactions in Deformable Solids and Structures. Amsterdam: North-Holland.

Maugin G A. 1988. Continuum Mechanics of Electromagnetic Solids. Amsterdam: North-Holland.

Maugin G A. 1995. Material force: concept and applications. Applied Mechanics Review, 48: 213-245.

Maugin G A. 1999. The Thermomechanics of Nonlinear Irreversible Behaviors: An Introduction. World Scientific Pub Co Inc.

McMeeking R M. 1989. Electrostrictive stresses near crack-like flaws. Zeitschrift f^{-1}r Angewandte Mathematik und Physik (ZAMP), 40(5): 615-627.

McMeeking R M. 2001. Towards a fracture mechanics for brittle piezoelectric and dielectric materials. International Journal of Fracture, 108(1): 25-41.

McMeeking R M, Landis C M. 2002. A phenomenological multi-axial constitutive law for switching in polycrystalline ferroelectric ceramics. International Journal of Engineering Science, 40(14): 1553-1577.

Mei W, Okane T, et al. 1998. Magnetostriction of Tb-Dy-Fe crystals. Journal of Applied Physics, 84: 6208.

Miya K, Takagi T, et al. 1980. Finite-element analysis of magnetoelastic buckling of ferromagnetic beam plate. Journal of Applied Mechanics, 47: 377-382.

Miya K, Uesaka M. 1982. An application of a finite element method to magneto mechanics of superconduction magnets for magnetic reactors. Nuclear Engineering and Design, 72: 275-296.

Moffett M B, Clark A E, et al. 1991. Characterization of Terfenol-D for magnetostrictive transducers. Journal of the Acoustical Society of America, 89: 1448-1455.

Moon F. 1970. The mechanics of ferroelastic plates in a uniform magnetic field. Journal of Applied Mechanics, 37: 153-158.

Moon F. 1979a. Buckling of a superconducting ring in a toroidal magnetic field. Journal of Applied Mechanics, 46: 151-155.

Moon F. 1979b. Experiments on magnetoelastic buckling in a superconducting torus. Journal of Applied Mechanics, 46: 145-151.

Moon F, Swanson C. 1977. Experiments on buckling and vibration of superconducting coils. Journal of Applied Mechanics, 44: 707-713.

Moon F C. 1984. Magneto-solid Mechanics. New York: John Wiley & Son Inc.

Moon F C, Pao Y H. 1968. Magnetoelastic buckling of a thin plate. J. Applied Mechanics, 35: 53-58.

Morito H, Fujita A, et al. 2002. Magnetocrystalline anisotropy in single-crystal Co-Ni-Al ferromagnetic shape-memory alloy. Applied Physics Letters, 81: 1657-1659.

Mullner P, Chernenko V, et al. 2002. Large cyclic deformation of a Ni-Mn-Ga shape memory alloy induced by magnetic fields. Journal of Applied Physics, 92: 6708-6713.

Mura T. 1987. Micromechanics of Defects in Solids. Netherlands.

Murray S J, Marioni M, et al. 2000. 6% magnetic-field-induced strain by twin-boundary motion in ferromagnetic Ni-Mn-Ga. Applied Physics Letters, 77: 886-888.

Muskhelishvili N I. 1953. Singular Integral Equations. Groningen: Wolters-Noorhoff(朱季钠, 译. 1966. 奇异积分方程. 上海: 上海科学技术出版社).

Muskhelishvili N I. 1954. Some Basic Problems of the Mathematical Theory of Elasticity. (赵惠元, 译. 1958. 数学弹性力学的几个基本问题. 北京: 科学出版社).

Nan C W. 1994a. Effective-medium theory of piezoelectric composites. Journal of Applied Physics, 76(2): 1155-1163.

Nan C W. 1994b. Product property between thermal expansion and piezoelectricity in piezoelectric composites: pyroelectricity. Journal of Materials Science Letters, 13(19): 1392-1394.

Nan C W. 1998. Effective magnetostriction of magnetostrictive composites. Applied Physics Letters, 72: 2897-2899.

Nan C W, Bichurin M, et al. 2008. Multiferroic magnetoelectric composites: historical perspective, status, and future directions. Journal of Applied Physics, 103: 031101.

Nan C W, Huang Y, et al. 2000. Effect of porosity on the effective magnetostriction of polycrystals. Journal of Applied Physics, 88(1): 339-343.

Nan C W, Liu L, et al. 2000. Calculations of the effective properties of 1-3 type piezoelectric composites with various rod/fibre orientations. Journal of Physics D: Applied Physics, 33: 2977-2984.

Nan C W, Weng G. 1999. Influence of microstructural features on the effective magnetostriction of composite materials. Physical Review B, 60(9): 6723-6730.

Nemat-Nasser S, Hori M. 1993. Micromechanics: Overall Properties of Heterogeneous Materials. Amsterdam and New York: North-Holland.

Nersessian N, Or S W, et al. 2003. Magneto-thermo-mechanical characterization of 1-3 type polymer-bonded Terfenol-D composites. Journal of Magnetism and Magnetic Materials, 263(1-2): 101-112.

Noudem J, Beille J, et al. 1993. New apparatus for ceramic texturing working under uniaxial stress and in a magnetic field. Superconductor Science and Technology, 6: 795-798.

O'Handley R. 1998. Model for strain and magnetization in magnetic shape-memory alloys. Journal of Applied Physics, 83: 3263-3270.

O'Handley R, Murray S, et al. 2000. Phenomenology of giant magnetic-field-induced strain in ferromagnetic shape-memory materials (invited). Journal of Applied Physics, 87: 4712-4717.

O'Handley R C. 2000. Modern Magnetic Materials: Principles and Applications. New York: John Wiley & Sons (周永洽, 等. 译. 2000. 现代磁性材料原理和应用. 北京: 化学工业出版社).

Pak Y E, Herrmann G. 1986a. Conservation laws and the material momentum tensor for the elastic dielectric. International Journal of Engineering Science, 24(8): 1365-1374.

Pak Y E, Herrmann G. 1986b. Crack extension force in a dielectric medium. International Journal of Engineering Science, 24(8): 1375-1388.

Panovko Y C, Gubanova I I. 1965. Stability and oscillations of elastic systems. New York, English Translation Bureau.

Pao Y H. 1978. Electromagnetic Forces in Deformable Continua. in Mechanics Today, Bath, Pergamon Press.

Pao Y H, Yeh C S. 1973. Linear theory for soft ferromagnetic elastic solids. Internat. J. Eng. Sci., 11(4): 415-436.

Park W J, Son D R, et al. 2002. Modeling of magnetostriction in grain aligned Terfenol-D and preferred orientation change of Terfenol-D dendrites. Journal of Magnetism and Magnetic Materials, 248(2): 223-229.

Pinkerton F, Capehart T, et al. 1997. Magnetostrictive $SmFe_2$/metal composites. Applied Physics Letters, 70: 2601-2604.

Popelar C, Bast C. 1972. An experimental study of the magnetoelastic postbuckling behavior of a beam. Experimental Mechanics, 12(12): 537-542.

Prajapati K, Greenough R, et al. 1996. Effect of cyclic stress on Terfenol-D. IEEE Transactions on Magnetics, 32(5): 4761-4763.

Rado G T, Folen V J. 1961. Observation of the magnetically induced magnetoelectric effect and evidence for antiferroelectric domains. Physical Review Letters, 7(8): 310-311.

Rice J. 1968. A path independent integral and the approximate analysis of strain concentration by notches and cracks. Journal of Applied Mechanics, 35(2): 379-386.

Rivera J P, Schmid H. 1994. Search for the piezomagnetoelectric effect in $LiCoPO_4$. Ferroelectrics, 161(1): 91-97.

Ryu J, Priya S, et al. 2001. Effect of the magnetostrictive layer on magnetoelectric properties in lead zirconate titanate/Terfenol-D laminate composites. Journal of the American Ceramic Society, 84(12): 2905-2908.

Ryu J, Priya S, et al. 2002. Magnetoelectric effect in composites of magnetostrictive and piezoelectric materials. Journal of Electroceramics, 8(2): 107-119.

Sabir M, Maugin G. 1996. On the fracture of paramagnets and soft ferromagnets. International Journal of Non-linear Mechanics, 31(4): 425-440.

Sandlund L, Fahlander M, et al. 1994. Magnetostriction, elastic moduli, and coupling factors of composite Terfenol-D. Journal of Applied Physics, 75(10): 5656-5658.

Savage H T, Clark A E, et al. 1977. The temperature and composition dependence of the magnetomechanical coupling factor in rare earth-Fe_2 alloys. IEEE Trans Magn, 13(5): 1517-1518.

Shield T. 2003. Magnetomechanical testing machine for ferromagnetic shape-memory alloys. Review of Scientific Instruments, 74(9): 4077-4088.

Shindo Y. 1977. The linear magnetoelastic problem for a soft ferromagnetic elastic solid with a finite crack. Journal of Applied Mechanics, 44: 47-50.

Shindo Y. 1978. Magnetoelastic interaction of a soft ferromagnetic elastic solid with a penny-shaped crack in a constant axial magnetic field. Journal of Applied Mechanics, 45: 291-296.

Shindo Y. 1980. Singular stresses in a soft ferromagnetic elastic solid with two coplanar Griffith cracks. International Journal of Solids and Structures, 16(6): 537-543.

Shindo Y, Horiguchi K, et al. 1999. Magneto-elastic analysis of a soft ferromagnetic plate with a through crack under bending. International Journal of Engineering Science, 37(6): 687-702.

Shindo Y, Ohnishi I, et al. 1997. Flexural wave scattering at a through crack in a conducting plate under a uniform magnetic field. Journal of Applied Mechanics, 64: 828-834.

Shindo Y, Tamura H. 1988. Singular twisting moment in a cracked thin plate under an electric current flow and a magnetic field. Engineering Fracture Mechanics, 31(4): 617-622.

Shindo Y, Tohyama S. 1998. Scattering of oblique flexural waves by a through crack in a conducting Mindlin plate in a uniform magnetic field. International Journal of Solids and Structures, 35(17): 2183-2203.

Shu Y, Lin M, et al. 2004. Micromagnetic modeling of magnetostrictive materials under intrinsic stress. Mechanics of materials, 36(10): 975-997.

Sih G C. 1991. Mechanics of Fracture Initiation and Propagation: Surface and Volume Energy Density Applied as Failure Criterion. Boston: Kluwer Academic.

Siratori K. 1994. Magneto-electric effect and solid state physics. Ferroelectrics, 161(1): 29-41.

Smith T E, Warren W E. 1966. Some problems in two-dimensional electrostriction. Journal of Mathematical Physics, 45: 45-51.

Sosa H, Khutoryansky N. 1996. New developments concerning piezoelectric materials with defects. International Journal of Solids and Structures, 33(23): 3399-3414.

Sozinov A, Likhachev A, et al. 2004. Stress-and magnetic-field-induced variant rearrangement in Ni-Mn-Ga single crystals with seven-layered martensitic structure. Materials Science and Engineering A, 378(1-2): 399-402.

Sozinov A, Likhachev A, et al. 2002. Giant magnetic-field-induced strain in NiMnGa seven-layered martensitic phase. Applied Physics Letters, 80: 1746-1748.

Srawley J E. 1976. Wide range stress intensity factor expressions for ASTM E 399 standard fracture toughness specimens. International Journal of Fracture, 12(3): 475-476.

Srinivas S, Li J Y, et al. 2006. The effective magneoelectroelastic moduli of matrix-based multiferroic composites. Journal of Applied Physics, 99(4): 043905.

Stroh A. 1958. Dislocations and cracks in anisotropic elasticity. Philosophical Magazine, 3(30): 625-646.

Suorsa I, Tellinen J, et al. 2002. Application of magnetic shape memory actuators. 8th International Conference ACTUATOR 2002, Bremen, Germany.

Takagi T, Tani J. 1994. Dynamic behavior analysis of a plate in magnetic field by full coupling and MMD methods. Magnetics, IEEE Transactions on, Magnetics, 30(5): 3296-3299.

Takagi T, Tani J, et al. 1993. Electromagnetical coupling effects for non-ferromagnetic and magnetic structure: proceedings of the second workshop on electromagnetic force and related effect on blankets and other structures surrounding the fission plasma torus. Miya: 81-90.

Takagi T, Tani J, et al. 1995. Dynamic behavior of fusion structural components under strong magnetic fields. Fusion Engineering and Design, 27: 481-489.

Taylor S G I. 1938. Plastic strain in metals. Journal Institute of Metals, 62: 307-324.

Tebble R S, Craik D J. 1969. Magnetic Materials. London: Wiley-Interscience.

Tellinen J, Suorsa I, et al. 2002. Basic properties of magnetic shape memory actuators. 8th International Conference ACTUATOR 2002, Bremen, Germany.

Teter J, Hathaway K, et al. 1996. Zero field damping capacity in $(Tb_xDy_{1-x})Fe_y$. Journal of Applied Physics, 79(8): 6213-6215.

Teter J, Wun-Fogle M, et al. 1990. Anisotropic perpendicular axis magnetostriction in twinned $Tb_x Dy_{1-x} Fe_{1.95}$. Journal of Applied Physics, 67(9): 5004-5006.

Tickle R, James R. 1999. Magnetic and magnetomechanical properties of Ni_2MnGa. Journal of Magnetism and Magnetic Materials, 195(3): 627-638.

Tiersten H. 1964. Coupled magnetomechanical equations for magnetically saturated insulators. Journal of Mathematical Physics, 5: 1298-1318.

Timme R. 1976. Magnetomechanical characteristics of a terbium-holmium-iron alloy. Journal of the Acoustical Society of America, 59: 459-464.

Toupin R. 1963. A dynamical theory of elastic dielectrics. International Journal of Engineering Science, 1(1): 101-126.

Ullakko K, Huang J, et al. 1997. Magnetically controlled shape memory effect in Ni2MnGa intermetallics. Scripta Materialia, 36(10): 1133-1138.

Van de Ven A A F. 1984. Magnetoelastic buckling of a beam of elliptic cross-section. Acta mechanica, 51(3): 119-138.

Vassiliev A. 2002. Magnetically driven shape memory alloys. Journal of Magnetism and Magnetic Materials, 242: 66-67.

Verhoeven J, Ostenson J, et al. 1989. The effect of composition and magnetic heat treatment on the magnetostriction of $Tb_x\ Dy_{1-x}$ Fey twinned single crystals. Journal of Applied Physics, 66(2): 772-779.

Verma P, Singh M. 1984. Finite deformation theory for soft ferromagnetic elastic solids. International Journal of Non-linear Mechanics, 19(4): 273-286.

Wan Y, Fang D, et al. 2003a. Non-linear constitutive relations for magnetostrictive materials. International Journal of Non-linear Mechanics, 38(7): 1053-1065.

Wan Y, Fang D, et al. 2003b. Effect of magnetostriction on fracture of a soft ferromagnetic medium with a crack-like flaw. Fatigue & Fracture of Engineering Materials & Structures, 26(11): 1091-1102.

Wang B. 1992. Three-dimensional analysis of an ellipsoidal inclusion in a piezoelectric material. International Journal of Solids and Structures, 29(3): 293-308.

Wang B, Busbridge S, et al. 2000. Magnetostriction and magnetization process of $Tb_{0.27}$ $Dy_{0.73}$ Fe_2 single crystal. Journal of Magnetism and Magnetic Materials, 218(2-3): 198-202.

Wang J, Neaton J, et al. 2003. Epitaxial $BiFeO_3$ multiferroic thin film heterostructures. Science, 299(5613): 1719-1722.

Wang Y, H J Q, et al. 2006. Multiferroic $BiFeO_3$ thin films prepared via a simple sol-gel method. Appl Phys Lett, 88(14): 142503.

Watanabe K, Motokawa M. 2002. Materials Science in Static High Magnetic Fields. Berlin: Springer-Verlag.

Wohlfarth E P. 1980. Ferromagnetic Materials: A Handbook on the Properties of Magnetically Ordered Substances. Amsterdam: North Holland.

Wu T L, Huang J H. 2000. Closed-form solutions for the magnetoelectric coupling coefficients in fibrous composites with piezoelectric and piezomagnetic phases. International Journal of Solids and Structures, 37(21): 2981-3009.

Wun-Fogle M, Restorff J B, et al. 2003. Magnetomechanical damping capacity of $Tb_xDy_{1-x}Fe_{1.92}$ ($0.30 \leqslant x \leqslant 0.50$) alloys. Magnetics, IEEE Transactions on Magnetics, 39(5): 3408-3410.

Wuttig M, Li J, et al. 2001. A new ferromagnetic shape memory alloy system. Scripta Materialia, 44(10): 2393-2397.

Xu J X, Hasebe N. 1995. The stresses in the neighborhood of a crack tip under effect of electromagnetic forces. International Journal of Fracture, 73: 287-300.

Yamamoto K, Nakano H, et al. 2003. Effect of compressive stress on hysteresis loss of

Terfenol-D. Journal of Magnetism and Magnetic Materials, 254: 222-224.

Yamamoto Y, Miya K. 1987. Electromagnetomechanical interactions in deformable solids and structures: proceedings of the IUTAM Symposium held in Tokyo, Japan, 12-17 October 1986, North Holland.

Yan J, Xie X, et al. 2001. Magnetostriction of Tb-Dy-Fe alloy with different crystal axes orientation. Journal of Magnetism and Magnetic Materials, 223(1): 27-32.

Yang W, Pan H, et al. 1998. Buckling of a ferromagnetic thin plate in a transverse static magnetic field. Chinese Science Bulletin, 43(19): 1666-1670.

Yang W, Pan H, et al. 1999. An energy method for analyzing magnetoelastic buckling and bending of ferromagnetic plates in static magnetic fields. Journal of Applied Mechanics, 66: 913-917.

Yang W, Suo Z. 1994. Cracking in ceramic actuators caused by electrostriction. Journal of the Mechanics and Physics of Solids, 42(4): 649-663.

Yeh C. 1987. Magnetic fields generated by a tension fault. Bulletin of the College of Engineering, National Taiwan University, 40: 47-56.

Yeh C S. 1989. Magnetic fields generated by a mechanical singularity in a magnetized elastic half plane. Journal of Applied Mechanics, 56: 89-95.

Zhang M C, Gao X X, et al. 2004. Magnetostrictive properties and microstructure of Tb-Dy-Fe alloy with $\langle 113 \rangle$ crystal orientation. Journal of Alloys and Compounds, 385: 309-311.

Zhao X, Lord D. 1999. Effect of demagnetization fields on the magnetization processes in Terfenol-D. Journal of Magnetism and Magnetic Materials, 195(3): 699-707.

Zhao X, Wu G, et al. 1996. Stress dependence of magnetostrictions and strains in $\langle 111 \rangle$ oriented single crystals of Terfenol-D. Journal of Applied Physics, 79(8): 6225-6227.

Zheng X, Liu X. 2005. A nonlinear constitutive model for Terfenol-D rods. Journal of Applied Physics, 97(5): 053901.

Zheng X J, Sun L. 2006. A nonlinear constitutive model of magneto-thermo-mechanical coupling for giant magnetostrictive materials. Journal of Applied Physics, 100(6): 063906.

Zheng X, Sun L, et al. 2009. A dynamic hysteresis constitutive relation for giant magnetostrictive materials. Mechanics of Advanced Materials and Structures, 16(7): 516-521.

Zhou H M, Zhou Y H, et al. 2008. A general theoretical model of magnetostrictive constitutive relationships for soft ferromagnetic material rods. Journal of Applied Physics, 104(2): 023907.

Zhou H M, Zhou Y H, et al. 2009. A general 3-D nonlinear magnetostrictive constitutive model for soft ferromagnetic materials. Journal of Magnetism and Magnetic Materials,

321(4): 281-290.

Zhou Y H, Zheng X. 1997. A general expression of magnetic force for soft ferromagnetic plates in complex magnetic fields. International Journal of Engineering Science, 35(15): 1405-1417.

Zhu H, Liu J, et al. 1997. Applications of Terfenol-D in China. Journal of Alloys and Compounds, 258(1-2): 49-52.

附录 A　各向同性磁弹性系数张量

一般六阶各向同性张量具有如下形式:

$$r_{ijklmn}$$
$$= \alpha_1 \delta_{ij}\delta_{kl}\delta_{mn} + \alpha_2 \delta_{ij}\delta_{km}\delta_{\ln} + \alpha_3 \delta_{ij}\delta_{kn}\delta_{lm} + \alpha_4 \delta_{ik}\delta_{jl}\delta_{mn} + \alpha_5 \delta_{ik}\delta_{ml}\delta_{\ln}$$
$$+ \alpha_6 \delta_{ik}\delta_{jn}\delta_{lm} + \alpha_7 \delta_{il}\delta_{jk}\delta_{mn} + \alpha_8 \delta_{il}\delta_{jm}\delta_{kn} + \alpha_9 \delta_{il}\delta_{jn}\delta_{km} + \alpha_{10} \delta_{im}\delta_{jk}\delta_{\ln}$$
$$+ \alpha_{11} \delta_{im}\delta_{jl}\delta_{kn} + \alpha_{12} \delta_{im}\delta_{jn}\delta_{kl} + \alpha_{13} \delta_{in}\delta_{jk}\delta_{lm} + \alpha_{14} \delta_{in}\delta_{jk}\delta_{km} + \alpha_{15} \delta_{in}\delta_{jm}\delta_{kl} \tag{A.1}$$

有 15 个独立的标量常数 $\alpha_1 \sim \alpha_{15}$. 对于指标 i, j, k, l 和 m, n 两两对称并且轮换对称的张量仅有三个独立的常数:

$$r_{ijklmn} = \alpha_1 \delta_{ij}\delta_{kl}\delta_{mn} + \alpha_2 [\delta_{ij}(\delta_{km}\delta_{\ln} + \delta_{kn}\delta_{lm}) + \delta_{kl}(\delta_{im}\delta_{jn} + \delta_{in}\delta_{jm})$$
$$+ \delta_{mn}(\delta_{ik}\delta_{jl} + \delta_{il}\delta_{jk})] + \alpha_3 [\delta_{lm}(\delta_{in}\delta_{jk} + \delta_{ik}\delta_{jn}) + \delta_{km}(\delta_{il}\delta_{jn} + \delta_{in}\delta_{jk})$$
$$+ \delta_{\ln}(\delta_{ik}\delta_{jm} + \delta_{im}\delta_{jk}) + \delta_{kn}(\delta_{im}\delta_{jl} + \delta_{il}\delta_{jm})] \tag{A.2}$$

由磁弹性系数和磁致伸缩系数的关系式:

$$r_{ijklmn} = \frac{C}{\mu}(m_{ijpl}m_{pkmn} + m_{ijkp}m_{plmn}) \tag{A.3}$$

由于三个指标对具有轮换对称性, 磁弹性系数张量可以表示成

$$r_{ijklmn} = \frac{1}{3}\frac{C}{\mu}[(m_{ijlp}m_{pkmn} + m_{ijkp}m_{plmn}) + (m_{ijmp}m_{pnkl} + m_{ijnp}m_{pmkl})$$
$$+ (m_{klip}m_{pjmn} + m_{kljp}m_{pimn})] \tag{A.4}$$

场磁致伸缩系数张量是四阶各向同性张量, 可以表示成

$$m_{ijkl} = \alpha \delta_{ij}\delta_{kl} + \beta(\delta_{ik}\delta_{jl} + \delta_{il}\delta_{jk}) \tag{A.5}$$

其中, $\alpha = m_{1122}$, $\beta = (m_{1111} - m_{1122})/2$. m_{1111} 和 m_{1122} 分别是在外磁场方向和垂直于外磁场方向, 由单位磁场引起的磁致伸缩应变, 需要由实验测定. 将 (A.5) 代入 (A.4) 式,

$$r_{ijklmn} = \frac{C}{\mu}\left\{ 2\alpha^2 \delta_{ij}\delta_{kl}\delta_{mn} + \frac{4}{3}\alpha\beta[\delta_{ij}(\delta_{km}\delta_{\ln} + \delta_{kn}\delta_{lm}) + \delta_{kl}(\delta_{im}\delta_{jn} + \delta_{in}\delta_{jm}) \right.$$
$$\left. + \delta_{mn}(\delta_{ik}\delta_{jl} + \delta_{il}\delta_{jk})] + \beta^2 [\delta_{lm}(\delta_{in}\delta_{jk} + \delta_{ik}\delta_{jn}) + \delta_{km}(\delta_{il}\delta_{jn} + \delta_{in}\delta_{jl}) \right.$$

$$+\delta_{ln}(\delta_{ik}\delta_{jm} + \delta_{im}\delta_{jk}) + \delta_{kn}(\delta_{im}\delta_{jl} + \delta_{il}\delta_{jm})] \Big\} \tag{A.6}$$

其中, 系数 C 由一维问题的场磁弹性系数确定, 同样需要由实验测定. 从 (A.6) 和 (A.2) 对比可以看出, 磁弹性系数张量是六阶各向同性张量, 三个指标对两两对称并且轮换对称, 三个独立的参数 C, α, β 由一维问题的实验测定.

附录 B　本构矩阵中的各个系数

在矩阵形式的本构关系 (4.8) 式中, 各个系数分别如下

$$S_1 = \frac{1}{9K} + \frac{1}{3G} \tag{B.1}$$

$$S_2 = \frac{1}{9K} - \frac{1}{6G} \tag{B.2}$$

$$T_1 = r^{\mathrm{H}} \cdot (H_1)^2 + \frac{1}{3} \cdot r^{\mathrm{H}} \cdot q \cdot (q-2) \cdot (H_2)^2 \tag{B.3}$$

$$T_2 = r^{\mathrm{H}} \cdot (H_2)^2 + \frac{1}{3} \cdot r^{\mathrm{H}} \cdot q \cdot (q-2) \cdot (H_1)^2 \tag{B.4}$$

$$T_3 = \frac{1}{3} \cdot r^{\mathrm{H}} \cdot q \cdot (q-2) \cdot [(H_1)^2 + (H_2)^2] \tag{B.5}$$

$$T_4 = \frac{1}{4} \cdot r^{\mathrm{H}} \cdot \left(1 + \frac{2}{3}q - \frac{1}{3}q^2\right) \cdot [(H_1)^2 + (H_2)^2] \tag{B.6}$$

$$T_5 = \frac{1}{4} \cdot r^{\mathrm{H}} \cdot \left(1 + \frac{2}{3}q - \frac{1}{3}q^2\right) \cdot (H_2)^2 - \frac{1}{3} \cdot r^{\mathrm{H}} \cdot q \cdot (1+q) \cdot (H_1)^2 \tag{B.7}$$

$$T_6 = \frac{1}{4} \cdot r^{\mathrm{H}} \cdot \left(1 + \frac{2}{3}q - \frac{1}{3}q^2\right) \cdot (H_1)^2 - \frac{1}{3} \cdot r^{\mathrm{H}} \cdot q \cdot (1+q) \cdot (H_2)^2 \tag{B.8}$$

$$T_7 = r^{\mathrm{H}} \cdot q^2 \cdot (H_2)^2 + \frac{1}{3} \cdot r^{\mathrm{H}} \cdot q \cdot (q-2) \cdot (H_1)^2 \tag{B.9}$$

$$T_8 = \frac{1}{2} \cdot r^{\mathrm{H}} \cdot \left(1 + \frac{2}{3}q - \frac{1}{3}q^2\right) \cdot H_1 \cdot H_2 \tag{B.10}$$

$$T_9 = r^{\mathrm{H}} \cdot q^2 \cdot (H_1)^2 + \frac{1}{3} \cdot r^{\mathrm{H}} \cdot q \cdot (q-2) \cdot (H_2)^2 \tag{B.11}$$

$$T_{10} = -\frac{2}{3} \cdot r^{\mathrm{H}} \cdot q \cdot (1+q) \cdot H_1 \cdot H_2 \tag{B.12}$$

$$T_{11} = \frac{1}{4} \cdot r^{\mathrm{H}} \cdot (1+q)^2 \cdot H_1 \cdot H_2 \tag{B.13}$$

$$\varepsilon_{11}^{\mathrm{H}} = m_{11} \cdot (H_1)^2 + m_{12} \cdot (H_2)^2 \tag{B.14}$$

$$\varepsilon_{22}^{\mathrm{H}} = m_{12} \cdot (H_1)^2 + m_{11} \cdot (H_2)^2 \tag{B.15}$$

$$\varepsilon_{33}^{\mathrm{H}} = m_{12} \cdot [(H_1)^2 + (H_2)^2] \tag{B.16}$$

$$\varepsilon_{12}^{\mathrm{H}} = (m_{11} - m_{12}) \cdot H_1 \cdot H_2 \tag{B.17}$$

$$\varepsilon_{23}^{\mathrm{H}} = \varepsilon_{13}^{\mathrm{H}} = 0 \tag{B.18}$$

其中, $q = -\dfrac{m_{12}}{m_{11}}$ 表示磁泊松比.

附录 C   线性磁化裂纹尖端位移与面力公式中的系数

$$p_1 = \left[\frac{3 - 4\nu}{2}(\beta + \kappa \cdot \Delta_1) + \frac{\kappa}{4}(1 - \Delta_1^2)\right] \cdot (\mu_1 H^\infty)^2 \tag{C.1}$$

$$p_2 = \left[-\frac{1}{4}(\beta + \kappa \cdot \Delta_1) + \frac{\kappa}{8}(1 - \Delta_1^2) + \frac{G}{2}(m_{11} - m_{21}) \cdot (1 - \Delta_1^2)\right] \cdot (\mu_1 H^\infty)^2 \tag{C.2}$$

$$p_3 = \left[-\frac{1}{4}(\beta + \kappa \cdot \Delta_1) + \frac{\kappa}{8}(1 - \Delta_1^2)\right] \cdot (\mu_1 H^\infty)^2 \tag{C.3}$$

$$p_4 = \frac{\kappa}{4}(1 + \Delta_1)^2 \cdot a \cdot (\mu_1 H^\infty)^2 \tag{C.4}$$

$$p_5 = -\frac{G}{8}(m_{11} - m_{21}) \cdot (1 + \Delta_1)^2 \cdot a \cdot (\mu_1 H^\infty)^2 \tag{C.5}$$

$$q_1 = \left[\frac{1}{2}(\beta + \kappa \cdot \Delta_1) - \frac{\beta}{4}(1 - \Delta_1^2)\right] \cdot (\mu_1 H^\infty)^2 \tag{C.6}$$

$$q_2 = \left[\frac{1}{4}(\beta + \kappa \cdot \Delta_1) - \frac{\kappa}{8}(1 - \Delta_1^2)\right] \cdot (\mu_1 H^\infty)^2 \tag{C.7}$$

$$\tag{C.8}$$

$$q_3 = \left[\frac{1}{4}(\beta + \kappa \cdot \Delta_1) - \frac{\beta}{12}(1 - \Delta_1^2) - \frac{\kappa}{24}(1 - \Delta_1^2)\right] \cdot (\mu_1 H^\infty)^2 \tag{C.9}$$

$$q_4 = -\frac{\beta + \kappa}{8} \cdot (1 + \Delta_1)^2 \cdot a \cdot (\mu_1 H^\infty)^2 \tag{C.10}$$

$$q_5 = \sqrt{2ar_s}\left[-(\beta + \kappa \cdot \Delta_1) + \frac{\beta}{3}(1 - \Delta_1^2) + \frac{\kappa}{6}(1 - \Delta_1^2)\right] \cdot (\mu_1 H^\infty)^2$$
$$+ \frac{\beta + \kappa}{8} \cdot (1 + \Delta_1)^2 \cdot a \cdot (\mu_1 H^\infty)^2 \tag{C.11}$$

附录 D　复势函数在边界圆两侧的跳变条件中的系数

$$D_1 = \frac{p_5}{4(1-\nu)} - \frac{Gr_s}{4(1-\nu)}(\varepsilon_\alpha - \varepsilon_\rho) \tag{D.1}$$

$$D_2 = \frac{p_4 + q_4}{4(1-\nu)} - 2\varepsilon_\rho \cdot \frac{Gr_s}{4(1-\nu)} \tag{D.2}$$

$$D_3 = -\frac{Gr_s}{4(1-\nu)}(\varepsilon_\alpha - \varepsilon_\rho) \tag{D.3}$$

$$D_4 = \frac{p_1 + q_1}{4(1-\nu)}\sqrt{2ar_s} \tag{D.4}$$

$$D_5 = \frac{p_2 + q_2}{4(1-\nu)}\sqrt{2ar_s} \tag{D.5}$$

$$D_6 = \frac{p_3 + q_3}{4(1-\nu)}\sqrt{2ar_s} \tag{D.6}$$

$$D_7 = \frac{q_5}{4(1-\nu)} - 2\varepsilon_\rho \cdot \frac{Gr_s}{4(1-\nu)} \tag{D.7}$$

$$A_1 = \frac{(3-2\nu)p_5}{4(1-\nu)} + \frac{(-3+2\nu)\cdot Gr_s}{4(1-\nu)}(\varepsilon_\alpha - \varepsilon_\rho) \tag{D.8}$$

$$A_2 = \sqrt{2ar_s}\left[\frac{(-3+2\nu)\cdot p_1}{4(1-\nu)} + \frac{(5-6\nu)\cdot q_1}{4(1-\nu)} - \frac{3(p_3 + q_3)}{8(1-\nu)}\right] \tag{D.9}$$

$$A_3 = \sqrt{2ar_s}\left[\frac{(-3+2\nu)\cdot p_3}{4(1-\nu)} + \frac{(5-6\nu)\cdot q_3}{4(1-\nu)} - \frac{p_1 + q_1}{8(1-\nu)}\right] \tag{D.10}$$

$$A_4 = \sqrt{2ar_s}\frac{p_2 + q_2}{8(1-\nu)} \tag{D.11}$$

$$A_5 = \sqrt{2ar_s}\left[\frac{(-3+2\nu)\cdot p_2}{4(1-\nu)} + \frac{(5-6\nu)\cdot q_2}{4(1-\nu)}\right] \tag{D.12}$$

$$A_6 = \frac{(-2+\nu)\cdot p_4}{2(1-\nu)} + \frac{(2-3\nu)\cdot q_4}{2(1-\nu)} + Gr_s\left[\frac{7-4\nu}{4(1-\nu)}\varepsilon_\rho + \frac{1}{4(1-\nu)}\varepsilon_\alpha\right] \tag{D.13}$$

$$A_7 = -\frac{p_5}{4(1-\nu)} + \frac{Gr_s}{4(1-\nu)}(\varepsilon_\alpha - \varepsilon_\rho) \tag{D.14}$$

$$A_8 = \frac{(-1+\nu) \cdot Gr_s}{2(1-\nu)}(\varepsilon_\alpha - \varepsilon_\rho) \tag{D.15}$$

$$A_9 = \frac{(5-6\nu) \cdot q_5}{4(1-\nu)} + \frac{(3-2\nu) \cdot Gr_s}{4(1-\nu)} \cdot 2\varepsilon_\rho \tag{D.16}$$